K-MOOC

케이무크와 함께하는

환경관리학

이승길

지오북스

머리말

케이무크(MOOC)란 한국형 Massive, Open, Online, Course의 줄임말로 오픈형 온라인 학습 과정을 뜻합니다. 즉 강의실에 수용된 학생만이 강의를 들을 수 있었던 것에서 청강이 가능한 온라인 학습 동영상으로 변화하고, 현재에는 온라인 강좌로 질의응답, 토론, 퀴즈, 과제 제출 등 교수자와 학생 간의 쌍방향 학습을 할 수 있는 모습의 교육환경입니다.

『케이무크와 함께하는 환경관리학』은 환경보건 분야에서 활동하고 있거나 종사하고자 하는 분만이 아니라 행정, 경영, 어학, 예술 및 서비스 분야의 모든 사람에게 공통적으로 적용되는 분야로써 이 과정을 통해 현대사회의 생활환경 및 직업환경에서 발생하는 모든 문제에 대해 생각하는 시간입니다. 그러므로 여러분에게 다소 생소하거나 낯선 과목일 수 있으나 우리 몸에 와 닿고, 익숙하고 친근감을 가져야 하는 교과목이라 할 수 있습니다.

오늘날의 사회는 고혈압, 당뇨 및 비만 등의 만성적 질환뿐만 아니라 각종 악성 신생물, 과도한 약물 중독 및 원인이 불분명한 병태 등의 환경성 질환 및 직업성 질환으로 사회적 문제가 되고 있습니다. 이는 벤젠 및 톨루엔 등의 유기용제와, 납, 카드뮴 등의 중금속 등으로 발생하는 환경이 원인이 되는 질병 관련 가능성을 의미하며, 더 이상 환경오염과 우리 인간의 삶과 생활이 떨어져 생각할 수 없음을 의미한다고 할 수 있습니다.

'신의 영역 다음으로 넓은 게 환경이다'라는 말이 통용된다는 것은 환경의 범위 및 그 대상이 가늠할 수 없을 정도로 광범위하다고 할 수 있습니다.

따라서 앞으로 여러분의 삶 속에서 다양하게 접하게 될 환경오염, 산업보건, 식품위생 및 주거위생 등 포괄적이고 다양한 환경 관련 중요 이슈를 본 과정을 통해 이해하고 생각하는 시간이 되었으면 좋겠습니다.

끝으로 본서를 출간하는데 협조해 주신 도서출판 지우북스 서철종 대표님과 집필을 도와주신 관계자분들께 깊은 감사를 표합니다.

"그대의 가치는 그대가 품은 이상에 의해 결정된다. 도전은 인생을 흥미롭게 만들며, 도전의 극복이 인생을 의미 있게 한다."라는 말을 전합니다.

편저자 이승길 드림

목차

01 환경보건의 개념

학습 목표 1. 환경보건의 정의 및 목적을 설명할 수 있다.
2. 환경보건의 구성요소에 대해 설명할 수 있다.

학습 내용 1. 환경보건의 개념적 구분
2. 환경보건의 정의
3. 환경보건의 목적

1 환경보건의 시사점

1) 현대사회에서 환경보건의 중요성

(1) '신의 영역 다음으로 넓은 게 환경이다'라는 말로도 알 수 있듯이 환경 및 보건의 범위는 광범위하다고 할 수 있다.

(2) 최근 현대사회의 주요 현안으로 언급되는 악성 신생물(암), 손상 및 중독, 그리고 징후 및 불명확한 병태, 중금속으로 유발되는 중독 등은 환경요인과 관련 가능성이 높이 평가되는 질환이다.

(3) 이는 가속화되는 환경오염이 우리 인간의 건강과 생명을 날로 위협하고 있다는 것을 의미하며, 그로 인해 환경보건에 대한 중요성을 더욱 실감케 한다.

(4) 더욱이 지구 도처에서 빈발하고 있는 기상이변, 엘리뇨 현상, 지진 등의 자연재해와 인위적이라고 할 수 있는 오존층 파괴, 지구온난화, 산성비, 사막화, 산림파괴가 심각한 상황일 뿐만 아니라, 식품오염, 유해물질의 사용, 해양오염, 폐기물, 산업재해, 유해곤충 등의 여러 문제는 환경보건 분야의 부담을 가중시키고 있다.

2) 국제사회 중요 주제인 환경보건 문제

(1) 1972년에 스웨덴의 스톡홀름에서 개최된 제1차 국제환경회의는 오직 하나뿐인 지구(Only One Earth)라는 주제를 선정하여 전 세계인에게 지구의 소중함과 환경오염의 위험성을 동시에 알리는 계기가 되었으며,

(2) 1992년에 브라질 리우에서 개최된 제2차 국제환경회의는 21세기를 맞이하는 국제사회로 하여금 새로운 지도이념, 즉, 환경적으로 건전한 지속가능한 발전을 채택하게 되었다.
(3) 또한 환경오염문제를 해결하기 위하여 UN에서는 각 국가들로 하여금 행정기관과 환경관련법을 제정하도록 하고 있으며 교토의정서, 몬트리올의정서 등을 통하여 환경 문제에 대해 전 세계적으로 대응하고자 하고 있다.
(4) 우리나라도 이러한 흐름에 동참하기 위해 노력하고 있으며, 실례로 1980년대 후반 2개에 불과하였던 환경관련법이 현재는 40여 개에 이르며, 전문 인력 양성에 힘쓰고 있다. 또한, 환경 분야의 사회적 이슈가 상대적으로 대두됨으로 인해 현재 현대사회의 상식 및 교양수준의 환경·보건 지식의 필요도 자연스럽게 주목을 받고 있다.

2 환경보건의 구분

1) 환경(環境, Environment)

인간을 포함한 온갖 생물을 둘러싸고 있는, 생명 있는 존재에 영향을 미치는 외계

(1) 자연환경

① 물리·화학적 환경(공기, 토양, 물, 빛, 진동, 소리)
② 생물학적 환경(동물, 위생곤충, 식물, 각종 병원성 미생물)

(2) 사회환경

① 인위적 환경(의복, 식생활, 주거지, 산업시설)
② 문화적 환경(정치, 경제, 사회, 종교, 문화예술, 교육)

UNEP(United Nations Environment Programme)의 구성요소 분류

- 자연환경 구성요소 : 대기, 태양, 물, 암석권, 육상생태계
- 인공 환경 구성요소(Man and Environment) :
  인구, 주거, 인간의 건강, 산업, 에너지, 운송, 관광, 환경교육, 공공 인식 등

2) 인간 – 환경의 관계

인간의 건강상태는 생체내부의 상태와 외부환경 시스템 사이의 상호작용 결과에 따라 다르게 나타난다.

(1) 환경은 자연적이면서 한편으로는 인간의 활동이나 존재에 의해 오염되기도 한다.

(2) 인간과 환경의 상호작용

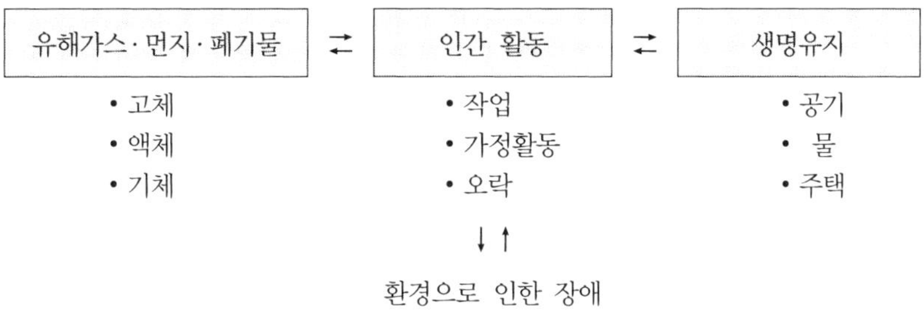

3) 환경에 의한 장애

(1) 생물학적 요인

① 동물 : 감염성 질환에 이환되어 있거나 보균상태의 동물이 병원소의 역할을 함으로써 사람에게전파시킬 수 있다.

② 곤충 : 사람에서 사람으로, 또는 동물에서 사람으로 질병이 전파될 때의 매개체 역할을 한다(모기, 진드기 파리 등).

③ 미생물 : 질병의 직접적인 원인으로서 세균, 바이러스, 리케차 등이 있다.

(2) 화학적 요인

① 물질의 독성, 농도 노출기간 또는 개인의 감수성에 따라 인간의 반응은 달라진다.

② 매년 개발되는 새로운 화학물질이 수백 종에 이른다.

③ 고체상태의 분진이나 흄(fume)이 호흡기를 통해 체내로 유입된다.

④ 액체상태의 화학성분이 상수나 식품 속에 함유되어 중독증상을 유발할 수 있다.

⑤ 가스상태의 화학성분은 대기오염을 유발하고 그것으로 인한 각종 신체장애를 유발한다.

⑥ 동식물이나 어패류의 일정 조직 중에 농축되어 고등생물에게는 치명적인 해를 주는 경우도 있다.

(3) 물리적 요인

① 온도 및 습도 : 인체의 대사량, 산소소비량, 호흡수, 심박수, 혈압에 영향을 주며 저온환경에서 동상, 참호족 등을 유발하고 고온환경에서는 열중증 등을 유발할 수 있다.

② 유해광선 : 적외선, 자외선 등은 주로 피부와 안질환을 유발하게 되면 방사선은 암, 조혈기능 장애 등을 일으킬 수 있다.

③ 소음 및 진동 : 청력손실 및 심리적·신체적 장애를 일으킬 수 있으며 산업장에서는 산업재해 발생빈도를 촉진시키는 원인이 되기도 한다.

(4) 사회적·심리적 요인

① Dubos(1969)는 "정신의 특성을 형성하는 것은 환경이고, 유전요인은 자극에 대한 반응양식을 결정할 뿐이다."라고 주장했다.

② 저밀도 지역에 비해 고밀도 사회에서는 정신질환의 발병 빈도가 상당히 높다.

③ 따라서 건강의 증진과 질병의 예방에 관하여 사회적·심리적 요인은 매우 중요하다고 할 수 있다.

3 환경보건의 개념

1) 위생학의 개념

(1) 위생의 의미는 건강의 보전·증진을 도모하고 질병의 예방, 치유에 힘쓰는 일이다.

(2) Victor M. Ehlers와 Erest W. Steel은 「도시와 농촌위생」이란 저서에서 다음과 같이 기술하고 있다.

> "위생이란 질병의 전염환(傳染環)을 형성하는 환경요소를 제거하거나 관리함으로써 질병을 예방하는 것 (Sanitation is the prevent of disease by eliminating or controlling the environ -mental factors which form links in the chain of transmission.)"

(3) WHO의 환경위생 전문위원회의 정의 : "환경위생은 인간의 생체발육, 건강 및 생존에 유해한 영향을 미치거나 미칠 가능성이 있는 인간의 물리적 생활환경에 있어서의 모든 요소를 통제하는 것이다."

2) 환경보건의 개념

(1) P. walton purdom : "환경보건(Environmental Health)은 인간 주위에서 인간의 건강과 복지에 영향을 주는 각종 생명, 물질, 힘, 상태를 취급하는 공중보건의 한 분야"라고 함

(2) 사람의 건강과 질병에 관계된 요인들을 사람과 환경 사이의 상호 관련성의 측면에서 이해하고 파악하는 학문이다.

(3) 우리나라 환경보건법에 의한 환경보건의 정의

> "환경보건"이란, 「환경정책기본법」 제3조 제4호에 따른 환경오염과 「화학물질관리법」 제2조 제8호에 따른 유해화학물질 (환경유해인자) 등이 사람의 건강과 생태계에 미치는 영향을 조사·평가하고 이를 예방·관리하는 것을 말한다.

4 환경보건의 목적과 범위

1) 목적

(1) 환경보건학은 인간과 환경의 관계에서 인간을 중심으로 한 보건문제를 연구하는 학문으로 환경을 개선하여 건강을 유지·증진시키고 적극적으로 새로운 환경을 창조함으로써 보다 나은 삶을 도모하는 것을 목적으로 한다.

(2) WHO에서 정의하는 'environmental health'

> Environmental health addresses all the physical, chemical, and biological factors external to a person, and all the related factors impacting behaviors. It encompasses the assessment and control of those environmental factors that can potentially affect health. It is targeted towards preventing disease and creating healtH¯supportive environments. This definition excludes behaviour not related to environment, as well as behaviour related to the social and cultural environment, and genetics
>
> (출처 :http://www. who.int/topics/environmental_health/en/)

2) 환경보건의 영역과 범위

(1) WHO의 Public Health and Environment(PHE)에서는 현재 실내 공기오염, 대기오염, 수질오염관리, 화학물질안전, 전자기장, 전리방사선, 자외선, 어린이 건강, 건강한 환경

만들기, 직업보건, 긴급 상황의 보건, 기후변화 등을 비중 있게 다루고 있다.

(2) WHO의 환경보건전문위원회 : "국가의 환경보건사업 - 계획, 조직, 행정에서 공중보건에 포함될 사업을 다음과 같이 구분하고 있다.

WHO의 환경보건사업 분야

① 급수 : 시민에 대하여 양질의 안전하고 풍부한 물의 공급 → 계획, 설계, 관리, 기타 이용 상황을 고려한 수원의 위생 감시
② 하수처리와 수질오염방지 : 가정하수, 오물, 기타 폐약의 처리, 지표수(해수포함)와 지하수의 수질오염방지
③ 유해곤충, 절족, 연체동물, 서족(쥐 등) 및 기타 질병 숙주의 구제
④ 인간의 오물 및 인간, 동물, 식물 고형폐기물 처리 : 위생적 취급과 처리를 포함
⑤ 유해물질로 기인되는 토양오염의 예방과 그 관리
⑥ 식품 위생 및 우유 위생
⑦ 대기오염방지
⑧ 방사선 물질관리
⑨ 산업보건 특히 물리적·화학적·생물학적 위험방지
⑩ 소음방지
⑪ 주택과 그 인접환경, 특히 주택, 공중 및 공동건물의 공중위생
⑫ 도시와 지역계획
⑬ 육·해·공 수송의 환경보건
⑭ 사고방지
⑮ 공공 레크리레이션과 관광여행 : 특히 해수욕장, 풀장, 캠프장 등의 환경보건
⑯ 전염병, 구급, 재해와 인구 이동에 관련된 조치
⑰ 전면적 환경보건대책에 의한 위해 방지

요점 정리

1. 환경보건의 시사점

1) 현대사회에서 환경보건의 중요성

'신의 영역 다음으로 넓은 게 환경이다'라는 말로도 알 수 있듯이 환경 및 보건의 범위는 광범위하다고 할 수 있다.

2) 국제사회 중요 주제인 환경보건 문제

1972년에 스웨덴의 스톡홀름에서 개최된 제1차 국제연합인간환경회의는 오직 하나뿐인 지구(Only One Earth)라는 주제를 선정하여 전 세계인에게 지구의 소중함과 환경오염의 위험성을 동시에 알리는 계기가 되었으며, 환경오염문제를 해결하기 위하여 UN에서는 각 국가로 하여금 행정기관과 환경관련법을 제정하도록 하고 있으며 교토의정서, 몬트리올의정서 등을 통하여 환경 문제에 대해 전 세계적으로 대응하고자 하고 있다.

2. 환경보건의 구분

1) 환경(環境, Environment)

인간을 포함한 온갖 생물을 둘러싸고 있는, 생명 있는 존재에 영향을 미치는 외계

(1) 자연환경
(2) 사회환경

2) 인간 – 환경의 관계

인간의 건강 상태는 생체내부의 상태와 외부환경 시스템 사이의 상호작용의 결과에 따라 다르게 나타난다.

3) 환경에 의한 장애

(1) 생물학적 요인

(2) 화학적 요인

(3) 물리적 요인

(4) 사회적·심리적 요인

3. 환경보건의 개념

1) 위생학의 개념

(1) 위생의 의미는 건강의 보전·증진을 도모하고 질병의 예방, 치유에 힘쓰는 일이다.

(2) WHO의 환경위생 전문위원회의 정의 : "환경위생은 인간의 생체발육, 건강 및 생존에 유해한 영향을 미치거나 미칠 가능성이 있는 인간의 물리적 생활환경에 있어서의 모든 요소를 통제하는 것이다."

2) 환경보건의 개념

P. walton purdom : "환경보건(Environmental Health)은 인간 주위에서 인간의 건강과 복지에 영향을 주는 각종 생명, 물질, 힘, 상태를 취급하는 공중보건의 한 분야"라고 함

3) 환경보건의 목적과 범위

(1) 목적

환경보건학은 인간과 환경의 관계에서 인간을 중심으로 한 보건문제를 연구하는 학문으로 환경을 개선하여 건강을 유지·증진시키고 적극적으로 새로운 환경을 창조함으로써 보다 나은 삶을 도모하는 것을 목적으로 한다.

(2) 환경보건의 영역과 범위

WHO의 Public Health and Environment(PHE)에서는 현재 실내 공기오염, 대기오염, 수질오염관리, 화학물질안전, 전자기장, 전리방사선, 자외선, 어린이 건강, 건강한 환경 만들기, 직업보건, 긴급 상황의 보건, 기후변화 등을 비중 있게 다루고 있다.

퀴즈(객관식 3문항)

01 고대 그리스 시대에 오염된 공기를 질병발생의 원인이라 하였는데 무엇인가?

① miasma ② hygiene
③ virus ④ bacteria

정답 ①

해설 고대 그리스 시대에는 오염된 공기를 miasma라고 하여 질병발생의 원인이라고 하였다.

02 근대 시대에 면역학을 발표하여 처음으로 위생, 공중위생 및 법의학 연보를 창간한 사람은?

① L. Pasteur ② Potty william
③ E. Jenner ④ B. Ramazzini

정답 ①

해설 근대 시대에 프랑스 파스테르가 면역학을 발표하여 처음으로 위생, 공중위생 및 법의학 연보를 창간하였다.

03 호흡마비 등 중독증상을 일으켜 사망에 일으키는 미나마타병의 원인 물질은?

① 납 ② 수은
③ 카드뮴 ④ 벤젠

정답 ②

해설 1956년 일본 구미모토현 미나마타시 인근 화학공장에서 방류한 유기수은이 어패류를 통한 생물농축 과정을 거쳐 이를 섭취한 인근 주민들에게 수은 중독현상이 나타난 것이다.

02 환경보건학의 역사

학습 목표 1. 환경보건학의 역사에 대해 설명 할 수 있다.
2. 환경오염사건의 원인 및 예방대책에 대해 설명 할 수 있다.

학습 내용 1. 환경보건학의 역사
2. LA 스모그와 런던 스모그의 비교
3. 미나마타병과 이따이이따이병의 비교
4. 체르노빌사건의 이해

1 환경보건학의 역사

1) 고대

(1) 그리스시대

Corpus Hippocrates(B.C 460~357)는 그리스시대의 의성(醫聖)으로서 「Corpus Hippocraticum」 전집을 남겼으며 이 시대에는 오염된 공기를 Miasma(瘴氣)라고 하여 질병 발생의 원인이라고 하였다.

(2) 로마시대

J. Caeser(B.C. 102~44)는 급수와 배수시설, M.T. Valo(B.C. 117~26)는 주택개선과 환기에 P.Vitolvius(B.C. 106~43)는 건축위생에 관심을 가졌고, 이 시대의 의학자인 Galene(A.D. 130~200)은 건강의 필수요건이 걱정과 번뇌가 없는 것 또는 경제적인 자주독립이라 주장하였는데 여기서 위생학(Hygiene)이란 말을 사용하였다.

2) 중세

1347년부터 페스트가 대유행하여 위생행정의 필요성을 가져오게 하였으며 1803년 콜레라의 대유행은 검역의 기원이 되었다. 그 밖에 방역 의사, 감정 의사, 빈민구제 의사, 경찰 의사 등이 활약하였다.

3) 근세

(1) 이탈리아

17세기 이탈리아의 직업병 연구자 B. Ramazzini(1633~1714)는 「De Morbis Antificum Diatriba」를 출판하여 산업위생의 선구자로서 기반을 닦았다.

(2) 영국

① 영국의 Potty William(1632~1687)은 생태학, 인구, 사망 등 통계에 관한 것으로 보건행정의 과학화를 제시하였다.

② 영국의 E. Jenner(1749~1823)는 천연두 예방접종법(우두법)을 발명하여 근대의학에 위대한 업적을 남겼다.

(3) 독일

독일의 J. P. Frank(1745~1821)는 전체국가가 국민보건에 대한 책임을 맡아서 국민의 건강을 위하여 명령할 수 있고, 국민은 그것을 준수하여야 한다고 하여 보건행정에 경찰의 기능을 강조하는 위생경찰을 확립하였다.

4) 근대

(1) 프랑스

L.Pasteur(1827~1912)는 면역학을 발표하여 처음으로 「위생, 공중위생 및 법의학 연보(1822)」를 창간하였다.

(2) 영국

J. Lister(1872~1912)는 석탄산 살균법 소독수술에 성공하였고, E. Chadwick (1800~1875)은 위생학자로 산업혁명 이후 기계 및 작업에 의한 외상 유독물질에의 노출 등 인간에 대한 새로운 위험요인으로 환경문제가 대두됨에 따라 '대영제국 근로자들의 보건상태에 관한 조사보고서'를 발표하여 공중보건 사업의 사회조직화를 제시하였다.

(3) 독일

① M. V. Pettenkofer(1818~1901)는 생활환경 중 자연적 환경, 특히 이화학적 환경이

인체에 미치는 영향을 과학적으로 규명하고자 노력하는 등 위생문제를 체계적으로 연구하는 환경위생학을 근대과학으로 발전시켰다.

② R. Koch(1843~1910)는 건열멸균법, 고압증기멸균법, 저온소독법을 개발하였고, 1881년에는 승홍수($HgCl_2$) 소독법 등을 발표하였다.

5) 현대

(1) 현대의학

① 20세기에 들어서면서부터는 미국의 영향을 크게 받았는데, Massachusetts 공과대학의 Sedwicke이 대학 내에 위생공학, 산업위생, 역학, 위생통계 등 10여 종의 연구실을 설립하는 것을 시작으로 1913년에는 Havard 대학교, Massachusetts 공과대학 연합으로 세계 최초의 공중위생대학을 창립하였고, 이 대학은 1922년에 Havard 보건대학으로 개칭하였다.

② 독일의 A. Grotjahn은 M. V. Pettenkofer의 실험위생학을 비판하고 사회위생학을 체계화하여 「사회위생학 사전」(1912)을 출간하였다.

③ 미국의 E. Sydensticker는「건강과 환경」(1933)이란 저서에서 사회학의 필요성을 제시하였다.

(2) 현대의학의 특징

① 인류와 생명이 연장되고 각국의 평균수명이 늘어나고 있는 한편, 신생물성 질환의 증가와 심장병, 암, AIDS 등의 질환이 큰 문제로 대두되고 있다.

② 도시생활은 정신질환의 증가, Virus성 질환도 문제가 되고 있어 현대의학은 점차 사회성을 띤 공중보건의 활동을 요구하였고, 치료의학에 대립해서 광범위한 예방의학의 영역을 개척하였다.

③ 20세기 후반에는 산성비, 오존층의 파괴 및 지구온난화 등의 현상이 발생, 환경문제가 전 세계인의 문제로 인식되어 1972년 6월 스웨덴의 스톡홀름에서 "지구는 단 하나뿐"이라는 주제로 국제인간환경회의를 개최하기 시작하면서부터 현재까지 지속적인 국제 간 협약을 하고 있다.

2 중요 환경오염사건

1) 정의

(1) 환경과 오염의 합성어

(2) 인간 활동으로 생겨나는 오염 물질이 환경의 자정능력 범위를 넘어 바람직하지 않은 환경의 질적 변화를 일으키고, 나아가 인간의 삶에 해로운 영향을 주는 현상을 말함

(3) 20세기의 환경오염 및 환경 재난 사건

2) 사건

(1) LA 스모그

① 장소 : 미국 로스엔젤레스 시

② 연도 : 1940년~

③ 원인 물질 : 광화학 스모그

④ 과정 및 원인

로스엔젤레스 지역은 여름과 가을에 항상 침강성 역전층이 형성되어 도시에서 발생한 오염물질이 상공으로 확산되지 못하고 축적되어 있으면서 강한 햇빛에 의해 광화학반응을 일으켜 스모그를 생성함.

⑤ 피해 상황

- 1954년부터 대부분의 LA 시민들은 눈, 코, 기도, 폐 등의 점막 자극과 불쾌감을 호소, 가축 및 농작물 등 재산상의 피해가 크게 나타남.
- 1979년 가을, 주민의 83%가 육체적으로 불쾌하거나 건강에 대한 불안을 호소하였으며, 57%는 눈에 통증과 자극을 느끼고 25%가 두통, 호흡기 자극, 인후염증을 호소함.

(2) 러브커넬(Love Canal)

① 장소 : 미국 뉴욕 주

② 연도 : 1640~1952년

③ 원인 물질 : 유독성 화학물질

④ 과정 및 원인

- 미국의 한 화학회사가 나이아가라 폭포 인근에 유독성 화학물질을 매립하여 주변 학교와 주민들이 만성 천식, 신장 및 간질환, 선천성 기형아 등의 증세를 보이기 시작함.

⑤ 피해 상황

- 다른 지역에 비해 유산율이 4배 높고, 1973～1978 년에 태어난 어린이들이 정신박약, 심장 및 신장질환 등 선천성 기형아라는 사실이 보고됨.

(3) 런던스모그

① 장소 : 영국 런던시

② 연도 : 1952년

③ 원인 물질 : 이산화황에 의한 스모그

④ 과정 및 원인

⑤ 피해 상황

- 런던 시에서 석탄 연소로 발생된 연기가 정제되지 않은 채 대기 중으로 배출되어 무풍현상과 기온역전으로 인해 짙은 안개와 합쳐져 스모그를 형성함.

연기 속에 있던 이산화황은 황산안개로 변했고 이 현상은 1주일간 지속됨.

⑤ 피해 상황

- 호흡장애와 질식 등으로 4,000여 명 사망. 그 후 만성 폐질환으로 8,000여 명이 추가 사망하여 총 1만 2,000명이 사망함.

(4) 미나마타병

① 장소 : 일본 구미모토현 미나마타시

② 연도 : 1956년

③ 원인 물질 : 수은

④ 과정 및 원인

- 인근 화학공장에서 방류한 유기수은이 어페류를 통한 생물농축 과정을 거쳐, 이를 섭취한 인근 주민들에게 수은 중독현상이 나타남.

⑤ 피해 상황

- 중독증상을 일으킨 111명 중 47명이 호흡마비로 사망하였고 1965년까지 부분적인

중독 증상자는 6,000명에 달함.

(5) 이타이 이타이병

① 장소 : 일본 도야마현

② 연도 : 1950~1960년대

③ 원인 물질 : 카드뮴

④ 과정 및 원인

- 일본 도야마현에서 납, 아연 제련공장에서 카드뮴이 포함된 폐수가 다량으로 배출됨.
- 오염된 하천수를 농업용수로 사용한 농토에 카드뮴이 축적되고 수확한 쌀에 카드뮴이 흡수되어 오염됨.

⑤ 피해 상황

- 카드뮴으로 오염된 물고기를 먹은 사람, 폐수를 농업용수로 사용하여 지은 농산물을 먹은 사람, 카드뮴이 포함된 물을 계속해서 식수로 사용한 사람들에게 골연화증이 발병함.

(6) 세베소 사건

① 장소 : 이탈리아 세베소시

② 연도 : 1976년

③ 원인 물질 : 염소가스, 다이옥신

④ 과정 및 원인

- 농약제조 회사의 Trichloro phenol 생산 공장에서 반응기 내부의 과압으로 인해 안전벨브가 열리면서 반응기 내부에 있던 다량의 유독성 화학물질이 대기로 방출됨.
- 15분 동안의 누출에 의해 독성구름이 세베소를 비롯한 인근 5킬로미터 이내의 11개 마을로 퍼져나감.

⑤ 피해 상황

- 누출 6일 만에 12명의 어린이가 입원, 그 후 3만 2000여 명의 어린이를 조사한 결과 187명이 염소가스로 화상을 입은 것과 같은 피부병에 감염된 것으로 확인.
- 누출된 화학물질 속에 함유된 염소가스로 인해 수백 마리의 동물이 죽거나 병들었고 많은 사람이 피부병에 걸리게 됨.

(7) 보팔 사건

① 장소 : 인도 보팔시

② 연도 : 1984년

③ 원인 물질 : 메틸이소시안(MIC : Methyl Isocyanate)

④ 과정 및 원인

- 화학약품 제조회사에서 메틸이소시안이라는 유독가스가 저장된 탱크가 누출되어 2시간 동안 36톤이 유출됨.
- 안전수칙이 제대로 지켜지지 않았으며 조기경보체계도 작동되지 않아 발생한 사고임.

⑤ 피해 상황

- 자연생태계가 크게 훼손되고, 2,800여 명의 인근 주민이 사망, 20만 명 이상의 피해자가 발생함.
- 생존자의 대부분이 실명이나 호흡기장애, 중추신경계와 면역체계의 이상으로 평생 고통받으며 살게 되었으며 피해 보상을 청구한 사람이 58만 3,000여 명에 달함.

(8) 체르노빌 사건

① 장소 : 러시아 체르노빌

② 연도 : 1986년

③ 원인 물질 : 방사능 물질

④ 과정 및 원인

- 러시아의 체르노빌 원자력발전소에서 가동 중지 터빈을 시험하던 근무자가 안전수칙을 지키지 않아 원자로가 폭발하면서 10일간 방사능물질이 유출됨.
- 사고지역 내의 많은 건물을 비롯해 자연생태계가 심하게 오염되어 발전소로부터 30킬로미터 이내에 거주하던 약 13만 5,000여 명이 이주함.

⑤ 피해 상황

- 초기 사망자는 31명에 불과했지만 사고 발생 4년 후에는 300명 정도로 증가함.
- 1986~1990년까지의 통계자료에 따르면 갑상선 질환, 암, 백혈병 등의 발생률이 50퍼센트 이상 증가하였고 유산, 사산, 유전적 기형아 발생률도 크게 증가함.
- 누출된 방사능물질은 기상현상에 따라 계속 이동함으로써 인근 국가의 채소, 과일, 낙농제품 등에서도 검출됨.

요점 정리

1. 환경보건학의 역사

(1) 고대 : Corpus Hippocrates(B.C 460~357)는 그리스시대의 의성(醫聖)으로서 「Corpus Hippocraticum」 전집을 남겼으며 이 시대에는 오염된 공기를 Miasma(瘴氣)라고 하여 질병 발생의 원인이라고 하였다.

(2) 중세 : 1347년부터 페스트가 대유행하여 위생행정의 필요성을 가져오게 하였으며 1803년 콜레라의 대유행은 검역의 기원이 되었다. 그 밖에 방역 의사, 감정 의사, 빈민구제 의사, 경찰 의사 등이 활약하였다.

(3) 근세 : 17세기 이탈리아의 직업병 연구자 B. Ramazzini(1633~1714)는 「De Morbis Antificum Diatriba」를 출판하여 산업위생의 선구자로서 기반을 닦았다.

(4) 근대 : L.Pasteur(1827 ~ 1912)는 면역학을 발표하여 처음으로 「위생, 공중위생 및 법의학 연보(1822)」를 창간하였다.

(5) 현대 : 20세기에 들어서면서부터는 미국의 영향을 크게 받았는데, Massachusetts 공과대학의 Sedwicke이 대학 내에 위생공학, 산업위생, 역학, 위생통계 등 10여 종의 연구실을 설립하는 것을 시작으로 1913년에는 Havard 대학교, Massachusetts 공과대학 연합으로 세계 최초의 공중위생대학을 창립하였고, 이 대학은 1922년에 Havard 보건대학으로 개칭하였다.

2. 환경오염사건

(1) LA 스모그 : 로스엔젤레스 지역은 여름과 가을에 항상 침강성 역전층이 형성되어 도시에서 발생한 오염물질이 상공으로 확산되지 못하고 축적되어 있으면서 강한 햇빛에 의해 광화학반응을 일으켜 스모그를 생성함.

(2) 런던 스모그 : 런던시에서 석탄 연소로 발생된 연기가 정제되지 않은 채 대기 중으로 배출되어 무풍현상과 기온역전으로 인해 짙은 안개와 합쳐져 스모그를 형성함. 또한, 연기 속에 있던 이산화황은 황산 안개로 변했고 이 현상은 1주일간 지속됨.

(3) 미나마타병 : 인근 화학공장에서 방류한 유기수은이 어패류를 통한 생물농축 과정을 거쳐, 이를 섭취한 인근 주민들에게 수은 중독현상이 나타남.

(4) 이따이이따이병 : 일본 도야마현에서 납, 아연 제련공장에서 카드뮴이 포함된 폐수가 다량으로 배출됨. 또한, 오염된 하천수를 농업용수로 사용한 농토에 카드뮴이 축적되고 수확한 쌀에 카드뮴이 흡수되어 오염됨.

퀴즈(객관식 3문항)

01 고대 그리스 시대에 오염된 공기를 질병 발생의 원인이라 하였는데 무엇인가?

① miasma ② hygiene
③ virus ④ bacteria

정답 ①

해설 고대 그리스시대에는 오염된 공기를 miasma라고 하여 질병 발생의 원인이라고 하였다.

02 근대 시대에 면역학을 발표하여 처음으로 위생, 공중위생 및 법의학 연보를 창간한 사람은?

① L. Pasteur ② Potty william
③ E. Jenner ④ B. Ramazzini

정답 ①

해설 근대 시대에 프랑스 파스퇴르가 면역학을 발표하여 처음으로 위생, 공중위생 및 법의학 연보를 창간하였다.

03 호흡마비 등 중독증상을 일으켜 사망에 일으키는 미나마타병의 원인 물질은?

① 납 ② 수은
③ 카드뮴 ④ 벤젠

정답 ②

해설 1956년 일본 구미모토현 미나마타시 인근 화학공장에서 방류한 유기수은이 어패류를 통한 생물농축 과정을 거쳐 이를 섭취한 인근 주민들에게 수은 중독현상이 나타난 것이다.

03 환경문제 해결을 위한 전 지구적 국제환경협약

학습 목표 1. 국제적 환경협약에 대해 설명 할 수 있다.

학습 내용 1. 온실가스 저감을 위한 교토의정서
2. 유해폐기물 국가간 이동 억제를 위한 바젤협약
3. 오존층 파괴 물질규제에 대한 몬트리올 의정서
4. 습지의 보호 및 관리에 대한 람사협약

1 전 지구적 국제환경협약

(1) 로테르담협약

① 연도 : 1998년

② 내용 : 화학물질, 농약 기타 금지 및 규제 대상 제품이나 물질의 국제교역 문제

③ 주요 내용

- 특정 유해화학물질과 농약이 인류의 건강과 환경에 나쁜 영향을 미치는 것을 방지하기 위하여 정보교환을 촉진하고, 수출입에 관한 각국의 절차를 규정

(2) 교토의정서

① 연도 : 1997년

② 내용 : 기후변화 협약의 구체적 이행방안

③ 주요 내용

- 온실가스 배출에 대한 상호거래 및 배출권 거래 등 신축성 확보
- 공동이행, 청정개발체제의 시행

(3) 사막화 방지 협약

① 연도 : 1994년

② 내용 : 특히, 아프리카 국가들의 사막화 확산

③ 주요 내용

- 사막화의 영향을 받는 국가들을 재정·기술적으로 지원하여 사막화 대응 능력 향상
- 선진적 자금 지원 공급을 의무화

(4) 생물 다양성 협약

① 연도 : 1992년

② 내용 : 매년 25,000~50,000여 종의 생물 멸종(현재 약 3,000만 종으로 추정)

③ 주요 내용

- 생물 다양성의 보전과 지속 가능한 이용 및 천연·유전자원에 대한 주권적 권리 향유

(5) 리우 선언

① 연도 : 1992년

② 내용 : 기후 변화 협약 및 지속가능한 개발 실현

③ 주요 내용

- 이산화탄소 등 온실가스 배출을 2000년까지 1990년 수준으로 유지

(6) 마드리드 의정서

① 연도 : 1991년

② 내용 : 남극대륙에서 일어나는 모든 인간 활동을 단일한 기준에 따라 규제

③ 주요 내용

- 남극조약지역에서 수행되는 다양한 과학연구 활동, 관광 및 정부와 비정부 활동의 계획을 세우거나, 관련 시설물을 폐기할 때는 환경영향평가를 이행

(7) 바젤협약

① 연도 : 1989년

② 내용 : 유해폐기물의 국가 간 이동 및 그 처리의 통제

③ 주요 내용

- 유해폐기물의 국가 간 이동 억제 및 환경적으로 건전한 처리 및 개도국의 폐기물처리 지원

(8) 몬트리올 의정서

① 연도 : 1987년

② 내용 : 오존층 파괴 물질에 관한 규제

③ 주요 내용

- 규제물질의 생산과 소비의 전폐 일정 준수
- 비당사국과의 규제대상물질의 무역을 금지
- 규제대상물질의 생산량과 소비량을 매년 사무국에 보고

(9) 비엔나 협약

① 연도 : 1985년

② 내용 : 오존층 파괴 물질에 관한 규제

③ 주요 내용

- 사전주의에 입각하여 오존층 파괴 방지조치의 실시, 오존층 보호를 위한 관측, 조사·연구 및 정보교환 등을 규정

(10) 유엔 해양법 협약

① 연도 : 1982년

② 내용 : 해양에 관한 국가관할권, 해양환경개발, 해양분쟁 해결 등 연안국 및 해양 이용국의 해양 관련 권리와 의무를 규정

③ 주요 내용

- 선박, 육상 기인 오염원에 의한 해양오염, 대기에 의한 해양오염, 해양투기에 의한 해양오염 등 다양한 오염원으로부터의 해양오염의 방지, 경감과 통제

(11) 멸종 위기에 처한 야생 동식물종의 국제 거래에 관한 협약(워싱턴 협약)

① 연도 : 1975년

② 내용 : 불법 거래나 과도한 국제거래에 의한 일부 종의 위치 초래(식물 60,000종, 동물 2,000종)

③ 주요 내용

- 야생 동식물의 수출입 국가들이 상호 협력하여 국제 거래를 규제

(12) 람사르협약

① 연도 : 1971년

② 내용 : 물새 서식지로서, 특히 국제적으로 중요한 습지에 관한 협약

③ 주요 내용

- 리스트에 포함된 습지의 보호 및 습지의 적정한 이용을 위한 계획 수립

요점 정리

1. 전 지구적 국제환경협약

(1) 교토의정서 : 기후변화 협약의 구체적 이행방안을 위해 온실가스 배출에 대한 상호거래 및 배출권 거래 등 신축성 확보와 공동이행, 청정개발체제의 시행을 하기 위한 국제환경협약

(2) 로테르담협약 : 화학물질, 농약 기타 금지 및 규제 대상 제품이나 물질의 국제교역 문제를 해결하기 위해 특정 유해화학물질과 농약이 인류의 건강과 환경에 나쁜 영향을 미치는 것을 방지하기 위하여 정보교환을 촉진하고, 수출입에 관한 각국의 절차를 규정한 협약

(3) 생물 다양성 협약 : 매년 25,000~50,000여 종의 생물 멸종(현재 약 3,000만 종으로 추정)됨에 따라 생물 다양성의 보전과 지속 가능한 이용 및 천연·유전자원에 대한 주권적 권리 향유하기 위한 국제환경협약

(4) 리우 선언 : 기후 변화 협약 및 지속가능한 개발 실현하기 위한 것으로 이산화탄소 등 온실가스 배출을 2000년까지 1990년 수준으로 유지하기 위한 협약

(5) 바젤협약 : 유해폐기물의 국가 간 이동 및 그 처리의 통제를 위한 것으로 유해폐기물의 국가 간 이동 억제 및 환경적으로 건전한 처리 및 개도국의 폐기물처리 지원을 하기 위한 협약

(6) 몬트리올의정서 : 오존층 파괴 물질에 관한 규제로 규제물질의 생산과 소비의 전폐 일정 준수, 비당사국과의 규제대상물질의 무역을 금지 및 규제대상 물질의 생산량과 소비량을 매년 사무국에 보고하기 위한 국제환경협약

(7) 람사르협약 : 물새 서식지로서, 특히 국제적으로 중요한 습지에 관한 협약으로 리스트에 포함된 습지의 보호 및 습지의 적정한 이용을 위한 계획 수립하기 위한 국제환경협약

퀴즈(객관식 3문항)

01 1997년 기후변화 협약의 구체적 이행방안으로 온실가스 배출에 대한 상호거래 및 배출권 거래 등 신축성을 확보한 국제환경협약은?

① 몬트리올의정서 ② 마드리드 의정서
③ 로테르담협약 ④ 교토의정서

정답 ④

해설 온실가스 배출에 대한 상호거래 및 배출권 거래 등 신축성을 확보하고, 기후변화 협약의 구체적 이행방안을 규정한 것은 교토의정서이다.

02 오존층 파괴물질에 관한 규제를 담고 있는 국제환경협약은?

① 몬트리올의정서 ② 마드리드 의정서
③ 로테르담협약 ④ 교토의정서

정답 ①

해설 오존층 파괴물질에 관한 규제로 규제물질의 생산과 소비의 전폐 일정 준수, 비당사국과의 규제대상물질의 무역을 금지 및 규제대상물질의 생산량과 소비량을 매년 사무국에 보고

03 유해폐기물의 국가 간 이동 및 그 처리의 통제를 담고 있는 국제환경협약은?

① 몬트리올의정서 ② 바젤협약
③ 로테르담협약 ④ 교토의정서

정답 ②

해설 유해폐기물의 국가 간 이동 억제 및 환경적으로 건전한 처리 및 개도국의 폐기물처리 지원을 하기 위한 국제환경협약은 바젤협약임.

04 환경위생으로 인한 감염병 발생

학습 목표
1. 감염병의 정의에 대해 설명할 수 있다.
2. 감염병의 발생 원인에 대해 설명할 수 있다.
3. 감염병 생성단계 6과정에 대해 설명할 수 있다.

학습 내용
1. 감염병의 정의 및 특성
2. 감염병 발생 원인
3. 감염병 생성과정 6단계

1 감염병의 정의

공중보건에 감염병이 차지하는 비중은 막중하다고 하겠다. 따라서 이러한 질병을 관리하는 것은 중요한 과제가 된다. 질병은 감염성 질환과 비감염성 질환으로 대별된다. 감염성 질환은 병원성 미생물이나 그 독성산물(toxin)로 인하여 생기는 질병인데, 한 환자를 통해서 새로운 환자를 만들 수 있는 질병을 말하며, 비감염성 질환은 병원균이나 독소 이외의 원인으로 발생하는 질병으로서 감염원으로 작용하지 않아 타인에게 전파하지 않는 질병을 말한다. 이러한 감염병이 과거 우리 인류에게 가장 큰 고통을 주었던 것은 사실이며 오늘날에도 국민보건상 중대한 문제로 남아 있어, 이에 대한 보다 과학적이고 실질적인 이론 및 관리 방법의 계속적인 연구가 필요하다.

2 역사적 배경

질병 발생을 사전에 예방하고 건강을 유지하고자 하는 노력은 인류 역사 시작과 더불어 계속되어왔다고 볼 수 있다. Hippocrates(B.C.460~377)를 시조로 질병에 대한 의학적 발전은 오늘날 유전 공학적인 방법을 통해서 질병을 극복하려는 노력에 이르기까지 많은 발전을 해오고 있다. 병인과 관리 방법에 대한 역사적 배경을 요약해 보면 다음과 같다.

1) 종교설 시대(宗教說 時代)

선신과 악신이 존재하는 것으로 믿고 있는 시대다. 예컨대, 종족의 성공, 번영이나 무병한 생활은 선신의 덕이라 믿었고, 반대로 질병의 유행, 기아, 불행, 사망 등은 악마나 귀신 때문이라 믿었다. 한편 질병을 죄악에 대한 벌로 해석하였으며, 이러한 경우 치료나 관리 방법은 종족승에 달려있었다.

2) 점성설 시대(占星說 時代)

자연에 대한 인식이 점차 높아져 질병의 발생이 환경의 어떤 요인과 관련이 있다고 믿게 되었다. 환경에 대한 관찰을 통하여 여러 설이 출현하였으며, 그중 성좌의 운동에 따라 유행병이 발생한다는 설이며, 질병뿐 아니라 전쟁, 기아도 이렇게 설명되었다.

3) 장기설 시대(瘴氣說 時代)

질병과 환경에 대한 보다 깊은 관찰로 계절·기후·온도·습도·밀집상태, 오물 등과 관련되어 질병이 변화한다는 것을 알았으며 전염병 발생은 나쁜 공기(瘴氣 = miasma = 나쁜 공기) 때문이라 믿었으며, 이 설은 Hippocrates 시대를 거쳐 Galen(A.D.131～201)에 의하여 더욱 발전되었다. Malaria(Malaria = bad air)는 19세기 말 이전에는 유독가스, 즉 장기(瘴氣) 때문에 발생한다고 믿었다. 질병이 발생한 가옥의 공기를 정화할 목적으로 연기 소독법(fumigation)이 사용되기도 하였다.

4) 접촉 전염설 시대(接觸 傳染說 時代)

전염병(질병)이 사람과 사람의 접촉에 의해 전파된다는 사실이 알려지기 시작한 시대이다. Aristoteles는 페스트 환자가 부근에 있는 건강한 사람에 잘 전염된다는 것을 지적하고 있다. 십자군의 뒤를 이어 질병(나병)이 좇아 왔다는 것과 콜럼버스의 신대륙 발견 후 성병이 유럽 전역에 유행되었던 것은 접촉 전염설을 크게 뒷받침했다.

5) 미생물 병인설 시대(微生物 病因說 時代)

Anton Van Leeuwenhook(1676)의 렌즈의 발견으로 「미소동물 : Animal cula」을 확인한 후 생물이 질병 발생의 원인체라는 사실이 인정되기 시작한 시기로 Louis Pasteur(파스퇴르, 1882

~1895)시대에는 본격적인 발전이 이루어졌다. 그 후 Robert Koch(코흐)에 의해 확인되었으며 계속하여 세계 각국에서 급속하게 확인되어 미생물학적 설명은 전염병 관리에 새로운 길을 열었다. 근래에 이르러 미생물학, 세균학, 면역학 등의 기초 의학이 급진되었으며, 1939년 Gordon은 지금까지의 역학적 제 연구를 총괄해서 전염병 뿐만 아니라 모든 질환, 즉 재해·선천성 기형·자살 등 모든 병적 현상을 대상으로 그 원인을 ① 병인(Agent : 외적인자) ② 숙주(Host : 내적인자) ③ 환경(Environment : 전염경로)의 3요인으로 나누어 연구 고찰하기에 이르렀다.

3 감염병 발생의 3요소

감염병 생성에는 역학의 3대 요인에 대응하는 감염원, 감염경로, 숙주의 감수성을 들 수 있으며, 급성 감염병의 경우, 예를 들면 ① 감염원으로써 질적·양적으로 충분한 병원체가 존재할 것 ② 감염원에 충분한 접촉기회가 있을 것 ③ 그 병원체에 감수성이 많은 사람이 존재해야 질병발생이 이루어진다는 것이다. 이는 감염병에 국한되는 것이 아니고 일반적인 질병 발생에도 관계되며 다른 말로 ① 병인(Agent) ② 환경(Environment) ③ 숙주(Host)라고도 표현할 수 있다.

1) 병인(病因 : Agent)

질병 발생의 직접적인 원인 요소로서 병인으로 작용할 수 있는 요인을 대별하면 다음과 같다.

(1) 영양적 병인(철분부족 - 빈혈, niacin 결핍 - Pellagra 유발)

(2) 화학적 병인(일산화탄소 중독, 각종 약물중독, 공해로 인한 장애, 산업장의 유해물질, 독성동식물)

(3) 물리적 병인(고온·저온 부적응증, 기압으로 인한 질병, 소음, 진동, 전기, 적외선, 자외선, X-선 등)

(4) 생물학적 병인(바이러스, 리켓치아, 세균, 진균, 원충, 유충, 절족동물). 절족동물은 감염병의 매개체 역할을 하며 옴의 진드기(sarcoptes scabiei)는 직접 병원체로 작용한다. 감염병의 경우 위의 여러 병인이 간접적으로 관여하나 직접적으로는 생물학적인 병인인 병원체가 주가 되며 인체에 작용하는 양과 시간, 작용 부위 및 기타 조건에 따라 다르다.

2) 환경요인(環境 : Environment)

감염원으로부터 감수성 보유자에게 병원체가 운반되는 감염경로를 제공해 주는 요인으로 대별하면 다음과 같다.

(1) 물리적 환경(기온, 강우량, 환기, 지형)

(2) 생물학적 환경(인간 주위의 모든 동식물 인간병원소, 활성 매개체, 기생충의 중간 숙주, 독버섯, 독 복어)

(3) 사회적 환경(인구밀도, 주거밀도, 전쟁, 재해, 직업, 사회풍습, 종교, 경제적 상태)

3) 숙주요인(宿主 : Host)

같은 병인과 환경 조건에서도 개인 및 집단에서 발생되는 질병의 분포 양상이 다르게 나타나고 있다. 이에 관여하는 요인으로는 면역성, 감수성, 저항력, 신체조건, 영양상태 등 다음과 같은 것을 들 수 있다.

(1) 연령 : 영유아기 - 각종 사고, 소아기 - 영양문제, 사춘기 - 정신적 불안정, 노령기 - 퇴행성 질환

(2) 성 : 생리 · 해부학적 차이, 체위, 체력, 및 심리적 차이

(3) 인종 : 흑인이 백인에 비해 결핵에 대한 감수성이 크다

(4) 선천성 요소 : 정신병, 혈우병, 당뇨병, 약제반응 과민체질 등과 관련

(5) 습관 : 생식, 수세, 흡연, 음주, 알코올 중독과 관계

(6) 면역 : 비특이성 면역 - 백혈구 식균능력, 영양상태, 신체적 조건
특이성 면역 - 획득면역, 예방접종

요점 정리

1. 감염병의 정의

질병은 감염성 질환과 비감염성 질환으로 대별된다. 감염성 질환은 병원성 미생물이나 그 독성산물(toxin)로 인하여 생기는 질병인데, 한 환자를 통해서 새로운 환자를 만들 수 있는 질병을 말하며, 비감염성 질환은 병원균이나 독소 이외의 원인으로 발생하는 질병으로서 감염원으로 작용하지 않아 타인에게 전파하지 않는 질병을 말한다.

2. 역사적 배경

질병 발생을 예방하고 건강을 유지하고자 하는 노력은 인류 역사 시작과 더불어 계속되어왔다고 볼 수 있다. Hippocrates(B.C.460~377)를 시조로 질병에 대한 의학적 발전은 오늘날 유전 공학적인 방법을 통해서 질병을 극복하려는 노력에 이르기까지 많은 발전을 해오고 있다.

3. 감염병 발생의 3요소

감염병 생성에는 역학의 3대 요인에 대응하는 감염원, 감염경로, 숙주의 감수성을 들 수 있으며, 급성 감염병의 경우, 예를 들면 ① 감염원으로서 질적·양적으로 충분한 병원체가 존재할 것 ② 감염원에 충분한 접촉기회가 있을 것 ③ 그 병원체에 감수성이 많은 사람이 존재해야 질병 발생이 이루어진다는 것이다. 이는 감염병에 국한되는 것이 아니고 일반적인 질병 발생에도 관계되며 다른 말로 ① 병인(Agent) ② 환경(Environment) ③ 숙주(Host)라고도 표현할 수 있다.

1) 병인(病因 : Agent)

질병발생의 직접적인 원인 요소로써 병인으로 작용할 수 있는 요인을 대별하면 다음과 같다.

(1) 영양적 병인(철분부족 - 빈혈, niacin 결핍 - Pellagra 유발)

(2) 화학적 병인(일산화탄소 중독, 각종 약물중독, 공해로 인한 장애, 산업장의 유해물질, 독성동식물)

(3) 물리적 병인(고온·저온 부적응증, 기압으로 인한 질병, 소음, 진동, 전기, 적외선, 자외선, X-선 등)

(4) 생물학적 병인(바이러스, 리켓치아, 세균, 진균, 원충, 유충, 절족동물). 절족동물은 감염병의 매개체 역할을 하며 옴의 진드기(sarcoptes scabiei)는 직접 병원체로 작용한다.

2) 환경요인(環境 : Environment)

감염원으로부터 감수성 보유자에게 병원체가 운반되는 감염경로를 제공해 주는 요인으로 대별하면 다음과 같다.

(1) 물리적 환경(기온, 강우량, 환기, 지형)

(2) 생물학적 환경(인간 주위의 모든 동식물 인간병원소, 활성 매개체, 기생충의 중간 숙주, 독버섯, 독 복어)

(3) 사회적 환경(인구밀도, 주거밀도, 전쟁, 재해, 직업, 사회풍습, 종교, 경제적 상태)

3) 숙주요인(宿主 : Host)

같은 병인과 환경 조건에서도 개인 및 집단에서 발생되는 질병의 분포 양상이 다르게 나타나고 있다. 이에 관여하는 요인으로는 면역성, 감수성, 저항력, 신체조건, 영양상태 등 다음과 같은 것을 들 수 있다.

(1) 연령 : 영유아기 - 각종 사고, 소아기 - 영양문제, 사춘기 - 정신적 불안정, 노령기 - 퇴행성 질환

(2) 성 : 생리·해부학적 차이, 체위, 체력, 및 심리적 차이

(3) 인종 : 흑인이 백인에 비해 결핵에 대한 감수성이 크다

(4) 선천성 요소 : 정신병, 혈우병, 당뇨병, 약제반응 과민체질 등과 관련

(5) 습관 : 생식, 수세, 흡연, 음주, 알코올 중독과 관계

(6) 면역 : 비특이성 면역 - 백혈구 식균능력, 영양상태, 신체적 조건

특이성 면역 - 획득면역, 예방접종

퀴즈(객관식 3문항)

01 질병의 발생 요인 3가지에 해당하지 않는 것은?

① 병인 ② 숙주
③ 환경 ④ 금전

정답 ④

해설 감염병뿐만 아니라 모든 질환, 즉 재해, 선천성 기형, 자살 등 모든 병적 현상을 병인, 숙주 및 환경의 3요인으로 나누어 연구 고찰하기 시작하였다.

02 감염병 발생의 3요소 중 숙주에 해당하지 않는 것은?

① 기온 ② 연령
③ 면역 ④ 인종

정답 ①

해설 숙주는 같은 병인과 환경 조건에서도 개인 및 집단에서 발생되는 질병의 분포 양상이 다르게 나타나는데 이에 관여하는 요인으로는 면역성, 감수성, 저항력, 신체조건, 영양상태 등 같은 것을 둘 수 있다.

03 감염병 발생의 3요소 중 물리적 병인에 해당하지 않는 것은?

① 고온 ② 일산화탄소
③ 자외선 ④ 소음

정답 ②

해설 병인은 질병 발생의 직접적인 원인 요소로서 병인으로 작용할 수 있는 요인으로 대별되며 물리적 요인은 고온, 저온, 기압, 소음, 진동, 자외선 등이다.

05 감염병 생성과정 6단계

학습 목표 1. 감염병 생성과정에 대해 설명할 수 있다.
2. 단계별 감염병 생성과정에 대한 구체적 특징을 이해할 수 있다.

학습 내용 1. 병원체 2. 병원소
3. 병원소로부터 병원체의 탈출 4. 전파
5. 새로운 숙주에의 침입 6. 감수성 있는 숙주

1 감염병 생성과정

일반적인 질병발생 요소로써 병인(Agent), 환경(Environment), 숙주(Host)의 3대 요인을 들 수 있으나 감염병이 생성되는 과정은 '① 병원체 → ② 병원소 → ③ 병원소로부터 병원체의 탈출 → ④ 전파 → ⑤ 새로운 숙주에의 침입 → ⑥ 감수성 있는 숙주의 감염'의 6개 항목에 걸치는 연쇄적 현상에 의해서 이루어지며 이 중 어느 한 가지라도 결여되면 감염병은 발생하지 못한다.

1) 병원체(causative agent)

침입하는 미생물을 말하며 숙주에 침입해서 살고 번식하며 손상을 주는 일종의 기생체이다. 이러한 병원체가 숙주의 체내에 침입하여 자리를 잡고 발육 또는 증식하여 조직 반응이 나타나는 것을 감염(infection)이라고 하며, 감염의 결과로 숙주가 병적인 이상 현상을 나타내는 것을 발병(on set)이라 한다.

감염이나 발병에 관계되는 병원체의 요소

① 특이성(特異性, specificity)과 항원성(antigenicity)
② 병원체의 양
③ 감염력(infectivity)
④ 발병력(發病力, pathogenicity)
⑤ 독력(毒力, virulence)
⑥ 외계에서의 생존능력 등

일반적으로 질병별 감염의 경중은 병원성(발병력)과 독성의 두 가지 척도로 측정할 수 있다. 병원성(pathogenicity)이란 감염된 숙주에게 질병을 일으킬 수 있는 능력을 말하는데 발병력 또는 병원력이라고 하며, 병원성이 낮으면 2차 발병률(secondary attract rate)에서 무증상감염자가 많고 병원성이 강하면 증상을 나타내는 환자 수가 많다. 독력(virulence)은 병원체가 숙주에 대하여 어느 정도 심한 상태의 질병 및 사망을 일으키게 하는 능력을 갖는가, 즉 질병의 중증도를 나타내며 치명률을 나타내는 척도가 된다.

(1) 동물성 기생물(animal parasite)

① 단세포(protozoa). 예 말라리아, 아메바성 이질

② 다세포(metazoa). 예 회충, 요충, 구충, 무구조충, 유구조충, 간디스토마, 폐디스토마

(2) 식물성 기생물(plant parasite)

곰팡이류(fungi). 예 무좀, 피부질환

(3) 세균(bacteria)

병원성세균(pathogenic bacteria). 예 장티푸스, 콜레라, 결핵, 디프테리아, 백일해, 파상풍, 성홍열, 페스트, 나병, 성병(매독, 임질) 등

(4) 바이러스(virus)

세포 내 기생, 초현미경적인 크기(0.01~0.3 정도). 예 홍역, 두창, 폴리오, 일본뇌염, 공수병, 유행성이하선염, 수두, 트라코마, 전염성간염, AIDS 등

(5) 리켓치아(rickettsia)

보통 현미경으로 볼 수 있으며 세포 내 기생하는 점은 바이러스와 유사하다. 예 발진티푸스, 발진열, 쯔쯔가무시증, 록키산홍반열 등

2) 병원소(病原巢, reservoir of infection)

병원체가 생활하고 증식하며 생존을 계속하여 다른 숙주에게 전파될 수 있는 상태로 저장되

는 장소를 병원소라고 한다. 병원소와 비슷한 개념으로 전염원(source of infection)이 있다. 이는 숙주에게 병원체를 가져오게 하는 모든 수단으로 병원소, 전파동물, 전파체, 개달물 등이 포함된다. 병원소의 종류로는 인간병원소(human reservoir), 동물병원소(animal reservoir), 토양(soil) 등이 있다.

(1) 인간병원소(human reservoir)

① 환자(frank case) : 뚜렷한 임상증상을 나타내는 현성 환자를 말하며, 은닉환자(hidden case), 간과 환자(missed case), 전구기 환자 등이 있다.

② 무증상감염자(subclinical infection) : 임상증상이 아주 미약하여 간과하기 쉬운 환자이며 장티푸스, 세균성 이질, 콜레라, 성홍열 등에서 자주 볼 수 있다.

③ 보균자(carrier)★ : 인지할 만한 임상증상이 없으면서 병원체를 보유하고 항시 또는 때때로 배출하는 경우이다.

㉠ 회복기 보균자(convalescent carrier) : 병후보균자라고도 하며, 전염병을 경과하고 임상증상이 전부 소실되어도 병원체를 배출하는 자를 말한다. 예 장티푸스, 세균성 이질, 디프테리아 등

㉡ 잠복기 보균자(incubatory carrier) : 발병전 보균자라고도 하며, 잠복기간 중에 전염성을 가지고 있는 자를 말한다. 예 디프테리아, 홍역, 백일해, 유행성이하선염 등

㉢ 건강보균자(healthy carrier) : 감염을 받았으나 처음부터 전혀 증상을 나타내지 않고 발병하지 않는 경우를 말한다. 예 디프테리아, 폴리오, 일본뇌염 등

한편, 보균자는 병원체가 배출되는 지속기간에 따라 영구보균자(permanent carrier)와 일시적 보균자(temporally carrier)로 나누기도 한다.

전염병 감염에 있어서 잠복기(incubation period)란 병원체가 침입 후 자각적, 타각적 증상이 나타날 때까지 기간이며, 전염기간(period of communicability)이란 병원체의 배출이 시작되어 완전히 끝날 때까지의 기간, 세대기(generation time)란 병원체의 체내 침입 후부터 숙주 체내에서 증식한 후 다시 배출이 가장 많아서 다른 숙주에게 가장 전염을 많이 시킬 수 있을 때까지의 기간이다.

(2) 동물병원소(animal reservoir)

병원체 보유동물은 대단히 많으며 동물에게 감염된 질병 중에서 2차적으로 인간에게 전염되어 질병을 일으킬 수 있는 것을 인수공통전염병(Zoonosis)이라 한다.

(3) 토양(soil)

무생물이면서 병원소 역할을 하며 흙, 먼지, 토양 등 아포(spore)를 형성하는 균이 주로 흙에 산다(파상풍).

3) 병원소로부터 병원체의 탈출

병원체의 숙주 내 기생 부위에 따라 다르며 일반적으로 다음과 같이 구분한다.

(1) 호흡기관을 통한 탈출 : 호흡, 담화, 기침, 재채기, 가래 등을 통해 탈출(해부학적으로는 코, 비강, 인후, 기도, 기관지, 폐가 중심)

(2) 위 장관을 통한 탈출 : 분변이나 토물을 통한 탈출

(3) 비뇨기를 통한 탈출 : 소변을 통해 혈행성 질병이 배출

(4) 신체 각부 개방 병소를 통한 탈출 : 눈, 귀, 생식기, 피부 등의 병변을 통해 배출

(5) 기계적 탈출 : 절족동물의 흡혈, 주사기, 침을 통해 배출

(6) 모체 감염을 통해 : 감염된 모체의 태반을 통해 태아에 탈출

4) 전파(傳播 : Transmission)

병원소로부터 탈출된 병원체는 여러 전파 경로를 거쳐 새로운 숙주에 도달하게 되는데 전파 양식에는 직접전파와 간접전파로 나눈다.

(1) 직접전파(direct transmission)

병원체가 매개체에 의한 중간 역할 없이 병원소에서 직접적으로 새로운 숙주에게 전파되는 경우이며, 육체적 접촉을 통한 전파와 호흡기를 통한 비말전파 두 가지가 있다.

① 접촉전염(contact transmission) : 임질, 매독, 트리코마

② 비말전파(droplet transmission) : 감기, 결핵, 홍역 등

③ 경태반전파 : 임산부 → 태아

(2) 간접전파(indirect transmission)

병원체가 어떤 매개체를 통해 전파되는 경우이며, 이 경우 첫째, 매개체가 있어야 하고, 둘째, 병원체가 병원소 밖에서 어느 기간 동안 생존할 수 있는 능력이 있어야 한다는

조건이 따라야 한다. 간접전파는 대부분 물, 식품, 기물, 동물, 공기 등을 통한 간접접촉으로 병원체가 운반되는 경우이며, 그 종류는 다음과 같다.

① 매개물감염(vehicle-borne infection) : 매개물 또는 개달물을 통한 감염이다.

㉠ 수인성 감염(water-borne infection) : 수돗물 및 우물의 오염에 의한 감염으로 계절에 관계없이 단기간에 폭발적으로 발생하며, 수돗물(우물) 이용자에 한해서, 성·연령에 관계없이 발병률이 낮고, 중증례가 적으며, 치명률이 낮다.

㉡ 식품 감염(food-borne infection) : 우유나 식품에 의한 감염이며, 병원체 증식에 적절한 환경인 여름철에 주로 발생하며, 발병률이 높고, 잠복기가 짧다.

② 동물매개감염(vector-borne infection) : 곤충 기타 비척추동물에 의한 감염, 그중 매개동물 자신이 병원체에 감염되어 체내에 증식할 경우를 생물학적 감염이라 하며, 척추동물에 의해 매개되는 감염증은 사람과 동물에 공동유행하므로 인수공통전염병(Zoonosis)이라 한다.

③ 공기감염(air-borne infection) : 공중에 부유하는 병원체를 함유하는 미세입자에 의한 감염이며, 비말핵감염(droplet nuclei infection)과 진애감염(dust infection)이 있다. 간접전파에 있어서 전파체는 중요한 위치를 차지하며 관리방법에 있어서도 중요한 의의를 가진다.

㉠ 활성전파체(animate vehicle) : 매개 역할을 하는 생물을 말하는데 모기, 이, 파리 바퀴, 벼룩 등 절족동물(vector)과 무척추동물이 그 대표적이다.

㉡ 비활성전파체(inanimate vehicle) : 병원체를 매개하는 모든 무생물을 말하며, 그 대표적 예로 음료수, 우유, 식품, 공기, 토양 그 외 모든 비활성 매개체를 총칭하는 개달물(介達物 : fomite) 등이 있다.

㉢ 개달물(fomite) : 환자가 이용하던 물건으로 식기, 의복, 침구, 책, 완구 등이 있다. 매개체(전파체)에 의한 전염병 전파기전은 기계적 전파(mechanical transmission)와 생물학적 전파(biological transmission)가 있다.

④ 기계적 전파 : 매개 곤충의 체표면이나 체내에 병원체가 부착 또는 침입되어 전파 시키는 경우다. 예로, 집파리가 바이러스, 세균, 원충, 유충란 등을 섭취 또는 부착하여 다리, 분변, 토물을 통해 숙주에게 옮기는 것을 말한다.

⑤ 생물학적 전파 : 매개 곤충의 체내에 들어간 병원체가 감염성을 갖기 위하여 일정기간 발육 또는 증식을 해서 전파되는 것을 말한다.

㉠ 증식형(propagative type) : 곤충 체내에서 병원체가 뚜렷한 형태적 변화 없이 증

식만 하여 전파되는 것. 예 흑사병(pest), 뇌염(encephalitis), 황열(yellow fever), 재귀열(relapsing fever), 뎅기열(dangue fever)

㉡ 발육형(cyclio-development type) : 증식은 하지 않고 형태적 변화, 즉 생활환(life cycle)의 일부로 경과한 후 전파하는 것. 예 사상충병(filariasis)

㉢ 발육증식형(cyclio-propagative type) : 발육과 증식이 동시에 이루어져서 전파되는 것. 예 말라리아, 수면병

> 말라리아는 모기나 인간 단독으로는 전파될 수가 없으며 인체(중간숙주)의 적혈구 내에서 무성생식이, 모기(종숙주)의 체내에서 유성생식이 일어나며, 유성생식에서 생기는 아포는 타액선에 살며 자교시(刺咬時)에 인체 내에 들어간다. 인체 내에서 적혈구가 무성생식으로 파괴될 때 발열한다.

㉣ 배설형(fecal type) : 병원체가 곤충 체내에서 증식한 후 분(糞 : feces)을 통해 배설되어 숙주의 교상을 통해 전파하는 것. 예 발진티푸스, 발진열, 흑사병

㉤ 경란형(經卵形, transovarian type) : 병원체가 곤충 체내에 들어가서 충란으로 옮겨지게 되며, 병원체를 보유한 충란이 산란 부화하면 2차적 접촉이 없이도 해당 질병을 전파하는 능력을 가지게 된다. 예 양충병, 록키산발진열

5) 병원체의 신숙주 내 침입

침입 양식은 병원소로부터 탈출하는 양식과 비슷하다.

(1) 호흡기관을 통한 침입 : 침입 과정은 병원소로부터 배출되는 미세한 비말이나 비말핵(droplet nuclei)의 흡입을 통해서 또는 음식물과 함께 들어간 병원체가 호흡기관으로 침입하는 경우

(2) 위 장관을 통한 침입 : 오염된 음식물의 섭취를 통한 침입과 흡입된 병원체가 위장관으로 침입하는 경우

(3) 피부를 통한 침입 : 피부 상처를 통한 침입과 동물의 교상(咬傷) 및 매개곤충의 자상(刺傷), 오염된 주사침, 오염된 혈액수혈, 구충(鉤虫)의 감염기 유충이 경피 침입을 통한 경우 병원체의 숙주 내 침입 과정에 직접 관여한 수단을 감염원(source of infection)이라 하며 여기에는 모든 매개체와 병원소가 포함된다. 장티푸스 환자의 분변으로 오염된 물을 통해 장티푸스에 감염되었다면 그 오염된 물은 감염원은 될 수 있으나 병원소는 아니다.

6) 숙주의 감수성

충분한 발병량의 병원체가 감염경로를 거쳐 개체(숙주)에게 도달되어도 이 숙주가 이것에 감수성이 없으면 감염은 성립되지 않는다. 감수성(susceptibility)에 관해서는 접촉에 의해 전파되는 급성 호흡기계 전염병에 있어서는 감수성 보유자가 감염되어 발병하는 비율이 대체적으로 일정하다고 하여 이를 감수성지수(접촉감염지수)라 하였으며, De Rudder는 이를 %로 표시하였다. 이 숙주의 감수성은 역으로 보면 숙주의 저항력이 되지만 이 저항력의 유무가 문제가 된다. 숙주의 저항력의 내용은 다음과 같다.

(1) 선천성 저항력 … 비특이적 저항력 및 선천성 면역
(2) 후천성 저항력 … 특이적인 저항력 및 후천성 자연면역·인공면역

이러한 저항력의 내용은 비특이적인 저항력을 제외하면 대부분 면역현상에 달려있다. 비특이적인 저항력은 인간이 가지고 있는 선천적인 자연적 방어작용으로서, 동물 체내로 병원체(이물질)가 침입하지 못하게 저지하거나 들어 왔다 해도 바로 이들을 파괴함으로써(예 식균작용) 체내로 침투를 막는 1차적 방어를 말한다.

예 건강한 곤충표면은 각질층이 구성되어 있어 병원체의 침입이 허용되지 않고, 호흡계에 있어서는 기관 및 기관지의 내강에는 선모상피세포라 부르는 선모를 가진 세포가 배열되어 선모운동에 의해 기도에 침입한 세균을 배제하는 작용을 한다. 소화기관에서도 위액의 위산도가 높아 병원균은 건전한 위액 중에서는 통상 생존하지 못한다. 이러한 비특이적 저항력 외에 중요한 것은 각 병원체에 대응한 특이적인 저항력 및 면역현상이다.

면역의 종류는 다음과 같다.

(1) 선천적 면역(inherent immunity) : 인종, 종속, 성, 연령, 개인차(비특이적 면역)
(2) 후천적 면역(acquired immunity) : 획득면역(특이적 면역)
  ① 능동면역
    ㉠ 자연능동면역(natural active immunity) : 이환 후 획득면역
    ㉡ 인공능동면역(artificial active immunity) : Vaccine 접종 후 면역
  ② 수동면역
    ㉠ 자연수동면역(natural passive immunity) : 모체면역, 태반 면역
    ㉡ 인공수동면역(artificial passive immunity) : 항독소(antitioxin), 접종 후 면역, r-globulin, 양친의 혈청, 태반추출물 이용

인간은 어떤 전염병에 이환되어 치유되면 그 병에는 다시 걸리기 어렵다는 현상이 있다는 것은 예부터 알려져 왔다. 이러한 것을 일반적으로 면역이라 하지만 이것은 동물에 있어서 자기와 다른 이종(異種)단백이 다른 숙주 내에 침입했을 때 이것을 항원(antigen)으로써, 이것에 對한 항체(antibody)를 만드는 성질이 있다. 이 항체는 재침입한 항원에 대해서 항원항체반응(antigen antibody reaction)을 일으켜 이것과 결합하고, 항원을 불활성화하는 성질이 있다. 세균이나 Virus의 병원체는 모두 인간에 이종이 되는 항원성이 있기 때문에 이것이 침입할 때는 체내에 항체가 생산되어 사람은 질환이 치유된 다음 장기간에 걸쳐 이 항체 생산 능력을 가지고 있다. 그래서 그 후 병원체의 침입에 대해서는 이 특이항체에 의한 저항력을 가지게 된다. 예방접종은 이 원리를 이용한 것으로서 병원체를 그대로 인간에게 접종한다는 것은 위험하므로 이것을 약독화해서 독성(병원성)을 거의 없을 정도로 감약화 한 것을 주사한다. 이 주사에 의해 주입된(결핵-BCG균, Polio-Sabin 백신 등에 의한 생백신) 것에 의해 항체가 만들어지게 된다. 병원체를 자불(煮沸)하기도 하고, 포르말린 처리 등을 해서 살균한 경우에도 그 균체에 면역항체를 만들게 하는 항원으로서의 작용이 남아 있으면 그와 같은 불활성 처리된 항원으로 이용된다. 이것이 불활성 백신 또는 사균 백신이라 불리고 있다.

면역 현상은 숙주의 감수성을 크게 감소시켜 발병을 막아주는 것으로 알려져 유용한 대책이 되고 있다.

① 선천면역 : 태아가 모체 내에서 모친의 항체를 받아서 보유하기 때문에 생후 반년 정도 지속되지만 그 후에는 크게 기대할 수 없다.

② 후천면역 : 획득면역이라고도 하며 전염병 이환 후나 예방접종 등에 의해 후천적으로 형성되는 면역을 말한다. 후천면역은 능동면역, 수동면역으로 구분할 수 있다.

- 능동면역 : 병원체 또는 독소에 대해서 생체의 세포가 스스로 작용해서 생기는 면역
- 수동면역 : 이미 면역을 보유하고 있는 개체가 가지고 있는 항체를 혈청 기타의 수단으로 다른 기체에서 주는 방법

※ 능동면역은 다시 자연능동면역(이환 후 생기게 한 것)으로 구분되며, 또 수동면역은 자연수동면역(모체로부터 받은 면역)과 인공수동면역(antitoxin, r-globulin, 혈청)으로 나눈다.

※ 장·단점 : 능동면역은 일반적으로 면역성이 강하고 장기간 지속되나 반면에 수동면역은 효과는 빠르나 체내에서 빨리 파괴되어 면역 지속기간이 짧다.

요점 정리

1. 감염병 생성과정

일반적인 질병발생 요소로서 병인(Agent), 환경(Environment), 숙주(Host)의 3대 요인을 들 수 있으나 감염병이 생성되는 과정은 '① 병원체 → ② 병원소 → ③ 병원소로부터 병원체의 탈출 → ④ 전파 → ⑤ 새로운 숙주에의 침입 → ⑥ 감수성 있는 숙주의 감염'의 6개 항목에 걸치는 연쇄적 현상에 의해서 이루어지며 이중 어느 한 가지라도 결여되면 감염병은 발생하지 못한다.

1) 병원체(causative agent)

침입하는 미생물을 말하며 숙주에 침입해서 살고 번식하며 손상을 주는 일종의 기생체이다. 이러한 병원체가 숙주의 체내에 침입하여 자리를 잡고 발육 또는 증식하여 조직 반응이 나타나는 것을 감염(infection)이라고 하며, 감염의 결과로 숙주가 병적인 이상 현상을 나타내는 것을 발병(on set)이라 한다.

2) 병원소(病原巢, reservoir of infection)

병원체가 생활하고 증식하며 생존을 계속하여 다른 숙주에게 전파될 수 있는 상태로 저장되는 장소를 병원소라고 한다. 병원소와 비슷한 개념으로 전염원(source of infection)이 있다.

3) 병원소로부터 병원체의 탈출

병원체의 숙주 내 기생 부위에 따라 다르며 일반적으로 다음과 같이 구분한다.

4) 전파(傳播 : Transmission)

병원소로부터 탈출된 병원체는 여러 전파경로를 거쳐 새로운 숙주에 도달하게 되는데 전파 양식에는 직접전파와 간접전파로 나눈다.

5) 병원체의 신숙주 내 침입

침입 양식은 병원소로부터 탈출하는 양식과 비슷하다.

6) 숙주의 감수성

충분한 발병량의 병원체가 감염경로를 거쳐 개체(숙주)에 도달되어도 이 숙주가 이것에 감수성이 없으면 감염은 성립되지 않는다. 감수성(susceptibility)에 관해서는 접촉에 의해 전파되는 급성 호흡기계 전염병에 있어서는 감수성 보유자가 감염되어 발병하는 비율이 대체적으로 일정하다고 하여 이를 감수성지수(접촉감염지수)라 하였으며, De Rudder는 이를 %로 표시하였다. 이 숙주의 감수성은 역으로 보면 숙주의 저항력이 되지만 이 저항력의 유무가 문제가 된다. 숙주의 저항력의 내용은 다음과 같다.

퀴즈(객관식 3문항)

01 감염병 생성과정 중 병원체 다음의 과정은?

① 병원체　② 병원소
③ 전파　④ 탈출

정답 ②

해설 감염병이 생성되는 과정은 병원체, 병원소, 병원소로부터 병원체의 탈출, 전파, 새로운 숙주에의 침입 및 감수성 있는 숙주의 감염 과정으로 이루어진다.

02 병원소로부터 탈출된 병원체는 여러 경로를 거쳐 새로운 숙주에 도달하는데 이 과정을 무엇이라 하는가?

① 침입　② 전파
③ 보균　④ 감염

정답 ②

해설 병원소로부터 탈출된 병원체는 여러 전파경로를 거쳐 새로운 숙주에 도달하게 되는데 전파 양식에는 직접전파와 간접전파로 나눌 수 있다.

03 태아가 모체 내에서 모친의 항체를 받아서 보유하고 있는 면역체계는?

① 자연능동면역　② 자연수동면역
③ 인공능동면역　④ 인공수동면역

정답 ②

해설 선천면역으로 태아가 모체 내에서 모친의 항체를 받아서 보유하고 있기 때문에 생후 반년 정도 지속되지만 그 후에는 크게 기대할 수 없는 특징이 있다.

06 감염병 유행양상 및 관리방법

학습 목표 1. 감염병 유행양상에 대해 설명할 수 있다.
2. 감염병 관리방법에 대해 설명할 수 있다.

학습 내용 1. 감염병 생물학적 현상
2. 감염병 시간적 현상
3. 감염병 관리방법 중 전파예방
4. 감염병 관리방법 중 면역증강

1 감염병의 유행양상

감염병 유행의 양상을 파악하는 일은 효과적 관리를 위해 대단히 중요한 일이다. 병인, 숙주, 환경 등 세 가지 요인을 중심으로 감염병 유행의 양상을 살펴보면 다음과 같다.

1) 생물학적 현상(biological phenomena)

(1) 연령(age)

연령과 질병 간에는 밀접한 관계가 존재한다. 영유아기에는 전염병에 대한 저항력이 약하고, 노령기에는 뇌졸중, 암, 심장질환, 당뇨병 등 노인병이 증가한다.
감염병 발생지역에서는 일반적으로 침염(浸染)의 정도가 증가할수록 연장자는 면역을 받아서 이환연령 분포가 젊은 연령층으로 이동하는 경향이 있다. 이 현상을 침염도 전진현상(浸染度 前進現象)이라 한다. 또한 이 지역주민 전체는 전염병이 없는 지역의 주민 집단보다 그 면역도가 높다. 이런 현상을 군집면역(herd immunity)이라 한다.

(2) 성별(sex)

남녀 간의 사회적 환경, 접촉기회의 차이, 체위, 체력 등으로 병원체에 대한 반응이나 저항력에서 차이가 난다.

(3) 종족(race)

인종에 따른 감수성 차이 및 생활환경(습관, 종교)에 차이가 있어 질병 발생도 그 특성을 달리하고 있다.

2) 시간적 현상(timely phenomena)

감염병 유행을 시간적 특성으로 살펴보면 다음과 같은 4가지 양상으로 구분할 수 있다.

(1) 추세변화(secular trend)

장기적 변동이라고도 하며, 감염병 발생 양상을 장기적으로 살펴보면 자연면역에 의한 저항력 변화 등으로 장기적 주기현상을 나타낸다. Typhoid fever(15～18년), diphtheria (12～14년), influenza(30년)의 주기로 대유행이 반복된다.

(2) 순환변화(cyclic periodicity)

주기적 변동이라고도 하며, 수년의 단기간을 주기로 순환적으로 유행을 반복하는 양상을 말한다. 백일해는 3～4년, 일본뇌염은 3～5년의 주기를 보인다.

(3) 계절적 변화(seasonal variation)

1년을 주기로 계절적으로 반복되는 변화를 말한다. 소화기계 전염병은 하계에, 호흡기계 전염병은 겨울철에 잘 발생하는 경향이 있다.

(4) 불규칙 변화(irregular variation)

외래감염병의 불시침입에 의한 경우나 수계전염병 등은 규칙성 없이 돌발적 유행을 하는 경우가 많다.

3) 지리적 현상(geographical phenomena)

기후대(열대, 온대, 한대), 위도, 경도 등에 따라 유행의 양상이 달라진다. 예를 들면, 열대(원충성 질환, 황열, 뎅기열), 온대(세균성 질환), 한대(발진티푸스, 디프테리아, 백일해) 등의 질환이 있다. 한편, 전염병이 어떤 국한된 지방에서 유행하는 경우 지방병적 유행(endemics)이라고 하고, 전국적인 경우를 편재적 유행(epidemics), 세계적일 경우 범발적 유행(pandemics), 불규칙적일 경우 산발적 유행(sporadic)이라고 한다.

4) 사회적 현상(social phenomena)

거주, 인구 이동, 직업, 문화(문명), 사회계층과 경제상태 등에 따라서 유행 양식이 달라지는 경우가 있다. 즉 인구 밀집 지역은 호흡기계 전염병이, 환경불량 지역에서는 소화기계 감염병이, 빈민 지역에서는 결핵, 부유층에서는 당뇨병 등의 발생이 그 예가 된다.

2 감염병 관리방법

감염병의 관리방법은 여러 가지가 있으며 위의 생성과정 6요소 중 어느 한 가지라도 결여되면 감염병은 생성되지 않는다. 감염병 예방의 3대 원칙은 ① 전파예방, ② 면역증강, ③ 예방되지 못한 환자에 대한 조치로 구분된다.

1) 전파예방(preventing spread)

가장 중요한 방법이며, 또한 간단한 방법이기도 하다.

(1) 병원소 제거

가장 요망되며 영구적인 성공을 초래할 수 있는 방법이다. 우형결핵은 튜베르쿨린 반응검사를 통해 감염된 소를 적발 도살할 수 있으나 인간의 경우 외과학적 방법이나 화학치료에 의해 제거할 수밖에 없다.

(2) 전염력 감소

적절한 치료는 환자를 성공적으로 완쾌시키지는 못하더라도 다른 숙주에게 전파시키지 않게 할 수 있다. 매독환자에게 페니실린을 주사하거나 개방성 폐결핵 환자에게 항결핵제를 투여하면 완전치유가 되지 않더라도 전염력을 줄일 수 있다.

(3) 병원소 격리

감염된 환자나 보균자, 기타 감염을 받았을 우려가 있는 사람을 그 상태가 해소될 때까지 분리시키는 것을 말한다.

① 환자격리(isolation) : 격리 수용하여야 할 기간은 환자 발견 시부터 치료를 시작하여 중요증상이 쇠퇴한 후 세균학적 검사결과 그 병원체를 발견할 수 없을 때까지로 한다.

② 건강격리(검역, quarantine) : 전염병 환자와 접촉했을 가능성이 있는 사람에 대하여 일정한 잠복기간이 지나면 발병할 것을 예측하여 감염기회가 있었던 최종일로부터 해당 전염병의 최장잠복기간 동안 건강격리를 실시하여 전염병의 전파를 예방하는 데 목적이 있다.

(4) 환경위생관리

환경위생 조건을 개선하여 전파과정을 차단하는 것을 말하며 근본대책이기도 하다.

예 환자 및 보균자의 배설물과 이로 인해 오염된 물건 소독, 구충, 구서, 위생적 하수처리와 분뇨처리, 음료수 소독, 식품의 위생적 관리, 호흡기 분비물의 비말 전파 예방 등

2) 면역증강

감수성이 있는 숙주에 대하여 영양관리, 운동, 충분한 수면을 통한 일반 저항력 증진과 예방접종을 통한 면역을 증가시킴으로써 병원체 침입을 막는 방법이다.

(1) 능동면역

장래 있을 수 있는 폭로에 대비하기 위하여 항원(antigen, antibody generator)을 주어서 항체를 산출시키는 현상을 말한다. 항원으로는 방어력이 강하고 위험성과 부작용이 없으며, 주사 횟수가 적어야 한다.

(2) 수동면역

효과가 빠른 것이 장점이나 지속기간이 짧고 동물의 혈청을 사용할 경우 혈청반응이나 이종 단백에 대한 감도가 문제되기도 한다.

① 특이치료 혈청(specific therapeutic serum) : 인간 이외 동물에 항원을 투여하여 항체를 만들게 한 동물혈청을 말한다.

② 초면역 혈청(hyperimmune serum) : 적절한 항원을 빈번하게 사람에게 투여해서 면역도가 높게 한 사람의 혈액으로부터 이루어진다.

③ 회복기 혈청(convalescent serum) : 최근에 질병으로부터 회복된 사람으로부터 얻어

진다.

④ 성인 혈청(adult serum) : 감염이나 잠복면역에 의해서 면역되어 있다는 추측에 근거를 두어 일반 성인으로부터 채취되는 혈청을 말한다.

⑤ 양친의 전혈(parental whole blood) : 양친 중 한 사람으로부터 채취되는 전혈이며, 필요한 때에 채혈해야 한다.

⑥ 태반 엑스(placental extract) : 정상적인 산모 태반에서 취한다.

⑦ 감마 글로불린(gamma globulin) : 사람의 혈청 중에 있는 항체는 gamma globulin이라 불리는 혈청단백 중에 있으며, 분리가 가능할 뿐 아니라 높은 항체 농도를 가진다.

3) 예방되지 못한 환자에 대한 조치

여러 가지 관리조치를 취해도 예방되지 못하는 경우가 있다. 이러한 경우 가능한 한 최소의 피해로 이를 막도록 노력해야 한다. 일단 질병이 발생하였을 때는 조기진단과 치료로써 병세를 최소화하는 방법을 취해서 사망이나 영구적 불구를 막고 합병증을 줄여야 할 것이다.

질병의 자연사와 예방의학 단계 수준에서 관리방법을 살펴보면 다음과 같은 3가지 방법이 있다.

질병의 자연사와 예방의학 단계 수준에서 관리방법

- 1차 예방 : 영양개선, 모자보건, 예방접종, 환경위생 개선. 보건교육
- 2차 예방 : 집단검진 등을 통한 조기진단 및 치료로 질병의 진행을 예방, 중증화 예방
- 3차 예방 : 질병에 의한 후유증 감퇴(불구예방), 사회에 복귀 및 적응지도(재활의학)

또한, 질병발생의 3대 요인에 대한 대책을 보면 다음과 같다.

(1) 병인에 대한 대책 : 발생신고, 격리(건강·환자), 역학조사, 검역, 소독

(2) 환경(감염경로)대책 : 공기전염방지, 접촉전염방지, 환경위생관리 철저

(3) 감수성 대책 : 예방접종(인공능동면역, 인공수동면역), 화학예방(항생제)

요점 정리

1. 감염병의 유행양상

감염병 유행의 양상을 파악하는 일은 효과적 관리를 위해 대단히 중요한 일이다. 병인, 숙주, 환경 등의 세 가지 요인을 중심으로 감염병 유행의 양상을 살펴보면 다음과 같다.

1) 생물학적 현상(biological phenomena)

(1) 연령(age) : 연령과 질병 간에는 밀접한 관계가 존재한다. 영유아기에는 전염병에 대한 저항력이 약하고, 노령기에는 뇌졸중, 암, 심장질환, 당뇨병 등 노인병이 증가한다.

(2) 성별(sex) : 남녀 간의 사회적 환경, 접촉기회의 차이, 체위, 체력 등으로 병원체에 대한 반응이나 저항력에서 차이가 난다.

(3) 종족(race) : 인종에 따른 감수성 차이 및 생활환경(습관, 종교)에 차이가 있어 질병 발생도 그 특성을 달리하고 있다.

2) 시간적 현상(timely phenomena)

감염병 유행을 시간적 특성으로 살펴보면 다음과 같은 4가지 양상으로 구분할 수 있다.

(1) 추세변화(secular trend) : 장기적 변동이라고도 하며, 감염병 발생 양상을 장기적으로 살펴보면 자연면역에 의한 저항력 변화 등으로 장기적 주기현상을 나타낸다. Typhoid fever(15～18년), diphtheria (12～14년), influenza(30년)의 주기로 대유행이 반복된다.

(2) 순환변화(cyclic periodicity) : 주기적 변동이라고도 하며, 수년의 단기간을 주기로 순환적으로 유행을 반복하는 양상을 말한다. 백일해는 3～4년, 일본뇌염은 3～5년의 주기를 보인다.

(3) 계절적 변화(seasonal variation) : 1년을 주기로 계절적으로 반복되는 변화를 말한다. 소화기계 전염병은 하계에, 호흡기계 전염병은 겨울철에 잘 발생하는 경향이 있다.

(4) 불규칙 변화(irregular variation) : 외래감염병의 불시침입에 의한 경우나 수계전염병 등은 규칙성 없이 돌발적 유행을 하는 경우가 많다.

2. 감염병 관리방법

감염병의 관리방법은 여러 가지가 있으며 위의 생성과정 6요소 중 어느 한 가지라도 결여되면 감염병은 생성되지 않는다. 감염병 예방의 3대 원칙은 ① 전파예방, ② 면역증강, ③ 예방되지 못한 환자에 대한 조치로 구분된다.

1) 전파예방(preventing spread)

가장 중요한 방법이며, 또한 간단한 방법이기도 하다.

(1) 병원소 제거 : 가장 요망되며 영구적인 성공을 초래할 수 있는 방법이다.

(2) 전염력 감소 : 적절한 치료는 환자를 성공적으로 완쾌시키지는 못하더라도 다른 숙주에게 전파시키지 않게 할 수 있다.

(3) 병원소 격리 : 감염된 환자나 보균자, 기타 감염을 받았을 우려가 있는 사람을 그 상태가 해소될 때까지 분리시키는 것을 말한다.

(4) 환경위생관리 : 환경위생 조건을 개선하여 전파과정을 차단하는 것을 말하며 근본 대책이기도 하다.

2) 면역증강

감수성이 있는 숙주에 대하여 영양관리, 운동, 충분한 수면을 통한 일반 저항력 증진과 예방접종을 통한 면역을 증가시킴으로써 병원체 침입을 막는 방법이다.

(1) 능동면역 : 장래 있을 수 있는 폭로에 대비하기 위하여 항원(antigen, antibody generator)을 주어서 항체를 산출시키는 현상을 말한다.

(2) 수동면역 : 효과가 빠른 것이 장점이나 지속기간이 짧고 동물의 혈청을 사용할 경우 혈청반응이나 이종 단백에 대한 감도가 문제되기도 한다.

3) 예방되지 못한 환자에 대한 조치

여러 가지 관리조치를 취해도 예방되지 못하는 경우가 있다. 이러한 경우 가능한 한 최소의 피해로 이를 막도록 노력해야 한다. 일단 질병이 발생하였을 때는 조기진단과 치료로써 병세를 최소화하는 방법을 취해서 사망이나 영구적 불구를 막고 합병증을 줄여야 할 것이다.

질병의 자연사와 예방의학 단계 수준에서 관리방법을 살펴보면 다음과 같은 3가지 방법이 있다.

퀴즈(객관식 3문항)

01 감염병의 유행양상 중 생물학적 현상 요인으로 적절하지 않은 것은?

① 연령 ② 성별
③ 인종 ④ 금전

정답 ④

해설 생물학적 현상에는 연령, 성별, 인종에 따라 감수성 차이 및 생활환경에 차이가 있어 질병 발생도 그 특성을 달리하고 있다.

02 감염병 발생 양상이 수십 년 단위로 유행하는 변화는 무엇이라 하는가?

① 추세변화 ② 순환변화
③ 계절변화 ④ 불규칙변화

정답 ①

해설 장기적 변동이라고도 하며, 감염병 발생 양상을 장기적으로 살펴보면 자연면역에 의한 저항력 변화 등으로 장기적 주기현상을 나타낸다.

03 감염병 관리방법 중 전파예방으로 적절하지 않은 것은?

① 병원소 제거 ② 예방접종
③ 환경위생관리 ④ 병원소 격리

정답 ②

해설 전파예방은 감염병 관리방법 중 가장 중요한 방법이며, 또한 간단한 방법이기도 하다. 구체적으로 병원소 제거, 전염력 감소, 병원소 격리 및 환경위생관리 등을 둘 수 있다.

07 법정 감염병의 정의 및 구분

학습 목표 1. 법정 감염병의 분류기준에 대해 이해할 수 있다.
2. 법정 감염병의 정의 및 관리방법에 대해 이해할 수 있다.

학습 내용 1. 법정 감염병의 정의 및 분류기준
2. 법정 감염병의 관리방법

1 법정 감염병

모든 감염병을 국가가 관리하지는 않는다. 「감염병의 예방 및 관리에 관한 법률」은 감염병에 국가가 개입하기 위한 근거와 수단을 명시해 놓은 보건 분야의 특별법이다. 이 법령에 열거하고 있는 감염병이 국가가 개입하는 대상이 되고 이를 법정 감염병이라고 한다. 법정 감염병은 좁은 의미로는 의사가 보건당국에 환자의 인적사항을 신고해야 하는 대상이기 때문에 영문으로는 신고대상 질병(Notifiable Disease)이라고 한다.

2 법정 감염병의 분류 기준

감염병의 예방 및 관리에 관한 법률상 감염병은 제1급감염병, 제2급감염병, 제3급감염병, 제4급감염병, 기생충감염병, 세계보건기구 감시대상 감염병, 생물테러감염병, 성매개감염병, 인수(人獸)공통감염병 및 의료관련 감염병을 말한다.

1) 제1급감염병

생물테러감염병 또는 치명률이 높거나 집단 발생의 우려가 커서 발생 또는 유행 즉시 신고하여야 하고, 음압격리와 같은 높은 수준의 격리가 필요한 감염병을 말한다. 다만, 갑작스러운 국내 유입 또는 유행이 예견되어 긴급한 예방·관리가 필요하여 보건복지부 장관이 지정하는 감염병을 포함한다.

가. 에볼라바이러스병
나. 마버그열
다. 라싸열
라. 크리미안콩고출혈열
마. 남아메리카출혈열
바. 리프트밸리열
사. 두창
아. 페스트
자. 탄저
차. 보툴리눔독소증
카. 야토병
타. 신종감염병증후군
파. 중증급성호흡기증후군(SARS)
하. 중동호흡기증후군(MERS)
거. 동물인플루엔자 인체감염증
너. 신종인플루엔자
더. 디프테리아

2) 제2급감염병

전파 가능성을 고려하여 발생 또는 유행 시 24시간 이내에 신고하여야 하고, 격리가 필요한 감염병을 말한다. 다만, 갑작스러운 국내 유입 또는 유행이 예견되어 긴급한 예방·관리가 필요하여 보건복지부 장관이 지정하는 감염병을 포함한다.

가. 결핵(結核)
나. 수두(水痘)
다. 홍역(紅疫)
라. 콜레라
마. 장티푸스
바. 파라티푸스
사. 세균성이질
아. 장출혈성대장균감염증
자. A형간염
차. 백일해(百日咳)
카. 유행성이하선염(流行性耳下腺炎)
타. 풍진(風疹)
파. 폴리오
하. 수막구균 감염증
거. b형헤모필루스인플루엔자
너. 폐렴구균 감염증
더. 한센병
러. 성홍열
머. 반코마이신내성황색포도알균(VRSA) 감염증
버. 카바페넴내성장내세균속균종(CRE) 감염증

3) 제3급감염병

발생을 계속 감시할 필요가 있어 발생 또는 유행 시 24시간 이내에 신고하여야 하는 감염병을 말한다. 다만, 갑작스러운 국내 유입 또는 유행이 예견되어 긴급한 예방·관리가 필요하여 보건복지부 장관이 지정하는 감염병을 포함한다.

가. 파상풍(破傷風)
나. B형간염
다. 일본뇌염
라. C형간염
마. 말라리아
바. 레지오넬라증
사. 비브리오패혈증
아. 발진티푸스
자. 발진열(發疹熱)
차. 쯔쯔가무시증
카. 렙토스피라증
타. 브루셀라증
파. 공수병(恐水病)
하. 신증후군출혈열(腎症侯群出血熱)
거. 후천성면역결핍증(AIDS)
너. 크로이츠펠트-야콥병(CJD) 및 변종크로이츠펠트-야콥병(vCJD)
더. 황열
러. 뎅기열
머. 큐열(Q熱)
버. 웨스트나일열
서. 라임병
어. 진드기매개뇌염
저. 유비저(類鼻疽)
처. 치쿤구니야열
커. 중증열성혈소판감소증후군(SFTS)
터. 지카바이러스 감염증

4) 제4급감염병

제1급감염병부터 제3급감염병까지의 감염병 외에 유행 여부를 조사하기 위하여 표본감시 활동이 필요한 감염병을 말한다.

가. 인플루엔자
나. 매독(梅毒)
다. 회충증
라. 편충증
마. 요충증
바. 간흡충증
사. 폐흡충증
아. 장흡충증
자. 수족구병
차. 임질
카. 클라미디아감염증
타. 연성하감
파. 성기단순포진
하. 첨규콘딜롬
거. 반코마이신내성장알균(VRE) 감염증
너. 메티실린내성황색포도알균(MRSA) 감염증
더. 다제내성녹농균(MRPA) 감염증

러. 다제내성아시네토박터바우마니균(MRAB) 감염증
머. 장관감염증
버. 급성호흡기감염증
서. 해외유입기생충감염증
어. 엔테로바이러스감염증
저. 사람유두종바이러스 감염증

5) 기생충감염병

기생충에 감염되어 발생하는 감염병 중 보건복지부 장관이 고시하는 감염병을 말한다.

가. 회충증
나. 편충증
다. 요충증
라. 간흡충증
마. 폐흡충증
바. 장흡충증
사. 해외유입기생충감염증

6) 세계보건기구 감시대상 감염병

세계보건기구가 국제공중보건의 비상사태에 대비하기 위하여 감시대상으로 정한 질환으로서 보건복지부 장관이 고시하는 감염병을 말한다.

가. 두창
나. 폴리오
다. 신종인플루엔자
라. 중증급성호흡기증후군(SARS)
마. 콜레라
바. 폐렴형 페스트
사. 황열
아. 바이러스성 출혈열
자. 웨스트나일열

7) 생물테러감염병

고의 또는 테러 등을 목적으로 이용된 병원체에 의하여 발생된 감염병 중 보건복지부 장관이 고시하는 감염병을 말한다.

가. 탄저
나. 보툴리눔독소증
다. 페스트
라. 마버그열
마. 에볼라열
바. 라싸열
사. 두창
아. 야토병

8) 성매개감염병

성 접촉을 통하여 전파되는 감염병 중 보건복지부 장관이 고시하는 감염병을 말한다.

가. 매독
나. 임질
다. 클라미디아
라. 연성하감
마. 성기단순포진
바. 첨규콘딜롬
사. 사람유두종바이러스 감염증

9) 인수공통감염병

동물과 사람 간에 서로 전파되는 병원체에 의하여 발생되는 감염병 중 보건복지부 장관이 고시하는 감염병을 말한다.

가. 장출혈성대장균감염증
나. 일본뇌염
다. 브루셀라증
라. 탄저
마. 공수병
바. 동물인플루엔자 인체감염증
사. 중증급성호흡기증후군(SARS)
아. 변종크로이츠펠트-야콥병(vCJD)
자. 큐열
차. 결핵

10) 의료관련감염병

환자나 임산부 등이 의료행위를 적용받는 과정에서 발생한 감염병으로서 감시활동이 필요하여 보건복지부 장관이 고시하는 감염병을 말한다.

가. 반코마이신내성황색포도알균(VRSA) 감염증
나. 반코마이신내성장알균(VRE) 감염증
다. 메티실린내성황색포도알균(MRSA) 감염증
라. 다제내성녹농균(MRPA) 감염증
마. 다제내성아시네토박터바우마니균(MRAB) 감염증
바. 카바페넴내성장내세균속균종(CRE) 감염증

11) 관리대상 해외 신종감염병

기존 감염병의 변이 및 변종 또는 기존에 알려지지 아니한 새로운 병원체에 의해 발생하여 국제적으로 보건문제를 야기하고 국내 유입에 대비하여야 하는 감염병으로서 보건복지부 장관이 지정하는 것을 말한다.

요점 정리

1. 법정 감염병

모든 감염병을 국가가 관리하지는 않는다. 「감염병의 예방 및 관리에 관한 법률」은 감염병에 국가가 개입하기 위한 근거와 수단을 명시해 놓은 보건 분야의 특별법이다. 이 법령에 열거하고 있는 감염병이 국가가 개입하는 대상이 되고 이를 법정 감염병이라고 한다.

2. 법정 감염병의 분류 기준

감염병의 예방 및 관리에 관한 법률상 감염병은 제1급감염병, 제2급감염병, 제3급감염병, 제4급감염병, 기생충감염병, 세계보건기구 감시대상 감염병, 생물테러감염병, 성매개감염병, 인수(人獸)공통감염병 및 의료관련감염병을 말한다.

(1) 제1급감염병 : 생물테러감염병 또는 치명률이 높거나 집단 발생의 우려가 커서 발생 또는 유행 즉시 신고하여야 하고, 음압격리와 같은 높은 수준의 격리가 필요한 감염병을 말한다.
(2) 제2급감염병 : 전파가능성을 고려하여 발생 또는 유행 시 24시간 이내에 신고하여야 하고, 격리가 필요한 감염병을 말한다.
(3) 제3급감염병 : 발생을 계속 감시할 필요가 있어 발생 또는 유행 시 24시간 이내에 신고하여야 하는 감염병을 말한다.
(4) 제4급감염병 : 제1급감염병부터 제3급감염병까지의 감염병 외에 유행 여부를 조사하기 위하여 표본감시 활동이 필요한 감염병을 말한다.
(5) 기생충감염병 : 기생충에 감염되어 발생하는 감염병 중 보건복지부 장관이 고시하는 감염병을 말한다.
(6) 세계보건기구 감시대상 감염병 : 세계보건기구가 국제공중보건의 비상사태에 대비하기 위하여 감시대상으로 정한 질환으로서 보건복지부 장관이 고시하는 감염병을 말한다.
(7) 생물테러감염병 : 고의 또는 테러 등을 목적으로 이용된 병원체에 의하여 발생된 감염병 중 보건복지부 장관이 고시하는 감염병을 말한다.
(8) 성매개감염병 : 성 접촉을 통하여 전파되는 감염병 중 보건복지부 장관이 고시하는 감염병을 말한다.
(9) 인수공통감염병 : 동물과 사람 간에 서로 전파되는 병원체에 의하여 발생되는 감염병 중 보건복지부 장관이 고시하는 감염병을 말한다.

(10) 의료관련감염병 : 환자나 임산부 등이 의료행위를 적용받는 과정에서 발생한 감염병으로서 감시활동이 필요하여 보건복지부 장관이 고시하는 감염병을 말한다.

(11) 관리대상 해외 신종감염병 : 기존 감염병의 변이 및 변종 또는 기존에 알려지지 아니한 새로운 병원체에 의해 발생하여 국제적으로 보건문제를 야기하고 국내 유입에 대비하여야 하는 감염병으로서 보건복지부 장관이 지정하는 것을 말한다.

퀴즈(객관식 3문항)

01 생물테러감염병 또는 치명률이 높거나 집단 발생의 우려가 커서 발생 또는 유행 즉시 신고하여야 하는 감염병은?

① 제4급감염병 ② 제3급감염병
③ 제2급감염병 ④ 제1급감염병

정답 ④

해설 감염병의 예방 및 관리에 관한 법률에 따라 치명률이 높아 유행 즉시 신고하여야 하는 감염병은 제1급감염병이다.

02 발생을 계속 감시할 필요가 있어 발생 또는 유행 시 24시간 이내에 신고하여야 하는 감염병은?

① 제1급감염병 ② 제2급감염병
③ 제3급감염병 ④ 제4급감염병

정답 ③

해설 감염병의 예방 및 관리에 관한 법률에 따라 발생을 계속 감시할 필요가 있는 감염병은 제3급감염병이다.

03 전파 가능성을 고려하여 발생 또는 유행 시 24시간 이내에 신고하여야 하는 감염병의 종류는?

① 말라리아 ② 장티푸스
③ 신종인플루엔자 ④ 디프테리아

정답 ②

해설 감염병의 예방 및 관리에 관한 법률에 따라 전파 가능성을 고려하여 발생 또는 유행 시 24시간 이내에 신고하여야 하는 감염병은 장티푸스이다.

08 감염병 분류에 따른 관리방법

학습 목표 1. 감염병 관리체계에 따른 국가 및 지방자치단체의 책무에 대해 이해할 수 있다.
2. 감염병의 신고체계에 대해 이해할 수 있다.
3. 감염병 역학조사 방법에 대해 이해할 수 있다.

학습 내용 1. 감염병 분류 기준
2. 감염병 관리에 따른 국가 책무
3. 감염병 신고 주기
4. 감염병에 따른 국민의 권리 및 의무

1 환자 분류 기준

1) 감염병 환자

감염병의 병원체가 인체에 침입하여 증상을 나타내는 사람으로서 진단 기준에 따른 의사, 치과의사 또는 한의사의 진단이나 보건복지부령으로 정하는 기관(감염병병원체 확인기관)의 실험실 검사를 통하여 확인된 사람을 말한다.

2) 감염병 의심 환자

감염병 병원체가 인체에 침입한 것으로 의심이 되나 감염병 환자로 확인되기 전 단계에 있는 사람을 말한다.

3) 병원체보유자

임상적인 증상은 없으나 감염병 병원체를 보유하고 있는 사람을 말한다.

2 국가 및 지방자치단체의 책무

(1) 국가 및 지방자치단체는 감염병 환자 등의 인간으로서의 존엄과 가치를 존중하고 그 기본

적 권리를 보호하며, 법률에 따르지 아니하고는 취업 제한 등의 불이익을 주어서는 아니 된다.

(2) 국가 및 지방자치단체는 감염병의 예방 및 관리를 위하여 다음의 사업을 수행하여야 한다.

① 감염병의 예방 및 방역 대책

② 감염병 환자 등의 진료 및 보호

③ 감염병 예방을 위한 예방접종 계획의 수립 및 시행

④ 감염병에 관한 교육 및 홍보

⑤ 감염병에 관한 정보의 수집·분석 및 제공

⑥ 감염병에 관한 조사 ·연구

⑦ 감염병 병원체 검사·보존·관리 및 약제내성 감시(藥劑耐性 監視)

⑧ 감염병 예방을 위한 전문인력의 양성

⑨ 감염병 관리정보 교류 등을 위한 국제협력

⑩ 감염병의 치료 및 예방을 위한 약품 등의 비축

⑪ 감염병 관리사업의 평가

⑫ 기후변화, 저출산·고령화 등 인구변동 요인에 따른 감염병 발생조사·연구 및 예방대책 수립

⑬ 한센병의 예방 및 진료 업무를 수행하는 법인 또는 단체에 대한 지원

⑭ 감염병 예방 및 관리를 위한 정보시스템의 구축 및 운영

⑮ 해외 신종감염병의 국내 유입에 대비한 계획 준비, 교육 및 훈련

⑯ 해외 신종감염병 발생 동향의 지속적 파악, 위험성 평가 및 관리대상 해외 신종감염병의 지정

⑰ 관리대상 해외 신종감염병에 대한 병원체 등 정보 수집, 특성 분석, 연구를 통한 예방과 대응체계 마련, 보고서 발간 및 지침(매뉴얼을 포함) 고시

(3) 국가·지방자치단체(교육감을 포함)는 감염병의 효율적 치료 및 확산방지를 위하여 질병의 정보, 발생 및 전파 상황을 공유하고 상호 협력하여야 한다.

(4) 국가 및 지방자치단체는 의료법에 따른 의료기관 및 의료인단체와 감염병의 발생 감시·예방을 위하여 관련 정보를 공유하여야 한다.

3 의료인 등의 책무와 권리

(1) 의료인 및 의료기관의 장 등은 감염병 환자의 진료에 관한 정보를 제공받을 권리가 있고, 감염병 환자의 진단 및 치료 등으로 인하여 발생한 피해에 대하여 보상받을 수 있다.
(2) 의료인 및 의료기관의 장 등은 감염병 환자의 진단·관리·치료 등에 최선을 다하여야 하며, 보건복지부장관 또는 지방자치단체의 장의 행정명령에 적극 협조하여야 한다.
(3) 의료인 및 의료기관의 장 등은 국가와 지방자치단체가 수행하는 감염병의 발생 감시와 예방·관리 및 역학조사 업무에 적극 협조하여야 한다.

4 국민의 권리와 의무

(1) 국민은 감염병으로 격리 및 치료 등을 받은 경우 이로 인한 피해를 보상받을 수 있다.
(2) 국민은 감염병 발생 상황, 감염병 예방 및 관리 등에 관한 정보와 대응 방법을 알 권리가 있고, 국가와 지방자치단체는 신속하게 정보를 공개하여야 한다.
(3) 국민은 의료기관에서 이 법에 따른 감염병에 대한 진단 및 치료를 받을 권리가 있고, 국가와 지방자치단체는 이에 소요되는 비용을 부담하여야 한다.
(4) 국민은 치료 및 격리조치 등 국가와 지방자치단체의 감염병 예방 및 관리를 위한 활동에 적극 협조하여야 한다.

5 감염병의 신고

(1) 의사, 치과의사 또는 한의사는 다음에 해당하는 사실(표본감시 대상이 되는 제4급감염병으로 인한 경우는 제외)이 있으면 소속 의료기관의 장에게 보고하여야 하고, 해당 환자와 그 동거인에게 보건복지부 장관이 정하는 감염 방지 방법 등을 지도하여야 한다. 다만, 의료기관에 소속되지 아니한 의사, 치과의사 또는 한의사는 그 사실을 관할 보건소장에게 신고하여야 한다.

① 감염병 환자 등을 진단하거나 그 사체를 검안(檢案)한 경우
② 예방접종 후 이상반응자를 진단하거나 그 사체를 검안한 경우

③ 감염병 환자 등이 제1급감염병부터 제3급감염병까지에 해당하는 감염병으로 사망한 경우

(2) 감염병 병원체 확인기관의 소속 직원은 실험실 검사 등을 통하여 보건복지부령으로 정하는 감염병 환자 등을 발견한 경우 그 사실을 감염병 병원체 확인기관의 장에게 보고하여야 한다.

(3) 보고를 받은 의료기관의 장 및 감염병 병원체 확인기관의 장은 보건복지부 장관 또는 관할 보건소장에게 신고하여야 한다.

① 제1급감염병 : 즉시

② 제2급감염병, 제3급감염병 : 24시간 이내

③ 제4급감염병 : 7일 이내

(4) 육군, 해군, 공군 또는 국방부 직할 부대에 소속된 군의관은 1)의 어느 하나에 해당하는 사실(표본감시 대상이 되는 제4급감염병으로 인한 경우는 제외)이 있으면 소속 부대장에게 보고하여야 하고, 보고를 받은 소속 부대장은 제1급감염병의 경우에는 즉시, 제2급감염병 및 제3급감염병의 경우에는 24시간 이내에 관할 보건소장에게 신고하여야 한다.

(5) 감염병 표본감시기관은 표본감시 대상이 되는 제4급감염병으로 인하여 감염병 환자 등을 진단하거나 그 사체를 검안(檢案)한 경우, 감염병으로 사망한 사실이 있으면 보건복지부령으로 정하는 바에 따라 보건복지부 장관 또는 관할 보건소장에게 신고하여야 한다.

(6) 그 밖의 신고 의무자는 '결핵, 홍역, 콜레라, 장티푸스, 파라티푸스, 세균성 이질, 장출혈성 대장균감염증, A형간염' 발생 시 의사, 치과의사 또는 한의사의 진단이나 검안을 요구하거나 해당 주소지를 관할하는 보건소장에게 신고하여야 한다.

① 일반가정에서는 세대를 같이하는 세대주. 다만, 세대주가 부재중인 경우에는 그 세대원

② 학교, 병원, 관공서, 회사, 공연장, 예배장소, 선박·항공기·열차 등 운송 수단, 각종 사무소·사업소, 음식점, 숙박업소 또는 그 밖에 여러 사람이 모이는 장소로서 보건복지부령으로 정하는 장소(약국, 사회복지시설, 산후조리원, 목욕장 업소, 이용업소, 미용업소)의 관리인, 경영자 또는 대표자

③ 신고 의무자가 아니더라도 감염병 환자 등 또는 감염병으로 인한 사망자로 의심되는 사람을 발견하면 보건소장에게 알려야 한다.

(7) 보건소장 등의 보고는 신고를 받은 보건소장은 그 내용을 관할 특별자치 도지사 또는 시장·군수·구청장에게 보고하여야 하며, 보고를 받은 특별자치 도지사 또는 시장·군수·구청장은 이를 보건복지부 장관 및 시·도지사에게 각각 보고하여야 한다.

① 제1급감염병 발생, 사망, 병원체 검사 결과의 보고 : 신고를 받은 후 즉시
② 제2급감염병 및 제3급감염병의 발생, 사망 및 병원체 검사 결과의 보고 : 신고를 받은 후 24시간 이내
③ 제4급감염병의 발생 및 사망의 보고 : 신고를 받은 후 7일 이내
④ 예방접종 후 이상 반응의 보고 : 신고를 받은 후 즉시

6 인수공통감염병의 통보

가축전염병예방법에 따라 신고를 받은 특별자치 도지사·시장·구청장·읍장 또는 면장은 다음에 해당하는 감염병의 경우에는 즉시 질병관리본부장에게 통보하여야 한다.

(1) 탄저
(2) 고병원성 조류인플루엔자
(3) 광견병
(4) 그 밖에 대통령령으로 정하는 인수공통감염병 : 동물 인플루엔자

7 역학조사

(1) 질병관리본부장, 시·도지사 또는 시장·군수·구청장은 감염병이 발생하여 유행할 우려가 있다고 인정하면 지체없이 역학조사를 하여야 하고, 그 결과에 관한 정보를 필요한 범위에서 해당 의료기관에 제공하여야 한다. 다만, 지역확산 방지 등을 위하여 필요한 경우 다른 의료기관에 제공하여야 한다.
(2) 질병관리본부장, 시·도지사 또는 시장·군수·구청장은 역학조사를 하기 위하여 역학조사반을 각각 설치하여야 한다.
(3) 누구든지 질병관리본부장, 시·도지사 또는 시장·군수·구청장이 실시하는 역학조사에서 다음 각호의 행위를 하여서는 아니 된다.
① 정당한 사유 없이 역학조사를 거부·방해 또는 회피하는 행위
② 거짓으로 진술하거나 거짓 자료를 제출하는 행위
③ 고의적으로 사실을 누락·은폐하는 행위

(4) 감염병 역학조사에 포함되어야 하는 내용

① 감염병 환자 등의 인적 사항

② 감염병 환자 등의 발병일 및 발병 장소

③ 감염병의 감염원인 및 감염경로

④ 감염병 환자 등에 관한 진료기록

⑤ 그 밖에 감염병의 원인 규명과 관련된 사항

(5) 예방접종 이상 반응 역학조사에 포함되어야 하는 내용

① 예방접종 후 이상 반응자의 인적 사항

② 예방접종 기관, 접종일시 및 접종내용

③ 예방접종 후 이상 반응에 관한 진료기록

④ 예방접종 약에 관한 사항

⑤ 그 밖에 예방접종 후 이상 반응의 원인 규명과 관련된 사항

(6) 역학조사의 시기 - 질병관리본부장이 역학조사를 해야 하는 경우

① 둘 이상의 시·도에서 역학조사가 동시에 필요한 경우

② 감염병 발생 및 유행 여부 또는 예방접종 후 이상 반응에 관한 조사가 긴급히 필요한 경우

③ 시·도지사의 역학조사가 불충분하였거나 불가능하다고 판단되는 경우

(7) 역학조사의 시기 - 시·도지사 또는 시장·군수·구청장이 역학조사를 해야 하는 경우

① 관할 지역에서 감염병이 발생하여 유행할 우려가 있는 경우

② 관할 지역 밖에서 감염병이 발생하여 유행할 우려가 있는 경우로서 그 감염병이 관할 구역과 역학적 연관성이 있다고 의심되는 경우

③ 관할 지역에서 예방접종 후 이상 반응 사례가 발생하여 그 원인 규명을 위한 조사가 필요한 경우

요점 정리

1. 환자 분류 기준

(1) 감염병 환자 : 감염병의 병원체가 인체에 침입하여 증상을 나타내는 사람으로서 진단 기준에 따른 의사, 치과의사 또는 한의사의 진단이나 보건복지부령으로 정하는 기관(감염병 병원체 확인기관)의 실험실 검사를 통하여 확인된 사람을 말한다.

(2) 감염병 의심환자 : 감염병 병원체가 인체에 침입한 것으로 의심이 되나 감염병 환자로 확인되기 전 단계에 있는 사람을 말한다.

(3) 병원체보유자 : 임상적인 증상은 없으나 감염병 병원체를 보유하고 있는 사람을 말한다.

2. 국가 및 지방자치단체의 책무

국가 및 지방자치단체는 감염병 환자 등의 인간으로서의 존엄과 가치를 존중하고 그 기본적 권리를 보호하며, 법률에 따르지 아니하고는 취업 제한 등의 불이익을 주어서는 아니 된다. 등의 책무를 두고 있다.

3. 의료인 등의 책무와 권리

의료인 및 의료기관의 장 등은 감염병 환자의 진료에 관한 정보를 제공받을 권리가 있고, 감염병 환자의 진단 및 치료 등으로 인하여 발생한 피해에 대하여 보상받을 수 있다.

4. 국민의 권리와 의무

국민은 감염병으로 격리 및 치료 등을 받은 경우 이로 인한 피해를 보상받을 수 있다. 규정 외 정보 공개 권리 등을 규정하고 있다.

5. 감염병의 신고

의사, 치과의사 또는 한의사는 다음에 해당하는 사실(표본감시 대상이 되는 제4급감염병으로 인한 경우는 제외)이 있으면 소속 의료기관의 장에게 보고하여야 하고, 해당 환자와 그 동거인에게 보건복지부장관이 정하는 감염 방지 방법 등을 지도하여야 한다. 다만, 의료기관에 소속되지 아니한 의사, 치과의사 또는 한의사는 그 사실을 관할 보건소장에게 신고하여야 한다.

6. 인수공통감염병의 통보

7. 역학조사

(1) 질병관리본부장, 시·도지사 또는 시장·군수·구청장은 감염병이 발생하여 유행할 우려가 있다고 인정하면 지체없이 역학조사를 하여야 하고, 그 결과에 관한 정보를 필요한 범위에서 해당 의료기관에 제공하여야 한다. 다만, 지역확산 방지 등을 위하여 필요한 경우 다른 의료기관에 제공하여야 한다.

(2) 질병관리본부장, 시·도지사 또는 시장·군수·구청장은 역학조사를 하기 위하여 역학조사반을 각각 설치하여야 한다.

(3) 누구든지 질병관리본부장, 시·도지사 또는 시장·군수·구청장이 실시하는 역학조사에서 다음 각호의 행위를 하여서는 아니 된다.

① 정당한 사유 없이 역학조사를 거부·방해 또는 회피하는 행위

② 거짓으로 진술하거나 거짓 자료를 제출하는 행위

③ 고의적으로 사실을 누락·은폐하는 행위

(4) 감염병 역학조사에 포함되어야 하는 내용

감염병환자등의 인적 사항 등

(5) 예방접종 이상반응 역학조사에 포함되어야 하는 내용

예방접종 후 이상반응자의 인적 사항 등

(6) 역학조사의 시기 : 질병관리본부장이 역학조사를 해야 하는 경우

둘 이상의 시·도에서 역학조사가 동시에 필요한 경우 등

(7) 역학조사의 시기 : 시·도지사 또는 시장·군수·구청장이 역학조사를 해야 하는 경우

관할 지역에서 감염병이 발생하여 유행할 우려가 있는 경우 등

퀴즈(객관식 3문항)

01 감염병 관리 시 국가 및 지방자치단체의 책무로 적절하지 않은 것은?

① 감염병의 치료대책
② 감염병의 방역대책
③ 감염병에 관한 교육
④ 감염병에 관한 조사

정답 ①

해설 '국가 및 지방자치단체는 감염병환자등의 인간으로서의 존엄과 가치를 존중하고 그 기본적 권리를 보호하며, 법률에 따르지 아니하고는 취업 제한 등의 불이익을 주어서는 아니 되며 및 국가 및 지방자치단체는 감염병의 예방 및 관리를 위하여 다음의 사업을 수행하여야 한다'라고 규정하고 있다.

02 감염병 관리의 역학조사의 시기로 적절하지 않은 것은?

① 관할지역에서 감염병이 발생하여 유행할 우려가 있는 경우
② 관할지역에서 감염병으로 인한 사망자가 발생한 경우
③ 관할지역 밖에서 감염병이 발생하여 유행할 우려가 있는 경우로 역학적 연관성이 있는 경우
④ 관할지역에서 예방접종 후 이상 반응 사례가 발생하여 그 원인 규명을 위한 조사가 필요한 경우

정답 ②

해설 역학조사의 시기는 다음과 같다. 관할지역에서 감염병이 발생하여 유행할 우려가 있는 경우, 관할지역 밖에서 감염병이 발생하여 유행할 우려가 있는 경우로서 그 감염병이 관할구역과 역학적 연관성이 있다고 의심되는 경우, 관할지역에서 예방접종 후 이상 반응 사례가 발생하여 그 원인 규명을 위한 조사가 필요한 경우

03 감염병 역학조사에 포함되어야 하는 내용이 아닌 것은?

① 감염병 환자 등의 발병일
② 감염병 환자의 치료계획
③ 감염병 환자 등에 관한 진료기록
④ 감염병의 감염원인

정답 ②

해설 감염병 환자 등의 인적 사항, 감염병 환자 등의 발병일 및 발병 장소, 감염병의 감염원인 및 감염경로 및 감염병 환자 등에 관한 진료기록이다.

09 감염병 예방을 위한 소독 등의 관리방법

학습 목표
1. 감염병 예방 및 관리를 위한 건강진단에 대해 이해할 수 있다.
2. 감염병 위기관리 대책의 수립 및 시행 방법에 대해 이해할 수 있다.
3. 감염병 예방 및 관리를 위한 소독 방법에 대해 이해할 수 있다.

학습 내용
1. 감염병 관리를 위한 건강진단
2. 감염병 위기관리 대책 수립
3. 감염병 환자 등의 관리
4. 감염병 관리를 위한 소독 방법

1 건강진단

성매개감염병의 예방을 위하여 종사자의 건강진단이 필요한 직업으로 보건복지부령으로 정하는 직업에 종사하는 자와 성매개감염병에 감염되어 그 전염을 매개할 상당한 우려가 있다고 시장·군수·구청장이 인정한 자는 보건복지부령으로 정하는 바에 따라 성매개감염병에 관한 건강진단을 받아야 한다.

성매개감염병 및 후천성면역결핍증 건강진단 대상자	건강진단 항목 및 횟수		
	매독검사	HIV 검사	그 밖의 성매개 감염병 검사
1. 「청소년보호법 시행령」에 따른 영업소의 여성종업원	1회/6개월	1회/6개월	1회/6개월
2. 「식품위생법 시행령」에 따른 유흥접객원	1회/3개월	1회/6개월	1회/3개월
3. 「안마사에 관한 규칙」에 따른 안마시술소의 여성종업원	1회/3개월	1회/6개월	1회/3개월
4. 특별자치도지사·시장·군수·구청장이 불특정 다수를 대상으로 성매개감염병 및 후천성면역결핍증을 감염시킬 우려가 있는 행위를 한다고 인정하는 영업장에 종사하는 사람	1회/3개월	1회/6개월	1회/3개월

2 필수예방접종

(1) 특별자치 도지사 또는 시장·군수·구청장은 다음의 질병에 대하여 관할 보건소를 통하여 필수예방접종을 실시하여야 한다.

① 디프테리아 ② 폴리오 ③ 백일해
④ 홍역 ⑤ 파상풍 ⑥ 결핵
⑦ B형간염 ⑧ 유행성이하선염 ⑨ 풍진
⑩ 수두 ⑪ 일본뇌염 ⑫ b형 헤모필루스 인플루엔자
⑬ 폐렴구균 ⑭ 인플루엔자 ⑮ A형간염
⑯ 사람유두종바이러스 감염증
⑰ 그 밖에 보건복지부 장관이 감염병의 예방을 위하여 필요하다고 인정하여 지정하는 감염병

(2) 특별자치 도지사 또는 시장·군수·구청장은 제1항에 따른 필수예방접종업무를 대통령령으로 정하는 바에 따라 관할구역 안에 있는 「의료법」에 따른 의료기관에 위탁할 수 있다.

(3) 특별자치 도지사 또는 시장·군수·구청장은 필수예방접종 대상 아동 부모에게 보건복지부령으로 정하는 바에 따라 필수예방접종을 사전에 알려야 한다. 이 경우 「개인정보 보호법」 제24조에 따른 고유 식별정보를 처리할 수 있다.

3 감염병 위기관리대책의 수립·시행

(1) 보건복지부 장관은 감염병의 확산 또는 해외 신종감염병의 국내 유입으로 인한 재난상황에 대처하기 위하여 위원회의 심의를 거쳐 감염병 위기관리 대책을 수립·시행하여야 한다.

(2) 감염병 위기관리 대책 포함 사항

① 재난상황 발생 및 해외 신종감염병 유입에 대한 대응체계 및 기관별 역할
② 재난 및 위기상황의 판단, 위기경보 결정 및 관리체계
③ 감염병위기 시 동원하여야 할 의료인 등 전문인력, 시설, 의료기관의 명부 작성
④ 의료용품의 비축방안 및 조달방안
⑤ 재난 및 위기상황별 국민행동요령, 동원 대상 인력, 시설, 기관에 대한 교육 및 도상연습 등 실제 상황대비 훈련

⑥ 그 밖에 재난상황 및 위기상황 극복을 위하여 필요하다고 보건복지부 장관이 인정하는 사항

(3) 보건복지부 장관은 감염병 위기관리대책에 따른 정기적인 훈련을 실시하여야 한다.

4 감염병 환자 등의 관리

(1) 감염병 중 특히 전파 위험이 높은 감염병으로서 제1급감염병 및 보건복지부 장관이 고시한 감염병에 걸린 감염병 환자 등은 감염병 관리기관에서 입원 치료를 받아야 한다.
 * 입원치료를 받아야 하는 감염병 : 결핵, 홍역, 콜레라, 장티푸스, 파라티푸스, 세균성이질, 장출혈성대장균감염증, A형간염, 폴리오, 수막구균감염증, 성홍열

(2) 보건복지부 장관, 시·도지사 또는 시장·군수·구청장은 감염병관리기관의 병상(病床)이 포화상태에 이르러 감염병 환자 등을 수용하기 어려운 경우에는 감염병관리기관이 아닌 다른 의료기관에서 입원 치료하게 할 수 있다.

5 감염병에 관한 강제처분

(1) 보건복지부 장관, 시·도지사 또는 시장·군수·구청장은 해당 공무원으로 하여금 다음의 어느 하나에 해당하는 감염병 환자 등이 있다고 인정되는 주거시설, 선박·항공기·열차 등 운송수단 또는 그 밖의 장소에 들어가 필요한 조사나 진찰을 하게 할 수 있으며, 그 진찰 결과 감염병 환자 등으로 인정될 때에는 동행하여 치료받게 하거나 입원시킬 수 있다.
 ① 제1급감염병
 ② 제2급감염병 중 결핵, 홍역, 콜레라, 장티푸스, 파라티푸스, 세균성 이질, 장출혈성대장균감염증, A형간염, 수막구균 감염증, 폴리오, 성홍열 또는 보건복지부 장관이 정하는 감염병
 ③ 제3급감염병 중 보건복지부 장관이 정하는 감염병
 ④ 세계보건기구 감시대상 감염병

(2) 보건복지부 장관, 시·도지사 또는 시장·군수·구청장은 감염병 환자 등의 확인을 위한 조사·진찰을 거부하는 사람(조사거부자)에 대해서는 해당 공무원으로 하여금 감염병 관

리기관에 동행하여 필요한 조사나 진찰을 받게 하여야 한다.

(3) 보건복지부 장관, 시·도지사 또는 시장·군수·구청장은 조사거부자를 자가 또는 감염병 관리시설에 격리할 수 있으며, 조사·진찰 결과 감염병 환자 등으로 인정될 때에는 감염병 관리시설에서 치료받게 하거나 입원시켜야 한다.

(4) 보건복지부 장관, 시·도지사 또는 시장·군수·구청장은 조사거부자가 감염병 환자 등이 아닌 것으로 인정되면 격리조치를 즉시 해제하여야 한다.

(5) 보건복지부 장관, 시·도지사 또는 시장·군수·구청장은 조사거부자를 치료·입원시킨 경우 그 사실을 조사거부자의 보호자에게 통지하여야 한다.

6 업무 종사의 일시 제한

(1) 감염병 환자 등은 보건복지부령으로 정하는 바에 따라 업무의 성질상 일반인과 접촉하는 일이 많은 직업에 종사할 수 없고, 누구든지 감염병 환자 등을 그러한 직업에 고용할 수 없다.

(2) 일시적으로 업무 종사의 제한을 받는 감염병 환자 : 콜레라, 장티푸스, 파라티푸스, 세균성 이질, 장출혈성대장균감염증, A형 간염

(3) 제한 기간 : 감염력이 소멸되는 날까지

(4) 업무 종사의 제한을 받는 업종 : 집단급식소, 식품접객업

7 감염병 유행에 대한 방역 조치

보건복지부 장관, 시·도지사 또는 시장·군수·구청장은 감염병이 유행하면 감염병 전파를 막기 위하여 다음에 해당하는 모든 조치를 하거나 그에 필요한 일부 조치를 하여야 한다.

(1) 감염병 환자 등이 있는 장소나 감염병 병원체에 오염되었다고 인정되는 장소에 대한 조치

① 일시적 폐쇄

② 일반 공중의 출입금지

③ 해당 장소 내 이동 제한

④ 그 밖에 통행 차단을 위하여 필요한 조치

(2) 의료기관에 대한 업무 정지

(3) 감염병 병원체에 감염되었다고 의심되는 사람을 적당한 장소에 일정한 기간 입원 또는 격리시키는 것

(4) 감염병 병원체에 오염되었거나 오염되었다고 의심되는 물건을 사용·접수·이동하거나 버리는 행위 또는 해당 물건의 세척을 금지하거나 태우거나 폐기 처분하는 것

(5) 감염병 병원체에 오염된 장소에 대한 소독이나 그 밖에 필요한 조치를 명하는 것

(6) 일정한 장소에서 세탁하는 것을 막거나 오물을 일정한 장소에서 처리하도록 명하는 것

8 소독의 기준

(1) 콜레라, 장티푸스, 파라티푸스, 세균성 이질, 장출혈성 대장균, A형간염

① 분뇨, 토사물(吐瀉物) 및 이의 처치에 사용한 기구 : 천, 종이 등

② 시체

③ 감염병환자 또는 시체에 사용한 의류, 침구, 운반기구 등

④ 간호인 또는 감염병환자와 접촉한 사람 및 이들이 사용한 의류, 침구 등

⑤ 감염병 환자의 음식물찌꺼기, 감염병 환자가 사용한 식기, 기구, 서적 등

⑥ 병실의 바닥 등

⑦ 우물, 주방, 주방기구, 물통 등

⑧ 화장실, 수세변기구, 쓰레기통, 하수구 등 불결한 장소

⑨ 옥내 및 옥외에 대한 청소

⑩ 고인 물이나 습기가 찬 장소에 대한 매몰 또는 배수

⑪ 실내의 충분한 채광 및 환기

(2) 성홍열, 디프테리아, 수막구균성수막염

① 콧물, 가래침, 고름, 부스럼딱지 및 이의 처치에 사용한 기구 : 천, 종이 등

② 시체

③ 감염병 환자 또는 시체에 사용한 의류, 침구, 운반기구 등

④ 간호인 또는 감염병 환자와 접촉한 사람 및 이들이 사용한 의류, 침구 등

⑤ 감염병 환자의 음식물찌꺼기, 감염병 환자가 사용한 식기, 기구, 서적 등

⑥ 병실의 바닥, 기구, 벽 등
⑦ 옥내 및 옥외에 대한 청소
⑧ 고인 물이나 습기가 찬 장소에 대한 매몰 또는 배수
⑨ 실내의 충분한 채광 및 환기

(3) 발진티푸스

① 콧물, 가래침 및 이의 처치에 사용한 기구·천·종이 등
② 시체
③ 감염병 환자 또는 시체에 사용한 의류, 침구, 운반기구 등
④ 간호인 또는 감염병환자와 접촉한 사람 및 이들이 사용한 의류, 침구 등
⑤ 병실의 바닥 등
⑥ 이가 서식하기 쉬운 물건
⑦ 옥내 및 옥외에 대한 청소
⑧ 고인 물이나 습기가 찬 장소에 대한 매몰 또는 배수
⑨ 실내의 충분한 채광 및 환기

(4) 페스트

① 혈액, 콧물, 가래침, 고름 및 이의 처치에 사용한 기구·천·종이 등
② 시체
③ 감염병 환자 또는 시체에 사용한 의류, 침구, 운반기구 등
④ 간호인 또는 감염병 환자와 접촉한 사람 및 이들이 사용한 의류, 침구 등
⑤ 감염병 환자가 사용한 식기, 기구, 서적 등
⑥ 병실의 바닥, 기구, 벽 등
⑦ 쥐가 서식하거나 지나다니는 장소
⑧ 이가 서식하기 쉬운 물건 또는 장소
⑨ 옥내 및 옥외에 대한 청소
⑩ 고인 물이나 습기가 찬 장소에 대한 매몰 또는 배수
⑪ 실내의 충분한 채광 및 환기

(5) 일본뇌염, 말라리아

① 하수구, 고인 물, 잡초, 농수로 등

② 모기가 발생하고 서식하기 쉬운 장소

③ 옥내 및 옥외에 대한 청소

④ 고인 물이나 습기가 찬 장소에 대한 매몰 또는 배수

⑤ 실내의 충분한 채광 및 환기

9 소독의 방법

(1) 청소

오물 또는 오염되었거나 오염이 의심되는 물건을 수집하여 「폐기물관리법」에 따라 위생적인 방법으로 안전하게 처리해야 한다.

(2) 소독

① 소각 : 오염되었거나 오염이 의심되는 소독대상 물건 중 소각해야 할 물건을 불에 완전히 태워야 한다.

② 증기소독 : 유통증기(流通蒸氣)를 사용하여 소독기 안의 공기를 빼고 1시간 이상 섭씨 100도 이상의 증기소독을 해야 한다. 다만, 증기 소독을 할 경우 더럽혀지고 손상될 우려가 있는 물건은 다른 방법으로 소독을 해야 한다.

③ 끓는 물 소독 : 소독할 물건을 30분 이상 섭씨 100도 이상의 물속에 넣어 살균해야 한다.

④ 약물소독 : 약품을 소독대상 물건에 뿌려야 한다.

㉠ 석탄산수(석탄산 3% 수용액)

㉡ 크레졸수(크레졸액 3% 수용액)

㉢ 승홍수(승홍 0.1%, 식염수 0.1%, 물 99.8% 혼합액)

㉣ 생석회(대한약전 규격품)

㉤ 크롤칼키수(크롤칼키 5% 수용액)

㉥ 포르마린(대한약전 규격품)

㉦ 그 밖의 소독약을 사용하려는 경우에는 석탄산 3% 수용액에 해당하는 소독력이 있는 약제를 사용해야 한다.

⑤ 일광소독 : 의류, 침구, 용구, 도서, 서류나 그 밖의 물건으로서 위의 소독 방법을 따를 수 없는 경우에는 일광소독을 해야 한다.

(3) 질병 매개 곤충 방제(防除)

① 물리적·환경적 방법

㉠ 서식 장소를 완전히 제거하여 질병 매개 곤충이 서식하지 못하게 한다.

㉡ 질병 매개 곤충의 발생이나 유입을 막기 위한 시설을 설치해야 한다.

㉢ 질병 매개 곤충의 종류에 따른 적절한 덫을 사용하여 밀도를 낮추어야 한다.

② 화학적 방법

㉠ 질병 매개 곤충에 맞는 곤충 성장 억제제 또는 살충제를 사용하여 유충과 성충을 제거해야 한다.

㉡ 잔류성 살충제를 사용하여 추가적인 유입을 막아야 한다.

㉢ 살충제 처리가 된 창문 스크린이나 모기장을 사용해야 한다.

③ 생물학적 방법

㉠ 모기 방제를 위하여 유충을 잡아먹는 천적(미꾸라지, 송사리, 잠자리 유충 등)을 이용한다.

㉡ 모기유충 서식처에 미생물 살충제를 사용한다.

(4) 쥐의 방제

① 위생적 처리

㉠ 음식 찌꺼기통이나 쓰레기통의 용기는 밀폐하거나 뚜껑을 덮어 먹이 제공을 방지해야 한다.

㉡ 쓰레기 더미, 퇴비장, 풀이 우거진 담장 등의 쥐가 숨어있는 곳을 사전에 제거함으로써 서식처를 제거한다.

② 건물의 출입문, 환기통, 배관, 외벽, 외벽과 창문 및 전선 등을 통하여 쥐가 침입하지 못하도록 처리해야 한다.

③ 쥐약을 적당량 사용하여 쥐를 방제한다.

(5) 소독약품의 사용

살균·살충·쥐잡기 등의 소독에 사용하는 상품화된 약품은 안전확인대상 생활화학제품 또는 살생물제품으로써 환경부 장관의 승인을 받은 제품을 용법·용량에 따라 안전하게 사용해야 한다.

요점 정리

1. 건강진단

성매개감염병의 예방을 위하여 종사자의 건강진단이 필요한 직업으로 보건복지부령으로 정하는 직업에 종사하는 자와 성매개감염병에 감염되어 그 전염을 매개할 상당한 우려가 있다고 시장·군수·구청장이 인정한 자는 보건복지부령으로 정하는 바에 따라 성매개감염병에 관한 건강진단을 받아야 한다.

2. 필수예방접종

(1) 특별자치 도지사 또는 시장·군수·구청장은 다음의 질병에 대하여 관할 보건소를 통하여 필수예방접종을 실시하여야 한다. 디프테리아 외 16종

(2) 특별자치 도지사 또는 시장·군수·구청장은 제1항에 따른 필수예방접종업무를 대통령령으로 정하는 바에 따라 관할구역 안에 있는 「의료법」에 따른 의료기관에 위탁할 수 있다.

3. 감염병 위기관리 대책의 수립·시행

(1) 보건복지부 장관은 감염병의 확산 또는 해외 신종감염병의 국내 유입으로 인한 재난상황에 대처하기 위하여 위원회의 심의를 거쳐 감염병 위기관리 대책을 수립·시행하여야 한다.

(2) 감염병 위기관리 대책 포함 사항
재난상황 발생 및 해외 신종감염병 유입에 대한 대응체계 및 기관별 역할 외 5개 조항

(3) 보건복지부 장관은 감염병 위기관리 대책에 따른 정기적인 훈련을 실시하여야 한다.

4. 감염병환자등의 관리

(1) 감염병 중 특히 전파 위험이 높은 감염병으로서 제1급감염병 및 보건복지부 장관이 고시한 감염병에 걸린 감염병 환자 등은 감염병 관리기관에서 입원치료를 받아야 한다.

(2) 보건복지부 장관, 시·도지사 또는 시장·군수·구청장은 감염병 관리기관의 병상(病床)이 포화상태에 이르러 감염병 환자 등을 수용하기 어려운 경우에는 감염병 관리기관이 아닌 다른 의료기관에서 입원 치료하게 할 수 있다.

5. 감염병에 관한 강제처분

(1) 보건복지부 장관, 시·도지사 또는 시장·군수·구청장은 해당 공무원으로 하여금 다음의 어느 하나에 해당하는 감염병 환자 등이 있다고 인정되는 주거시설, 선박·항공기·열차 등 운송수단 또는 그 밖의 장소에 들어가 필요한 조사나 진찰을 하게 할 수 있으며, 그 진찰 결과 감염병 환자 등으로 인정될 때에는 동행하여 치료받게 하거나 입원시킬 수 있다.

(2) 보건복지부 장관, 시·도지사 또는 시장·군수·구청장은 감염병 환자 등의 확인을 위한 조사·진찰을 거부하는 사람(조사거부자)에 대해서는 해당 공무원으로 하여금 감염병 관리기관에 동행하여 필요한 조사나 진찰을 받게 하여야 한다.

6. 업무 종사의 일시 제한

(1) 감염병 환자 등은 보건복지부령으로 정하는 바에 따라 업무의 성질상 일반인과 접촉하는 일이 많은 직업에 종사할 수 없고, 누구든지 감염병 환자 등을 그러한 직업에 고용할 수 없다.

(2) 일시적으로 업무 종사의 제한을 받는 감염병 환자 : 콜레라, 장티푸스, 파라티푸스, 세균성 이질, 장출혈성대장균감염증, A형 간염

(3) 제한 기간 : 감염력이 소멸되는 날까지

(4) 업무 종사의 제한을 받는 업종 : 집단급식소, 식품접객업

7. 감염병 유행에 대한 방역 조치

보건복지부 장관, 시·도지사 또는 시장·군수·구청장은 감염병이 유행하면 감염병 전파를 막기 위하여 다음에 해당하는 모든 조치를 하거나 그에 필요한 일부 조치를 하여야 한다.

(1) 감염병 환자 등이 있는 장소나 감염병 병원체에 오염되었다고 인정되는 장소에 대한 조치

(2) 의료기관에 대한 업무 정지

(3) 감염병 병원체에 감염되었다고 의심되는 사람을 적당한 장소에 일정한 기간 입원 또는 격리시키는 것

(4) 감염병 병원체에 오염되었거나 오염되었다고 의심되는 물건을 사용·접수·이동하거나 버리는 행위 또는 해당 물건의 세척을 금지하거나 태우거나 폐기 처분하는 것

(5) 감염병 병원체에 오염된 장소에 대한 소독이나 그 밖에 필요한 조치를 명하는 것

(6) 일정한 장소에서 세탁하는 것을 막거나 오물을 일정한 장소에서 처리하도록 명하는 것

8. 소독의 기준

(1) 콜레라, 장티푸스, 파라티푸스, 세균성 이질, 장출혈성 대장균, A형간염

(2) 성홍열, 디프테리아, 수막구균성수막염

(3) 발진티푸스

(4) 페스트

(5) 일본뇌염, 말라리아

9. 소독의 방법

1) 청소

오물 또는 오염되었거나 오염이 의심되는 물건을 수집하여 「폐기물관리법」에 따라 위생적인 방법으로 안전하게 처리해야 한다.

2) 소독

① 소각 : 오염되었거나 오염이 의심되는 소독대상 물건 중 소각해야 할 물건을 불에 완전히 태워야 한다.

② 증기소독 : 유통증기(流通蒸氣)를 사용하여 소독기 안의 공기를 빼고 1시간 이상 섭씨 100도 이상의 증기소독을 해야 한다. 다만, 증기 소독을 할 경우 더럽혀지고 손상될 우려가 있는 물건은 다른 방법으로 소독을 해야 한다.

③ 끓는 물 소독 : 소독할 물건을 30분 이상 섭씨 100도 이상의 물속에 넣어 살균해야 한다.

④ 약물소독 : 약품을 소독대상 물건에 뿌려야 한다.

⑤ 일광소독 : 의류, 침구, 용구, 도서, 서류나 그 밖의 물건으로서 위의 소독방법을 따를 수 없는 경우에는 일광소독을 해야 한다.

3) 질병 매개 곤충 방제(防除)

① 물리적·환경적 방법

- 서식 장소를 완전히 제거하여 질병 매개 곤충이 서식하지 못하게 한다.
- 질병 매개 곤충의 발생이나 유입을 막기 위한 시설을 설치해야 한다.
- 질병 매개 곤충의 종류에 따른 적절한 덫을 사용하여 밀도를 낮추어야 한다.

② 화학적 방법 : 질병 매개 곤충에 맞는 곤충 성장 억제제 또는 살충제를 사용하여 유충과 성충을 제거해야 한다.

③ 생물학적 방법 : 모기 방제를 위하여 유충을 잡아먹는 천적(미꾸라지, 송사리, 잠자리 유충

등)을 이용한다.

4) 쥐의 방제

위생적 처리 : 음식 찌꺼기통이나 쓰레기통의 용기는 밀폐하거나 뚜껑을 덮어 먹이 제공을 방지해야 한다.

5) 소독약품의 사용

살균·살충·쥐잡기 등의 소독에 사용하는 상품화된 약품은 안전확인대상 생활화학제품 또는 살생물제품으로써 환경부 장관의 승인을 받은 제품을 용법·용량에 따라 안전하게 사용해야 한다.

퀴즈(객관식 3문항)

01 약물소독의 방법으로 적절하지 않은 것은?

① 크레졸 수(크레졸액 3% 수용액)
② 승홍수(승홍 0.1%, 식염수 0.1% 및 물 99.8% 혼합액)
③ 크롤칼키수(크롤칼키 5% 수용액)
④ 석탄산 수(석탄산 1% 수용액)

정답 ④
해설 석탄산 수는 석탄산 3% 수용액으로 소독 약제를 사용해야 한다.

02 소독할 물건을 30분 이상 섭씨 100도 이상의 물속에 넣어 살균하는 방법은?

① 자비소독 ② 증기소독
③ 고압소독 ④ 멸균소독

정답 ①
해설 끓는 물 소독은 자비소독이라고도 하는데 소독할 물건을 30분 이상 섭씨 100도 이상의 물속에 넣어 살균하는 방법이다.

03 감염병 예방 및 관리를 위해 필수예방접종 대상이 아닌 감염병은?

① 홍역 ② 계절독감
③ 폴리오 ④ 결핵

정답 ②
해설 특별자치 도지사 또는 시장, 군수, 구청장은 디프테리아 등 감염병 예방 및 관리를 위해 관할 보건소를 통하여 필수예방접종을 실시하여야 한다.

10 공기의 구성요소 및 자정작용

학습 목표 1. 공기의 특성에 대해 설명할 수 있다.
2. 대기의 조성과 성질에 대해 설명할 수 있다.
3. 공기의 자정작용에 대해 설명할 수 있다.

학습 내용 1. 공기의 특성 2. 대기의 조성과 성질 3. 공기의 자정작용

1 공기

지구를 둘러싸고 있는 대기의 하층 부분을 구성하는 무색투명한 기체를 의미한다. 공기는 역사와 더불어 생성된 것으로, 공기가 없으면 지구 표면은 격렬한 태양광, 태양열, 우주선, 우주진(먼지) 등에 직접 노출되고 또 탄소동화작용, 질소고정작용, 호흡도 이루어지지 않아 생물이 존재할 수 없게 된다. 또한, 소리가 공간에서 전파되지 않고, 물체의 연소도 불가능하며, 대기압이나 비·바람도 존재하지 않는다.

인간과 동물은 음식물을 먹지 않고도 일정 기간 생존이 가능하나, 공기를 흡입하지 않으면 잠시도 생명을 유지할 수 없다. 성인의 경우 1일 1인 공기 필요량은 13 kL(산소필요량 18 kL) 정도이다.

2 대기권

지구를 둘러싼 공기는 해발고도에 따라 대류권, 성층권, 중간권, 전리권, 외기권으로 구분한다. 해발 10 km 이내에 해당하는 대류권 내에서는 기류의 이동이 심해 위로 올라갈수록 기온이 떨어지고 10 km 고공에 이르면 −60°C까지 하강하며 대류현상을 일으켜 지표면의 오염물질을 확산시켜 주는 역할을 한다.

1) 대류권(Troposphere)

(1) 대기권의 최하층으로써 지표로부터 11 km까지의 범위이며, 기온이 평균 6.5℃/km 비율로 점차 하강한다.

(2) 이 층은 대류가 왕성하여 일기 현상이 일어나며 미기상학의 대상층이라고 한다.

- 미기상학 대상이 되는 기층 : 지구경계층 혹은 마찰층(Friction layer) → 지표~500 km (1,000 km)

(3) 지구경계층

- 지표경계층 → 지표 50 m : 미기상에서 가장 중요시되는 부분
- 전이층 → 50~500 m(1000 m)

2) 성층권(Stratosphere)

(1) 지상 12~50 km 정도까지의 범위로서 온도는 대략 영하 55℃ 정도이며, 기온의 변화가 높이에 관계없이 거의 일정하여 대류가 일어나지 않는다.

(2) O_3은 25 km(25~32 km)에서 최대밀도(약 10 ppm)를 나타내는데 이 층을 오존층이라 한다.

3) 중간권(Mesosphere)

지상 50~80 km 범위로 기온이 다시 하강하는 층이며 이온층 D층을 포함하고 있다.

4) 열권(Thermosphere)

지상 80 km 이상을 가리키며 공기의 일부분이 이온화되어 있기 때문에 열전도가 높고 전파를 반사하는 E층과 F층이 존재한다.

5) 대기의 수직구조 순서

대류권(0~11 km) → 성층권(11~50 km) → 중간권(50~80 km) → 열권(80~500 km)

3 대기의 조성과 성질

공기는 일종의 혼합기체이며, 주성분인 산소와 질소 외에 소량의 이산화탄소, 아르곤 등 비활성 기체를 포함한다. 기체 물질의 조성은 표준상태(0℃, 1기압)에서 질소가 약 78%, 산소가 약 21%로 두 기체가 전체의 약 99%를 차지하고 있으며, 이외에 아르곤 0.95%, 이산화탄소 0.03% 및 기타 미량 기체로 구성되어 있다. 그러나 때와 장소에 따라 수증기, 아황산가스, 일산화탄소, 암모니아, 탄화수소 등의 기체 또는 먼지, 꽃가루, 미생물, 염화물 등의 무기물, 타르 성분 등 유기물의 고형물을 포함하고 있다.

1) 산소(O_2)

(1) 공기 중 산소는 우리의 호흡작용에 절대로 필요한 물질로서 영양소를 연소시키는 데 사용되며, 식물의 동화작용과 공기의 이동에 의하여 보충된다.

(2) 안정 시 공기를 한 번 호흡할 때 체내에서 4~5%의 산소를 소비하기 때문에 성인의 경우 안정된 상태에서 하루에 약 650 L의 산소를 필요로 한다.

(3) 공기 중의 산소의 농도가 14%인 경우 호흡곤란과 맥박의 증가 등 신체 증상이 나타나기 시작하고, 10~11%에서는 호흡곤란, 최면 마비, 동작의 완만이 일어나며, 6~7%에서는 안면 창백, 정신착란, 감각둔화, 근육반응 실조, 지각상실 등, 4% 이하에서는 40초 이내에 졸도하게 된다.

(4) 우리 인체가 감당해 낼 수 있는 산소의 변동범위는 15~27%이다. 이보다 낮은 산소분압에서는 저산소증(Hypoxia)을 유발하고 높은 산소분압에서는 산소중독증(Oxygen Poison)을 초래한다. 그래서 고도 7,000 m 이상의 고공이나 고산지대에서는 고산병, 산소분압 2기압 이상에서는 산소중독 등의 임상증상을 나타낸다.

(5) 호흡과 산소와의 관계

구분	산소[%]	이산화탄소[%]
흡기	21	0.03
호기	17	3.8~4.0
폐포 내기	약 14	약 5.5

2) 질소(N_2)

(1) 공기의 약 78%를 차지하고 있으나 정상상태에서는 인체에 직접적인 영향을 주지 않고 고기압 상태(4기압 이상)에서 정상 기압으로 갑자기 복귀할 때 인체에 영향을 미친다.

(2) 잠수 중에 질소가 지방조직이나 혈액 중에 용해되었다가 급격히 감압되면 질소가 기포를 형성하여 체내의 모세혈관을 차단하여 잠함병(Caisson disease)의 원인이 된다.

(3) 질소산화물(NOx)을 형성하여 대기오염의 원인이 되기도 한다.

> **감압병(decompression sickness)**
>
> 고기압 상태에서 급속히 압력을 강하시켜 다시 원상 복귀할 때 체액 중에 용해되어 있던 질소가 기체가 되면서 기포를 형성하여 작은 혈관 내에서 혈전현상을 일으키는 상태로써 주 증상은 심한 사지관절통, 현기증, 시력장애, 흉통 및 호흡곤란 등의 증상이 나타난다. 주로 잠수부, 항공기 조종사 등에서 발생

3) 탄산가스(CO_2)

(1) 탄산가스는 인체 내에서의 연소 작용에 의하여 안정 시 한 사람에게 시간당 약 20~21 L가 산출되며, 그 밖에도 물체가 탈 때와 발효 또는 부패할 때 발생한다.

(2) 일반적으로 실내 공기오염의 지표로 공기 중에 0.03%의 비율로 존재하고 이 농도가 0.1%에 이르면 공기가 오염된 것으로 인정한다. 즉 CO_2의 위생학적 허용기준은 0.1% (1,000 ppm)이다.

(3) 미량의 CO_2 자체는 인체에 해롭지 않으나 3% 이상에서는 호흡 촉진, 7% 이상에서는 호흡곤란, 10% 이상에서는 의식을 상실하거나 사망할 수 있다.

> **군집독(群集毒, Crowd poisoning)**
>
> 일정한 공간에 다수인이 밀집되어 있는 경우, 탄산가스의 농도가 증가되고 기온, 습기, 냄새, 먼지 등 물리적 성상이 변화되고 실내 환기가 불량하여 공기의 화학적 성상이 변화되므로 두통, 권태, 현기증, 불쾌감, 구역, 식욕부진 등의 신체적 증상을 초래하는 것을 말함.
>
> ※ 군집독의 작용 인자
>
> ① 취기 : 어떤 단일물질의 존재에 의하는 것은 아니고, 공기의 물리·화학적 조성의 변화와 구기·체취 등 취기와 혼동되어서 나타나는 것이다.

② 실온 : 다수인이 밀집한 실내온도는 난방 이외의 체열 방산과 끽연(흡연)의 의해서도 상승하는데, 쾌적온도는 18±2°C이다.

③ 실내습도 : 실내습도는 인간의 건강과 밀접한 관계가 있어 너무 건조한 곳에서는 호흡기 질환이 있을 수 있고, 너무 습하면 피부질환이 발생할 수 있다.
실내의 쾌감습도는 40～70%로써, 평균 65%가 적당하며, 40% 이하에서는 건조하여, 건강에 해롭다.

④ 실내기류 : 무풍인 상태에서 고온·고습하면 체열 방산은 거의 이루어지지 않아 이로 인해서 울열이 생기며, 견디기 어려운 불쾌감이 생긴다.
- 0.2～0.5 m/s의 기류를 불감기류라고 한다.
- 0.1 m/s 이하를 무풍이라고 한다.
- 일반적으로 1 m/s 전후의 기류가 쾌적한 기류이다.

4 공기의 자정작용

성인은 안정 시 1시간에 약 500～600 L의 공기를 호흡하며, 산소를 흡입하여 그 부산물로 이산화탄소를 배출하게 된다. 그 밖에도 교통기관이나 공장에서 배출되는 매연과 가스, 먼지, 방사능물질 등 인체에 유해한 물질로 대기는 오염되나 대기의 자정작용에 의해 그 조성에는 큰 변화를 일으키지 않는다.

(1) 자외선에 의한 살균력

(2) 공기 자체의 희석력

(3) 식물의 탄소동화작용에 의한 이산화탄소와 산소의 교환 작용

(4) 산소, 오존 및 과산화수소에 의해 산화작용

(5) 비나 눈에 의한 공기 중 용해성 가스 및 부유분진의 제거

(6) 중력에 의한 침강작용 등

요점 정리

1. 공기

지구를 둘러싸고 있는 대기의 하층 부분을 구성하는 무색투명한 기체를 의미한다. 공기는 역사와 더불어 생성된 것으로, 공기가 없으면 지구 표면은 격렬한 태양광, 태양열, 우주선, 우주진(먼지) 등에 직접 노출되고 또 탄소동화작용, 질소고정작용, 호흡도 이루어지지 않아 생물이 존재할 수 없게 된다. 또한, 소리가 공간에서 전파되지 않고, 물체의 연소도 불가능하며, 대기압이나 비·바람도 존재하지 않는다.

2. 대기권

지구를 둘러싼 공기는 해발고도에 따라 대류권, 성층권, 중간권, 전리권, 외기권으로 구분한다. 해발 10 km 이내에 해당하는 대류권 내에서는 기류의 이동이 심해 위로 올라갈수록 기온이 떨어지고 10 km 고공에 이르면 -60°C까지 하강하며 대류현상을 일으켜 지표면의 오염물질을 확산시켜 주는 역할을 한다.

1) 대기의 수직구조 순서

대류권(0～11 km) → 성층권(11～50 km) → 중간권(50～80 km) → 열권(80～500 km)

3. 대기의 조성과 성질

(1) 공기는 일종의 혼합기체이며, 주성분인 산소와 질소 외에 소량의 이산화탄소, 아르곤 등 비활성 기체를 포함한다.

(2) 기체 물질의 조성은 표준상태(0℃, 1기압)에서 질소가 약 78%, 산소가 약 21%로 두 기체가 전체의 약 99%를 차지하고 있으며, 이외에 아르곤 0.95%, 이산화탄소 0.03% 및 기타 미량 기체로 구성되어 있다.

(3) 그러나 때와 장소에 따라 수증기, 아황산가스, 일산화탄소, 암모니아, 탄화수소 등의 기체 또는 먼지, 꽃가루, 미생물, 염화물 등의 무기물, 타르 성분 등 유기물의 고형물을 포함하고 있다.

감압병(decompression sickness)

고기압 상태에서 급속히 압력을 강하시켜 다시 원상 복귀할 때 체액 중에 용해되어 있던 질소가 기체가 되면서 기포를 형성하여 작은 혈관 내에서 혈전현상을 일으키는 상태로써 주 증상은 심한 사지관절통, 현기증, 시력장애, 흉통 및 호흡곤란 등의 증상이 나타난다. 주로 잠수부, 항공기 조종사 등에서 발생

군집독(群集毒, Crowd poisoning)

일정한 공간에 다수인이 밀집되어 있는 경우, 탄산가스의 농도가 증가되고 기온, 습기, 냄새, 먼지 등 물리적 성상이 변화되며 실내 환기가 불량하여 공기의 화학적 성상이 변화되므로 두통, 권태, 현기증, 불쾌감, 구역, 식욕부진 등의 신체적 증상을 초래하는 것을 말함.

※ 군집독의 작용 인자

① 취기 : 어떤 단일물질의 존재에 의하는 것은 아니고, 공기의 물리·화학적 조성의 변화와 구기, 체취 등 취기와 혼동되어서 나타나는 것이다.

② 실온 : 다수인이 밀집한 실내온도는 난방 이외의 체열 방산과 끽연(흡연)의 의해서도 상승하는데, 쾌적온도는 18±2°C이다.

③ 실내습도 : 실내습도는 인간의 건강과 밀접한 관계가 있어 너무 건조한 곳에서는 호흡기 질환이 있을 수 있고, 너무 습하면 피부질환이 발생할 수 있다.

실내의 쾌감습도는 40~70%로써, 평균 65%가 적당하며, 40% 이하에서는 건조하여, 건강에 해롭다.

④ 실내기류 : 무풍인 상태에서 고온·고습하면 체열 방산은 거의 이루어지지 않아 이로 인해서 울열이 생기며, 견디기 어려운 불쾌감이 생긴다.

- 0.2~0.5 m/s의 기류를 불감기류라고 한다.
- 0.1 m/s 이하를 무풍이라고 한다.
- 일반적으로 1 m/s 전후의 기류가 쾌적한 기류이다.

4. 공기의 자정작용

(1) 자외선에 의한 살균력

(2) 공기 자체의 희석력

(3) 식물의 탄소동화작용에 의한 이산화탄소와 산소의 교환작용

(4) 산소, 오존 및 과산화수소에 의해 산화작용

(5) 비나 눈에 의한 공기 중 용해성 가스 및 부유분진의 제거

(6) 중력에 의한 침강작용 등

퀴즈(객관식 3문항)

01 대기 중 대류현상을 일으켜 지표면의 오염물질을 확산시켜 주는 역할을 하는 지역은?

① 열권 ② 중간권
③ 성층권 ④ 대류권

정답 ④

해설 해발 10 km 이내에 해당하는 대류권 내에서는 기류의 이동이 심해 위로 올라갈수록 기온이 떨어지고 10 km 고공에 이르면 -60℃까지 하강하며 대류현상을 일으켜 지표면의 오염물질을 확산시켜 주는 역할을 한다.

02 공기의 약 78%를 차지하고 있으며, 잠수 중에 지방조직이나 혈액 중에 용해되었다가 급격히 감압되면 기포를 형성하여 체내의 모세혈관을 차단하여 잠함병의 원인이 되는 가스는?

① 질소 ② 일산화탄소
③ 아르곤 ④ 이산화탄소

정답 ①

해설 공기의 약 78%를 차지하고 있으며, 잠수 중에 질소가 지방조직이나 혈액 중에 용해되었다가 급격히 감압되면 질소가 기포를 형성하여 체내의 모세혈관을 차단하여 잠함병의 원인이 된다.

03 공기의 자정작용으로 옳지 않은 것은?

① 공기 자체의 희석력
② 가시광선에 의한 살균력
③ 산소 등에 의한 산화작용
④ 중력에 의한 침강작용

정답 ②

해설 비전리 방사선 중 자외선에 의한 살균력으로 자정작용이 일어난다.

11 공기의 물리적 작용 중 온열요소 및 기압

학습 목표 1. 기온, 기류, 기습 및 복사열 등 온열요소에 대해 설명할 수 있다.
2. 기압에 대해 설명할 수 있다

학습 내용 1. 온열 인자 중 기온, 기습, 기류 및 복사열
2. 불쾌지수
3. 기압

기온, 기류, 기습 및 복사열 등 4가지 인자는 인체의 체온조절 작용과 밀접한 관계가 있는 온열 요소이며, 이들 온열 요소에 의해 이루어진 종합적 상태를 온열 상태 또는 온열 조건이라고 한다. 이상적인 온열 조건을 지적온도(optimum temperature)라고 하며 여름은 21~22°C, 겨울은 18~21°C이다.

1 기온

온열 조건 중에서 가장 중요한 인자이다. 기온은 태양의 복사열에 의한 것으로 하루에도 밤과 낮 사이에 차이가 심하며 (일교차), 계절에 따라서도 큰 차이(연교차)가 있다. 또한 해발고도에 따라서도 차이가 있으며 100 m 높이마다 대체로 기온이 0.5~0.7°C 낮아진다.

$$\text{섭씨와 화씨의 환산 } ℉ = \frac{9}{5}℃ + 32, \quad ℃ = \frac{5}{9}(℉ - 32)$$

1) 온도감각

온감과 냉감은 피부 부위의 온점과 냉점에 의해서 느끼게 되는데 온도감각은 의복에 의해 차단된 부위가 잘 발달되어 있다. 온도 식별도는 보통 0.2~1.2°C이며, 피부온도가 27~33°C의 상온일 때 가장 민감하게 느낄 수 있고, 피부가 순응할 수 있는 범위는 10~40°C이다.

2) 온도측정

보통 기온이란 지상 1.5 m에서 건구온도를 말한다. 정확한 기온을 알기 위해서는 복사열을 피하기 위하여 백엽관이 이용되며 보통 알루미늄의 얇은 판으로 차폐한다. 기온은 대체로 오후 1~3시가 가장 높고, 일출 전에 최저기온이 나타난다. 실외기온 측정은 지상 1.5 m에서 실시하며, 1일 6회(오전 2시, 6시, 10시, 오후 2시, 6시, 10시), 1일 3회(오전 6시, 오후 2시, 오후 10시), 1일 1회 (오전 10시) 측정하는 방법이 있다. 하루 중 최저기온은 일출 전이고 최고기온은 오후 2시경이다. 일교차(日較差)는 1일 최고기온과 최저기온과의 차이를 말하며, 보통 위도가 높은 지방이 위도가 낮은 지방보다 일교차가 적고, 대륙지방이 해안지방보다 차이가 크고, 계곡과 분지 등에서는 큰 차이를 보이며 구릉이나 산 등지에서는 작다.

3) 건구온도와 습구온도

건구온도는 수은이나 알코올로 만든 봉상(棒狀)온도계로 측정한 온도를 말하고 습구온도는 기온, 기습, 기류의 종합작용에 기인한 것으로 생물학적 의의가 크며, 쾌적 상태에서 건구온도보다 3°C가 낮다.

4) 실제 기온 측정

실제 기온 측정 시 Assmann 통풍 온도계를 이용하며, 일반적으로는 수은 온도계로 2분간 측정한다. 이상 저온 시 알코올 온도계로 3분간 측정하고 측정 장소의 접근이 어려울 경우 구부가 큰 온도계로 약 15분 이상 측정한다.

5) 일교차(日較差, diural range)

1일 최고기온과 최저기온과의 차이

(1) 식물에 둘러싸인 지면에서는 다른 곳에 비해 적다.

(2) 도시의 아스팔트 도로, 사막에서는 크다.

(3) 바다 위에서는 극히 작아 1~2°C에 불과할 때도 있다.

(4) 구름이 많은 날은 적다.

(5) 높은 곳으로 가면 적어진다.

(6) 구릉, 산 등에서는 작고 계곡, 분지에서는 크다.
(7) 대륙에서는 상당히 크고 해양, 해안에서는 작다.
내륙지방 > 해안지방 > 삼림지방
(8) 높은 위도의 지방은 낮은 위도의 지방에 비해 일교차가 적다.

6) 연교차(年較差, annual range)

1년 동안의 최고 및 최저온도의 차이를 말하며, 위도별로 한대 → 온대 → 열대 지방으로 커지며 우리나라의 경우 최고 8월, 최저 1월에 온도 차이를 보이고 있다.

7) 실내의 온도

실내의 적정온도는 18±2℃, 침실온도는 15±1℃, 병실온도는 21±2℃이다.

8) 온도계의 종류 및 특징

(1) 백엽상

① 지상 1.5 m에서 측정한다.
② 기상관측인 경우 : 백엽상의 가운데에 온도계를 고정시킨다.
③ 백엽상은 일정한 장소의 기온을 측정하는 데 좋다.
④ 다른 장소로 옮겨 기온, 기습을 측정할 수 없으므로 이러한 경우에는 아스만 통풍온습도계를 사용한다.

(2) 아스만 통풍온습도계

① 기온과 기습을 동시에 측정할 수 있다.
② 건구, 습구의 두 가지 온도계가 부속되어 있다.
③ 건구 : 보통의 온도계이다.
④ 습구 : 온도계의 둥근 부분을 젖은 헝겊으로 싼다.
⑤ 측정 방법 : 관측하기 조금 전에 통풍을 시작하여 온도계의 눈금이 정상이 되도록 한다. 통풍이 시작된 지 5분 정도 지날 때의 눈금이 가장 정확하다.

(3) 자기온도계

바이메탈(bimetal)을 이용한다.

2 기습(습도, air humidity)

습도란 일정 온도의 공기 중에 포함될 수 있는 수증기의 상태를 말한다. 낮에는 태양열을 흡수하여 대지가 과열되는 것을 막고, 밤에는 지열의 발산을 방지하여 일기와 기후를 완화시키는 작용을 한다. 기온이 높아지면 공기 중 절대수분량(절대습도)은 높아지지만 비교습도는 낮아지며 이러한 현상은 체온방산에 유리하게 작용한다. 즉, 기온이 높을 때는 비습(比濕)이 낮기 때문에 땀의 증발을 촉진시켜 상쾌감을 준다. 표준기습은 대체로 40～70%이다.

1) 기습의 표시방법

절대습도, 포화습도 및 비교습도(상대습도)의 세 가지가 있으나 비교습도를 많이 사용한다.

(1) 절대습도 : 공기 $1\ m^3$ 중에 함유된 수증기량이나 수증기의 장력을 의미한다.

(2) 비교습도(상대습도) : 현재의 공기 $1\ m^3$에 포화상태에서 함유할 수 있는 수증기의 양과 현재 그 중에 함유되어 있는 수증기량과의 비를 %로 표시한 것을 의미한다.

$$비교습도 = (\frac{절대습도}{포화습도}) \times 100$$

(3) 포화습도 : 일정한 공기가 함유할 수 있는 수증기량에는 한계가 있는데, 이 한계를 넘었을 때 공기 중 수증기량(g)이나 수증기의 장력(mmHg)을 의미한다.

(4) 포차(飽差) : 현재 공기 $1\ m^3$ 내 포화상태에서 함유할 수 있는 수증기량과 현재 그중에 함유되어 있는 수증기량과의 차이를 의미한다(포차 = 포화습도 - 절대습도).

(5) 노점(露點) : 포화습도에 달하지 못하는 공기라도 온도의 하강 시 최대 수증기량이 적어지므로 포화상태에 달해 더욱 강화될 경우 과잉 수증기의 응축으로 이슬이 되는데 이와 같은 포화상태에 달한 온도를 의미한다.

2) 기습의 측정

Assmann 통풍건습계를 가장 많이 사용하며, August 건습계, 모발습도계, 자기습도계 등도 이용한다.

(1) 비교습도 : 건구온도와 습구온도를 사용하여 측정한다.

(2) August 건습계, 회전습도계, Assmann 통풍건습계, 모발습도계, 자기습도계 등으로 측정한다.

3) 기습 측정기 및 특징

(1) 건습계

① 종류 : 건구온도계, 습구온도계

② 똑같은 온도계 2개(T1, T2)를 놓고 그중 한 개의 구(救)를 흰 헝겊으로 싸고 여기에 실을 늘어뜨려 물컵에 연결시켜 측정한다.

③ 실의 길이는 약 10 cm로 하는데, 그중 4 cm는 물컵 속에 잠기게 하고 나머지 6 cm는 컵 밖으로 나오도록 한다.

④ 측정 시 주의 사항

㉠ 입김이 나오지 않도록 멀리 떨어져 수평으로 본다.

㉡ 눈금이 오르기 쉬운 건구온도계를 먼저 읽는다.

⑤ 건구온도계(T1) : 건구온도계에서 측정한 온도가 건구온도이다.

⑥ 습구온도계(T2) : 습구온도계에서 측정한 온도가 습구온도이다.

(2) 아스만 통풍온습도계

① 습도 측정의 경우에는 습구의 거즈에 물을 떨어뜨려 적신다.

② 물의 적심과 동시에 잘 흔들어 물을 뺀 다음 금속 덮개를 씌우고 팬이 4~5분 회전한 후 습구 눈금의 저하가 멈췄을 때 건구와 습구를 읽는다.

3 기류

바람 또는 기동이라 하며 바람은 기압의 차와 기온의 차이에 의해서 형성된다. 기류는 우리 생활에 대하여 절대로 필요한 것으로 우리가 느낄 수 있는 기류의 하한계(下限界) 범위는 대략 0.5 m/s이다. 이 이하를 불감기류(不感氣流, 0.2~0.5 m/s)라 하는데 우리의 피부로 느끼지 못하는 기류는 실내나 의복 내에 끊임없이 존재하며 우리의 신진대사 특히 생식선 발육을 촉진시키며 한랭에 대한 저항력을 강화시킨다. 실내에서의 쾌적기류는 0.2~0.3 m/s, 실외에서는 1 m/s 이다.

옥외에서는 0.5 m/s 이상, 3 m/s의 풍속이 항상 존재하여 우리의 방열작용을 촉진시키며 가옥의 자연환기의 원동력이 되는 동시에 공기 성분의 평등화와 일기 및 기후변화의 동력이 된다. 기류는 그가 가진 압력과 냉각력으로 우리의 피부에 적당한 자극을 주어 체온조절과 혈관운동, 신경은 물론이고 신진대사에 좋은 영향을 주는데, 강한 바람은 생체를 흥분시키며 오래가면 피로를 가져온다.

1) 기류의 분류

(1) 무풍 : 0.1 m/s
(2) 불감기류 : 0.5 m/s
(3) 쾌적기류 : 1 m/s

2) 기류의 측정

Kata 온도계와 열속풍속계를 주로 이용하여 측정한다.

3) 기류 측정기의 종류별 특징

(1) 회전형 : 기상관측용 풍속계, 바람에 의해 회전하는 회전 수 또는 속도에서 풍속을 구한다.
(2) 풍차 풍속계 : 풍차의 회전수에 의해 측정하는 것으로서 작은 풍속(1~15 m/s)에 이용된다. 실외 기류측정에 쓰인다.
(3) 카타온도계 : 풍속이 작고 풍향이 일정하지 않은 실내기류 측정에 쓰인다.
  ① 카타온도계의 눈금 : 최상눈금 100°F, 최하눈금 95°F
  ② 알코올이 100°F의 선에서 95°F선까지 강하한 시간(초)을 멈춤시계로 잰다. 이것을 4~5회 정도 되풀이한 다음에 평균을 낸다.
  ③ 종류 : 건구 카타온도계(풍속 측정에 사용), 습구 카타온도계

4 복사열

인체는 일정한 온도로 가열된 공기 중에 있다고 할 때 그때의 기온을 표시해 주는 것이다. 실제로 사람 주변에는 항상 복사열을 내는 발열체가 있으므로 이런 이론적인 상태는 존재하지 않는다. 태양의 직사광선을 받거나 난로와 같은 발열체가 주위에 있을 때 온도계에 의한 실제 온도보다 더 큰 온감을 느끼게 된다.

1) 영향범위

복사열의 영향범위는 거리의 제곱에 비례하여 감소하므로 주변의 발열체의 온도와 기온과의 차이가 크지 않다면 일정한 거리에서는 발열체의 영향은 무시할 수 없다.

2) 복사열의 측정

흑구온도계로 측정한다.

3) 흑구온도계

H .N. Vernon이 고안한 것으로 복사열 측정을 위해 구부(球部)는 검게 칠한 동판으로 만든 것으로 그 중심에는 온도계의 구부가 위치하여 목적하는 곳에서 15~20분간 방치한 후 눈금을 읽는다.

5 온열지수

1) 쾌감대(comfort zone)

인간이 쾌감과 불쾌감을 느끼게 되는 것은 기온, 기습, 기류의 상호작용에 의해서 형성되는 미세기후(microclimate)에 의해서 결정되지만, 신체적 조건, 의복의 착용 상태, 활동량 등 여러 가지 여건에 따라서도 다르게 느낀다.

(1) 성인이 착의상태에서 쾌감을 느낄 수 있는 것은 불감기류, 60~65%의 습도, 17~18℃의 기온일 때이다.

(2) 겨울철 쾌감온도는 19℃(60~74℉)이고, 여름철 쾌감온도는 21.7℃(64~79℉)이다.

2) 감각온도(체감온도 = 실효온도)

(1) 온도, 습도(습도 100% : 포화습도), 기류(무풍)의 3가지 인자에 의해 이루어지는 체감을 감각온도라 한다.
(2) 감각온도는 피복, 계절, 성별, 연령별, 기타 조건에 따라 변화한다.
(3) 겨울철의 최적 감각온도는 66°F이고, 여름철의 최적 감각온도는 71°F이다.

3) 불쾌지수(discomfortable index, DI)

기후변화에 따라 소요되는 냉난방 조절장치의 전력소요량을 추산하기 위해 미국 기상국이 제정했던 것으로 미국은 1950년 이래 불쾌지수가 이용되고 있다. E.C Thom(1959)에 의해 불쾌지수는 다음과 같은 식으로 측정하였다.

불쾌지수(DI) = (건구온도 + 습구온도) × 0.72 + 40.6(°C로 표시할 때)
불쾌지수(DI) = (건구온도 + 습구온도) × 0.4 + 15(°F로 표시할 때)

(1) 불쾌지수에 따른 상태

불쾌지수(DI)	불쾌감의 정도
DI ≧ 70일 때	10% 정도의 사람이 불쾌감을 호소
DI ≧ 75일 때	50% 이상의 사람이 불쾌감을 호소
DI ≧ 79일 때	100% 사람이 불쾌감을 호소
DI ≧ 80일 때	매우 심한 불쾌감 호소
DI ≧ 85일 때	견딜 수 없는 상태

(2) 단점

기류가 포함되지 않아 실외환경에는 적합지 않다.

4) 최적온도(지적온도 = 쾌적온도)

(1) 주관적 쾌적온도 : 감각적으로 가장 쾌적하게 느끼는 온도를 주관적 쾌적온도라 한다. Thomas Bedford가 분류한 주관적 지적온도는 다음과 같다.

(2) 생산적 쾌적온도 : 노동을 할 때 생산능률을 최대로 높일 수 있는 작업온도를 생산적 쾌적온도라 한다.

(3) 생리적 쾌적온도 : 인체의 최소한 에너지 소모로 최대의 활성을 할 수 있는 온도를 생리적 쾌적온도라 한다.

5) 등가온도(등온) 지수

기습이 100% 무풍, 주위의 물체 표면온도가 기온과 동일한 t°F일 때를 기준으로 하여 이것과 등온감각을 주는 기온, 기류, 기습, 복사열의 종합상태를 등가온도 지수라 한다.

6) 카타 냉각력(kata cooling power)

기온, 기습이 낮고 기류가 클 때는 인체의 체열 방산량(放散量)이 증대하는데 이때 열을 뺏는 힘을 그 공기의 냉각력이라 한다.

인간이 더위와 추위를 느끼는 것은 체열 방산량에 의해 결정된다고 생각하고, 알코올 주가 37.8℃(100°F)에서 35℃(95°F)까지 하강 시간을 측정하여 방산열량을 단위시간에 단위면적에서 손실되는 열량으로 냉각력을 표시한다.

(1) 냉각력 단위 : $cal/(cm^2 \cdot sec)$

(2) 냉각력 측정 : 카타온도계

$$H = \frac{F}{T}$$

여기서, T : 냉각을 요하는 시간

F : 온도계마다 표시되어 있는 계수

H : 냉각력

(3) 냉각력과 기후형

기후형	냉각력[$mcal/cm^2/s$]
극한기후	>40
한랭기후	30~40
온순기후	10~20
작렬기후	<10

(4) 냉각력과 쾌감

쾌감	건 Kata 냉각력	습 Kata 냉각력
춥다	15	30~40
신선하다	10	20~30
쾌적하다	7.5	18
따듯하다	5.0	10~15
덥다	2.5	0~10

(5) Hill에 의한 건kata·습kata 냉각력의 쾌적표준 : 공기의 쾌적도를 판정한다.

직업	건 Kata 냉각력	습 Kata 냉각력
안정 시	5	15
앉아서 작업 시	6	18
가벼운 작업 시	7	24
중증도 작업 시	8~10	25~30
중 작업 시	10	30

(6) 문제점 : 냉각력은 물리적 변화를 표시하므로 체온 조절력이 있는 생체에 그대로 적용시키기는 어렵다.

- 카타 냉각률, 기온, 풍속의 사이에는 다음과 같은 관계가 있으므로 이것을 이용하면 풍속을 구할 수 있다. L. Hill의 식은 다음과 같다.

$$H = (0.13 + 0.47\sqrt{V}\,\Theta \cdot \cdot \cdot \cdot \cdot H/\Theta \text{ 가 0.60 이상의 경우)}$$

$$H = (0.20 + 0.4\sqrt{V}\,\Theta \cdot \cdot \cdot \cdot \cdot H/\Theta \text{ 가 0.60 이하의 경우)}$$

여기서, Θ : 36.5 − t

t : 기온(°C)

V : 기류속도(m/s)

H : 건구 카타 냉각률(mcal/cm^2/s)

실내공기의 환경위생 기준

기온 18~20°C, 습도 40~70°C, 기류 0.5 m/s 이하, 조명 100 lux 이상

7) 온열평가지수(습구흑구 온도지수, Wet Bulb Globe Temperature Index, WBGT)

제2차 세계대전 당시 열대지방에서 작전하는 미군 병사들에 대한 고온장해를 방지하기 위해 Minard에 의해 고안된 온열평가지수이다.

(1) 다음 식에 의해 산출한다.

WBGT(°C) = 0.7 tw + 0.2 tg + 0.1 ta(태양의 직사광선이 있는 옥외)

WBGT(°C) = 0.7 tw + 0.3 tg (태양의 직사광선이 없는 옥외 또는 옥내)

여기서, tw : 습구온도
tg : 흑구온도
ta : 건구온도

(2) 기류가 포함되지 않은 단점이 있지만 태양복사열의 영향을 받는 옥외환경평가에 이용된다.

6 기압

1) 측정목적

기온, 탄산가스, 증기, 연무, 먼지 등을 측정할 때 가검 공기의 용적을 표준상태로 환산하는 데 필요한 계수로써 기압을 측정한다.

2) 측정기구

(1) 수은기압계

(2) 아네로이드기압계

요점 정리

1. 기온

(1) 온열조건 중에서 가장 중요한 인자이다.

(2) 기온은 태양의 복사열에 의한 것으로 하루에도 밤과 낮 사이에 차이가 심하며 (일교차), 계절에 따라서도 큰 차이(연교차)가 있다. 또한 해발고도에 따라서도 차이가 있으며 100 m 높이마다 대체로 기온이 0.5～0.7°C 낮아진다.

2. 기습(습도, air humidity)

(1) 습도란 일정 온도의 공기 중에 포함될 수 있는 수증기의 상태를 습도라 한다.

(2) 낮에는 태양열을 흡수하여 대지가 과열되는 것을 막고, 밤에는 지열의 발산을 방지하여 일기와 기후를 완화시키는 작용을 한다.

(3) 기온이 높아지면 공기 중 절대수분량(절대습도)은 높아지지만 비교습도는 낮아지며 이러한 현상은 체온 방산에 유리하게 작용한다. 즉, 기온이 높을 때는 비습(比濕)이 낮기 때문에 땀의 증발을 촉진시켜 상쾌감을 준다. 표준기습은 대체로 40～70%이다.

3. 기류

(1) 바람 또는 기동이라 하며 바람은 기압의 차와 기온의 차이에 의해서 형성된다.

(2) 기류는 우리 생활에 대하여 절대로 필요한 것으로 우리가 느낄 수 있는 기류의 하한계(下限界) 범위는 대략 0.5 m/s이다. 이 이하를 불감기류(不感氣流, 0.2～0.5 m/s)라 하는데 우리의 피부로 느끼지 못하는 기류는 실내나 의복 내에 끊임없이 존재하며 우리의 신진대사 특히 생식선 발육을 촉진시키며 한랭에 대한 저항력을 강화시키며, 실내에서의 쾌적기류는 0.2～0.3 m/s, 실외에서는 1 m/s이다.

(3) 옥외에서는 0.5 m/s 이상, 3 m/s의 풍속이 항상 존재하여 우리의 방열작용을 촉진시키며 가옥의 자연환기의 원동력이 되는 동시에 공기 성분의 평등화와 일기 및 기후변화의 동력이 된다. 기류는 그가 가진 압력과 냉각력으로 우리의 피부에 적당한 자극을 주어 체온조절과 혈관운동, 신경은 물론이고 신진대사에 좋은 영향을 주는데, 강한 바람은 생체를 흥분시키며 오래가면 피로를 가져온다.

4. 복사열

(1) 인체는 일정한 온도로 가열된 공기 중에 있다고 할 때 그때의 기온을 표시해 주는 것이다.

(2) 실제로 사람 주변에는 항상 복사열을 내는 발열체가 있으므로 이런 이론적인 상태는 존재하지 않는다.

(3) 태양의 직사광선을 받거나 난로와 같은 발열체가 주위에 있을 때 온도계에 의한 실제 온도보다 더 큰 온감을 느끼게 된다.

1) 영향범위

복사열의 영향범위는 거리의 제곱에 비례하여 감소하므로 주변의 발열체의 온도와 기온과의 차이가 크지 않다면 일정한 거리에서는 발열체의 영향은 무시할 수 없다.

2) 복사열의 측정

흑구온도계로 측정한다.

3) 흑구온도계

H .N. Vernon이 고안한 것으로 복사열 측정을 위해 구부(球部)는 검게 칠한 동판으로 만든 것으로 그 중심에는 온도계의 구부가 위치하여 목적하는 곳에서 15~20분간 방치한 후 눈금을 읽는다.

5. 온열지수

1) 쾌감대(comfort zone)

인간이 쾌감과 불쾌감을 느끼게 되는 것은 기온, 기습, 기류의 상호작용에 의해서 형성되는 미세기후(microclimate)에 의해서 결정되지만, 신체적 조건, 의복의 착용 상태, 활동량 등 여러 가지 여건에 따라서도 다르게 느낀다.

(1) 성인이 착의상태에서 쾌감을 느낄 수 있는 것은 불감기류, 60~65%의 습도, 17~18℃의 기온일 때이다.

(2) 겨울철 쾌감온도는 19℃(60~74℉)이고, 여름철 쾌감온도는 21.7℃(64~79℉)이다.

2) 감각온도(체감온도=실효온도)

(1) 온도, 습도(습도 100% : 포화습도), 기류(무풍)의 3가지 인자에 의해 이루어지는 체감을 감각온도라 한다.

(2) 감각온도는 피복, 계절, 성별, 연령별, 기타 조건에 따라 변화한다.
(3) 겨울철의 최적 감각온도는 66°F이고, 여름철의 최적 감각온도는 71°F이다.

3) 불쾌지수(discomfortable index, DI)

기후변화에 따라 소요되는 냉난방 조절장치의 전력소요량을 추산하기 위해 미국 기상국이 제정했던 것으로 미국은 1950년 이래 불쾌지수가 이용되고 있다.

4) 최적온도(지적온도=쾌적온도)

(1) 주관적 쾌적온도 : 감각적으로 가장 쾌적하게 느끼는 온도를 주관적 쾌적온도라 한다. Thomas Bedford가 분류한 주관적 지적온도는 다음과 같다.
(2) 생산적 쾌적온도 : 노동을 할 때 생산능률을 최대로 높일 수 있는 작업온도를 생산적 쾌적온도라 한다.
(3) 생리적 쾌적온도 : 인체의 최소한 에너지 소모로 최대의 활성을 할 수 있는 온도를 생리적 쾌적온도라 한다.

6. 기압

1) 측정목적

기온, 탄산가스, 증기, 연무, 먼지 등을 측정할 때 가검 공기의 용적을 표준상태로 환산하는 데 필요한 계수로써 기압을 측정한다.

퀴즈(객관식 3문항)

01 온열요소에 해당되지 않는 것은?

① 기압　② 기온
③ 기습　④ 기류

정답 ①

해설 기온, 기류, 기습 및 복사열 등 4가지 인자는 인체의 체온조절작용과 밀접한 관계가 있는 온열요소이며, 이를 온열요소에 의해 이루어진 종합적 상태를 온열상태 또는 온열조건이라고 한다.

02 실외에서의 쾌적기류로 가장 옳은 것은?

① 1.0 m/s　② 1.5 m/s
③ 2.0 m/s　④ 2.5 m/s

정답 ①

해설 바람 또는 기동이라고 하며, 바람은 기압의 차와 기온의 차이에 의해서 형성된다. 실내에서의 쾌적기류는 0.2～0.3 m/s, 실외에서는 1.0 m/s 이다.

03 불쾌지수 중 100% 사람이 불쾌감을 호소하는 불쾌지수는?

① DI ≧ 75　② DI ≧ 79
③ DI ≧ 85　④ DI ≧ 89

정답 ②

해설 DI ≧ 70일 때는 10% 정도의 사람이 불쾌감을 호소하고, DI ≧ 75에서는 50% 이상의 사람이 불쾌감을 호소한다.

12 공기의 물리적 작용 중 비전리 방사선과 기후

학습 목표 1. 방사선 중 비전리 방사선과 전리방사선에 대해 구분할 수 있다.
2. 비전리 방사선 중 자외선, 가시광선 및 적외선에 대해 설명할 수 있다.

학습 내용 1. 비전리 방사선 중 자외선, 가시광선 및 적외선
2. 기후의 개념 및 기후변동의 원인
3. 열대, 온대 등 기후대에 대한 특징
4. 기후 특성에 따른 질병의 발생

1 태양광선

태양은 연속적으로 에너지를 발산하면서 광선으로서 지구 표면에 도달하게 되는데 그것을 방사선 또는 태양광선이라고 한다. 방사선은 크게 전리방사선과 비전리 방사선으로 분류된다. 전리방사선에는 우주선, γ선, X-선 등 파장이 짧은 전자파가 있으며 지구에 도달하지 않으며, 비전리 방사선에는 자외선, 가시광선, 적외선 등으로 비교적 파장이 긴 것으로 지구에 도달하는 광선이다.

1) 가시광선(visible radiation)

(1) 전자기파(電磁氣波) 중에서 사람의 눈에 보이는 범위의 파장을 가지고 있는 것으로 파장의 범위나 빛은 사람에 따라 다르나, 대체로 4,000~7,000Å(400~700 nm) 이다.

(2) 단색광인 경우 7,000~5,000Å은 녹색, 5,000~4,500Å은 청색, 4,500~4,000Å은 보라색으로 보인다.

(3) 적색보다 파장이 긴 빛을 적외선, 보라색보다 파장이 짧은 빛을 자외선이라 한다.

(4) 대기를 통해서 지상에 도달하는 태양복사의 광량은 가시부가 가장 많다. 사람의 눈의 감도(感度)가 이 부분에서 가장 높은 것은 그 때문이다.

(5) 가시광선의 작용

① 눈은 0.5~10,000 lux에서 순응하여 물체를 구별할 수 있으나 눈에 가장 적당한 조도는 100~1,000 lux이다.

② 가시광선은 시각기관을 통해 정신기능에 작용하여 적색은 온감을, 청색은 냉감, 그리

고 검은색은 압박감을 주게 된다.

③ 조도가 낮을수록 안정피로, 근시, 시력저하가 발생하며, 작업능률의 저조와 직업병(안구진탕증) 발생의 문제가 우려된다.

2) 적외선(infrared radiation)

(1) 적외선의 특징

① 가시광선(可視光線)보다 파장이 길며, 0.75 μm에서 1 mm 정도의 범위에 속하는 전자파로 햇빛이나 백열된 물체로부터 방출되는 빛을 스펙트럼으로 분산시켜 보면 적색 스펙트럼의 끝보다 더 바깥쪽에 존재하므로 적외선이라 부르게 되었다.

② 파장 0.75～3 μm의 적외선을 근적외선, 3～25 μm의 것을 중적외선이라 하며, 25 μm 이상의 것을 원적외선이라 한다.

③ 가시광선이나 자외선에 비하여 강한 열작용을 가지고 있는 것이 특징이며, 이 때문에 열선(熱線)이라고도 한다.

④ 태양이나 발열체로부터 공간으로 전달되는 복사열은 주로 적외선에 의한 것이다.

(2) 적외선의 이용

① 대기 중에서의 투과성을 이용한 것으로는 항공사진 측량 (0.8 μm), 원거리 사진, 야간촬영, 거리측정, 적외선 감시장치 등이 있다.

② 적외선이 가시광선과 다른 반사율을 가지고 있다는 광학적 특성을 이용하여 화폐, 증권, 문서 등의 위조검사나 감정에 적외선 사진을 활용한다.

③ 열효과 특성을 이용한 각종 재료·공산품·농수산품의 적외선 건조와 가열은 산업과 실생활에 널리 쓰이고 있다.

④ 의료에서는 소독, 멸균과 관절 및 근육의 치료로서 근적외선이 많이 쓰이고, 10 μm의 적외선 레이저빔으로써는 외과수술. 종양의 제거, 신경의 연결 등에 실용화되고 있다.

(3) 적외선의 작용

① 일사병 발생 : 여름철에 머리에 강한 적외선 조사 시 뇌의 온도상승으로 중추신경장애를 초래하여 일사병이 발생된다.

② 피부에의 작용 : 적외선(赤外線)의 피부 투과성은 7,000～7,600Å의 파장범위에서 가

장 강하며, 이로써 국소혈관의 확장으로 홍반을 초래하나 자외선과는 달리 색소 침착을 일으키지 않는다.

③ 백내장 : 강한 적외선을 받는 유리공, 용광로, 용접공에 종사하는 사람들에게서 많이 발생하게 된다.

④ 기타 : 혈액순환의 촉진과 진통작용을 나타낸다.

3) 자외선

(1) 자외선의 특징

① 자외선은 3,800Å 이하의 전파로서 강한 광화학 작용을 일으킨다. 일광의 자외선 중 대기 중의 오존(O_3)층에 흡수되고 도달하는 파장은 2,900Å 이상으로 여름철 정오에 가장 많이 도달하는데, 피부의 상층에 흡수되며 광화학 반응을 일으킨다.

② 2,800～3,150Å 파장은 가장 강력한 반응을 일으키는 빛으로써 스위스의 Dorno Arla가 발견하였는데, 일명 Dorno-ray(도노선)라고 부른다.

③ Dorno선은 일명 건강선이라고도 하며 이는 소독작용, 비타민 D의 형성, 피부의 색소 침착 등의 작용을 한다.

(2) 자외선의 작용

① 광화학적 작용

㉠ 3,000～4,000Å 범위의 파장을 가지는 빛은 공기 중 오존(O_3)을 생성시키고, 이러한 O_2와 O_3에 의해 NO는 NO_2로 변화되고, 올레핀계 탄화수소 (CnH_2n)와 결합하여 강력한 산화촉진제(Oxidant) 등 대기오염 물질을 발생시킨다.

㉡ 자외선은 광화학적 Smog를 발생시키므로 대기오염 상 큰 문제를 발생시키고 있다.

② 생물학적 작용

㉠ 눈에 대한 작용 : 2,400～3,100Å 파장의 자외선은 안구에 작용하여 일시적인 시력장애를 일으켜 시력이 흐려지고, 눈의 피로를 초래한다. 전기용접 작업 및 자외선 살균 등의 취급자의 경우 강한 자외선이 눈의 각막, 결막 및 수정체에 흡수되어 급성 각막염이 발생하여 이물감을 느끼고, 눈이 부시는 수명(羞明)현상, 충혈, 안검의 경련, 눈물이 많이 나는 증상을 일으키며 이러한 자외선은 나이가 많을수록 흡수량이 많아져서 백내장을 일으키기도 한다.

ⓛ 피부에 대한 작용

- 피부암 발생 : 2,800~3,200Å 파장을 가진 자외선에 의해 발생하며, 특히 콜타르 유도체, 벤조피렌, 메틸 콜란스렌, 안트라센 화합물을 다루는 근로자에게서 빈발하며 흑인에게는 드물다.
- 피부의 비후(肥厚) : 자외선에 의해 표피와 진피의 두께가 두꺼워지며 자외선량이 클수록 현저한데 일종의 순화현상으로 볼 수 있다.
- 색소침착 : 표피의 기저 세포층에 존재하는 멜라닌 색소가 증대되어 색소침착을 일으킨다.
- 홍반현상 : 2,600~2,900Å의 파장에서 강한 홍반작용을 나타내는데 이는 자외선의 피부흡수 시 히스타민성 물질의 유리로 모세혈관을 확장시키므로 생성된다.

ⓒ 살균작용 : 보통 2,000~3,100Å의 파장에서 살균작용이 있으며 특히, 2,540~2,800Å의 부분이 가장 강력하여 자외선 살균에 이용된다.

ⓔ 비타민의 형성 : 3,200Å 이하로 주로 2,800Å의 파장에 의해 체내물질과 광화학작용을 일으켜 진피층에서 비타민D를 형성하므로 구루병을 예방한다.

ⓜ 기타 : 3,300Å 이상의 파장은 혈액의 재생기능을 촉진시키고 신진대사(新陳代謝)를 항진시킨다.

4) 초단파(Microwave)

(1) 특징

① 파장이 수 mm에서 수십 m에 이르는 긴 파장의 광선이다.

② 주발생원은 radio, TV, 전자레인지 인공위성통신 등이다.

(2) 초단파의 작용

① 눈에 대한 작용 : 수정체가 혼탁해지는 '백내장'을 유발할 수 있다.

② 피부에 대한 작용 : 피부의 온도감각 수용체 밑에 직접 침투해서 온도감각을 느끼지 못하는 상태로 체온이 상승하게 된다.

③ 유전적 효과 : Radar에 폭로된 군에서 '다운증후군'을 가진 자녀의 출생률이 높게 나타난다.

2 기후

1) 기후의 개념

기후란 특정한 장소에 있어서 매년 반복되는 가장 뚜렷한 대기의 종합상태 또는 대기현상의 적분된 결과라고 할 수 있다. 그러므로 기후는 장소에 따라 달라지지만 같은 장소에서는 일정한 것이 보통이다. 그러니 기후도 자세히 살펴보면 일정한 것은 아니고 긴 주기(週期)를 가지고 변화되어 간다.

2) 기후변동의 원인

(1) 태양에너지 자신의 변동에 의한 것
(2) 태양 거리에 관련된 변동
(3) 행성(行星)에 의한 것
(4) 지구상의 조석현상(潮汐現象)으로서의 변동
(5) 위성 간(衛星 間) 공간의 변화에 의한 것
(6) 지구 자전의 변화에 기인하는 것
(7) 인위적인 변화 등
이 중에서 최근 가장 문제가 되고 있는 것은 인위적인 변화이다. 이와 같은 인위적인 변화는 환경오염에 의하여 지배되는 바가 크며, 그중에서 주요한 것을 들어보면
① 이산화탄소 증가
② 대기혼탁도(大氣混濁度)의 증가
③ 해양오염의 영향
④ 자연개조(自然改造)의 영향
⑤ 고공비행에 의한 운량(雲量)의 변화

3) 기후요소

(1) 기온, 기류, 기습이 기후의 3요소이며, 그 밖에 증발, 일조(日照), 일사(日射), 대기 중 미세먼지의 양, 자외선의 강도 등도 중요한 기후요소이다.
(2) 기후인자(氣候因子, 기후변화를 일으키는 것) : 기후 3요소 이외 위도, 해발고도, 지형,

토질 등이 있다.

(3) 기온의 연변화(年變化)에는 4가지 형태가 있다.

① 대륙형 : 1월에 최저, 7월에 최고기록이 나타나는 형이다.

② 중위도 해양형 : 가장 더운 달이 늦어지는 형으로, 샌프란시스코가 이 형에 속하며 가장 더운 달이 9월이다.

③ 계절풍형 : 여름의 남서 계절풍에 따른 우기(雨期)에 들어가기 전에 가장 더운 달이 나타난다. 인도의 남서 계절풍대가 그 좋은 예이다.

④ 적도형 : 연간 2회 극대와 극소가 나타나는 형이다.

4) 기후대

지구상의 기후를 대략 살펴보면 같은 위도의 지점에서는 비교적 비슷한 기후상태를 나타내는 일이 많다. 따라서 위도에 평행하게 수 개의 지대로 구별할 수 있는데, 이것을 기후대라고 한다. 기후대의 구별에 있어서 가장 간단한 방법은 위도만을 고려하여 양쪽 회귀선(남북위도 23°27′)에 끼어 있는 적도 주변 지역을 열대, 회귀선과 극권(남북위도 66°30′) 사이의 지대를 온대, 극권으로 둘러싸인 양쪽 극지방을 한 대로 구별하는 방법이다.

(1) 열대(Tropical zone)

① 연평균 온도는 20°C 이상으로 태양광선이 풍부하며 고온다습하다.

② 아열대를 사이에 두고 온대와 연결되어있는 이 지역은 겨울과 여름의 차가 뚜렷하지는 않지만 우기와 건기로 구별한다.

③ 열대성 감염병인 페스트, 콜레라, 말라리아, 등과 장티푸스, 이질, 결핵 등이 빈발한다.

(2) 온대(Temperature Zone)

① 연평균 온도는 0~20°인 지역으로 태양광선이 비교적 많고 뚜렷한 4계절과 대륙과 해양의 기후 차가 현저하다.

② 특히 이 지역은 인구가 밀집되어 있고 문화가 진보된 반면 4계절의 현저한 차이와 인구의 조밀, 기후변화 등에 따른 인체 적응의 변화 등으로 각종 감염병이 빈발한다.

(3) 한대(Frigid Zone)

① 연평균 온도는 0°C 이하로 태양광선이 적고 밤이 계속되는 겨울이 길고, 밤이 없는 여름은 짧은 것이 특징이다.

② 이로 인하여 긴 겨울밤은 정신적인 면에 영향을 주어 활동 의욕의 감소와 불면증을 유발하게 되고, 짧은 여름은 활동 의욕의 증가와 기분을 상쾌하게 하나 백야인 관계로 수면 부족의 상태를 초래할 수 있다.

③ 한대는 감염병이 적고 호흡계 질환 및 구루병의 발생이 많다.

5) 기후와 생물

(1) 기후와 생물

① 식생(植生)에 있어서 가장 중요한 생육조건은 온도와 물인데, 기후적인 면에서 보았을 경우, 기온과 강수량에 따라서 어떤 식생의 분포범위는 한정된다. 그러므로 반대로 식생을 이용한 기후대의 분류가 가능하다.

② 열대우림이나 초원(스텝), 사막 등은 기후 구분상의 하나의 단위가 되는 지역이다. 조류나 포유류 이외의 동물의 체온은 외기온도의 변화에 따라 크게 좌우되므로, 기온을 통한 기후에 좌우되는 일이 많다.

③ 일반적으로 생물은 따뜻한 환경에 있을 때 생리적으로도 발한 등의 현상에 의해서 환경에 쉽게 적응해 나가지만, 한랭의 기온의 경우에는 따뜻한 경우보다 적응이 어렵다.

④ 이와 같은 조건은 기온뿐만 아니라 물도 마찬가지이며, 그 밖에도 공기의 양이나 광(光)조건 등이 겹쳐져서 복잡한 동물분포를 규정하고 있다.

(2) 기후와 인간

① 인간은 의식주를 통하여 기후와 밀접한 관계를 맺고 있을 뿐만 아니라, 다른 사회적 조건과도 결합되어서 체질(體質)이나 기질(氣質)에도 그 영향을 미치고 있다.

② 우리가 섭취하는 음식물의 소요 열량도 계절에 따라 많은 차이가 생긴다. 즉 여름철보다 겨울철에는 많이 증가한다. 그리고 술은 추운 지방으로 갈수록 일반적으로 알코올 함량이 많아지는 경향이 있으며, 소금의 섭취량은 더운 지방으로 갈수록 많아지는 것이 보통이다.

(3) 기후와 산업

① 농업이 기후에 영향을 많이 받는 것은 말할 나위도 없거니와 공업, 상업, 교통 등에 있어서도 기후의 영향을 많이 받는다.

② 각 지역에서의 산업은 그 지방의 기후·풍토를 반영한 것이라야 바람직하다. 따라서 그 지방의 기후·풍토의 특징을 잘 파악한 후에 거기에 알맞은 산업을 일으켜야만 성공할 수 있을 것이다.

③ 상품의 유통은 여러 가지 기후의 지방에서 살고 있는 사람들의 생활의 반영이므로 거래에 있어서도 기후의 영향을 무시할 수는 없다.

6) 기후도

(1) 일반적으로 기후의 지리적 분포를 나타내기 위하여 만들어진 지도로 대개 각 기후요소별로 등치선(等値線)을 사용하여 나타낸 것이 많다.

(2) 등온선도, 등우량선도, 등압선도, 등습도선도, 등운량선도 등이 이에 속한다.

7) 기후순화

(1) 생물이 새로운 기후환경에 적응해 가는 것으로 기후적응 또는 기후순응이라고 한다.

(2) 기후학에서는 단지 생물이 주어진 기후에 대하여 스스로 변하면서 대응해가는 일을 말하지만, 생물학에서는 이것을 단순히 순화라고 하여 생물의 집단이 새로운 환경(특히 기후인자)에 적응하여 유전적으로 변화하는 현상까지를 말한다.

(3) 일반적으로 한랭한 기후에 대해서는 피복이나 가옥에 의해 그 영향력을 작게 함으로써 순응이 비교적 용이하나 열대기후는 인체에 직접 작용하기 때문에 충분히 방지하기가 어렵다.

① 분류

- 개인적 순응성 : 연령, 인종, 성별, 체질, 생활양식, 기후 등에 따라 차이가 있으며 먼저 연령과 성별로 보면 성인 남자가 순응성이 강하고, 어린이의 경우 기후순화가 안되므로 사망률이 높게 된다.
- 민족적 순응성 : 이민의 진출에 있어 Bertillon이 제창한 기후 순응성의 법칙은 중요하게 고려해야 한다. 즉, 이민은 위도의 평행하여 거의 같은 위도의 지방으로 이전하

는 것이 좋다. 인종 면에서 보았을 때 영국이나, 독일, 프랑스인은 한대에 순응성이 있고, 스페인이나 이탈리아인은 열대에 순응성이 있다.

② 순화기전

- 자극성 순응 : 자극에 의해 저하됐던 기능이 정상으로 회복하는 것을 말한다.
- 대상성 순응 : 새로운 환경조건에 세포 또는 기관이 그 기능을 적응시키는 것으로 적응의 한도를 넘었을 때 병적인 상태로 돌입한다.
- 수동적 순응 : 약한 개체가 자신에 대한 최적의 기능을 찾는 것으로 기후의 유해한 변화로부터 개체를 보호하고자 요양지를 선택하거나 치료 및 예방에 이용되기도 한다.

8) 기후의 특성에 따른 질병의 발생

(1) 풍토병 : 어느 지역의 기후에 수반하여 그 지역에만 주로 발병하는 질병으로 특히 열대지방은 고온다습한 기후로 병원균의 매개 곤충과 중간숙주의 번식에 적합하므로 말라리아, 장티푸스, 이질, 콜레라, 황열, 수면증, 등이 발생한다.

(2) 기상병 : 기후의 상태에 따라 질병이 발생하거나 기존 질병의 증상이 악화되는 것으로 류머티스가 대표적이다. 그 밖에도 정신장애(자살), 심장마비, 폐전색, 기관지염, 천식, 결석증 등이 있다.

(3) 계절병 : 계절의 변화에 따라 주로 발병하는 것으로 여름철에는 뇌염, 장티푸스, 이질, 장염, 말라리아, 소아마비 등 겨울철에는 심장 및 순환기 질환, 폐렴균성 결막염, 천식, 천연두, 폐렴, 류머티스, 뇌출혈, 성홍열, 인플루엔자 등 봄철에는 결핵, 갑상선 질환, 홍역 등이 발생되나 국가와 지역에 따라 차이가 있다.

요점 정리

1. 태양광선

태양은 연속적으로 에너지를 발산하면서 광선으로서 지구 표면에 도달하게 되는데 그것을 방사선 또는 태양광선이라고 한다. 방사선은 크게 전리방사선과 비전리 방사선으로 분류된다. 전리방사선에는 우주선, γ선, X-선 등 파장이 짧은 전자파가 있으며 지구에 도달하지 않으며, 비전리 방사선에는 자외선, 가시광선, 적외선 등으로 비교적 파장이 긴 것으로 지구에 도달하는 광선이다.

1) 가시광선(visible radiation)

(1) 전자기파(電磁氣波)중에서 사람의 눈에 보이는 범위의 파장을 가지고 있는 것으로 파장의 범위나 빛은 사람에 따라 다르나, 대체로 4,000~7,000Å(400~700 nm) 이다.

(2) 단색광인 경우 7,000~5,000Å은 녹색, 5,000~4,500Å은 청색, 4,500~4,000Å은 보라색으로 보인다.

(3) 적색보다 파장이 긴 빛을 적외선, 보라색보다 파장이 짧은 빛을 자외선이라 한다.

(4) 대기를 통해서 지상에 도달하는 태양복사의 광량은 가시부가 가장 많다. 사람의 눈의 감도(感度)가 이 부분에서 가장 높은 것은 그 때문이다.

2) 적외선(infrared radiation)

(1) 적외선의 특징

① 가시광선(可視光線)보다 파장이 길며, 0.75 μm에서 1 mm 정도의 범위에 속하는 전자파로 햇빛이나 백열된 물체로부터 방출되는 빛을 스펙트럼으로 분산시켜 보면 적색 스펙트럼의 끝보다 더 바깥쪽에 존재하므로 적외선이라 부르게 되었다.

② 파장 0.75~3 μm의 적외선을 근적외선, 3~25 μm의 것을 중적외선이라 하며, 25 μm 이상의 것을 원적외선이라 한다.

③ 가시광선이나 자외선에 비하여 강한 열작용을 가지고 있는 것이 특징이며, 이 때문에 열선(熱線)이라고도 한다.

④ 태양이나 발열체로부터 공간으로 전달되는 복사열은 주로 적외선에 의한 것이다.

(2) 적외선의 이용

① 대기 중에서의 투과성을 이용한 것으로는 항공사진 측량(0.8 μm), 원거리 사진, 야간촬영,

거리측정, 적외선 감시장치 등이 있다.

② 적외선이 가시광선과 다른 반사율을 가지고 있다는 광학적 특성을 이용하여 화폐, 증권, 문서 등의 위조검사나 감정에 적외선 사진을 활용한다.

③ 열효과 특성을 이용한 각종 재료·공산품·농수산품의 적외선 건조와 가열은 산업과 실생활에 널리 쓰이고 있다.

④ 의료에서는 소독, 멸균과 관절 및 근육의 치료로서 근적외선이 많이 쓰이고, 10 μm의 적외선 레이저빔으로서는 외과수술. 종양의 제거, 신경의 연결 등에 실용화되고 있다.

(3) 적외선의 작용

① 일사병 발생 : 여름철에 머리에 강한 적외선 조사 시 뇌의 온도상승으로 중추신경장애를 초래하여 일사병이 발생된다.

② 피부에의 작용 : 적외선(赤外線)의 피부 투과성은 7,000~7,600Å의 파장범위에서 가장 강하며, 이로써 국소혈관의 확장으로 홍반을 초래하나 자외선과는 달리 색소침착을 일으키지 않는다.

③ 백내장 : 강한 적외선을 받는 유리공, 용광로, 용접공에 종사하는 사람들에게서 많이 발생하게 된다.

④ 기타 : 혈액순환의 촉진과 진통작용을 나타낸다.

3) 자외선

(1) 자외선의 특징

① 자외선은 3,800Å 이하의 전파로서 강한 광화학 작용을 일으킨다. 일광의 자외선 중 대기중의 오존(O_3)층에 흡수되고 도달하는 파장은 2,900Å 이상으로 여름철 정오에 가장 많이 도달하는데, 피부의 상층에 흡수되며 광화학 반응을 일으킨다.

② 2,800~3,150Å 파장은 가장 강력한 반응을 일으키는 빛으로써 스위스의 Dorno Arla가 발견하였는데, 일명 Dorno-ray(도노선)라고 부른다.

③ Dorno선은 일명 건강선이라고도 하며 이는 소독작용, 비타민 D의 형성. 피부의 색소침착 등의 작용을 한다.

(2) 자외선의 작용

① 광화학적 작용

㉠ 3,000~4,000Å 범위의 파장을 가지는 빛은 공기 중 오존(O_3)을 생성시키고, 이러한 O_2와 O_3에 의해 NO는 NO_2로 변화되고, 올레핀계 탄화수소 (CnH_2n)와 결합하여 강력한 산화촉진제(Oxidant) 등 대기오염 물질을 발생시킨다.

ⓛ 자외선은 광화학적 Smog를 발생시키므로 대기오염 상 큰 문제를 발생시키고 있다.

② 생물학적 작용

㉠ 눈에 대한 작용 : 2,400～3,100Å 파장의 자외선은 안구에 작용하여 일시적인 시력장애를 일으켜 시력이 흐려지고, 눈의 피로를 초래한다. 전기용접 작업 및 자외선 살균 등의 취급자의 경우 강한 자외선이 눈의 각막, 결막 및 수정체에 흡수되어 급성 각막염이 발생하여 이물감을 느끼고, 눈이 부시는 수명(羞明)현상, 충혈, 안검의 경련, 눈물이 많이 나는 증상을 일으키며 이러한 자외선은 나이가 많을수록 흡수량이 많아져서 백내장을 일으키기도 한다.

㉡ 피부에 대한 작용

- 피부암 발생 : 2,800～3,200Å 파장을 가진 자외선에 의해 발생하며, 특히 콜타르유도체, 벤조피렌, 메틸 콜란스렌, 안트라센 화합물을 다루는 근로자에게서 빈발하며 흑인에게는 드물다.
- 피부의 비후(肥厚) : 자외선에 의해 표피와 진피의 두께가 두꺼워지며 자외선 양이 클수록 현저한데 일종의 순화현상으로 볼 수 있다.
- 색소침착 : 표피의 기저 세포층에 존재하는 멜라닌 색소가 증대되어 색소침착을 일으킨다.
- 홍반현상 : 2,600～2,900Å의 파장에서 강한 홍반작용을 나타내는데 이는 자외선의 피부흡수 시 히스타민성 물질의 유리로 모세혈관을 확장시키므로 생성된다.

㉢ 살균작용 : 보통 2,000～3,100Å의 파장에서 살균작용이 있으며 특히, 2,540～ 2,800Å의 부분이 가장 강력하여 자외선 살균에 이용된다.

㉣ 비타민의 형성 : 3,200Å 이하로 주로 2,800Å의 파장에 의해 체내물질과 광화학작용을 일으켜 진피층에서 비타민 D를 형성하므로 구루병을 예방한다.

㉤ 기타 : 3,300Å 이상의 파장은 혈액의 재생기능을 촉진시키고 신진대사(新陳代謝)를 항진시킨다.

2. 기후

1) 기후의 개념

기후란 특정한 장소에 있어서 매년 반복되는 가장 뚜렷한 대기의 종합상태 또는 대기현상의 적분된 결과라고 할 수 있다. 그러므로 기후는 장소에 따라 달라지지만 같은 장소에서는 일정한 것이 보통이다. 그러니 기후도 자세히 살펴보면 일정한 것은 아니고 긴 주기(週期)를 가지고 변화되어 간다.

2) 기후변동의 원인

(1) 태양에너지 자신의 변동에 의한 것

(2) 태양 거리에 관련된 변동

(3) 행성(行星)에 의한 것

(4) 지구상의 조석현상(潮汐現象)으로서의 변동

(5) 위성 간(衛星 間) 공간의 변화에 의한 것

(6) 지구 자전의 변화에 기인하는 것

3) 기후요소

(1) 기온, 기류, 기습이 기후의 3요소이며, 그 밖에 증발, 일조(日照), 일사(日射), 대기 중 미세먼지의 양, 자외선의 강도 등도 중요한 기후요소이다.

(2) 기후인자(氣候因子, 기후변화를 일으키는 것) : 기후 3요소 이외 위도, 해발고도, 지형, 토질 등이 있다.

4) 기후대

지구상의 기후를 대략 살펴보면 같은 위도의 지점에서는 비교적 비슷한 기후상태를 나타내는 일이 많다. 따라서 위도에 평행하게 수 개의 지대로 구별할 수 있는데, 이것을 기후대라고 한다. 기후대의 구별에 있어서 가장 간단한 방법은 위도만을 고려하여 양쪽 회귀선(남북위도 23°27′)에 끼어 있는 적도 주변지역을 열대, 회귀선과 극권(남북위도 66°30′) 사이의 지대를 온대, 극권으로 둘러싸인 양쪽 극지방을 한 대로 구별하는 방법이다.

(1) 열대(Tropical zone)

① 연평균 온도는 20°C 이상으로 태양광선이 풍부하며 고온다습하다.

② 아열대를 사이에 두고 온대와 연결되어있는 이 지역은 겨울과 여름의 차가 뚜렷하지는 않지만 우기와 건기로 구별한다.

③ 열대성 감염병인 페스트, 콜레라, 말라리아, 등과 장티푸스, 이질, 결핵 등이 빈발한다.

(2) 온대(Temperature Zone)

① 연평균 온도는 0~20°인 지역으로 태양광선이 비교적 많고 뚜렷한 4계절과 대륙과 해양의 기후 차가 현저하다.

② 특히 이 지역은 인구가 밀집되어 있고 문화가 진보된 반면 4계절의 현저한 차이와 인구의 조밀, 기후변화 등에 따른 인체 적응의 변화 등으로 각종 감염병이 빈발한다.

(3) 한대(Frigid Zone)

① 연평균 온도는 0°C 이하로 태양광선이 적고 밤이 계속되는 겨울이 길고, 밤이 없는 여름은 짧은 것이 특징이다.

② 이로 인하여 긴 겨울밤은 정신적인 면에 영향을 주어 활동의욕의 감소와 불면증을 유발하게 되고, 짧은 여름은 활동 의욕의 증가와 기분을 상쾌하게 하나 백야인 관계로 수면부족의 상태를 초래할 수 있다.

③ 한대는 감염병이 적고 호흡계 질환 및 구루병의 발생이 많다.

퀴즈(객관식 3문항)

01 적외선의 특징으로 옳지 않은 것은?

① 일사병 발생　　② 백내장 유발
③ 혈액순환의 촉진과 진통 작용　　④ 비타민 D 형성

정답 ④

해설 비타민 D를 형성하여 구루병을 예방하는 비전리 방사선은 자외선이다.

02 자외선이 피부에 일으키는 영향으로 옳지 않은 것은?

① 피부재생　　② 피부암 발생
③ 색소침착　　④ 홍반현상

정답 ①

해설 자외선에 의한 피부에 대한 작용은 피부암을 발생하며, 피부의 비후 즉, 자외선에 의해 표피와 진피의 두께가 두꺼워지며, 자외선 양이 클수록 현저한데 일종의 순화현상으로 볼 수 있다. 또한, 색소침착 및 홍반현상을 일으킨다.

03 연평균 온도가 0~20℃인 지역으로 태양광선이 비교적 많고, 뚜렷한 4계절과 대륙과 해양의 기후차가 현저한 기후대는?

① 열대　　② 온대
③ 한대　　④ 냉대

정답 ②

해설 또한, 온대지역은 인구가 밀집되어 있고, 문화가 진보된 반면, 4계절의 현저한 차이와 인구의 조밀, 기후변화 등에 따른 인체 적응의 변화 등으로 각종 감염병이 빈발하는 지역이다.

13 대기오염의 정의 및 발생물질

학습 목표 1. 대기오염의 정의에 대해 설명할 수 있다.
2. 대기오염물질 발생원에 대해 설명할 수 있다.
3. 대기오염물질 중 입자상 물질에 대해 설명할 수 있다.

학습 내용 1. 대기오염 정의
2. 대기오염물질 발생원
3. 입자상 물질의 특성

1 대기오염의 정의

(1) 인위적 발생원에서 배출된 물질이 생물이나 재산에 직접적으로 해를 끼칠 만큼 다량으로 대기 중에 존재하는 상태로 옥외의 대기에 인위적·자연적으로 방출된 오염물질이 존재함으로써 대기의 성분 상태가 변화하고, 그 질이 악화하여 인간과 동식물의 생활 활동에 나쁜 영향을 줄 때, 대기가 오염되었다고 한다.

(2) 대기오염은 어느 곳에서나 볼 수 있는 현상으로 도시의 발전과 인구증가로 인해 문제가 더욱 심각해지고 있다. 대기오염은 인류의 생활 활동 결과 발생한 물질이 인간생활에 직접적·간접적으로 불쾌감을 주고, 재해의 위험성을 가지며 건강과 재산상에 위협을 줄 정도로 대기 중에 존재되어 있는 상태를 의미한다.

(3) 세계보건기구(WHO)에 의한 정의 : 대기오염이란 실외 대기 중에 인공적으로 오염물질이 혼입되어 그 양, 질, 농도, 지속시간이 상호작용하여 다수의 지역주민에게 불쾌감을 일으키거나, 보건상에 위해를 끼치며, 인류의 생활이나 식물의 생장을 방해하는 상태를 말한다.

(4) '미국 의학협회 산업보건위원회'의 정의 : 대기오염이란 개인의 복지에 불리한 영향을 끼치거나 또는 재산에 손해를 야기하는 대기 중 외부물질의 과잉농도를 말한다.

2 대기오염 현상

(1) 환경오염 : 자연환경 및 생활환경 모두가 오염된 상태
(2) 국지오염 : 지역 일부에서 발생하여 지역 일부만 오염된 상태
(3) 지역오염 : 특정 지역에 평균적으로 오염된 상태
(4) 광역오염 : 광범위하게 오염이 확대되어 있는 상태

3 오염 레벨

(1) 적응한도량 : 영향을 주지 않으면서 적응할 수 있는 최대 허용량
(2) 유해량 : 불쾌감이나 생활환경의 안정감에 영향을 줄 수 있는 오염물의 양
(3) 위험량 : 잠재적·생리적 만성질환을 일으킬 수 있는 오염물의 양
(4) 긴급량 : 급성질환, 사망에 이르는 중대한 영향을 줄 수 있는 오염물의 양

4 대기오염물질 발생원

(1) 대기를 오염시키는 물질을 발생하는 근원으로 크게 나누어서 고정(固定)오염원과 이동(移動)오염원이 있는데, 고정오염원으로써는 공장과 가정 등이며, 이동오염원으로써는 자동차·열차·항공기 등 이외에 온천(溫泉)과 화산(火山) 등도 한 예가 될 수 있고, 원자력발전소도 하나의 고정오염원이라고 볼 수 있다.
(2) 대기오염 물질에 따라서 발생원의 기여율(寄與率)이 다르며 이것 또한 도시화(都市化) 발전에 따른 연료구조에 따라서 다른 값을 갖게 된다.
(3) 황산화물은 난방시설, 발전소 등에서 발생하고, 질소산화물은 난방시설, 산업시설, 자동차, 화력발전소 등에서 발생한다.
(4) 일산화탄소는 자동차, 난방시설, 산업시설, 발전소 등에서 탄화수소는 산업시설, 자동차, 난방시설, 발전소 등에서 많이 발생한다.
(5) 분진은 난방시설, 산업시설, 화력발전소 순으로 많이 발생하고 있다.
(6) 이외에도 직접 화학물질을 다루는 화학공업, 석유공업, 황산공업, 질소공장 등에서 오염물질을 배출한다.

5 대기오염물질 용어 정의

(1) 가스상 물질 : 연소, 합성, 분해 시 또는 물리적 성질에 의해서 발생하는 기체 물질

(2) 입자상 물질 : 물질의 파쇄, 선별, 퇴적, 이적 기타 기계적 처리 또는 연소합성 분해 시 발생하는 고체상이나 액체상의 미세한 물질로써 분진, 매연, 액적(물방울) 등을 말한다.

(3) 악취물질 : 사람의 일상생활에 불쾌감과 혐오감을 주는 황화수소, 메르캅탄류 등의 자극성 있는 기체상 오염물질

6 대기오염물질의 개요

1) 대기오염물질

(1) 대기 내의 물질 중에 인공적(人工的) 또는 천연적으로 발생한 것으로 생물 또는 재산에 악영향을 끼치는 미량물질로 대별하여 가스상 오염물질과 입자상 오염물질로 나눌 수 있다.

(2) 가스상 오염물질의 대표적인 것은 아황산가스나 일산화탄소 등이며, 입사장 오염물질에는 황산, 미스트, 미량중금속, 규산, 유기물질 등이 있다.

(3) 대기오염물질은 현재의 측정기술로 측정할 수 있는 것만도 200여 종을 넘고 있으며 앞으로 미량물질의 측정방법이 진전되면 더욱 많을 것으로 예상된다.

(4) 분진에는 가스가 흡착(吸着)된 것도 있어 복잡한 오염물질의 형태를 가지고 있는 것도 많으며, 또 대기 중에서 오염물질이 서로 반응하여 새로운 오염물질을 생성하는 사실도 알려져 있다.

2) 대기오염물질의 분류

(1) 대기오염물질은 크게 생물질, 화학물질, 방사성 물질로 분류하며 그중 가장 문제 시 되고 있는 물질은 화학물질로 주로 산업장, 자동차 및 난방시설에서 배출된다.

(2) 오염원별로 배출량은 과거에는 주로 연기였으나 오늘날은 산업의 발전으로 여러 오염물질의 형태를 가진다.

(3) 오염원별 배출량

오염물 배출원	SOx[황산화물]	NOx[질소산화물]	CO[일산화탄소]	HC[탄화수소]	분진[먼지]
난방시설	46.9%	50.7%	32.7%	26.9%	68.4%
산업장	29.7%	26%	9.8%	40.7%	26.5%
화력발전소	24%	11.2%	0.5%	0.6%	3.7%
자동차	0.4%	12.1%	57%	31.8%	1.4%

3) 입자상 오염물질

(1) 부유물질

① 부유 입자상 물질의 농도는 인간의 활동에 의한 대기오염뿐만 아니라, 자연현상에 의한 대기오염의 지표가 되는데, 대기 중 입자량은 공기 중 입자농도로 표시되며, 공기 중 부유물질의 농도는 1 m^3당 mg 또는 μg으로 표시된다.

② 미국 대도시에 있어서의 값은 6～1,706 $\mu g/m^3$와 같이 크게 차이가 있으며, 산술평균치는 118 $\mu g/m^3$이었는데, 도시 이외의 지역에 있어서는 최대 461 $\mu g/m^3$, 최소 1 $\mu g/m^3$, 평균 36 $\mu g/m^3$이었다.

③ 부유물질의 발생원

발생원	부유 입자
연소 시	먼지·흄
자동차엔진	흄
화학공업	먼지·미스트·흄
도금공정	먼지·흄
정유공정	먼지·미스트
금속제련	먼지·흄
식품·사료 제조업	먼지·미스트

(2) 먼지(Dust)

① 물리적 특성 : 유기 또는 무기물질을 부수거나 갈 때 발생하는 것으로 정전기에 의해 응집되고 공기 중에서는 확산되지 않고 중력에 의해 가라앉는다. 먼지 크기는 종류에 따라 다르나 직경은 일반적으로 20 μm 이상이나 더 작은 것도 있고, 굴뚝으로부터

나오는 재는 3~80 μm, 박테리아는 1.0~1.5 μm, 시멘트는 10~15 μm, 꽃가루는 20~60 μm, 식물의 포자는 10~30 μm이다.

② 먼지의 크기

㉠ 0.25 μm 이하 : 브라운 운동에 의해 폐포 내 축적량이 다시 증가한다.

㉡ 0.25~1 μm : 크기가 작을수록 폐포 내에 축적되는 양은 적어지는데, 이것은 흡기 시 폐포 내에 들어갔던 먼지가 그 질량이 너무 작으므로 조직에 들어가 박히지 못하고 호흡기를 따라 밖으로 다시 배출되기 때문이다.

㉢ 1~3 μm : 폐포에 들어가서 축적된다(일반적으로 0.5~5 μm 크기에서 폐포침착률이 증가된다).

㉣ 5~10 μm : 호흡기로 흡입되더라도 코와 상기도에서 잡혀 폐포에 이르지 못한다.

㉤ 10 μm 이상 : 공기 중에서 바로 가라앉는다.

③ 먼지의 종류

㉠ 진폐증 : 유리규산(SiO_2), 석면 등

㉡ 전신중독성 : 납, 수은, 비소,, 인, 세레늄, 유황, 카드뮴, 안티몬, 망간, 베릴륨 등

㉢ 발암성 : 석면, 니켈카르보닐, 아민계 색소 등

㉣ 알레르기 반응 : 꽃가루, 나뭇가지, 털, 수지 등

㉤ 자극성 : 산, 알칼리, 크롬산염, 불소화합물 등

㉥ 비활성 : 탄화규소(SiC), 탄소 및 금강사 등

④ 먼지로 인한 신체장애

㉠ 진폐증 : 먼지의 종류 및 질병의 발생 유무와 무관하게 먼지가 폐 속에 침착하고 있는 상태를 의미한다.

- 무기먼지
  - 비활성 먼지 : 흑연폐증, 철폐증, 주석폐증, 바륨폐증, 칼슘폐증 등
  - 섬유화 먼지 : 규폐증, 석면폐증, 활석폐증, 석탄광부폐증 등
- 유기먼지 : 농부폐증, 면폐증, 사탕수수깡폐증 등

㉡ 호흡기 감염증에 대한 감수성 증가, 즉 부비강염, 기관지염, 기관지 천식, 감기, 폐렴, 폐결핵증 등이 있다.

㉢ 암 발생의 증가, 피부 및 점막 자극, 알레르기성 질환, 감염성 질환의 전파 등이 있다.

(3) 매연(Smoke)

① 연료가 연소할 때 완전히 타지 않고 남은 고체물질을 말한다. 석탄의 경우 석탄 자체에 2~20%의 광물질을 포함하는데 이것은 연소 후 아궁이에 남아 있거나 굴뚝으로 배출되기도 한다.

② 보통 1 μm 이하 크기 입자로 되어 있는데, 기름연기의 입자는 0.03~1.0 μm, 석탄연기는 0.01~0.2 μm의 크기이다.

③ 0.1 μm 이하의 입자는 가라앉지 않으며, 대부분의 연기입자들은 이 정도의 크기이다.

(4) 미스트(Mist)

① 미스트는 적당한 핵 위에 증기가 응축하여 생기는 경우와 액이 붕괴하는 경우에 생기는 액체상으로 형성 시의 핵물질로는 고체미립자, 액체미립자, 이온(Ion) 등이 있다.

② 대기 중 수증기로부터 발생하는 미스트는 꽤 크므로 40~500 μm이나 되는데, 자연안개는 1.0~40 μm의 크기로써 응집할 가능성이 있다.

(5) 흄(fume)

① 흄이란 어떤 물질이 연소, 승화, 증발할 때 일단 고온상태에서 기체분자가 된 채 또는 화학반응으로 새로운 물질이 생성되어 대기 중에서 냉각되어 Colloid 상태로 되는데 일종의 물리화학적 반응과정에 의해서 생성되는 고체상의 물질이라고 할 수 있다.

② 납, 산화아연, 산화우라늄 등의 미립자는 전형적인 흄이다.

(6) 검댕(soot)

① 연료가 연소할 때 완전히 타지 않고 남는 고체물질로써 유리탄소 및 타르물질이 응결하여 1 μm 이상의 크기를 갖는 것이다.

(7) 기타

① 안개(Fog) : 작은 물방울이 공기 중에 떠 있는 현상으로 습도가 70% 사이에서 생기며 수평 시정거리는 1 km 이하이다.

② 연무(Haze) : 미세한 건조입자가 떠 있는 현상으로 습도가 70% 이하 유백색을 띤다.

③ 연무질(Aerosol) : 기체 내에 작은 고체 혹은 액체입자가 분산된 상태이다.

④ 증기 (vapor) : 물 이외의 용매인 발성 물질이 날아가서 입자를 형성하여 공기 중에 존재하는 것이다.

요점 정리

1. 대기오염의 정의

(1) 인위적 발생원에서 배출된 물질이 생물이나 재산에 직접적으로 해를 끼칠 만큼 다량으로 대기 중에 존재하는 상태로 옥외의 대기에 인위적·자연적으로 방출된 오염물질이 존재함으로써 대기의 성분상태가 변화하고, 그 질이 악화하여 인간과 동식물의 생활 활동에 나쁜 영향을 줄 때, 대기가 오염되었다고 한다.

(2) 세계보건기구(WHO)에 의한 정의 : 대기오염이란 실외 대기 중에 인공적으로 오염물질이 혼입되어 그 양, 질, 농도, 지속시간이 상호작용하여 다수의 지역주민에게 불쾌감을 일으키거나, 보건상에 위해를 끼치며, 인류의 생활이나 식물의 생장을 방해하는 상태를 말한다.

2. 대기오염 현상

(1) 환경오염 : 자연환경 및 생활환경 모두가 오염된 상태

(2) 국지오염 : 지역 일부에서 발생하여 지역 일부만 오염된 상태

(3) 지역오염 : 특정 지역에 평균적으로 오염된 상태

(4) 광역오염 : 광범위하게 오염이 확대되어 있는 상태

3. 오염 레벨

4. 대기오염물질 발생원

(1) 대기를 오염시키는 물질을 발생하는 근원으로 크게 나누어서 고정(固定)오염원과 이동(移動)오염원이 있는데, 고정오염원으로써는 공장과 가정 등이며, 이동오염원으로써는 자동차·열차·항공기 등 이외에 온천(溫泉)과 화산(火山) 등도 한 예가 될 수 있고, 원자력발전소도 하나의 고정오염원이라고 볼 수 있다.

(2) 대기오염 물질에 따라서 발생원의 기여율(寄與率)이 다르며 이것 또한 도시화(都市化) 발전에 따른 연료구조에 따라서 다른 값을 갖게 된다.

(3) 황산화물은 난방시설, 발전소 등에서 발생하고, 질소산화물은 난방시설, 산업시설, 자동차, 화력발전소 등에서 발생한다.

(4) 일산화탄소는 자동차, 난방시설, 산업시설, 발전소 등에서 탄화수소는 산업시설, 자동차, 난방

시설, 발전소 등에서 많이 발생한다.

(5) 분진은 난방시설, 산업시설, 화력발전소 순으로 많이 발생하고 있다.

5. 대기오염물질 용어 정의

(1) 가스상 물질 : 연소, 합성, 분해 시 또는 물리적 성질에 의해서 발생하는 기체물질

(2) 입자상 물질 : 물질의 파쇄·선별·퇴적·이적 기타 기계적 처리 또는 연소합성 분해 시 발생하는 고체상이나 액체상의 미세한 물질로서 분진, 매연, 액적(물방울) 등을 말한다.

(3) 악취물질 : 사람의 일상생활에 불쾌감과 혐오감을 주는 황화수소, 메르캅탄류 등의 자극성 있는 기체상 오염물질

6. 대기오염물질의 개요

1) 대기오염물질

(1) 대기 내의 물질 중에 인공적(人工的) 또는 천연적으로 발생한 것으로 생물 또는 재산에 악영향을 끼치는 미량물질로 대별하여 가스상 오염물질과 입자상 오염물질로 나눌 수 있다.

(2) 가스상 오염물질의 대표적인 것은 아황산가스나 일산화탄소 등이며, 입사장 오염물질에는 황산 미스트, 미량중금속, 규산, 유기물질 등이 있다.

(3) 대기오염물질은 현재의 측정기술로 측정할 수 있는 것만도 200종류를 넘고 있으며 앞으로 미량물질의 측정방법이 진전되면 더욱 많을 것으로 예상된다.

(4) 분진에는 가스가 흡착(吸着)된 것도 있어 복잡한 오염물질의 형태를 가지고 있는 것도 많으며, 또 대기 중에서 오염물질이 서로 반응하여 새로운 오염물질을 생성하는 사실도 알려져 있다.

2) 대기오염물질의 분류

(1) 대기오염물질은 크게 생물질, 화학물질, 방사성 물질로 분류하며 그중 가장 문제 시 되고 있는 물질은 화학물질로 주로 산업장, 자동차 및 난방시설에서 배출된다.

(2) 오염원별로 배출량은 과거에는 주로 연기였으나 오늘날은 산업의 발전으로 여러 오염물질의 형태를 가진다.

(3) 오염원별 배출량

3) 입자상 오염물질

(1) 부유물질

① 부유 입자상 물질의 농도는 인간의 활동에 의한 대기오염뿐만 아니라, 자연현상에 의한

대기오염의 지표가 되는데, 대기 중 입자량은 공기 중 입자농도로 표시되며, 공기 중 부유 물질의 농도는 1 m^3당 mg 또는 μg으로 표시된다.

② 미국 대도시에 있어서의 값은 6～1,706 $\mu g/m^3$와 같이 크게 차이가 있으며, 산술평균치는 118 $\mu g/m^3$이었는데, 도시 이외의 지역에 있어서는 최대 461 $\mu g/m^3$, 최소 1 $\mu g/m^3$, 평균 36 $\mu g/m^3$이었다.

③ 부유물질의 발생원

(2) 먼지(Dust)

① 물리적 특성 : 유기 또는 무기물질을 부수거나 갈 때 발생하는 것으로 정전기에 의해 응집되고 공기 중에서는 확산되지 않고 중력에 의해 가라앉는다. 먼지 크기는 종류에 따라 다르나 직경은 일반적으로 20 μm 이상이나 더 작은 것도 있고, 굴뚝으로부터 나오는 재는 3～80 μm, 박테리아는 1.0～1.5 μm, 시멘트는 10～15 μm, 꽃가루는 20～60 μm, 식물의 포자는 10～30 μm이다.

② 먼지의 크기

㉠ 0.25 μm 이하 : 브라운 운동에 의해 폐포 내 축적량이 다시 증가한다.

㉡ 0.25～1 μm : 크기가 작을수록 폐포 내에 축적되는 양은 적어지는데, 이것은 흡기 시 폐포 내에 들어갔던 먼지가 그 질량이 너무 작으므로 조직에 들어가 박히지 못하고 호흡기를 따라 밖으로 다시 배출되기 때문이다.

㉢ 1～3 μm : 폐포에 들어가서 축적된다(일반적으로 0.5～5 μm 크기에서 폐포침착률이 증가된다).

㉣ 5～10 μm : 호흡기로 흡입되더라도 코와 상기도에서 잡혀 폐포에 이르지 못한다.

㉤ 10 μm 이상 : 공기 중에서 바로 가라앉는다.

③ 먼지의 종류

㉠ 진폐증 : 유리규산(SiO_2), 석면 등

㉡ 전신중독성 : 납, 수은, 비소, 인, 세레늄, 유황, 카드뮴, 안티몬 ,망간, 베릴륨 등

㉢ 발암성 : 석면, 니켈카르보닐, 아민계 색소 등

㉣ 알레르기 반응 : 꽃가루, 나뭇가지, 털, 수지 등

㉤ 자극성 : 산, 알칼리, 크롬산염, 불소화합물 등

㉥ 비활성 : 탄화규소(SiC), 탄소 및 금강사 등

④ 먼지로 인한 신체장애

㉠ 진폐증 : 먼지의 종류 및 질병의 발생 유무와 무관하게 먼지가 폐 속에 침착하고 있는 상태를 의미한다.

㉡ 호흡기 감염증에 대한 감수성 증가, 즉 부비강염, 기관지염, 기관지 천식, 감기, 폐렴, 폐결핵증 등이 있다.

㉢ 암 발생의 증가, 피부 및 점막 자극, 알레르기성 질환, 감염성 질환의 전파 등이 있다.

(3) 매연(Smoke)

① 연료가 연소할 때 완전히 타지 않고 남은 고체물질을 말한다. 석탄의 경우 석탄 자체에 2~20%의 광물질을 포함하는데 이것은 연소 후 아궁이에 남아 있거나 굴뚝으로 배출되기도 한다.

② 보통 1 μm 이하 크기 입자로 되어 있는데, 기름연기의 입자는 0.03~1.0 μm, 석탄연기는 0.01~0.2 μm의 크기이다.

③ 0.1 μm 이하의 입자는 가라앉지 않으며, 대부분의 연기입자들은 이 정도의 크기이다.

(4) 미스트(Mist)

① 미스트는 적당한 핵 위에 증기가 응축하여 생기는 경우와 액이 붕괴하는 경우에 생기는 액체상으로 형성 시의 핵물질로는 고체미립자, 액체미립자, 이온(Ion) 등이 있다.

② 대기 중 수증기로부터 발생하는 미스트는 꽤 크므로 40~500 μm이나 되는데, 자연안개는 1.0~40 μm의 크기로써 응집할 가능성이 있다.

(5) 흄(fume)

① 흄이란 어떤 물질이 연소, 승화, 증발할 때 일단 고온상태에서 기체분자가 된 채 또는 화학반응으로 새로운 물질이 생성되어 대기 중에서 냉각되어 Colloid 상태로 되는데 일종의 물리화학적 반응과정에 의해서 생성되는 고체상의 물질이라고 할 수 있다.

② 납, 산화아연, 산화우라늄 등의 미립자는 전형적인 흄이다.

(6) 검댕 (soot)

연료가 연소할 때 완전히 타지 않고 남는 고체물질로써 유리탄소 및 타르 물질이 응결하여 1 μm 이상의 크기를 갖는 것이다.

(7) 기타

① 안개(Fog) : 작은 물방울이 공기 중에 떠 있는 현상으로 습도가 70% 사이에서 생기며 수평 시정거리는 1 km 이하이다.

② 연무(Haze) : 미세한 건조입자가 떠 있는 현상으로 습도가 70% 이하 유백색을 띤다.

③ 연무질(Aerosol) : 기체 내에 작은 고체 혹은 액체 입자가 분산된 상태이다.

④ 증기(vapor) : 물 이외의 용매인 발성 물질이 날아가서 입자를 형성하여 공기 중에 존재하는 것이다.

퀴즈(객관식 3문항)

01 사람의 일상생활에 불쾌감과 혐오감을 주는 기체상 오염물질은?

① 가스물질
② 입자물질
③ 향기물질
④ 악취물질

정답 ④

해설 대기오염물질 중 가스상, 입자상과 더불어 악취물질은 사람의 일상생활에 불쾌감과 혐오감을 주는 황화수소 등의 자극성 있는 기체상 오염물질이다.

02 가스상 대기오염물질의 가장 대표적인 것은?

① 일산화탄소
② 황산미스트
③ 유리규산
④ 미량중금속

정답 ①

해설 가스상 대기오염물질의 대표적인 것은 아황산가스나 일산화탄소 등이며, 입자상 오염물질에는 황산미스트, 미량중금속, 규산, 유기물질 등이 있다.

03 먼지로 발생하는 가장 대표적 질환은?

① 고혈압
② 진폐증
③ 당뇨
④ 혈액암

정답 ②

해설 먼지의 종류 및 질병의 발생 유무와 무관하게 먼지가 폐 속에 침착하고 있는 상태의 질병을 진폐증이라 한다.

14 가스상 대기오염물질의 종류 및 특성

학습 목표 1. 가스상 대기오염물질 종류 및 특성에 대해 설명할 수 있다.
2. 일산화탄소, 암모니아 등의 인체 유해성에 대해 설명할 수 있다.

학습 내용 1. 일산화탄소의 특성 및 인체 유해성
2. 이산화탄소의 특성 및 인체 유해성
3. 질소산화물의 특성 및 인체 유해성
4. 기타 가스상 대기오염물질의 특성 및 인체 유해성

1 가스상 오염물질

1) 일산화탄소(CO)

(1) 일산화탄소는 석탄, 휘발유 및 디젤유 등 유기물질이 불완전 연소됨으로써 생기는데, 일반가정이나 각종 산업장, 내연기관을 이용한 차량에서 발생한다.

① 물체가 연소할 때 CO_2, CO, H_2, NH_3, SO_2 등 각종 가스가 발생하나 주로 CO_2의 발생이 많으며, 산소의 공급이 불충분한 조건하에서 불완전연소를 하거나, CO_2가 탄소와 접촉할 때는 CO의 발생이 많다.

② CO 가스는 물체의 연소 초기에 많이 발생하며, 작열 시는 연소 초기의 1/4로 감소한다.

(2) CO 가스는 무색·무취이며 자극성이 없는 가스로서, 호흡을 통해서 혈중에 흡입되면 헤모글로빈(Hb)과 결합해서 CO-Hb를 형성한다. CO-Hb에 대한 친화력은 O_2에 비해서 250~300배나 강하며, HbO_2의 형성을 방해하여 혈중의 O_2 농도가 저하되고 조직세포에 공급할 O_2의 부족을 초래하게 되는데 이를 '일산화탄소의 이중작용'이라고 한다.

(3) CO 중독은 실내공기의 0.05~0.1%만 존재하여도 중독이 일어날 수 있는데, 목탄가스는 4~13%, 석탄가스는 7~10%, 담배연기는 0.5~1.5%의 CO 가스를 함유하고 있다.

(4) CO 중독의 경우 신경조직은 O_2의 결핍에 대하여 저항력이 약하므로 신경증상이 빨리 나타나며, 회복 후에도 신경계의 후유증이 많다, CO 중독은 급성중독 이외에도 만성중독 증상이 있으며, 고압산소요법(5%의 CO_2 함유)에 의한 CO와 Hb의 해리를 촉진시키거

나, 심하지 않은 경우 신선한 공기를 호흡하도록 하는데, 최근에는 식초와 강심제의 혼용 사용법이 연구되고 있다.

(5) 혈중 CO-Hb 농도와 중독증상

혈중 CO-Hb농도[%]	중독증상
0~10	• 증상 없음
10~20	• 경한 두통, 피부혈관 확장, 전두부 긴박감
20~30	• 현기증, 약간의 호흡곤란
30~40	• 심한 두통, 구역, 구토, 시력저하
40~50	• 근력 감퇴, 허탈, 호흡·맥박의 증진
50~60	• 가사, 호흡·맥박증진·혼수, 경련
60~70	• 혼수, 경련 심장박동 및 호흡의 미약
70~80	• 맥박이 약하고 호흡이 느리며 호흡정지 사망
80 이상	• 즉사

(6) CO중독은 특히, 만성폐질환자, 심근경색증 환자, 빈혈이 있는 사람, 선천성 심장병 환자에 심하게 나타난다.

(7) CO의 허용치 : 실내공기질 유지기준으로 실내주차장을 제외한 다중이용시설의 기준치는 10 ppm 이하이고 실내주차장은 25 ppm 이하이다.

(8) 우리나라 대기환경 기준치는 1시간 평균치 25 ppm 이하, 8시간 평균치 9 ppm 이하이다.

2) 아황산가스(SO_2)

(1) 발생원 : 주요 발생원은 연료, 특히 석탄의 연소로 대기 중의 농도는 난방이나 발전에 사용되는 연료 중 황의 농도에 의해 달라진다. 대기 중 아황산가스의 농도는 난방용 연료의 사용량이 계절에 따라 달라지므로 변할 수 있고, 도시의 경우에는 난방용으로 무연탄을 주원료로 하므로 대기 중의 아황산가스의 농도가 더 높아진다.

(2) 이화학적 특성 : 자극성 취기가 있으며 점막의 자극과 염증, 천식, 폐기종, 폐렴, 호흡곤란, 흉통 등을 초래하게 되고, 스모그(Smog)현상의 경보는 SO_2 및 SO_2의 농도로 산출할 수 있다.

(3) 허용기준 : 아황산가스는 인체뿐만 아니라 식물에도 큰 피해를 주며, 생활용품의 부식으로 재산상 피해도 입힌다. 아황산가스의 농도가 0.125~0.5 ppm일 때 약간의 불쾌감을

느끼고 1.5～2.5 ppm은 현저히 불쾌해지며, 10～20 ppm 시에는 견디기 힘들 정도의 자극을 준다.

(4) 아황산가스와 관련된 보건지표에는 질병발생률, 유병률, 사망률 등이 있다.

(5) 우리나라 대기환경 기준치는 연간 평균치가 0.02 ppm 이하, 24시간 평균치 0.05 ppm, 1시간 평균치는 0.15 ppm이다,

(6) 아황산가스의 지표식물은 알팔파(자주개나리)이다.

3) 이산화탄소(CO_2)

(1) 주로 대자연에서 많이 발생하나 발효, 부패, 호흡작용(동물) 및 화산분출에서도 발생하며 비스코스 섬유공업이 주발생원이다.

(2) 일반가정이나 사무실에서는 CO_2 자체로 피해를 받는 경우는 없으나, 실내에 다수가 밀집해 있을 경우나 환기가 불충분하면 CO_2의 양이 증가하므로 인체에 영향을 미친다.

(3) 실내공기 오염지표로 사용되고 있으며 다중이용시설 실내공기질 유지기준은 1000 ppm 이하이다.

(4) 농도에 따른 신체반응 증상

농도[%/h]	증상
2.5	영향력이 없다
3	호흡이 깊어짐
4	국소적 자극 증후, 이명, 혈압의 상승, 두부 중압감
6	호흡곤란
8～10	의식불명
20	수초 내 중추신경의 불수
30	산소부족으로 인한 치사 농도

4) 질소산화물(NOx)

(1) 발생원 : 질소산화물은 자동차 배출가스와 가열로의 배기에 섞여 대기를 오염시키기도 하고, 대기 중에서의 중요한 화학반응과도 관련이 있으며 식물에 대하여 극히 유해한 오염물질로 연소에 많이 발생되며, 이 밖에도 화학공업에서도 발생하게 된다.

(2) 종류

① 일산화질소(NO) : 무색의 무자극성 기체로 공기보다 무겁다. 헤모글로빈과의 친화력이 CO의 1,000배 정도, NO_2의 약 3배로 알려져 있다. 결국 Met-hemoglobin(메트헤모글로빈)을 형성하여 중추신경계 이상을 초래한다.

② 이산화질소(NO_2) : 적갈색의 점막자극성이 강한 기체로 Met-hemoglobin의 형성 외에 호흡기도 및 폐에 장애를 초래한다. 독성은 NO의 5～10배 정도 강하다.

(3) NO_2의 24시간 평균농도가 연평균 0.02 ppm 정도일 때 기침과 가래의 증상 발현율이 증가하고 오염지역의 어린이들의 혈액에서 Met-hemoglobin 양이 증가하였다. 대기의 환경기준은 연간 평균치가 0.03 ppm 이하, 24시간 평균치 0.06 ppm 1시간 평균치 0.10 ppm이다.

(4) 질소산화물에 의한 장애 : 질소산화물은 시계를 흐리게 하고 농작물에 피해를 줄 뿐만 아니라 눈, 코, 목 등의 점막을 자극하여 호흡기계 질환을 유발시킨다.

5) 암모니아(NH_3)

(1) 무색의 기체로써 특유한 자극성 냄새를 가지고 있으며 20°C, 8.8기압에서 액화하며 분자량 17.03, 융점 -88.7°C, 비등점 -33.35°C이며 물에 용해되어 수산화암모늄이 된다.

(2) 공기 중에는 5 ppm만 혼재되어 있어도 감지된다.

(3) 암모니아는 냉동 공장이나 표백, 색소제조, 암모니아 제조과정에서 발생한다.

(4) 두통, 인후 화상, 발한, 구토 등이 나타나며 고농도에서는 폐부종, 기관지염, 폐렴 등이 나타난다.

(5) 황산화물 측정 시 황산과 중화반응을 일으켜 결과적으로 아황산가스 농도치를 저하시키는 작용을 한다.

(6) 일반적으로 도시에서의 암모니아 양은 비교적 낮으나 높은 지역에서는 문제가 될 수 있다.

6) 기타

(1) 염화수소(HCl, hydrogen chloride)

① 상온에서 기체이며 무자극성 냄새를 가지며 무색이다.

㉡ 분자량 36.47, 융점 -114.3°C, 비등점 -84.8°C이다.

(2) 알데히드(Aldehydes)

① 알데히드기(-CHO)를 가진 화합물의 총칭으로 상온에서 강한 자극성을 갖는 무색 기체로 가솔린, 연료유, 천연가스, 디젤유 등의 연소에 의해 발생하는 알코올의 산화물이다.

② 특히, 자동차의 연료나 윤활유의 불완전연소에 의해 알데히드나 유기산이 형성되는데 알데히드는 아황산가스와 비슷한 농도로 대기 중에 존재하게 되고 포름알데히드는 눈, 코, 목 등의 점막에 자극성이 있다.

(3) 벤젠(C_6H_6 Benzene)

① 상온에서 무색, 투명하며 특이한 냄새를 갖는 액체이다. 벤젠은 다른 벤젠계 용제보다 휘발성이 높아서 공기 중 농도가 높아지기 쉽다.

② 분자량 78.11 비중 0.8787(15°C)이며 페인트 공장, 주유소, 인쇄소, 고무공장 등에서 오염된다.

(4) 염소(Cl_2, chloride)

① 상온에서 기체, 녹황색, 강한 자극서 냄새를 갖고 있다.

② 분자량 70.91 비중 2.49 융점 -101°C 비등점 -34.5°C 물 100 mL당 0.9972 g이 용해된다.

(5) 탄화수소(HC, Hydrocarbon)

① 광화학적 작용은 주로 탄화수소와 NO_2가 태양광선의 자외선과 반응하여 O_3와 기타 산화물을 형성한다.

② 이와 같은 산화물로서는 O_3, 알데히드, 케톤, PAN, 아크로레인 등이 있다.

(6) 브롬(Br_2, Bromide)

① 브롬은 상온에서 적갈색인 액체이며 휘발성이 강하여 실내 및 대기를 오염시킨다.

② 자극성이고 부식성이 강하며 분자량이 159.83, 비점 3.12(20°C), 융점 -7.3°C, 비등점 58.8°C이다.

(7) 오존(O_3, Ozone) 및 옥시던트(Oxidants)

① 낮은 농도에서도 눈, 코 등의 자극 증상이 강하다.

요점 정리

1. 가스상 오염물질

1) 일산화탄소(CO)

(1) 일산화탄소는 석탄, 휘발유 및 디젤유 등 유기물질이 불완전 연소됨으로써 생기는데, 일반가정이나 각종 산업장, 내연기관을 이용한 차량에서 발생한다.

(2) CO 가스는 무색·무취이며 자극성이 없는 가스로서, 호흡을 통해서 혈중에 흡입되면 헤모글로빈(Hb)과 결합해서 CO-Hb를 형성한다. CO-Hb에 대한 친화력은 O_2에 비해서 250~300배나 강하며, HbO_2의 형성을 방해하여 혈중의 O_2 농도가 저하되고 조직세포에 공급할 O_2의 부족을 초래하게 되는데 이를 '일산화탄소의 이중작용'이라고 한다.

(3) CO 중독의 경우 신경조직은 O_2의 결핍에 대하여 저항력이 약하므로 신경증상이 빨리 나타나며, 회복 후에도 신경계의 후유증이 많다, CO 중독은 급성중독 이외에도 만성중독증상이 있으며, 고압산소요법(5%의 CO_2 함유)에 의한 CO와 Hb의 해리를 촉진시키거나, 심하지 않은 경우 신선한 공기를 호흡하도록 하는데, 최근에는 식초와 강심제의 혼용사용법이 연구되고 있다.

2) 아황산가스(SO_2)

(1) 발생원 : 주요 발생원은 연료, 특히 석탄의 연소로 대기 중의 농도는 난방이나 발전에 사용되는 연료 중 황의 농도에 의해 달라진다. 대기 중 아황산가스의 농도는 난방용 연료의 사용량이 계절에 따라 달라지므로 변할 수 있고, 도시의 경우에는 난방용으로 무연탄을 주원료로 하므로 대기 중의 아황산가스의 농도가 더 높아진다.

(2) 이화학적 특성 : 자극성 취기가 있으며 점막의 자극과 염증, 천식, 폐기종, 폐렴, 호흡곤란, 흉통 등을 초래하게 되고, 스모그(Smog)현상의 경보는 SO_2 및 SO_2의 농도로 산출할 수 있다.

3) 이산화탄소(CO_2)

(1) 주로 대자연에서 많이 발생하나 발효, 부패, 호흡작용(동물) 및 화산분출에서도 발생하며 비스코스 섬유공업이 주발생원이다.

(2) 일반가정이나 사무실에서는 CO_2 자체로 피해를 받는 경우는 없으나, 실내에 다수가 밀집해 있을 경우나 환기가 불충분하면 CO_2의 양이 증가하므로 인체에 영향을 미친다.

(3) 실내공기 오염지표로 사용되고 있으며 다중이용시설 실내공기질 유지기준은 1000 ppm 이하이다.

4) 질소산화물(NOx)

(1) 발생원 : 질소산화물은 자동차 배출가스와 가열로의 배기에 섞여 대기를 오염시키기도 하고, 대기 중에서의 중요한 화학반응과도 관련이 있으며 식물에 대하여 극히 유해한 오염물질로 연소에 많이 발생되며, 이 밖에도 화학공업에서도 발생하게 된다.

(2) NO_2의 24시간 평균농도가 연평균 0.02 ppm 정도일 때 기침과 가래의 증상 발현율이 증가하고 오염지역의 어린이들의 혈액에서 Met-hemoglobin 양이 증가하였다. 대기의 환경기준은 연간 평균치가 0.03 ppm 이하, 24시간 평균치 0.06 ppm 1시간 평균치 0.10 ppm이다.

5) 암모니아(NH_3)

(1) 무색의 기체로서 특유한 자극성 냄새를 가지고 있으며 20°C, 8.8기압에서 액화하며 분자량 17.03, 융점 -88.7°C, 비등점 -33.35°C이며 물에 용해되어 수산화암모늄이 된다.

(2) 공기 중에는 5 ppm만 혼재되어 있어도 감지된다.

(3) 암모니아는 냉동 공장이나 표백, 색소제조, 암모니아 제조과정에서 발생한다.

(4) 두통, 인후 화상, 발한, 구토 등이 나타나며 고농도에서는 폐부종, 기관지염, 폐렴 등이 나타난다.

6) 기타

(1) 염화수소(HCl, hydrogen chloride)

상온에서 기체이며 무자극성 냄새를 가지며 무색이다.

(2) 알데히드(Aldehydes)

알데히드기(-CHO)를 가진 화합물의 총칭으로 상온에서 강한 자극성을 갖는 무색의 기체로 가솔린, 연료유, 천연가스, 디젤유 등의 연소에 의해 발생하는 알코올의 산화물이다.

(3) 벤젠(C_6H_6 Benzene)

상온에서 무색의 투명하며 특이한 냄새를 갖는 액체이다. 벤젠은 다른 벤젠계 용제보다 휘발성이 높아서 공기 중 농도가 높아지기 쉽다.

(4) 염소(Cl_2, chloride)

상온에서 기체, 녹황색, 강한 자극서 냄새를 갖고 있다.

(5) 탄화수소(HC, Hydrocarbon)

광화학적 작용은 주로 탄화수소와 NO_2가 태양광선의 자외선과 반응하여 O_3와 기타 산화물을 형성한다.

(6) 브롬(Br_2, Bromide)

브롬은 상온에서 적갈색인 액체이며 휘발성이 강하여 실내 및 대기를 오염시킨다.

(7) 오존(O_3, Ozone) 및 옥시던트(Oxidants)

낮은 농도에서도 눈, 코 등의 자극 증상이 강하다.

퀴즈(객관식 3문항)

01 헤모글로빈에 대한 친화력이 산소보다 250배나 강해 산소부족을 유발하는 물질은?

① 일산화탄소 ② 이산화탄소
③ 일산화질소 ④ 이산화질소

정답 ①

해설 일산화탄소는 무색, 무취이며, 자극성이 없는 가스로서 호흡을 통해서 혈중에 흡입되면 헤모글로빈과 결합해서 산소와의 결합을 방해하여 산소결핍을 유발한다.

02 실내공기 오염지표로 사용되고 있으며, 다중이용시설 실내공기질 유지기준이 1000 ppm인 물질은?

① 일산화탄소 ② 이산화탄소
③ 일산화질소 ④ 이산화질소

정답 ②

해설 이산화탄소는 주로 대자연에서 많이 발생하나, 발효, 부패, 호흡작용 및 화산분출에서도 발생하며, 비스코스 섬유공업이 주 발생원이면서, 실내공기 오염지표로 활용되고 있는 물질은 이산화탄소이다.

03 상온에서 무색, 투명하며, 특이한 냄새를 갖는 액체물질로 발암성 물질은?

① 염소 ② 벤젠
③ 브롬 ④ 오존

정답 ②

해설 휘발성유기화합물 중 벤젠은 혈액암을 야기하는 IARC Group 1 물질로 지정 관리되고 있다. ② 오존의 대기 환경기준은 8시간 평균치 0.06 ppm 이하이어야 하며, 1시간 평균치 0.1 ppm 이하이다.

15 기타 대기오염물질(광화학산물 및 중금속)의 특성에 대한 이해

학습 목표 1. 광화학 산화물에 대해 정의 및 특성을 설명할 수 있다.
2. 중금속 물질에 대한 구분 및 특성을 설명할 수 있다.

학습 내용 1. 광화학산화물 중 오존의 발생특성 및 유해성
2. 중금속 중 납, 카드뮴, 수은 등의 발생특성 및 유해성
3. 지구온난화 및 온실가스
4. 엘니뇨 및 라니냐 등의 기후변화

1 기타 대기오염물질

1) 광화학 산화물

(1) 최근 도시에서 대기오염 문제로서 중요하게 대두되는 유기물은 탄화수소, 질소산화물, 오존, 알데히드, 케톤, 유기산, 유기 할로겐 화합물, 과산화물 등으로 이것은 천연가스나 석유류의 불완전연소 또는 취급 부주의로 새어 나와 휘발하는 것에 의해 발생된다.

(2) 발생원에서 배출된 가스가 그대로 대기오염 물질로 되는 것이 아니라, 대기 중에 존재하는 자외선의 작용을 받아 광화학 반응을 일으켜서 생성된 대기오염 물질을 말하며, 2차 오염물질이라 할 수 있다(부유물질, 가스, 중금속을 1차 오염물질). 광화학적 작용은 주로 탄화수소와 NO_2가 태양광선의 자외선과 반응하여 O_3과 기타 산화물을 형성하는데, 이와 같은 산화물로서는 O_3, 알데히드, 케톤, PAN, 아크로레인, Sulfur Mist 등이 있다.

(3) 탄화수소, 질소산화물, 오존 등 그 이외의 유기물은 최근에 도시에서 대기오염의 문제로서 중요사항으로 대두되었다. 유기물에는 탄화수소 이외에 알데히드, 케톤, 유기산, 유기 할로겐 화합물, 과산화물 등 여러 종류가 있어 이의 발생은 천연가스나 석유류의 불완전연소 또는 이것들을 취급할 때 새어 나오거나 휘발하는 것이 원인이 된다.

(4) 일단 대기 중에 배출된 가스의 증기가 대기 중에서 복잡한 화학반응을 일으켜 2차 또는 3차적으로 반응을 되풀이하여 생성되는 물질들이 있다. O_3, PAN, PBN, 그 외 많은 유기물도 이와 같은 화학반응에 의해서 형성되기도 한다. 이러한 현상의 대표적인 것이 Los Angeles형 스모그이다.

(5) Los Angeles 형 Smog 기전에 대한 최근의 학설에 의하면 두 단계로 나누어 생각할 수 있다. 제1단계는 1차 오염물질(NO_2와 유기물)이 태양광선의 에너지에 의해 O_3를 생성하는 과정(광화학 반응), 다음은 이 O_3와 대기성분(유기물) 간의 화학반응에 의한 유기 연무질 형성이다 여기서 O_3의 발생기전은 다음과 같은 반응식이 성립한다.

$$NO_2 \rightarrow NO + O$$

$$O + O_2 \rightarrow O_3$$

$$O_3 + NO \rightarrow NO_2 + O_2$$

$$CxHy + O_3 \rightarrow RCHO(Adehyde)$$

$$RCHO + NO + NO_2 \rightarrow PAN$$

$$PAN + O_2 + RCHO \rightarrow Oxidants$$

(6) 광화학 스모그 현상이 생기면 대기 중의 산화제 농도가 높아져서 눈과 목에 통증을 일으키며 식물에 해를 가하고 고무제품을 손상시킬 뿐만 아니라 냄새가 있고 가시도가 감소한다.

(7) 광화학 작용과 그에 계속되는 화학반응으로 발생한 부유입자는 연기나 먼지 등의 작은 입자와 함께 Smog를 만드는데 Smog에는 London 형과 Los Angeles 형이 있다.

(8) 광화학 산물로 인한 피해

① 고무제품을 손상시킨다.

② 냄새가 나고 가시도가 감소한다.

③ 대기 중의 산화제 농도가 높아지면 눈과 목에 통증을 일으킨다.

④ 식물에 해를 끼친다.

(9) London형 스모그와 Los Angeles형 스모그의 비교

비교항목	London형	Los Angeles형
주성분	황화물, CO, 입자상 물질	O_3, N_2O, 유기물
주요 연료	석탄, 석유계 연료	석유계(자동차 배기가스)
발생 시기	12월, 1월	8월, 9월
화학적 반응	환원	산화
발생 시간	이른 아침	낮
발생 시 온도	-1~4°C	24~32°C
발생 시 습도	85% 이상	70% 이하
풍속	무풍	5 m/s 이하
역전의 종류	방사성 역전	침강성 역전
Smog 발생 시 가시거리	100 m 이하	1.6~0.8 km 이하
반응 형태	열적	광화학적, 열적
인체에 대한 영향	기침, 가래 때로는 호흡기계 환자의 사망률을 높인다.	눈의 자극

2) 중금속

(1) 납(Pb)

① 납은 크게 무기납과 유기납으로 나뉘며 무기납은 금속납과 납의 화합물인 산화납(PbO_2), 삼산화납(Pb_2O_3), 사산화납(Pb_3O_4)과 납의 염류인 아질산납, 질산납, 과염소산납, 황산납, 크롬산납, 인산납, 황화납, 염기성 탄산납, 비산납 등이 있으며 유기납은 4-에틸납, 4-메틸납 등이 있다.

② 금속납의 융점은 372.4°C, 비등점 1,470°C이며 공기 중에서 가열하면 330°C에서 일산화납, 450°C 부근에서 사산화납, 600°C 부근에서 납의 증기를 발산하게 된다.

③ 자동차에서 배출하는 유연휘발유의 옥탄가 향상제인 4-에틸납(TEL)의 사용량을 규제

하는 것이 대기 중 납의 농도를 감소시키는 방법이 되나 우리나라는 1988년 이후부터 무연휘발유를 사용하여 자동차배출가스 중 납성분을 배출되지 않는다.

④ 중독되면 적혈구 파괴로 인한 빈혈이 나타나며 복부산통, 손목처짐, 두통, 불면증, 잇몸에 납선(Lead line) 등이 나타난다.

※ 납중독의 5대 증상 : 창백, 납선, 뇨중 corproporphyrin(코프로포르피린) 증가, 호염기성 적혈구 증가, 심근마비

(2) 비소(As)

① 발생원은 White Arsenic (AS_2O_5)을 분리하는 작업, 화학공업, 유리공업, 농업, 피혁상, 과수원의 분무작업 등이다

② 피부염, 피부접촉 부분에 궤양을 비롯하여 색소침착, 손, 발바닥의 각화, 피부암, 비중격 천공, 인두염, 후두염이 일어나며 심할 때는 구토, 복통, 설사 등의 현상이 나타나기도 한다.

③ 말초신경염도 흔하며 납중독의 경우와 같이 하지에 마비가 온다.

④ 건반사는 약해지거나 소실이 있으며 뇌증상으로는 두통, 어지러움, 권태감, 졸림, 정신증상 등이 있다.

⑤ 대기환경보전법상 배출허용기준은 3 ppm 이하이다.

(3) 수은(Hg)

① 원자량 200.61, 비중 13.546, 융점 -38.87°C, 비등점 356.58°C이며 질산에 용해된다.

② 무기수은과 유기수은으로 대별하며 실온에서 증발하는 특성이 있어 작업장을 오염시킨다.

③ 유기수은은 농약의 원료로 이용되며 중독 시 신경증상, 수전증(Tremor), 말더듬증, 미나마타병의 원인이 된다.

(4) 크롬(Cr)

① 크롬은 원자량이 52.01이고 비중 7.20(28°C), 융점 1,890°C, 비등점 2,480°C이며 물에 불용이며 염산과 묽은 황산에 용해된다.

② 청백색을 띠며 습기가 많은 곳에서도 산화되지 않으며, 화합물을 형성할 때는 +2,

+3, +6가를 갖는다.

③ 인체에 유해한 것은 6가 크롬을 포함하고 있는 크롬산이나 중크롬산이다.

④ 중독증상으로는 비중격천공, 피부장애, 기관지암, 폐암 등을 들 수 있다.

(5) 카드뮴(Cd)

① 카드뮴은 금속카드뮴, 산화카드뮴, 카드뮴염류가 있다.

② 우리나라 대기환경보전법상 배출허용기준은 Cd로서 1.0 mg/m^{3}으로 규정하고 있다.

③ 중독 시에는 신기능장애, 골장애, 폐기능장애 등이 나타나는데 주로 단백뇨, 폐기종 등을 동반한다.

2 지구에 대한 피해

1) 산성비

(1) 인위적(공장, 자동차 등)으로 대기 중에 다량 방출된 황산화물과 질소산화물이 수분과 결합하여 황산과 질산으로 되고 이들이 우수에 용해되어 pH 5.6 이하의 강수가 되는 것을 산성비라 한다.

※ pH 5.6은 지구상의 탄산가스 약 330 ppm이 우수에 녹아 평형을 이루었을 때의 산도를 나타낸 것이다.

(2) 원인물질 : 황산, 질산, 염산 등

(3) 피해

① 식물, 꽃가루의 수정 저하 및 잎을 말려 죽인다.

② 물고기 알의 부화 저하 등으로 생태계를 파괴한다(수중 pH의 변화로 생태계에 영향을 준다).

③ 건물 부식 및 재산상의 피해를 준다.

④ 화학물질의 토양 유실 속도를 증가시킨다.

⑤ 인체에 유해하며 질병(탈모, 피부질환, 안질환) 유발의 원인이 된다.

2) 오존층 파괴

(1) 지상에서 형성된 오존이 해로운 광화학 산화제로 작용하는 것과는 반대로 성층권에 존재하는 오존은 생물에 해로운 태양 단파장 자외선(UV-B)을 흡수하는 필터역할을 하는데, 성층권에 H, N, Cl의 산화물과 같은 반응성 있는 화학물질이 존재하면 오존층 파괴가 가속화된다.

(2) Cl 원자 하나당 10만 개의 오존 분자를 파괴한다.

(3) 원인 물질 : 염화불화탄소(CFCs = 프레온가스), NOx, 탄화수소

(4) 피해 : 안질환, 백내장(실명) 유발, 피부암 발생률 증가, 물의 정화능력 감소 등

3) 열섬(Heat Island)현상

(1) 도시의 불규칙한 지표와 공장, 화력발전소 및 주택 등에서 연료 소모가 크기 때문에 열방출량이 높아 주위 시골(전원도시)보다 기온이 2~5℃ 더 높은 것을 말한다.

(2) 고기압의 영향으로 하늘이 맑고 바람이 약할 때, 밤에, 여름부터 초가을에 잘 발생한다.

(3) 국지적인 기온역전 현상을 일으킨다.

(4) 열섬효과의 인자

① 도시는 시골보다 열 보전능력이 크다(아스팔트, 콘크리트벽 등이 많다).

② CO_2가 많다.

③ 인공열이 많다.

④ 물 증발에 의한 열 소비가 적다.

⑤ 바람이 적다.

4) 온실효과(Green House Effect)

(1) 기후를 나타내는 주요 척도는 온도이다. 햇빛은 바다와 지표를 데우고 따뜻해진 지표면은 복사열을 대기권 밖으로 방출한다. 이 과정에서 열이 대기 중에 있는 잔류기체(특히 CO_2, 수증기 등)에 흡수되는데 이로 인해 지구의 온도가 생물이 살기에 적합하게 유지된다. 이러한 현상 즉 대기 중에 있는 잔류기체가 적외선의 복사열을 흡수하여 지구의 온도가 높아지는 현상을 온실효과라 한다.

(2) 온실가스의 농도가 필요 이상으로 증가하여 방출된 열이 과다하게 흡수되어 지구의 열

균형에 변화가 생기고 결국 자연적 온실효과에 의한 적정한 온도보다 지구의 온도가 상승하게 되는 현상을 강화된 온실효과라 하며 이로 인해 지구가 지나치게 더워지는 현상을 지구온난화(Global warming)라 한다.

(3) 즉, 대기 중에 있는 탄산가스는 지표에서 복사되는 적외선을 흡수하여 열의 방출을 막고 흡수한 열을 다시 지상에 복사하여 온도를 상승시킨다.

(4) 지구의 기온상승은 강수량에 커다란 영향을 미쳐 홍수나 가뭄 등의 기상이변을 초래할 수 있다.

(5) 온실효과에 기여도 : CO_2는 66%, 메탄은 15%, N2O, CFCs, SF_6, 대류권 O_3 등

5) 열대야

(1) 여름 낮에 30℃ 전후의 기온이 밤이 되면 20~23℃ 정도로 내려가야 하는데 엘니뇨 등 기상이변의 여파로 밤 기온이 25℃ 이상이면 열대야라 한다.

(2) 불면증, 불쾌감, 피로감 증대, 탈진 등을 유발한다.

6) 엘니뇨(El Niño)

(1) 남아메리카 페루 연안에서 형성되는 '따뜻한 해류'를 뜻하는 스페인어로 크리스마스 전후로 나타나기 때문에 '신의 아들'이란 별칭을 갖고 있다.

(2) 엘니뇨가 발생하면 연안의 바닷고기인 멸치가 대량으로 죽게 되며, 이것을 먹은 조류도 이변이 생긴다.

(3) 대개 1~6년 주기로 평균 6년에 한 번씩 발생한다.

(4) 엘니뇨의 영향으로는 이상호우 현상과 가뭄 현상을 들 수 있다.

(5) 정확한 원인은 아직 밝혀져 있지 않지만, 지구온난화에 의한 영향으로 엘니뇨가 발생한다고 생각하고 있다.

(6) 피해 : 폭풍우와 홍수, 해일, 고온, 건조와 산불, 생태계의 변화 등 심각한 기상 재해를 유발한다.

7) 라니냐

(1) 해수면의 온도가 평년보다 0.5℃ 이상 낮은 것을 라니냐라고 한다.

(2) 적도 무역풍이 평소보다 강해지며 차가운 바닷물이 솟아오르는 현상이다

(3) 비교적 드물게 일어난다.

(4) 라니냐는 여자 이름을 의미한다.

요점 정리

1. 기타 대기오염물질

1) 광화학 산화물

(1) 최근 도시에서 대기오염 문제로서 중요하게 대두되는 유기물은 탄화수소, 질소산화물, 오존, 알데히드, 케톤, 유기산, 유기 할로겐 화합물, 과산화물 등으로 이것은 천연가스나 석유류의 불완전연소 또는 취급 부주의로 새어 나와 휘발하는 것에 의해 발생된다.

(2) 발생원에서 배출된 가스가 그대로 대기오염 물질로 되는 것이 아니라, 대기 중에 존재하는 자외선의 작용을 받아 광화학 반응을 일으켜서 생성된 대기오염 물질을 말하며, 2차 오염물질이라 할 수 있다(부유물질, 가스, 중금속을 1차 오염물질). 광화학적 작용은 주로 탄화수소와 NO_2가 태양광선의 자외선과 반응하여 O_3과 기타 산화물을 형성하는데, 이와 같은 산화물로써는 O_3, 알데히드, 케톤, PAN, 아크로레인, Sulfur Mist 등이 있다.

(3) 탄화수소, 질소산화물, 오존 등 그 이외의 유기물은 최근에 도시에서 대기오염의 문제로서 중요사항으로 대두되었다. 유기물에는 탄화수소 이외에 알데히드, 케톤, 유기산, 유기할로겐 화합물, 과산화물 등 여러 종류가 있어 이의 발생은 천연가스나 석유류의 불완전연소 또는 이것들을 취급할 때 새어 나오거나 휘발하는 것이 원인이 된다.

(4) 일단 대기 중에 배출된 가스의 증기가 대기 중에서 복잡한 화학반응을 일으켜 2차 또는 3차적으로 반응을 되풀이하여 생성되는 물질들이 있다. O_3, PAN, PBN, 그 외 많은 유기물도 이와 같은 화학반응에 의해서 형성되기도 한다. 이러한 현상의 대표적인 것이 Los Angeles형 스모그이다.

(5) 광화학 산물로 인한 피해

① 고무제품을 손상시킨다.

② 냄새가 나고 가시도가 감소한다.

③ 대기 중의 산화제 농도가 높아지면 눈과 목에 통증을 일으킨다.

④ 식물에 해를 끼친다.

2) 중금속

(1) 납(Pb)

① 납은 크게 무기납과 유기납으로 나뉘며 무기납은 금속납과 납의 화합물인 산화납(PbO_2),

삼산화납(Pb_2O_3), 사산화납(Pb_3O_4)과 납의 염류인 아질산납, 질산납, 과염소산납, 황산납, 크롬산납, 인산납, 황화납, 염기성 탄산납, 비산납 등이 있으며 유기납으로서는 4-에틸납, 4-메틸납이 있다.

② 자동차에서 배출하는 유연휘발유의 옥탄가 향상제인 4-에틸납(TEL)의 사용량을 규제하는 것이 대기 중 납의 농도를 감소시키는 방법이 되나 우리나라는 1988년 이후부터 무연휘발유를 사용하여 자동차배출가스 중 납성분을 배출되지 않는다.

③ 중독되면 적혈구 파괴로 인한 빈혈이 나타나며 복부산통, 손목처짐, 두통, 불면증, 잇몸에 납선(Lead line) 등이 나타난다.

※ 납중독의 5대 증상 : 창백, 납선, 뇨중 corproporphyrin(코프로포르피린) 증가, 호염기성 적혈구 증가, 심근마비

(2) 비소(As)

① 발생원은 White Arsenic (AS_2O_5)을 분리하는 작업, 화학공업, 유리공업, 농업, 피혁상, 과수원의 분무작업 등이다

② 피부염, 피부접촉 부분에 궤양을 비롯하여 색소침착, 손, 발바닥의 각화, 피부암, 비중격천공, 인두염, 후두염이 일어나며 심할 때는 구토, 복통, 설사 등의 현상이 나타나기도 한다.

③ 말초신경염도 흔하며 납 중독의 경우와 같이 하지에 마비가 온다.

④ 건반사는 약해지거나 소실이 있으며 뇌증상으로는 두통, 어지러움, 권태감, 졸림, 정신 증상 등이 있다.

(3) 수은(Hg)

① 원자량 200.61, 비중 13.546, 융점 -38.87°C, 비등점 356.58°C이며 질산에 용해된다.

② 무기수은과 유기수은으로 대별하며 실온에서 증발하는 특성이 있어 작업장을 오염시킨다.

③ 유기수은은 농약의 원료로 이용되며 중독 시 신경증상, 수전증(Tremor), 말더듬증, 미나마타병의 원인이 된다.

(4) 크롬(Cr)

① 크롬은 원자량이 52.01이고 비중 7.20(28°C), 융점 1,890°C, 비등점 2,480°C이며 물에 불용이며 염산과 묽은 황산에 용해된다.

② 청백색을 띠며 습기가 많은 곳에서도 산화되지 않으며, 화합물을 형성할 때에는 +2, +3, +6가를 갖는다.

③ 인체에 유해한 것은 6가 크롬을 포함하고 있는 크롬산이나 중크롬산이다.

④ 중독증상으로는 비중격천공, 피부장애, 기관지암, 폐암 등을 들 수 있다.

(5) 카드뮴(Cd)

① 카드뮴은 금속카드뮴, 산화카드뮴, 카드뮴염류가 있다.

② 우리나라 대기환경보전법상 배출허용기준은 Cd로서 1.0 mg/m^3으로 규정하고 있다.

③ 중독 시에는 신기능장애, 골장애, 폐기능장애 등이 나타나는데 주로 단백뇨, 폐기종 등을 동반한다.

2. 지구에 대한 피해

1) 산성비

(1) 인위적(공장, 자동차 등)으로 대기 중에 다량 방출된 황산화물과 질소산화물이 수분과 결합하여 황산과 질산으로 되고 이들이 우수에 용해되어 pH 5.6 이하의 강수가 되는 것을 산성비라 한다.

(2) 원인 물질 : 황산, 질산, 염산 등

(3) 피해

① 식물, 꽃가루의 수정 저하 및 잎을 말려 죽인다.

② 물고기 알의 부화 저하 등으로 생태계를 파괴한다(수중 pH의 변화로 생태계에 영향을 준다).

③ 건물 부식 및 재산상의 피해를 준다.

④ 화학물질의 토양 유실속도를 증가시킨다.

⑤ 인체에 유해하며 질병(탈모, 피부질환, 안질환) 유발의 원인이 된다.

2) 오존층 파괴

(1) 지상에서 형성된 오존이 해로운 광화학 산화제로 작용하는 것과는 반대로 성층권에 존재하는 오존은 생물에 해로운 태양 단파장 자외선(UV-B)을 흡수하는 필터역할을 하는데, 성층권에 H, N, Cl의 산화물과 같은 반응성 있는 화학물질이 존재하면 오존층 파괴가 가속화된다.

(2) Cl 원자 하나당 10만 개의 오존 분자를 파괴한다.

(3) 원인 물질 : 염화불화탄소(CFCs = 프레온가스), NOx, 탄화수소

(4) 피해 : 안질환, 백내장(실명) 유발, 피부암 발생률 증가, 물의 정화능력 감소 등

3) 열섬(Heat Island)현상

(1) 도시의 불규칙한 지표와 공장, 화력발전소 및 주택 등에서 연료소모가 크기 때문에 열방출량이 높아 주위 시골(전원도시)보다 기온이 2~5℃ 더 높은 것을 말한다.

(2) 고기압의 영향으로 하늘이 맑고 바람이 약할 때, 밤에, 여름부터 초가을에 잘 발생한다.

(3) 국지적인 기온역전 현상을 일으킨다.

4) 온실효과(Green House Effect)

(1) 기후를 나타내는 주요 척도는 온도이다. 햇빛은 바다와 지표를 데우고 따뜻해진 지표면은 복사열을 대기권 밖으로 방출한다. 이 과정에서 열이 대기 중에 있는 잔류기체(특히 CO_2, 수증기 등)에 흡수되는데 이로 인해 지구의 온도가 생물이 살기에 적합하게 유지된다. 이러한 현상 즉 대기 중에 있는 잔류기체가 적외선의 복사열을 흡수하여 지구의 온도가 높아지는 현상을 온실효과라 한다.

(2) 온실가스의 농도가 필요 이상으로 증가하여 방출된 열이 과다하게 흡수되어 지구의 열 균형에 변화가 생기고 결국 자연적 온실효과에 의한 적정한 온도보다 지구의 온도가 상승하게 되는 현상을 강화된 온실효과라 하며 이로 인해 지구가 지나치게 더워지는 현상을 지구온난화(Global warming)라 한다.

(3) 즉, 대기 중에 있는 탄산가스는 지표에서 복사되는 적외선을 흡수하여 열의 방출을 막고 흡수한 열을 다시 지상에 복사하여 온도를 상승시킨다.

(4) 지구의 기온상승은 강수량에 커다란 영향을 미쳐 홍수나 가뭄 등의 기상이변을 초래할 수 있다.

(5) 온실효과에 기여도 : CO_2는 66%, 메탄은 15%, N_2O, CFCs, SF_6, 대류권 O_3 등

6) 엘니뇨(El Niño)

(1) 남아메리카 페루 연안에서 형성되는 '따뜻한 해류'를 뜻하는 스페인어로 크리스마스 전후로 나타나기 때문에 '신의 아들'이란 별칭을 갖고 있다.

(2) 엘니뇨가 발생하면 연안의 바닷고기인 멸치가 대량으로 죽게 되며, 이것을 먹은 조류도 이변이 생긴다.

(3) 대개 1~6년 주기로 평균 6년에 한 번씩 발생한다.

(4) 엘니뇨의 영향으로는 이상호우 현상과 가뭄현상을 들 수 있다.

(5) 정확한 원인은 아직 밝혀져 있지 않지만, 지구온난화에 의한 영향으로 엘니뇨가 발생한다고 생각하고 있다.

(6) 피해 : 폭풍우와 홍수, 해일, 고온, 건조와 산불, 생태계의 변화 등 심각한 기상 재해를 유발한다.

7) 라니냐

(1) 해수면의 온도가 평년보다 0.5℃ 이상 낮은 것을 라니냐라고 한다.

(2) 적도 무역풍이 평소보다 강해지며 차가운 바닷물이 솟아오르는 현상이다

(3) 비교적 드물게 일어난다.

(4) 라니냐는 여자 이름을 의미한다.

퀴즈(객관식 3문항)

01 납중독의 5대 증상으로 적절하지 않은 것은?

① 창백
② 뇨(尿) 중 corproporphyrin 증가
③ 호염기성 적혈구 증가
④ 골연화

정답 ④

해설 대표적 납중독의 5대 증상은 창백, 납선, 뇨(尿) 중 corproporphyrin 증가, 호염기성 적혈구 증가, 심근마비이다.

02 신경마비, 언어장해, 보행장애 등의 미나마타병의 원인이 되는 물질은?

① 수은　② 비소
③ 카드뮴　④ 크롬

정답 ①

해설 신경계 장애 등으로 언어장해, 보행장해 등을 야기하는 대표적 중금속은 수은이며, 이는 일본 미나마타현의 수은 정제공장에서 정제되지 않은 수은을 배출하여 발생한 대표적 환경공해 질병이다.

03 대기로 배출된 황산화물 등이 우수에 용해되어 pH 5.6 이하의 강수가 되는 현상은?

① 오존층 파괴　② 산성비
③ 열섬현상　④ 엘리뇨

정답 ②

해설 인위적으로 대기 중에 다량 방출된 황산화물과 질소산화물이 수분과 결합하여 황산과 질산으로 되고 이들이 우수에 용해되어 수소이온농도 5.6 이하의 강수가 되는 것을 산성비라 한다.

16 물의 위생학적 개념

학습 목표 1. 물의 중요성에 대해 설명할 수 있다.
2. 물의 자정작용에 대해 설명할 수 있다.
3. 물과 보건위생의 관계에 대해 설명할 수 있다.

학습 내용 1. 물의 중요성
2. 물의 자정작용
3. 물과 보건위생

1 물의 중요성

(1) 물은 생물의 생존에 필수요소로 생물체의 70~80%가 물로 구성되어 있다. 인체는 체중의 60~70%가 물로 구성되어 있고, 그중 40%는 세포 내에, 20%는 조직 중에, 5%는 혈액 내에 존재함으로써 각 세포의 형성과 활동을 유지하도록 하고, 영양소의 소화, 흡수, 운반, 및 노폐물의 배설, 호흡과 순환, 체온조절 등 중요한 생리작용을 하는 기능을 가지고 있다.

(2) 이러한 물이 성인의 경우 하루에 약 2.0~2.5 L 정도는 섭취되어야 하며, 만약 인체 중에서 10% 정도만 손실되어도 신체에 이상을 초래하고, 20~30% 상실 시에는 생명에 위협을 초래한다.

2 물의 자정작용

(1) 하수나 공장폐수 등 오염된 물을 방치하면 점차적으로 침전, 분해되어 자연적으로 안정된 자연수로 환원하게 된다. 이런 현상을 물의 자정작용이라 하여 이것은 물리적, 화학적 생물학적 작용에 기인한다.

(2) 생물학적 작용

가장 큰 비중을 차지하는 것으로 대단히 복잡하지만 하천수, 호수 등의 자정작용을 보면 그 변화가 생물에 기인하는 것이 많다. pH의 변동, 온도, DO, 햇빛 등이 중요한 역할을 한다.

DO가 존재할 시에는 호기성미생물에 의하여 DO가 소모되어서 수생 생물에게 무해한 최종생성물이 형성되는 데 비해, 물속에 DO가 없는 혐기성 상태일 때는 황산염이나 질산염 등과 같이 특정한 무기염의 환원을 통해 미생물이 산소를 취하게 됨으로써 최종적으로 H_2S, CH_4, CO_2, N_2 등 생물에 유해한 물질이 생성되어 수질에 문제를 일으키게 된다.

(3) 화학적 작용

산소에 의한 산화작용이나, O_2, CO_2가 물에 용해되면서 pH를 높여 환원작용과 응집작용을 일으킴으로써 자정된다.

(4) 물리적 작용

희석, 침전, 응집, 폭기, 대지의 정화작용에 기인한다.

3 물의 보건위생

물은 수인성 감염병 및 기생충의 감염원으로써 작용하며, 각종 중금속의 오염으로 공해 질병의 발생원이 되기도 한다.

1) 수인성 질병의 감염원

(1) 수인성 감염병이란 물로 전파되는 질병을 말하며, 수인성 질병에는 소화기계 감염병이 대부분이다.

(2) 수인성 감염병의 종류 : 장티푸스, 파라티푸스, 세균성 이질, 콜레라, A형 간염 등이 있다.

(3) 수인성 감염병의 특징

① 발병률과 치명률이 낮다.

② 폭발적으로 발생한다.

③ 유행지역이 한정되어 있다.

④ 2차 발병률은 드물지만 있다.

⑤ 소독하면 유행을 막을 수 있다.

⑥ 계층과 무관하게 발생한다.

⑦ 병원성 세균은 하천수에서 생존하나 서서히 사멸된다.

⑧ 수원이 여러 개의 우물물이고 그중 한 우물만 오염된 경우는 그 우물을 사용하는 지역에서만 발생한다.

(4) 기생충 질병의 감염원 : 간디스토마, 폐디스토마, 회충, 편충 등은 수질 오염으로 전파될 수 있다.

4 물의 순환

물은 지구의 대류현상에 의해서 지표의 물(하천, 바다 등)이 증발되어 구름이 형성되고 구름입자가 결합하여 무거워지면 중력에 의해 다시 떨어지는 순환과정을 통해 생성된다.

5 수자원 현황

1) 물의 분포

지구상에는 총 13억 8천 6백만 km^3의 물의 양이 있고 그중 97%는 해수이고 담수는 3%에 불과하다. 담수 중 69% 정도는 빙산, 빙하의 형태이고, 지하수는 29%, 나머지 2%가 호수나 강, 하천 늪 등의 지표수와 대기층에 존재하고 있다. 우리가 사용할 수 있는 물은 지하수를 포함하여 전체 수자원의 0.62%에 불과하다.

2) 한국의 수자원

(1) 연간 강수량은 약 1,159 mm

(2) 수자원 총량은 약 1,140억 m^3

(3) 하천 유출량은 662억 m^3(58%)

(4) 손실량은 42%

(5) 홍수 시에 405억 m^3가 유출된다(홍수 시 약 61%가 유출됨).

(6) 용수 공급현황 : 농업용수(53%) > 유지용수(19.4%) > 생활용수(18.7%) > 공업용수(9%)

6 수자원과 물의 성질

수자원은 우수(또는 천수), 지표수, 지하수, 복류수, 해수로 구분하며, 주로 담수를 이용하고 있다.

1) 천수(우수)

지표나 해양 등에서 증발한 수증기가 응집하여 떨어지는 눈, 비, 우박 등을 말한다.

(1) 지표, 해양 등에서 증발한 수증기가 응결한 것으로서 불순물을 함유하지 않아 깨끗하나 초기 우수에는 대기 중에 함유된 오염물질 즉, SS(가장 농도가 높다), 세균, 미생물 등이 함유된 오염된 우수가 내리기도 한다.
(2) 열대지방이나 섬에서 식수원으로 많이 이용한다.
(3) 음료수로서의 적당한 온도는 7~12℃이며, 15~20℃ 물은 미지근한 느낌을 주어서 물맛이 없다.
(4) 우수(빗물)는 대기 중 CO_2와 SOx, NOx 등의 영향으로 산성을 띨 때가 많다
(5) 물의 순환과정에서 인위적 오염에 의해 오염물질이 함유되어 있다.
(6) 강우현상은 대기 중에 포함된 오염물을 씻어 주는 역할도 한다.
(7) 해안에서 가까운 우수 중에는 염분이 많다.

2) 지하수

빗물이나 지표수가 지층을 통과하여 지하에 저장되어 있는 물

(1) 경도가 높다.
(2) 연중 수온이 거의 일정하다.
(3) 오염물이 적다(유기물 함량이 적다).
(4) 유속이 느리다.
(5) 자정속도가 느리다.
(6) 태양광선이 접하지 못하므로 광화학반응이 일어나지 않는다. 따라서 세균(미생물)에 의한 유기물의 분해가 주된 생물학적 작용이다.
(7) 지표수보다 용존염류량이 다소 많다.
(8) 국지적 조건에 따른 영향이 크다(지리적 환경 조건의 영향을 크게 받는다).

(9) 지하수는 마을상수도(농촌 간이상수도)에서 가장 많이 사용하는 수원이다.

(10) 종류

① 천층수

- 빗물이나 지표수가 지층을 침투하여 지하에 스며든 물로서 흙과 모래 또는 자갈층 내의 공극 또는 암석층 사이에 존재하고 있는 물을 천층수라고 한다.
- 천층수는 하수, 폐수 등으로부터 쉽게 오염되므로 위생상 위험성이 크다.
- 하수가 침투하여 세균을 함유하는 경우가 있어 위생상 주의를 해야 한다.

② 심층수 : 균이 거의 없으며, 위생상 안전하다.

③ 복류수 : 호수 바닥 또는 측부의 모래층에 포함된 지하수를 복류수라 한다.

④ 용천수 : 지하에서 솟아나는 물을 용천수라 한다.

3) 지표수

지표를 흐르고 있는 하천, 강, 호수, 저수지 등에 존재하는 물로써 수자원으로 제일 많이 사용하고 있다.

(1) 부식성, 유기물이 많다.

(2) 미생물과 세균의 번식이 많다.

(3) 공기의 성분이 용해되어 있다(용존산소 多).

(4) 경도가 낮다.

(5) 오염이 되기 쉽다.

(6) 구성성분은 유동적이다.

(7) 집수지역에 영향을 많이 받는다.

(8) 비주거 지대의 지표수는 유기성 불순물이 훨씬 적다.

(9) 수질 변동이 비교적 심하다.

(10) 종류 : 호소수, 저수지수, 하천수, 강물 등

(11) 원수는 우수에 의존한다.

(12) 상수도의 원수로 이용된다.

4) 해수

수자원 중 전체 97%를 차지하지만 3.5%의 염분과 용해성 성분이 많아 그 이용가치는 거의

한정되어 있다.

(1) 주성분 : 해수에는 Cl^-, Na^+, SO_4^{2-} 등의 성분이 많은데, 이 중 염소이온의 농도가 가장 높다.

(2) 해수의 화학적 성질

① 해수의 pH는 8.2 정도이다.

② 해수의 밀도는 담수보다 크다.

③ 해수 내의 용존 유기물질은 평균 0.5 mg/L 정도이다.

④ 해수·호수의 오염도 측정은 COD로 나타난다.

⑤ 해수의 용존산소 포화도는 담수보다 작은데 이는 주로 해수 중의 염류 때문이다.

⑥ 해수의 염분 : 해수에 녹아있는 각종 물질의 농도의 종합을 염분이라 한다.

요점 정리

1. 물의 중요성

(1) 물은 생물의 생존에 필수요소로 생물체의 70～80%가 물로 구성되어 있다.

2. 물의 자정작용

(1) 하수나 공장폐수 등 오염된 물을 방치하면 점차적으로 침전, 분해되어 자연적으로 안정된 자연수로 환원하게 된다. 이런 현상을 물의 자정작용이라 하여 이것은 물리적, 화학적 생물학적 작용에 기인한다.

(2) 생물학적 작용
가장 큰 비중을 차지하는 것으로 대단히 복잡하지만 하천수, 호수 등의 자정작용을 보면 그 변화가 생물에 기인하는 것이 많다. pH의 변동, 온도, DO, 햇빛 등이 중요한 역할을 한다.

(3) 화학적 작용
산소에 의한 산화작용이나, O_2, CO_2가 물에 용해되면서 pH를 높여 환원작용과 응집작용을 일으킴으로써 자정된다.

(4) 물리적 작용
희석, 침전, 응집, 폭기, 대지의 정화작용에 기인한다.

3. 물의 보건위생

물은 수인성 감염병 및 기생충의 감염원으로써 작용하며, 각종 중금속의 오염으로 공해 질병의 발생원이 되기도 한다.

1) 수인성 질병의 감염원

수인성 감염병이란 물로 전파되는 질병을 말하며, 수인성 질병에는 소화기계 감염병이 대부분이다.

4. 물의 순환

물은 지구의 대류현상에 의해서 지표의 물(하천, 바다 등)이 증발되어 구름이 형성되고 구름입자가 결합하여 무거워지면 중력에 의해 다시 떨어지는 순환과정을 통해 생성된다.

5. 수자원 현황

1) 물의 분포

지구상에는 총 13억 8천 6백만 km^3의 물의 양이 있고 그중 97%는 해수이고 담수는 3%에 불과하다.

6. 수자원과 물의 성질

수자원은 우수(또는 천수), 지표수, 지하수, 복류수, 해수로 구분하며, 주로 담수를 이용하고 있다.

1) 천수(우수)

지표나 해양 등에서 증발한 수증기가 응집하여 떨어지는 눈, 비, 우박 등을 말한다.

(1) 특징

① 지표, 해양 등에서 증발한 수증기가 응결한 것으로써 불순물을 함유하지 않아 깨끗하나 초기 우수에는 대기 중에 함유된 오염물질 즉, SS(가장 농도가 높다), 세균, 미생물 등이 함유된 오염된 우수가 내리기도 한다.

2) 지하수

빗물이나 지표수가 지층을 통과하여 지하에 저장되어 있는 물

(1) 특징

① 경도가 높다.

② 연중 수온이 거의 일정하다.

③ 오염물이 적다(유기물 함량이 적다).

④ 유속이 느리다.

⑤ 자정속도가 느리다.

3) 지표수

지표를 흐르고 있는 하천, 강, 호수, 저수지 등에 존재하는 물로써 수자원으로 제일 많이 사용하고 있다.

(1) 특징

① 부식성, 유기물이 많다.

② 미생물과 세균의 번식이 많다.

③ 공기의 성분이 용해되어 있다(용존산소 多).

4) 해수

수자원 중 전체 97%를 차지하지만 3.5%의 염분과 용해성 성분이 많아 그 이용가치는 거의 한정되어 있다.

(1) 주성분 : 해수에는 Cl^-, Na^+, SO_4^{2-} 등의 성분이 많은데, 이 중 염소이온의 농도가 가장 높다.

(2) 해수의 화학적 성질

① 해수의 pH는 8.2 정도이다.

② 해수의 밀도는 담수보다 크다.

퀴즈(객관식 3문항)

01 지표수의 특징으로 옳지 않은 것은?

① 경도가 낮다
② 오염이 되지 쉽다
③ 용존산소가 많다
④ 유기물이 적다

정답 ④

해설 지표수는 지하수보다 유기물이 많습니다.

02 수인성 감염병의 특징으로 옳지 않은 것은?

① 유행지역이 한정되어 있지 않다.
② 소독하면 유행을 막을 수 있다.
③ 계층과 무관하게 발생한다.
④ 2차 발병률은 드물지만 있다.

정답 ①

해설 수인성 감염병은 우물(물)을 매개로 발생하기에 공동우물을 사용하는 특정지역에 한정되어 발생하는 특징이 있다.

03 물의 자정작용 중 물리적 작용에 해당되지 않는 것은?

① 희석작용
② 산화작용
③ 침전작용
④ 폭기작용

정답 ②

해설 산소에 의한 산화작용이나 산소 및 이산화탄소가 물에 용해되면서 수소이온농도를 높여 환원작용과 응집작용을 일으킴으로써 자정되는 것은 화학적 작용이다.

17 수질검사

학습 목표 1. 정수장 및 수도꼭지에서의 검사 기준에 대해 설명할 수 있다.
2. 물의 물리적, 화학적 및 생물학적 검사 항목에 대해 설명할 수 있다.

학습 내용 1. 수질기준
2. 물리적 검사 항목
3. 화학적 및 생물학적 검사 항목

1 수질검사

1) 광역상수도 및 지방상수도의 경우(먹는물 수질기준 및 검사 등에 관한 규칙 제 4조)

구분	검사 대상	횟수
정수장에서의 검사	냄새, 맛, 색도, 탁도 수소이온농도 및 잔류염소에 관한 검사	매일 1회 이상
	일반세균, 총 대장균군, 대장균 또는 분원성 대장균군, 암모니아성 질소, 질산성 질소, 과망간산칼륨 소비량 및 증발잔류물에 관한 검사	매주 1회 이상
	미생물에 관한 기준, 건강상 유해한 무기물질 및 유기물질에 관한 기준, 심미적 영향물질에 관한 기준에 관한 검사	매월 1회 이상
	소독제 및 소독부산물질에 관한 기준에 관한 검사(다만, 총 트리할로메탄, 클로로포름, 브로모티클로로메탄 및 디브로모클로로메탄은 매월 1회 이상)	매 분기 1회 이상
수도꼭지에서의 검사	일반세균, 및 총 대장균군, 대장균 또눈 분원성 대장균군, 잔류염소에 관한 검사	매월 1회 이상
	정수장별 수도관 노후지역에 대한 일반세균, 초 대장균군, 대장균 또는 분원성 대장균군, 암모니아성 질소 동, 아연, 철, 망간 염소이온 및 잔류염소에 관한 검사	매월 1회 이상
수돗물 급수과정별 시설에서의 수질검사	일반세균, 총 대장균군, 대장균 및 분원성 대장균군 암모니아성 질소, 트리할로메탄, 동, 수소이온농도, 아연, 철, 탁도 및 잔류염소에 관한 급수과정별 시설(정수장, 정수장으로부터 물을 공급받는 주배수지를 기준으로 하여 급수구역별로 주배수지 전후, 급수구역 유입부, 급수구역 내 가압장 유출부, 광역 및 외부수수계통(外婦授受系統)의 수수지점, 정수계통이 다른 계통과 합쳐지는 지점, 급수구역 관말(管末, 수도꼭지)에서의 수질검사	매 분기 1회 이상

2) 물리적 검사

(1) 색도

① 물의 색은 미생물이나 플랑크톤의 번식·용해성 물질·콜로이드성 물질, 오수, 공장폐수의 혼입에 의해서 나타나는 것이다.

② 상수도의 경우는 철·아연·구리 등의 금속이 용입되는 수가 많아서 생긴다.

③ 색도란 물의 색의 정도를 표시하는 것으로 증류수(Distilled Water) 1 L 중에 염화백금 표준원액 1 mL를 함유할 때에 나타나는 색도를 1도라고 한다.

④ 시약 : 표준원액 염화백금산칼륨(K_2PtCl_6) 2.4903 g과 결정염화코발트($CoCl_2.6H_2O$) 2.004 g을 36% 염산 200 mL에 녹이고 증류수를 가하여 1,000 mL로 한다.

(2) 탁도

① 물이 탁하게 되는 것은 토사 등의 부유물질이나, 용존물질의 화학적 변화에 의한 것이다.

② 탁도란 물의 탁한 정도를 표시하는 것으로, 증류수 1 L 중에 백토도 1 mg을 함유할 때의 탁도를 1도라고 한다.

③ 시약 : 표준원액 백도토를 약 105℃에서 말린 후 200 mesh의 체를 통과한 미분말 1 g에 증류수를 가하여 1000 mL로 하고 이것을 잘 저으면서 그 100 mL를 취하고 이에 5% 승홍액 0.5 mL를 가한 다음 증류수를 가하여 1000 mL로 한다.

(3) 냄새

① 물의 냄새는 실온(15～20℃)에 있어서의 냄새와 40～50℃로 데워졌을 때의 냄새와의 양측을 검사하는 것으로 검수 약 100 mL를 유리병에 넣은 후 가볍게 마개를 막고 40～50℃로 가온한 다음 뚜껑을 열면서 바로 냄새를 맡았을 때 냄새(염소 제외)가 나서는 안 된다.

② 물의 냄새는 오수·공장폐수 등의 혼입, 철관 내면의 도장과 녹, 이끼 플랑크톤의 번식과 세균류의 발생, 지질, 염소소독 처리 등으로 발생되는데, 대개 저온의 물에서는 냄새가 없거나 적으며, 온도가 높아지면 비로소 냄새를 느끼는 것이 보통이다.

(4) 맛

① 너무 저온에서는 물맛을 알 수 없으므로 검수 100 mL를 취해 실온(15～20℃)유지에

서 그 맛을 본 후 40~50℃로 가온하여 맛을 본다.

② 여기에서 염소맛을 제외한 다른 맛이 있으면 안 된다.

3) 화학적 검사

(1) pH

① 물의 pH는 일반적으로 용존하고 있는 유리탄산과 탄소염과의 농도에 따라서 산성, 중성, 알칼리성으로 정해진다.

② 지표수는 CO_2가 적으므로 알칼리성이고, 지하수는 CO_2가 많이 함유하여 약산성이 되는 수가 많아 pH는 6~8이다.

③ pH가 이보다 적거나 많은 것은 하수나 공장폐수의 혼입을 의미한다.

④ 물의 pH란 수소이온농도 역수의 상용대수를 의미한다. 즉, 수소이온농도를 표시하려면 그 역수의 상용대수 $pH = -\log H^+ = \log \frac{1}{H^+}$로 표시한다.

⑤ 어떤 수용액에서 $[H^+] > [OH^-]$, 즉 $pH < 7$이면 산성, $[H^+] = [OH^-]$, 즉 $pH = 7$이면 중성, $[H^+]$, $[OH^-]$, 즉 $pH > 7$이면 알칼리성이다.

⑥ pH의 측정법으로는 유리 전극법, 비색법이 있다. 일반적으로 우리나라 물의 pH는 6.0~8.0이다.

(2) 질소

유기물 중에서 질소화합물의 분해는 가장 중요하며, 단백질 → 아미노산 → $NH_3 \rightleftarrows HNO_2 \rightleftarrows HNO_3$ 분해과정으로 요약된다.

(3) 암모니아성 질소(NH_3-N)

① 암모늄염을 그 질소량을 가지고 표시한 것이다. 수중의 유기성 물질(하수, 공장폐수, 분뇨 등)이 분해할 때 미생물에 의해 단백질의 분해가 촉진되어 그의 NH_3가 형성되는 것으로서, 물의 오염을 추정하는 유력한 지표의 하나로 삼는다.

② NH_3가 검출되었을 때의 위생학적 의의는 유기성 물질이 오염된 지 시간이 얼마 경과되지 않았다는 것을 의미하여, 분변오염을 의심할 수 있기 때문이다. 그러나 단순히 지질의 영향 또는 심층수의 경우의 NH_3 검출은 물의 오염이라고 볼 수 없다.

③ 검수 50 mL를 비색관에 넣고, 이에 주석산칼륨나트륨($C_4H_4O_6KNaH_2O$) 시약 2 mL 및 Nessler 시약 1 mL를 가하여 섞을 때 미량의 암모니아에 의하여 다음과 같은 반응을 일으켜 등색(담황색)~갈색의 침전(옥시수은요오드화암모늄)이 생성된다.

$$2(NaHgI_4) + 3NaOH + NH_3 = Hg_2ONH_2I + 7NaI + 2H_2O$$

(4) 아질산성 질소(NO_2-N)

① 아질산염은 그 질소량을 가지고 표시한 것이다. 수중의 아질산성 질소는 주로 분뇨·하수 등의 혼입에 의한 NH_3-N의 산화 등에 의하여 생기는 것으로, NH_3-N와 같이 오염감식의 유력한 지표의 하나가 된다.

② NO_2-N의 발생은 분뇨, 동물의 시체, 기타 오염에 의한 것이다. 그러나 NH_3-N나 Cl^-의 경우와 같이 전혀 오염과 관계가 없을 때도 있다.

③ NO_2-N를 함유한 검수 50 mL를 비색관에 넣고 이에 G.R(GRIESS-ROMIJIN)시약 약 3.0 g을 가하여 10분간 정치하면 동 시약 중의 Sulfanilic Acid와 α- Naphthylamine Azobenzene Sulfanilic Acid가 되어 분홍색~적색이 된다.

(5) 질산성 질소(NO_3-N)

① 질산염을 그 질소량을 가지고 표시한 것이다. 수중의 NO_3-N는 여러 가지 질소화합물이 산화되어 생긴 최종 산화물이므로 NO_3-N가 다량 존재한다는 것은 그 원인인 암모니아성 질소·아질산성 질소, 유기성 질소화합물과 관련되어 있어 위생학상 주의를 요한다.

② 질산성 질소를 많이 함유한 물 또는 음식물을 먹으면 영아에 Met-hemogolobinemia (메트 헤모글로빈혈증)을 일으켜 Blue baby(청색아) 질환이 발생할 수도 있으며, 때로는 사망을 초래하기도 한다.

③ 위의 각종 유기성 질소가 몸에서 검출되었을 때의 위생학적 의의는 그 성분 자체의 유독보다 음료수 오염의 지표가 된다.

④ NO_3를 아연분말로 환원하여 NO_2를 생성시켜 위와 같이 반응을 일으키게 함으로써 분홍색~적색이 된다.

(6) 염소이온(Cl^-)

① 물속에 녹아있는 염화물 중의 염소를 말한다. 자연수는 대체로 염소이온을 함유하고 있는데, 이것은 대부분이 지질의 영향에 의한 것이다.

② 특히 해안지대는 해수의 영향이 크다. 이 밖에 하수, 공장폐수, 분뇨 등의 혼입에 의해서 염소이온이 증가하므로 오염의 한 지표가 된다.

③ 시료에 소량의 K_2CrO_4를 지시약으로써 가한 후 이것에 $AgNO_3$ 용액을 적하해 가면 시료 중의 염소이온과 당량의 $AgNO_3$가 소비되어 불용성의 Ag_2CrO_4의 적갈색의 침전이 된다.

④ 소비한 $AgNO_3$의 양으로부터 시료 중의 Cl^-의 양을 산출한다.

(7) 잔류염소

① 염소소독을 했을 때 수중에 잔존하는 유리잔류염소 및 Chloramine과 같은 결합잔류염소를 말한다.

② 살균력은 유리잔류염소가 결합잔류염소보다 강하다.

③ 물의 염소요구량이란 수중의 유기물질을 산화시키는 데 필요한 염소의 양을 말한다.

④ 수중에 잔류염소가 있으므로 해서 수도관의 파손 등으로 오염될 수 있는 미생물을 소독할 수 있고, 급수전에서 나온 물에 스며들어 오염되는 미생물도 어느 정도 소독할 수 있다. 따라서 잔류염소의 존재의 의의가 여기에 있다.

⑤ 보통 급수전에서 유리잔류염소가 0.1 ppm(0.1 mg/L), 또는 결합잔류염소가 0.4 ppm이면 일반세균은 대부분 사멸되나, 병원성 미생물의 오염 또는 오명의 의심이 있을 때는 유리잔류염소가 0.2 ppm, 혹은 결합잔류염소가 1.5 ppm이어야 사멸된다.

⑥ 우리가 음용하고 있는 물은 보통 급수전에서 유리잔류염소가 최소한 0.2 ppm이 되도록 함을 원칙으로 한다.

⑦ Entameba Histolytica의 Cyst와 Epidemic Hepatits와 같은 Virus는 50～100 ppm이어야 사멸되나 사실상 50～100 ppm의 염소량은 인체에 위험하여 사용되지 못한다.

⑧ 잔류염소량의 측정은 Orthotoludine Test에 의한다.

(8) 과망간산칼륨 소비량

① 물속에서 산화되기 쉬운 유기성 물질에 의해 소비되는 과망간산칼륨의 양을 말한다.

② 음료수의 $KMnO_4$ 소비량의 의의는 음료수에 오염된 유기성 물질에 좌우되며 $KMnO_4$의 소비량이 많을수록 유기물 오염이 많이 된 것을 의미한다.

③ 산화되기 쉬운 물질은 주로 유기성 물질인데, 이 밖에 제1철염, 아질산염, 황화물 등의 환원물질에 의해서도 $KMnO_4$를 소비한다. 따라서 $KMnO_4$ 소비량은 하수, 공장폐수, 분뇨 등 유기성 오염물의 혼입에 의하여 증가되므로 $KMnO_4$ 소비량은 오염의 한 지표가 된다.

④ 오염되지 않은 물질이라도 지질의 관계로 $KMnO_4$ 소비량이 많은 것도 있다.

⑤ $KMnO_4$는 다음과 같이 분해하여 발생기의 산소를 내며 이것이 산화의 역할을 한다.

$$2KMnO_4 \rightarrow K_2O + 2MnO + 5O$$

⑥ 측정법은 산성법과 알칼리법이 있다.

(9) 경도

① 물이 경하면 물맛이 나쁘고, 비누의 거품이 일어나지 않으며, Boiler Pipe의 내측에 결석이 생겨 폭발사고가 발생하는 수도 있어 공업용수로서의 피해가 막대하다.

② 경도의 이유로서는 물이 석회암으로 흐를 때 용입한 Ca와 Mg가 주가 되는데, 일반적으로 Ca, Mg의 중탄산염($Ca(HCO_3)_2$, $Mg(HCO_3)_2$), 탄산염($CaCO_3$, $MgCO_3$), 황산염($CaSO_4$, $MgSO_4$)의 형식으로 유입하는 것이 보통이다.

③ 물속의 Ca 및 Mg의 이온량을 이것에 대응하는 탄산칼슘($CaCO_3$)의 ppm으로 환산하여 경도로써 표시된다.

④ 경도에서 총경도, 칼슘경도, 마그네슘경도, 영구경도, 일시경도의 총 5가지가 있다.

⑤ Ca 또는 Mg의 중탄산염과 같은 것을 함유하는 경수는 자기분해 하면 경도가 저하되어 연수로 되는 까닭에 이것을 Temporary Hardness Water라 하고, Ca 또는 Mg의 황산염·질산염·염화물 등 비탄산염을 함유하는 물은 자기분해도 경도가 저하하지 않는 까닭에 Permanent Hardness water라고 한다.

⑥ 이 두 가지의 경도를 총칭하여 총경도 또는 단순히 경도라고 부른다.

(10) 유기인

① 유기인의 대표적인 것이 Parathion(Diethyl-p-Nitrophenyl-Thiophosphere)인데, 이것은 벼, 보리, 과실, 채소 등 농산물의 해충구제에 사용되는 농약의 일종이다. 또한

유제, 분제, 수화제, 등으로 제재하여 사용하며 살포한 지역의 물속에서 검출되는 수가 있다.

② Parathion은 체중 1 kg당 5~10 mg을 섭취하면 중독을 일으킬 수 있는 범위로 되어 있다.

③ 인체 1일 섭취허용량은 동물에 있어서의 50% 치사량(LD_{50})의 1/1000 이하로 규정되어 있으므로, 성인(50 kg) 1일 섭취량은 5 mg × 50 × 1/1000 = 0.25 mg 이하이어야 한다.

④ 1일 물의 섭취량이 2.5 L라 한다면 허용한도는 0.1 ppm 한도이다.

⑤ 0.05 ppm 정도를 안전도로 보는 사람도 많다.

(11) 철

① 철은 물속에 중탄산염으로 되어 있을 때가 많다. 따라서 수산화철, 산화철로써 존재하는 일도 많고, 질산염, 염화물, 혹은 유기철로 되어 있을 때도 있다.

② 철은 자연계에 널리 존재하는 것으로서 증혈에 필요한 성분이나, 과량이 함유되면 적색수가 되고 금속미가 있어 음료수로서의 가치가 감소한다.

③ 물속의 철은 주로 지질에 의하지만, 그 밖에 철관, 광산 및 공장폐수 등이 그 원인이 되는 수도 있어 오염의 지표가 되는 것이다.

④ 수중에 함유된 철분을 제거하는 방법은 침전지에 의한 폭기법이 적당하다.

(12) 방사능

① 물의 방사능은 혼입한 방사성 물질에서 발생하는 방사선에 의한 것으로, 극히 미량으로는 천연적으로 함유되어 있다.

② 주로 인공핵폭발에 의해 생성된 방사선 미진의 혼입, 방사선 광물의 채광, 정제공장의 폐수, 원자력을 이용하는 공업폐수, 방사성 동위원소를 사용하는 병원 및 연구소 등의 폐수가 혼입되는데 그 원인이 있다.

③ 음료수의 방사능 허용량은 1×10^{-4} μc/L로 되어있다.

(13) 용존산소(DO)

① 물속에 용해되어 있는 산소의 양은 기압이나 수온에 따라서도 차이가 생긴다. 용존산

소량은 수온이 하강함에 따라 증가한다.

② 오염된 물 중에서는 미생물 등으로 인해서 그 산소소비량이 많아지므로 산소의 함유량이 적어지고, 물이 맑을수록 그 온도에 있어서의 산소는 포화량에 가깝게 함유한다.

③ WHO가 공공수역에 있어서 용존산소 기준을 4～5 ppm 이상으로 규제하고 있어, 이에 따라 각국에서도 5 ppm 이상으로 규제하고 있다.

(14) 생화학적 산소요구량(BOD)

① 물속의 오염원이 될 수 있는 유기물질이 여러 가지 미생물에 의해 산화분해(주로 무기성의 산화물과 가스체가 된다.)되어 보다 안정된 물질로 이행한다.

② 이때에 소비되는 산소의 양을 BOD라고 하며, 그 측정단위는 ppm으로 표시한다.

③ BOD의 수치가 높다는 것은 그 물이 분해 가능한 유기물질을 다량 함유하고 있다는 뜻이며, 즉 오염도가 높다는 것을 의미한다.

④ BOD는 DO 및 대장균과 더불어 물이 오염을 추정하는 유력한 지표가 된다.

⑤ 원래 BOD의 개념은 하천(또는 하수)의 유기물질이 산화할 때 소비되는 산소량을 알기 위해서 출발한 것이다.

⑥ WHO의 상수원수 BOD 권장치는 6 ppm, 우리나라의 BOD 환경기준은 1급 상수원수(여과로 음료가능)는 1 ppm 이하, 2급 상수원수는(침전, 여과로 음료가능) 3 ppm, 3급 상수원수(침전·여과·소독으로 음료 가능)는 6 ppm으로 되어 있다.

4) 생물학적 검사

(1) 일반세균수

① 물의 일반세균수란 검수 1 mL 중에 함유된 균수로써 보통 한천배지에 집락을 형성할 수 있는 생균의 총수를 말한다.

② 오염을 받은 물은 일반세균수가 증대되나, 일반세균 자체가 유해한 것은 아니다.

③ 일반 세균 수가 많다고만 해서 보건학상 의의가 큰 것은 아니며, 항상 대장균군의 존재가 중요시 되고 있다.

④ 티오황산나트륨분말 0.02～0.05 g을 넣어 고압멸균한 채수병에 무균적으로 채취한 검수에서 1 mL를 Petri dish에 넣고, 미리 녹여서 약 45℃로 유지한 보통 한천배지 약 15 mL를 가하여, 굳기 전에 잘 섞여 식힌 다음, 뒤집어서 보통 35～37℃의 배양기

중에 24±2시간 배양하여 균 수를 검사한다.

(2) 대장균군(Coliform Group Organisms)

① 대장균군은 그람음성 무아포성 간균으로 유당을 분해하여 산과 가스를 형성하는 모든 호기성 또는 통성혐기성의 균을 말한다.

② 대장균군은 인축의 장 내에 생존하고 있는 균이므로 분변성 오염의 지표가 되는 것이다. 즉, 대장균군의 시험법은 물의 분변성 오염의 유무를 아는 직접적인 시험법으로써 위생학적 수질시험법(음료수 오염의 지표로 하는 세균) 중 가장 중요한 것이다.

③ 이를 시험하는 중요한 이유는 대장균 자체가 직접 유해한 것은 아니지만, 대장균군은 저항성이 병원균과 동등 또는 그 이상으로 강하고, 그 분포가 언제나 오염원 특히 인축의 분변과 공존하며, 검출법이 간편하고 확실한 까닭이며, 아울러 이의 검출은 다른 유독병원균이 존재할 가능성을 보이기 때문이다.

④ 대장균 지수는 그의 물에서 대장균군을 검출할 수 있는 최소 검수량의 역수로써 표시된다. 예컨대 10 mL 양성이라 함은 대장균지수 0.1을 말하는 것이다.

⑤ 대장균군의 정량시험은 검수의 동일희석도의 것을 여러 개의 다람관에 이식하여 각각에 대한 추정시험, 확장시험, 완전시험을 하여 대장균군의 수치를 산출하여 이것을 최확수로 표시한다.

⑥ MPN이란 검수 100 mL 중에 대장균군이 이론상 가장 있을 수 있는 수치를 말한다. 여컨대, 대장균군의 MPN치가 100이라면, 물 100 mL 중에 대장균군이 100 있다는 것을 의미한다.

⑦ 대장균군 검사에 있어서는 검수 10 mL씩 5개가 전부 음성이어야 하는데 만일 5개 중 1개가 양성일 때에는 연속 10회(5분 × 10 = 50분) 이상의 검사성적에 있어서 양성률이 10%(예컨대 50개 중 5개)를 넘지 않을 때는 음료에 지장이 없다. 상수 중의 세균 특히 대장균을 검사하는 데는 Membrane Filter를 사용한다.

(3) 기타 오염성 생물

① 물이 오염되면 유기성 물질, 세균 등이 증가하는 까닭에 이것을 영양원으로 하는 생물, 즉 분해적 역할을 하는 원색동물이 증가한다.

② 이에 반해 합성적인 영향을 하는 식물계는 일반적으로 오염에 따라서 감소하게 된다.

③ 이러한 담수생물계에 존재하는 경향을 이용하여 생물학적 오염도(BIP)가 확립되었다.

④ BIP가 증가하면 유기물질, 세균이 많다고 할 수 있으므로, 오염의 지표가 되는 것이다.

⑤ 물의 오염도가 커질수록 유엽록체 생물(A치)은 감소하고, 무엽록체 생물(B치)은 증가하는 관계로 (B/A + B) × 100치는 오염의 증대와 더불어 커져서 오염도를 잘 표현한다.

⑥ 정량에 시료 1 mL 중의 생물 수를 구한다. A에 속하는 것은 남조, 규조, 녹조류, 유엽록체, 편모충류이고, B에 속하는 것은 분열식물 중 현미경으로 곧 구별되는 Zooglea, Sphaerotilus, Beggiatoa 등과 근족충, 무색편모충, 섬모충류 등이 있다.

요점 정리

1. 수질검사

광역상수도 및 지방상수도의 경우(먹는 물 수질기준 및 검사 등에 관한 규칙 제 4조)

2) 물리적 검사

(1) 색도

물의 색은 미생물이나 플랑크톤의 번식, 용해성 물질, 콜로이드성 물질, 오수, 공장폐수의 혼입에 의해서 나타나는 것이다.

(2) 탁도

물이 탁하게 되는 것은 토사 등의 부유물질이나, 용존물질의 화학적 변화에 의한 것이다.

(3) 냄새

물의 냄새는 실온(15～20℃)에 있어서의 냄새와 40～50℃로 데워졌을 때의 냄새와의 양측을 검사하는 것으로 검수 약 100 mL를 유리병에 넣은 후 가볍게 마개를 막고 40～50℃로 가온한 다음 뚜껑을 열면서 바로 냄새를 맡았을 때 냄새(염소 제외)가 나서는 안 된다.

(4) 맛

너무 저온에서는 물맛을 알 수 없으므로 검수 100 mL를 취해 실온(15～20℃)유지에서 그 맛을 본 후 40～50℃로 가온하여 맛을 본다.

3) 화학적 검사

(1) pH

물의 pH는 일반적으로 용존하고 있는 유리탄산과 탄소염과의 농도에 따라서 산성, 중성, 알칼리성으로 정해진다.

(2) 질소

유기물 중에서 질소화합물의 분해는 가장 중요하며,

단백질 → 아미노산 → $NH_3 \rightleftarrows HNO_2 \rightleftarrows HNO_3$ 분해 과정으로 요약된다.

(3) 암모니아성 질소(NH_3-N)

암모늄염을 그 질소량을 가지고 표시한 것이다. 수중의 유기성 물질(하수, 공장폐수, 분뇨 등)이 분해할 때 미생물에 의해 단백질의 분해가 촉진되어 그의 NH_3가 형성되는 것으로써,

물의 오염을 추정하는 유력한 지표의 하나로 삼는다.

(4) 아질산성 질소(NO_2-N)

아질산염은 그 질소량을 가지고 표시한 것이다. 수중의 아질산성 질소는 주로 분뇨, 하수 등의 혼입에 의한 NH_3-N의 산화 등에 의하여 생기는 것으로, NH_3-N와 같이 오염감식의 유력한 지표의 하나가 된다.

(5) 질산성 질소(NO_3-N)

질산염을 그 질소량을 가지고 표시한 것이다. 수중의 NO_3-N는 여러 가지 질소화합물이 산화되어 생긴 최종 산화물이므로 NO_3-N가 다량 존재한다는 것은 그 원인인 암모니아성 질소, 아질산성 질소, 유기성 질소화합물과 관련되어 있어 위생학상 주의를 요한다.

(6) 염소이온(Cl^-)

물속에 녹아있는 염화물 중의 염소를 말한다. 자연수는 대체로 염소이온을 함유하고 있는데, 이것은 대부분이 지질의 영향에 의한 것이다.

(7) 잔류염소

염소소독을 했을 때 수중에 잔존하는 유리잔류염소 및 Chloramine과 같은 결합잔류염소를 말한다.

(8) 과망간산칼륨 소비량

물속에서 산화되기 쉬운 유기성 물질에 의해 소비되는 과망간산칼륨의 양을 말한다.

(9) 경도

물이 경하면 물맛이 나쁘고, 비누의 거품이 일어나지 않으며, Boiler Pipe의 내측에 결석이 생겨 폭발사고가 발생하는 수도 있어 공업용수로써의 피해가 막대하다.

(10) 유기인

유기인의 대표적인 것이 Parathion(Diethyl-p-Nitrophenyl-Thiophosphere)인데, 이것은 벼, 보리, 과실, 채소 등 농산물의 해충구제에 사용되는 농약의 일종이다. 또한 유제, 분제, 수화제, 등으로 제재하여 사용하며 살포한 지역의 물속에서 검출되는 수가 있다.

(11) 철

철은 물속에 중탄산염으로 되어 있을 때가 많다. 따라서 수산화철, 산화철로써 존재하는 일도 많고, 질산염, 염화물, 혹은 유기철로 되어 있을 때도 있다.

(12) 방사능

물의 방사능은 혼입한 방사성 물질에서 발생하는 방사선에 의한 것으로, 극히 미량으로는 천연적으로 함유되어 있다.

(13) 용존산소(DO)

물속에 용해되어 있는 산소의 양은 기압이나 수온에 따라서도 차이가 생긴다. 용존산소량은 수온이 하강함에 따라 증가한다.

(14) 생화학적 산소요구량(BOD)

물속의 오염원이 될 수 있는 유기물질이 여러 가지 미생물에 의해 산화분해(주로 무기성의 산화물과 가스체가 된다.)되어 보다 안정된 물질로 이행한다.

4) 생물학적 검사

(1) 일반세균 수

물의 일반세균 수란 검수 1 mL 중에 함유된 균수로써 보통 한천배지에 집락을 형성할 수 있는 생균의 총수를 말한다.

(2) 대장균군(Coliform Group Organisms)

대장균군은 그람음성 무아포성 간균으로 유당을 분해하여 산과 가스를 형성하는 모든 호기성 또는 통성혐기성의 균을 말한다.

(3) 기타 오염성 생물

물이 오염되면 유기성 물질, 세균 등이 증가하는 까닭에 이것을 영양원으로 하는 생물, 즉 분해적 역할을 하는 원색동물이 증가한다.

퀴즈(객관식 3문항)

01 정수장에서 미생물에 관한 기준에 충족하는 검사 횟수는?

① 매월 1회 이상 ② 매분기 1회 이상
③ 6개월 1회 이상` ④ 1년에 1회 이상

정답 ①

해설 미생물에 관한 기준, 건강상 유해한 무기, 유기물질 및 심미적 영향물질에 관한 기준은 매월 1회 이상 수행해야 한다.

02 물의 수질검사 중 물리적 검사 항목에 포함되지 않는 것은?

① 냄새 ② 수소이온농도
③ 색도 ④ 탁도

정답 ②

해설 pH, 즉 수소이온농도는 화학적 검사 방법이다.

03 먹는물수질기준 중 대장균군의 허용수질기준은?

① 불검출 ② MPN 20
③ MPN 50 ④ MPN 100

정답 ①

해설 대장균군 검사에 있어서 검수 10 mL씩 5개가 전부 음성이어야 한다.

18 상수처리과정과 위생

학습 목표

1. 상수와 위생과의 관계를 설명할 수 있다.
2. 상수의 6단계 정수 과정을 설명할 수 있다.

학습 내용

1. 상수와 위생
2. 상수의 6단계 정수과정
3. 상수의 물리적 처리과정
4. 상수의 화학적 처리과정

1 상수와 위생

1) 상수도의 설치 역사

우리나라 최초로 상수도 설치는 1905년 일본인들에 의해 처음 급수와 선박급수를 위해서 부산 범어사에 수원지를 설치하여 급수한 것이 처음이었으나, 사실상의 우리 국민을 위한 상수도는 1908년 서울 뚝섬 정수장 설치가 최초의 급수시설이었다.

2) 상수도의 보급현황

(1) 환경부가 전국 지방자치단체 및 수도사업자를 조사한 결과에 따르면, 2015년 말을 기준으로 상수도 보급률은 94.1%로 전년도 93.5%에 비해 상승했다.

(2) 2011년 농어촌지역의 상수도 보급률은 55.9%로 전년 51%에서 4.9% 상승했지만 여전히 50%대에 머물렀으며, 정부는 2020년까지 농어촌의 상수도 보급률을 78%까지 끌어올릴 계획이다.

3) 물의 사용량

(1) 성인 하루 물의 필요량은 2~2.5 L

(2) 서울 : 400 L/day · 인

(3) 대도시 : 300 L/day · 인

(4) 중·소도시 : 200 L/day·인

(5) 취수·정수·송수시설의 설계 기준이 되는 급수량은 1일 최대 급수량으로 한다.

4) 상수원 수원으로 갖추어야 할 조건

(1) 수량이 풍부할 것

(2) 수질이 좋을 것

(3) 위치가 급수지역에 되도록 가까울 것

(4) 자연유하식의 취수 및 배수가 가능할 것(즉 가능한 소비지보다 높은 곳에 있을 것)

2 상수의 6단계 정수 과정

1) 상수의 처리 계통도는 다음과 같다.

(1) 수원 → 취수 → 도수 → 정수 → 송수 → 배수 → 급수

(2) 취수 → 스크린 → 염소전처리 → 침사지 → 응집제투입(약품투입) → 교반 → 침전지 → 사(모래)여과 → 염소후처리(소독) → 정수지 → 송수(송수펌프) → 배수 → 급수

2) 상수처리(정수방법)에는 폭기, 응집, 침전, 여과, 소독, 특수정수법 등이 있다.

(1) 폭기법

수질개선을 위해 물과 공기를 밀접하게 접촉시키는 방법으로 유기물 산화에 의해 정화시킨다.

① 목적

㉠ 철, 망간의 제거를 위한 산소나 물의 연화에 사용하는 과잉소석회 처리 후에 가하게 되는 CO_2의 제거를 위한 산소를 첨가한다.

㉡ 고온의 깊은 우물물을 냉각시킨다.

㉢ 살균작용을 한다.

㉣ 맛과 냄새를 제거한다.

㉤ CO_2, CH_4, H_2S와 같은 가스류를 분류한다.

ⓗ CO_2의 제거로 물의 pH를 높인다.

② 장치

㉠ 압력식 또는 분수식 : Orifice, Nozzle 등

㉡ 분사식 : 유공관, 신기판, Air-Lift Pump 등

㉢ 중력식 : 폭포, 유공 Trap 등

(2) 침전법

① 보통침전 : 침전지에서 수류를 극히 완지시키거나 전연 정지시켜서 부유물을 침전시키는 방법으로 완속침전법이라 하며, 부유물의 제거는 주로 모래층의 표면에서 일어난다.

② 약품침전 : 보통침전법으로는 비중이 작거나 직경이 작은 것은 침전하지 않는 까닭에 약품을 가하여 응집침전시키는 방법으로 급속침전법이라 한다.

㉠ 사용 약품

- 일반적으로 황산반토인 황산알루미늄($Al_2(SO_4)_3$)이나, 명반($Al_2(SO_4)_3$)$\cdot K_2SO_4 \cdot 24H_2O$)을 주로 사용한다.
- 알칼리성이 낮은 원수의 경우에는 황산알루미늄을 주성분으로 하고, 보조제로써 주로 소다회(Na_2CO_3) 또는 소석회($Ca(OH)_2$)를 사용하며, 이 밖에 보조제로써 염산철($FeCl_3$) 또는 황산철($Fe(SO_4)_3$) 등이 있다.

㉡ 효과와 작용

- 효과적인 목적은 세균수의 감소와 부유물, 색도, 냄새, 탁도, 이미 등의 제거이다.
- 물속에 용존하는 탄산염 또는 중탄산염과 황산알루미늄이 화합하여 수산화알루미늄을 생기게 한다.
- 이것이 침하할 때에 다른 물속의 부유물(세균 포함)을 포함, 흡착하여서 큰 응집물(Floc)이 되어 침전한다.
- 응집제(Coagulant)인 $Al_2(SO_4)_3$는 물속에서 다음과 같이 작용하여 침전시킨다.

$$Al_2(SO_4)_3 + 3CaCO_3 + 3H_2O = 2Al(OH)_3 + 3CO_2 + 3CaSO_4$$
$$Al_2(SO_4)_3 + 3Ca(HCO_3)_2 = 2Al(OH)_3 + 3CaSO_4 + 6H_2O$$

- 일반적으로 황산알루미늄은 5～35 ppm을 사용하며, 침전시간은 2～5시간이다.
- 특히 심하게 혼탁되어 있을 때에는 명반을 1 : 35,000～1 : 140,000의 비율로 사

용하여 침전을 촉진시킨다.

(3) 응집법(Coagulation)

콜로이드(Colloid) 입자가 결합하여 덩어리를 만드는 것으로 침전이 용이해진다.

① 목적 : 수중의 불순물을 침전으로 제거시키거나 급속사여과지를 제거시킬 수 있도록 한다.

② 방법

㉠ 느린 방법이긴 하나 콜로이드 물질을 성숙시킨다.

㉡ 가열한다.

㉢ 상반되는 성질의 콜로이드를 가한다.

㉣ pH를 변화시킨다.

㉤ 전해질, 즉 응집제를 사용한다.

㉥ Floc을 형성시킨다(천천히 흔든다).

③ 응집제(Coagulant)

㉠ 황산제이철($Fe_2(SO_4)_3$)

㉡ 황산제일철($FeSO_4$)

㉢ 알루미늄산 나트륨

㉣ 황산반토($Al_2(SO_4)_3 \cdot 8H_2O$)

㉤ 염화제이철($FeCl_3$)

④ 응집반응

$$Al_2(SO_4)_3 + 6HCO_3 \rightleftarrows 3CO_4^{-2} + 2Al(OH)_3 + 6CO_2$$
$$Fe_2(SO_4)_3 + 6HCO_3 \rightleftarrows 3CO_4^{-2} + 2Fe(OH)_3 + 6CO_2$$

㉠ 응집반응의 효과를 높이기 위해 적당량의 응집제, 최적 pH, 응집제와 물의 적절한 배합이 필요하다.

㉡ 응집이 어렵거나 시간을 단축시키고자 할 때는 응집보조제로 활성실리카 겔, 활성탄, Bentonite, 분말석회, 합성고분자 전해질 등을 사용한다.

㉢ 빨리 혼합시킨 후 Floc형성과 Colloid나 부유물질의 흡착을 촉진시키기 위해 다시 천천히 혼합시키면 Floc 형성이 잘 된다.

(4) 여과법

① 여과

㉠ 1893년 미국의 Mills가 Massachusetts 주 로렌스 시에서 물을 여과· 급수하여 장티푸스, 이질, 설사, 장염 등의 발생률이 떨어지고, 일반사망률도 저하함을 알았다.

㉡ 같은 해 독일의 Reincke도 강물을 여과하여 Hamburg 시민에게 공급한 결과 Mills와 같은 결과를 얻게 되어 그 후에 Sedgwick와 MacNutt에 의해 이를 Mills-Reincke 현상이라고 부르게 되었다.

② 급속여과법

1880년 미국에서 시작한 방법으로써 이것을 American Filter 또는 American Method라고 한다.

㉠ 침전지 : 약품침전, 즉 주로 황산알루미늄($Al_2(SO_4)_3$)을 사용하여 응집, 침전시킨다.

㉡ 여과지

- 약품을 침전한 원수를 여과지에 보내게 되는데, 이 여과지의 여과층은 사층의 두께가 600~700 mm, 역층이 250~600 mm, 사층 위의 수심은 1,200~1,500 mm 정도이다.
- 여과모래의 크기(유효경)는 0.45~0.70 mm(완속에서는 0.3~0.45 mm)이다.
- 여과속도는 완속에서는 1일당 3~6 m(최적속도 3 m/day), 급속에서는 1일당 80~150 m(최적속도 120 m/day)이므로 급속법은 완속법의 30~50배(약 40배)나 빠르다.
- 여과막은 주로 무기물로 성립되며 완속여과 시와 같이 미생물이 증식할 여유가 없다.
- 여과수 중에서 소화기계 감염병원체(세균학적)의 영향을 보면 완속여과는 급속여과보다 안정성(세균제거의 능력)이 크며, 기생충 알도 잘 제거된다.

③ 완속여과법

1829년 Simpaon, James가 영국에서 제일 먼저 시작한 방법으로서 이것을 English Filter 또는 English Method라고 한다.

㉠ 침전지

- 완속여과법은 약품을 사용치 않고 보통 침전한 후 여과지로 보내는 방법이다.
- 원수를 12~40시간 정치·침전하면 냄새가 감소되고, 색도와 탁도는 50~95% 감소되며, 균 수는 40~95% 감소된다.

- 암모니아성 및 알부미노이드 질소도 30∽60% 감소된다.

㉡ 여과지

- 보통 침전한 원수를 여과지에 보내게 되는데, 이 여과지의 여과층에서 상층은 가는 모래를 사용하고, 하층일수록 입자가 큰 것을 사용하며, 최하층에는 자갈을 둔다.
- 여과지 중에서 정화에 가장 중요한 부분은 모래층인데, 그 두께는 700~900 mm이다.
- 이와 같이 조사 층까지의 수심이 약 1 m 정도가 되면 수압에 의하여 여과된다.
- 원수를 상부로부터 주입하면 원수 중의 부유물 또는 불순물의 제거는 주로 여상의 제일 상부의 모래층 표면에서 이루어져 콜로이드(Colloid)상의 막이 형성된다.
- 이 막은 여과에서 가장 중요한 것이며, 세균은 이 막에서 99% 제거될 수 있는데 이 막을 여과막이라고 한다.

④ 완속여과법과 급속여과법의 비교

	완속 여과	급속 여과
방법	영국식 방법	미국식 방법
침전법	보통침전(중력침전)	약품침전
세척 방법	사면대치(표면층 삭제)	역류세척(back wash)
1차 사용일 수	1~2개월	12시간~2일(1일)
여과 속도	3 m(3~6 m)/일	120 m(80~150 m)/일
여과모래의 유효경(크기)	0.3~0.45 mm	0.45~0.70 mm
여과막	원수 중 부유물 또는 불순물에 의해 클로이드상의 막이 형성되며, 이 막에 의해 세균의 99%가 제거되고 기생충알도 제거된다.	주로 무기물로 성립되며, 미생물이 증식할 여유가 없다. 여과수 중의 세균이 소화기계감염병에 영향을 미치기도 한다.
소요 면적	넓은 면적	좁은 면적
비용	건설비는 많이 드나 유지관리비가 적게 든다.	건설비는 적게 드나 유지관리비가 많이 든다.
세균 제거율	98~99%	95~98%
원수의 색도·탁도가 높을 때	-	효과가 좋다
이끼류가 발생되기 쉬운 장소	-	효과가 좋다
수면이 동결되기 쉬운 장소	-	효과가 좋다

(5) 소독

① 열소독, 자외선 소독과 화학적 방법으로는 여러 가지 방법이 있으나 Halogen류(특히 Cl_2, 염소소독법)가 가장 많이 사용된다.

② 브롬(취소, Br_2) : 염소보다 화학적으로 불활성이므로 살균력이 적다.

③ 은(Ag) 화합물 : 물에 대한 살균력이 크다.

④ 표백분 : 염소가스를 소석회에 흡수시킨 $CaOCl_2$를 35% 함유한 것과 58% 함유한 것이 있다.

⑤ 염소소독

㉠ 염소소독은 먹는 물의 정수처리나 수처리의 방류수에 가장 많이 사용하는 소독방법이다.

㉡ 물을 살균 또는 여과 처리하는 것은 병균을 죽여서 수인성 감염병을 예방하는 데 있다.

㉢ 염소소독에는 액체염소, 차아염소산나트륨, 표백분에 의한 염소소독 등 3종류가 있다. 이 중에서 가장 많이 사용하고 가장 염가인 것이 액체염소(염소를 0℃에서 4기압으로 액화한 것)이다. 이것은 Cylinder(Bombe)에 넣어서 취급된다.

㉣ 염소소독 시 수중 반응은 다음과 같다. 물에 주입된 염소는 유리잔류염소(HOCl, OCl^-)와 결합잔류염소(NH_2Cl, $NHCl_2$)로 존재한다.

$$Cl_2 + H_2O \rightleftarrows HCl + HOCl$$ (낮은 pH, pH 5~6)

$$HOCl \rightleftarrows H + OCl^-$$ (높은 pH 즉, 알칼리 상태, pH 9~10)

㉤ 살균력이 강한 순서 : HOCl > OCl^- > 클로라민
(HOCl보다 OCl^- 살균력이 80배 정도 더 강하다)

㉥ HOCl과 OCl^-의 물속 용존량은 pH와 밀접한 관계가 있다.

- pH가 낮을수록 OCl^-보다 HOCl이 물속에 많이 용존한다.
- pH가 높을수록 HOCl보다 OCl^-이 물속에 많이 용존한다.

㉦ 염소주입량 = 염소요구량 + 잔류염소량

- 염소요구량 : 수중 유기물질의 산화에 필요한 염소의 양
- 물속에 남아 있는 유리형 잔류염소의 양

㉧ 상수도 염소소독 시 잔류염소량 기준은 0.1 ppm 이상(수도꼭지 기준), 병원성 미생물에 의하여 오염되었거나 오염될 우려가 있는 경우에는 0.4 ppm 이상(수도꼭

지 기준) 4.0 ppm을 넘지 아니할 것(정수장 기준)

㉧ 부활현상

염소소독된 물의 세균이 다시 증가하는 현상인데, 그 이유는 첫째, 염소소독으로 인하여 수중의 식균생물이 전부 사멸되어 남아 있는 세균이 급증하기 때문이고, 둘째, 수중의 조류가 사멸하면 남아 있는 세균이 죽은 조류를 영양원으로 하여 증가하기 때문이며 셋째, 아포형성균이 발아·증식하기 때문이다.

㉨ 염소소독과 오존소독의 장단점 비교

	염소	오존
장점	가격이 저렴하다. 잔류성이 크다	• pH 변화에 상관없이 강력한 살균력을 발휘한다. • THM을 형성하지 않는다. • 공기와 전력만 있으면 필요량을 쉽게 만들 수 있다.
단점	냄새가 난다. 발암물질 (trihalomethane) 을 생성한다.	• 잔류성이 없어 살균 후 미생물 증식에 의한 2차 오염 위험이 있다. • 반감기가 짧아 처리장에 오존 발생기가 있어야 한다. • 오존시설 장비가 복잡하여 고도의 운전기술이 필요하다. • 가격이 비싸다.

(6) 특수정수법

① 생물 제거법

식물성 생물, 즉 조류(藻類; Algae)에 대한 것을 말하고 조류제거에는 황산구리($CuSO_4 \cdot 5H_2O$)를 제일 많이 사용하며, 이 밖에 염소, 활성탄 등을 사용하는 수도 있다. 조류의 종류에 따라서 필요농도는 다르나 황산구리의 경우 0.2~1.5 ppm의 범위로 주입한다.

② 철 제거법

철분은 침전과 여과로도 어느 정도 제거되나, 불충분하므로 폭기법(Aeration)을 사용하여 제철한다.

③ 망간제거법

㉠ 망간제거법은 제철법의 경우와 같이 폭기에 의하여 산화하여 불용해성의 수산화망간이 된 것을 침전·여과하여 제거한다.

㉡ 폭기에 의한 망간제거법은 철 제거 때와 같이 효과가 없는 수가 많으므로 과망간산칼륨 등의 주입에 의한 산화법, 망간 제오라이트법 또는 양이온 교환수지에 의한

교환처리 등이 연구되고 있다.

④ 불소주입법

㉠ 적당량의 불소화합물을 함유(0.6~1.7(1) ppm)한 물을 마시면 충치가 감소하지만, 과잉의 불소화합물을 마시면 어린이의 치아에 파손이 와서 반상치가 우려되고, 극소량의 불소화합물을 마실 경우 우치의 원인이 된다.

㉡ 상수공급 시에는 불소함유량이 1 ppm 정도가 되도록 주입하는 것이 좋은데, 이때 사용하는 약품은 규불화(硅弗化)나트륨, 불화나트륨, 규불화수소산, 규불화암모늄, 불화칼슘 등이 있다.

⑤ 경수연화법

㉠ 경수의 종류에 따른 연화법

- 일시적 경수 : Ca, Mg의 중탄산염이 함유된 물로 가열에 의해 연화되는 성질이 있다. 소석회($Ca(OH)_2$)의 첨가 시 탄산염의 형태로 침전하여 연화된다.

$$Ca(HCO_3)_2 + Ca(OH)_2 \rightleftarrows 2CaCO_3 + 2H_2O$$
$$Mg(HCO_3)_2 + Ca(OH)_2 \rightleftarrows MgCO_3 + CaCO_3 + 2H_2O$$
$$MgCO_3 + Ca(OH)_2 \rightleftarrows Mg(OH)_2 + CaCO_3$$

- 영구적 경수 : 황산염이 함유된 물로 가열에 의해 연화되지 않으므로 탄산나트륨(Na_2CO_3) 즉 소다회를 사용하여 Ca, Mg의 황산염인 $CaSO_4$, $MgSO_4$ 등을 침전시켜 연화시킨다. 이때 질산염, 염화물도 같이 제거된다.

$$CaSO_4 + Na_2CO_3 \rightleftarrows CaCO_3 + Na_2SO_4$$
$$MgSO_4 + Na_2CO_3 \rightleftarrows MgCO_3 + Na_2SO_4$$

- 일시적 경수와 영구적 경수가 동시에 있을 경우 : 소석회($Ca(OH)_2$)와 소다회(Na_2CO_3)첨가, Zeolite($Na_2Al_2Si_2O_4$)의 사용으로 Na와 Ca, Mg를 교환하여 연화시키는 방법이 된다.

㉡ 경수(Hard Water)란 비누 사용 시 거품이 잘 나지 않는 물로, 그 경도(Hardness)는 금속이온에 의한다.

요점 정리

1. 상수도 현황

1) 상수도의 설치 역사

우리나라 최초로 상수도 설치는 1905년 일본인들에 의해 처음 급수와 선박급수를 위해서 부산 범어사에 수원지를 설치하여 급수한 것이 처음이었으나, 사실상의 우리 국민을 위한 상수도는 1908년 서울 뚝섬 정수장 설치가 최초의 급수시설이었다.

2) 상수원 수원으로 갖추어야 할 조건

(1) 수량이 풍부할 것
(2) 수질이 좋을 것
(3) 위치가 급수지역에 되도록 가까울 것
(4) 자연유하식의 취수 및 배수가 가능할 것(즉 가능한 소비지보다 높은 곳에 있을 것)

2. 상수의 6단계 정수 과정

1) 상수의 처리 계통도는 다음과 같다.

① 수원 → 취수 → 도수 → 정수 → 송수 → 배수 → 급수
② 취수 → 스크린 → 염소전처리 → 침사지 → 응집제투입(약품투입) → 교반 → 침전지 → 사(모래)여과 → 염소후처리(소독) → 정수지 → 송수(송수펌프) → 배수 → 급수

2) 상수처리(정수방법)에는 폭기, 응집, 침전, 여과, 소독, 특수정수법 등이 있다.

(1) 폭기법

수질개선을 위해 물과 공기를 밀접하게 접촉시키는 방법으로 유기물 산화에 의해 정화시킨다.

(2) 침전법

① 보통침전 : 침전지에서 수류를 극히 완지시키거나 전연 정지시켜서 부유물을 침전시키는 방법으로 완속침전법이라 하며, 부유물의 제거는 주로 모래층의 표면에서 일어난다.
② 약품침전 : 보통침전법으로는 비중이 작거나 직경이 작은 것은 침전하지 않는 까닭에 약품을 가하여 응집침전시키는 방법으로 급속침전법이라 한다.

(3) 응집법(Coagulation)

콜로이드(Colloid) 입자가 결합하여 덩어리를 만드는 것으로 침전이 용이해진다.

(4) 여과법

① 여과

㉠ 1893년 미국의 Mills가 Massachusetts 주 로렌스 시에서 물을 여과·급수하여 장티푸스·이질·설사·장염 등의 발생률이 떨어지고, 일반사망률도 저하함을 알았다.

② 급속여과법

1880년 미국에서 시작한 방법으로서 이것을 American Filter 또는 American Method라고 한다.

③ 완속여과법

1829년 Simpaon, James가 영국에서 제일 먼저 시작한 방법으로서 이것을 English Filter 또는 English Method라고 한다.

④ 완속여과법과 급속여과법의 비교

	완속 여과	급속 여과
방법	영국식 방법	미국식 방법
침전법	보통침전(중력침전)	약품침전
세척 방법	사면대치(표면층 삭제)	역류세척(back wash)
1차 사용일 수	1～2개월	12시간～2일(1일)
여과 속도	3 m(3～6 m)/일	120 m(80～150 m)/일
여과모래의 유효경(크기)	0.3～0.45 mm	0.45～0.70 mm
여과막	원수 중 부유물 또는 불순물에 의해 클로이드상의 막이 형성되며, 이 막에 의해 세균의 99%가 제거되고 기생충알도 제거된다.	주로 무기물로 성립되며, 미생물이 증식할 여유가 없다. 여과수 중의 세균이 소화기계감염병에 영향을 미치기도 한다.
소요 면적	넓은 면적	좁은 면적
비용	건설비는 많이 드나 유지관리비가 적게 든다.	건설비는 적게 드나 유지관리비가 많이 든다.
세균 제거율	98～99%	95～98%
원수의 색도·탁도가 높을 때	-	효과가 좋다
이끼류가 발생되기 쉬운 장소	-	효과가 좋다
수면이 동결되기 쉬운 장소	-	효과가 좋다

(5) 소독

① 열소독, 자외선 소독과 화학적 방법으로는 여러 가지 방법이 있으나 Halogen류(특히 Cl_2, 염소소독법)가 가장 많이 사용된다.

② 브롬(취소, Br_2) : 염소보다 화학적으로 불황성이므로 살균력이 적다.

③ 은(Ag) 화합물 : 물에 대한 살균력이 크다.

④ 표백분 : 염소가스를 소석회에 흡수시킨 $CaOCl_2$를 35% 함유한 것과 58% 함유한 것이 있다.

⑤ 염소소독

㉠ 염소소독은 먹는 물의 정수처리나 수처리의 방류수에 가장 많이 사용하는 소독방법이다.

㉡ 염소소독과 오존소독의 장단점 비교

	염소	오존
장점	가격이 저렴하다. 잔류성이 크다	• pH 변화에 상관없이 강력한 살균력을 발휘한다. • THM을 형성하지 않는다. • 공기와 전력만 있으면 필요량을 쉽게 만들 수 있다.
단점	냄새가 난다. 발암물질 (trihalomethane)을 생성한다.	• 잔류성이 없어 살균 후 미생물 증식에 의한 2차 오염 위험이 있다. • 반감기가 짧아 처리장에 오존 발생기가 있어야 한다. • 오존시설 장비가 복잡하여 고도의 운전기술이 필요하다. • 가격이 비싸다.

(6) 특수정수법

① 생물 제거법

식물성 생물, 즉 조류(藻類, Algae)에 대한 것을 말하고 조류제거에는 황산구리($CuSO_4 \cdot 5H_2O$)를 제일 많이 사용하며, 이 밖에 염소, 활성탄 등을 사용하는 수도 있다. 조류의 종류에 따라서 필요농도는 다르나 황산구리의 경우 0.2～1.5 ppm의 범위로 주입한다.

② 철 제거법

철분은 침전과 여과로도 어느 정도 제거되나, 불충분하므로 폭기법(Aeration)을 사용하여 제철한다.

퀴즈(객관식 3문항)

01 상수원 수원으로 갖추어야 할 조건으로 적절하지 않은 것은?

① 수량이 풍부할 것
② 수질이 좋을 것
③ 자연유하식의 취수가 가능할 것
④ 위치가 급수지역에 되도록 멀 것

정답 ④

해설 상수원의 수원은 급수지역에 되도록 가까운 곳이 좋으며, 소비지보다 높은 곳에 있는 곳이 좋다.

02 수질개선을 위해 물과 공기를 밀접하게 접촉시키는 방법은?

① 폭기
② 침전
③ 응집
④ 여과

정답 ①

해설 폭기법은 수질개선을 위해 물과 공기를 밀접하게 접촉시키는 방법으로 유기물 산화에 의해 정화시키는 방법이다.

03 콜로이드 입자가 결합하여 덩어리를 만드는 것으로 침전이 용이해 지도록 하는 방법은?

① 여과
② 응집
③ 폭기
④ 소독

정답 ②

해설 수중의 불순물을 침전으로 제거시키거나 급속사여과지를 제거시킬 수 있도록 콜로이드 입자가 결합하여 덩어리를 만드는 것을 응집이라 한다.

19 공공용수관리

학습 목표 1. 수영장 위생관리에 대해 설명할 수 있다.
2. 공중목욕탕 위생관리에 대해 설명할 수 있다.

학습 내용 1. 수영장 수질기준
2. 공중목욕탕 수질기준

1 수영장 위생

수영장은 자연수영장과 인공수영장이 있는데, 자연수영장으로는 하천, 호수, 강, 바다 등이 있으며 인공수영장으로는 풀장이 대표적이다. 자연수영장은 최근 산업발전과 더불어 하천, 강, 바다 할 것 없이 산업폐수의 오염과 하수 및 분뇨의 오염으로 수영장으로서 위생상 문제가 되고 있고, 인공수영장인 풀장도 경제상 소독 또는 환수를 제대로 못하기 때문에 위생상 특히 수인성 감염병과 안질, 피부병, 중이염 등의 전파로 위협을 받고 있어 큰 문제가 되고 있다.

2 자연수영장

1) 오염원

(1) 수영자들에 의한 오염
(2) 연안 배수에 의한 오염 : 해수욕장 주변의 각종 영업시설, 민가, 공장 등의 폐수, 농약, 분뇨 등의 방출수가 바다로 유입됨으로써 오염된다. 우리나라 연안의 COD의 환경기준은 3 ppm으로 되어있다.
(3) 유입하천에 의한 오염 : 중요한 오염인자로서 도시의 각종 하수, 공장폐수, 가축 등의 오물이 하천을 통해서 바다로 유입하는 것은 해수욕장의 오염도를 좌우하며, 수질에 큰 영향을 준다.
(4) 분뇨의 해양투기

2) 수질기준

(1) 대장균 최확수(MPN)법 : 국가 간에 다소 차이는 있으나 미국 공중보건협회의 기준에 의하면 MPN이 1,000을 초과하지 않을 경우 안전한 것으로 규정한다.

(2) 등급 : 미국 공중보건협회에 의해 자연수 100 mL 당 대장균 수로 등급을 정한다. A등급(대장균 수 0~50), B등급(대장균 수 51~500), C등급(대장균 수 501~1,000), D등급(대장균 수 1,000 이상, 해수욕장으로 불량)

2 풀(Pool)장

1) 오염인자

(1) 외부환경에 의한 오염 : 공장지대에서 발생하는 매연, 분진 및 건설공사장으로부터의 분진, 먼지 등과 산림지대에서 날아오는 낙엽 등에 의한 오염이 있을 수도 있다.

(2) 입영자에 의한 오염 : 수영자의 분뇨, 땀, 콧물, 때 기타 수영복의 부착물에 의한 오염이 있을 수 있다. 객담으로부터 결핵균 Adenovirus와 피부로부터 포도상구균, 연쇄상구균, 사상균 및 화농균의 오염이 있을 수 있으며, 특히 안 질환자의 눈으로부터 Trachoma Virus의 오염과 Adenovirus에 의한 유행성 각막 및 결막염 등의 오염이 많다.

(3) 사용 수 자체의 오염

2) 수질기준

(1) 유리잔류염소는 0.4 mg/L 내지 1.0 mg/L(잔류염소일 때에는 1.0 mg/L 이상)을 유지하도록 하여야 한다. 다만, 오존소독 등으로 사전처리를 하는 경우의 유리잔류염소 농도는 0.2 mg/L이상 (잔류염소일 때에는 0.5 mg/L 이상)을 유지하여야 한다.

(2) 수소이온농도는 5.8 내지 8.6이 되도록 하여야 한다.

(3) 탁도는 2.8 NTU 이하로 하여야 한다.

(4) 과망간산칼륨의 소비량은 12 mg/L 이하로 하여야 한다.

(5) 대장균군은 10 mL들이 시험대상욕수 5개 중 양성이 2개 이하이어야 한다.

3) 풀장의 위생관리

(1) 풀장은 각종 감염병이 감염될 가능성이 많으므로 세심한 위생관리가 필요하다. 특히 Poliomyelitis와 Virus성 감염병의 유행 시는 풀장을 폐쇄할 필요가 있다.

(2) 풀장은 수량이 한정되어 있으므로 위생적 유지관리에 어려운 점이 있고, 단시간 내에 오염되므로 청결 및 위생관리에 어려운 점이 많으나 수질은 물론 풀장 시설이 오염되지 않도록 항상 주의하여야 한다. Floor 소독은 10~15% Sodium Thiosulfate가 가장 적합한 방법이다.

(3) 풀장의 위생관리방법

① 주입식 소독법 : 주로 염소액(표백분, 차아염소산나트륨)이나 차아염소산칼슘 정제 등이 이용된다. 이 방법은 조작이 간단하고 세균학적 오염의 소독도 기대되며, 또한 시설비 및 유지비도 적게 드나, 물리화학적 오염의 청정은 어려워서 적시환수를 병용 실시하지 않으면 안 된다.

② 환수법 : 정화를 실시하기 위해서는 완전 환수를 실시하여야 한다. 이렇게 함으로써 물리화학적, 수질오염의 청결은 실시할 수 없다.

③ 순환여과법 : 순환여과의 소독을 병용하는 방법으로 물리화학 물질의 오염의 청정 또는 세균학적 오염의 소독은 간단한 조작으로 실시되나, 설비비와 유지비가 많이 든다.

④ 표백분의 표면살포법 : 표백분의 표면살포는 10분간 0.1 ppm의 잔류염소의 소모가 있어서 적어도 1시간에 1회의 표백분을 살포하지 않으면 유효한 소독관리가 되지 않으므로 실제적으로 대단히 곤란한 방법이다.

3 공중목욕탕

1) 문제가 되는 감염병

성병, 피부병, 안질, 트리코모나스 등이 있으며, 대장균이나 일반세균, 대장균군의 MPN치가 증대된다.

2) 물리화학적 오염

(1) 입욕자 수의 증가에 따라 탁도(400인 전후에서 30~40℃), 암모니아성 질소, 염소이온,

과망간산칼륨 소비량(1인당 오염증가량 0.17~0.24 ppm) 일반세균, 대장균군의 MPN치가 증대된다.

(2) 특히 탁도 및 $KMnO_4$ 소비량은 입욕자 수에 비례한다.

(3) 이와 같은 오탁물질은 순환여과장치에 의하여 처리하면 불용성 물질이 없어져 청정화가 가능하다.

3) 세균학적 오염대책

세균의 오염은 고온에서는 사멸되나 공중욕장의 수질기준인 수온 42℃로는 세균을 완전히 사멸시킬 수가 없으므로 염소제에 의한 소독이 필요하다.

4) 공중목욕탕 관리

(1) 욕탕의 청결을 위해서는 욕탕 수의 관리는 물론 입욕자 관리도 중요하다.

(2) 입욕자는 탕에 들어가기 전에 몸을 어느 정도 청결히 닦고 들어가도록 하여야 하며, 수건이나 손을 욕탕수에 직접 씻지 않도록 하여야 한다.

(3) 관리자는 욕탕수의 수질의 오염여부를 항상 확인하여야 하며, 온도계의 비치 등이 필요하다.

5) 수질기준

항목	원수 및 원탄	욕조수
색도	5도 이하	1.6 NTU 이하
탁도	1 NTU	
pH	5.8 이상 8.6 이하	
대장균	총대장균군은 100 mL 중에서 검출되지 아니할 것	대장균군은 1 m/L 중에서 1개를 초과하여 검출되지 아니할 것
과망간산칼륨소비량	10 mg/ L 이하	25 mg/L 이하

4 온천

온천이란 지하에서 솟아나는 온수, 광수(鑛水) 등을 말하며, 온천과 냉천을 총칭하여 광천이라고도 한다. 광천은 수온이 냉천에서는 25℃ 미만, 미온천은 25～34℃, 온천은 34～42℃이고, 고온천은 42℃ 이상으로 분류된다.

1) 온천의 위생관리

(1) 온천수는 질병치료의 목적으로 이용되는 경우가 많으므로 세균오염의 제거를 위한 위생관리가 필요한데, 이는 온천 원수 중의 유효성분이 세균에 작용하는 것에 기인한다. 그 밖에도 온도 유지 및 기타 환경위생관리의 철저가 요구된다.

(2) 온천의 오염지표

① 일반세균수 : 30～1,000

② 대장균군 : MPN이 20～1,700

③ 암모니아성 질소, 알부 미노이드성 질소의 증가

(3) 욕수의 수질 기준

① 원수 : 총대장균을 검사하되, 총대장균군은 100 mL 중에서 검출되지 아니하여야 한다.

② 욕조 수 : 총대장균을 검사하되, 1개를 초과하여 검출되지 아니하여야 한다.

5 기타 집합소

(1) 여관이나 다방, 이 · 미용 업소, 극장, 경기장 등 다수가 집합하는 장소에서는 급수시설, 오물처리, 구충, 구서, 변소 등의 위생시설과 위생관리가 매우 중요하다.

(2) 오물청소법, 공중관리위생법, 이 · 미용사법, 학교보건법, 식품위생법 등 정부에서는 기준을 마련하여 법으로 규제하고 행정당국에서 위생 감시와 지도를 받도록 되어 있다.

요점 정리

1. 수영장 위생

(1) 수영장은 자연수영장과 인공수영장이 있는데, 자연수영장으로는 하천, 호수, 강, 바다 등이 있으며 인공수영장으로는 풀장이 대표적이다.

(2) 자연수영장은 최근 산업발전과 더불어 하천, 강, 바다 할 것 없이 산업폐수의 오염과 하수 및 분뇨의 오염으로 수영장으로서 위생상 문제가 되고 있고, 인공수영장인 풀장도 경제상 소독 또는 환수를 제대로 못하기 때문에 위생상 특히 수인성 감염병과 안질, 피부병, 중이염 등의 전파로 위협을 받고 있어 큰 문제가 되고 있다.

2. 자연수영장

1) 수질기준

(1) 대장균 최확수(MPN)법 : 국가 간에 다소 차이는 있으나 미국 공중보건협회의 기준에 의하면 MPN이 1,000을 초과하지 않을 경우 안전한 것으로 규정한다.

(2) 등급 : 미국 공중보건협회에 의해 자연수 100 mL 당 대장균 수로 등급을 정한다. A등급(대장균 수 0~50), B등급(대장균 수 51~500), C등급(대장균 수 501~1,000), D등급(대장균 수 1,000 이상, 해수욕장으로 불량)

3. 풀(Pool)장

1) 수질기준

(1) 유리잔류염소는 0.4 mg/L 내지 1.0 mg/L(잔류염소일 때에는 1.0 mg/L 이상)을 유지하도록 하여야 한다. 다만, 오존소독 등으로 사전처리를 하는 경우의 유리잔류염소 농도는 0.2 mg/L 이상 (잔류염소일 때에는 0.5 mg/L 이상)을 유지하여야 한다.

(2) 수소이온농도는 5.8 내지 8.6이 되도록 하여야 한다.

(3) 탁도는 2.8 NTU 이하로 하여야 한다.

(4) 과망간산칼륨의 소비량은 12 mg/L 이하로 하여야 한다.

(5) 대장균군은 10 mL들이 시험대상욕수 5개 중 양성이 2개 이하이어야 한다.

2) 풀장의 위생관리

(1) 풀장은 각종 감염병이 감염될 가능성이 많으므로 세심한 위생관리가 필요하다. 특히 Poliomyelitis와 Virus성 감염병의 유행 시는 풀장을 폐쇄할 필요가 있다.

(2) 풀장은 수량이 한정되어 있으므로 위생적 유지관리에 어려운 점이 있고, 단시간 내에 오염되므로 청결 및 위생관리에 어려운 점이 많으나 수질은 물론 풀장 시설이 오염되지 않도록 항상 주의하여야 한다. Floor 소독은 10~15% Sodium Thiosulfate가 가장 적합한 방법이다.

(3) 풀장의 위생관리방법

① 주입식 소독법 : 주로 염소액(표백분, 차아염소산나트륨)이나 차아염소산칼슘 정제 등이 이용된다. 이 방법은 조작이 간단하고 세균학적 오염의 소독도 기대되며, 또한 시설비 및 유지비도 적게 드나, 물리화학적 오염의 청정은 어려워서 적시환수를 병용 실시하지 않으면 안 된다.

② 환수법 : 정화를 실시하기 위해서는 완전환수를 실시하여야 한다. 이렇게 함으로써 물리화학적, 수질오염의 청결은 실시할 수 없다.

③ 순환여과법 : 순환여과의 소독을 병용하는 방법으로 물리화학 물질의 오염의 청정 또는 세균학적 오염의 소독은 간단한 조작으로 실시되나, 설비비와 유지비가 많이 든다.

④ 표백분의 표면살포법 : 표백분의 표면살포는 10분간 0.1 ppm의 잔류염소의 소모가 있어서 적어도 1시간에 1회의 표백분을 살포하지 않으면 유효한 소독관리가 되지 않으므로 실제적으로 대단히 곤란한 방법이다.

4. 공중목욕탕

1) 문제가 되는 감염병

문제가 되는 감염병은 성병, 피부병, 안질, 트리코모나스 등이 있으며, 대장균이나 일반세균, 대장균군의 MPN치가 증대된다.

2) 물리화학적 오염

(1) 입욕자 수의 증가에 따라 탁도(400인 전후에서 30~40℃), 암모니아성 질소, 염소이온, 과망간산칼륨 소비량(1인당 오염증가량 0.17~0.24 ppm) 일반세균, 대장균군의 MPN치가 증대된다.

(2) 특히 탁도 및 $KMnO_4$ 소비량은 입욕자 수에 비례한다.

(3) 이와 같은 오탁물질은 순환여과장치에 의하여 처리하면 불용성 물질이 없어져 청정화가 가능하다.

3) 세균학적 오염대책

세균의 오염은 고온에서는 사멸되나 공중욕장의 수질기준인 수온 42℃로는 세균을 완전히 사멸시킬 수가 없으므로 염소제에 의한 소독이 필요하다.

4) 공중목욕탕 관리

(1) 욕탕의 청결을 위해서는 욕탕 수의 관리는 물론 입욕자 관리도 중요하다.

(2) 입욕자는 탕에 들어가기 전에 몸을 어느 정도 청결히 닦고 들어가도록 하여야 하며, 수건이나 손을 욕탕 수에 직접 씻지 않도록 하여야 한다.

(3) 관리자는 욕탕수의 수질의 오염 여부를 항상 확인하여야 하며, 온도계의 비치 등이 필요하다.

5. 온천의 위생관리

(1) 온천수는 질병치료의 목적으로 이용되는 경우가 많으므로 세균오염의 제거를 위한 위생관리가 필요한데, 이는 온천 원수 중의 유효성분이 세균에 작용하는 것에 기인한다. 그 밖에도 온도유지 및 기타 환경위생관리의 철저함이 요구된다.

(2) 온천의 오염지표

① 일반세균수 : 30～1,000

② 대장균군 : MPN이 20～1,700

③ 암모니아성 질소, 알부미노이드성 질소의 증가

(3) 욕수의 수질 기준

① 원수 : 총대장균을 검사하되, 총대장균군은 100 mL 중에서 검출되지 아니하여야 한다.

② 욕조수 : 총대장균을 검사하되, 1개를 초과하여 검출되지 아니하여야 한다.

퀴즈(객관식 3문항)

01 풀장의 수질기준으로 옳지 않은 것은?

① 유리잔류염소는 0.4 mg/L 유지
② 탁도는 2.8 NTU 이하
③ 과망간산칼륨의 소비량은 12 mg/L 이하
④ 수소이온농도는 5.8 이하

정답 ④
해설 수소이온농도는 5.8 내지 8.6이 되도록 해야 한다. 즉 최대한 중성으로 유지되어야 한다.

02 풀장의 바닥소독으로 가장 적절한 약품은?

① 10~15% Sodium Thiosulfate
② 20~25% Sodium Thiosulfate
③ 30~35% Sodium Thiosulfate
④ 40~45% Sodium Thiosulfate

정답 ①
해설 풀장은 수량이 한정되어 있으므로 위생적 유지관리에 어려운 점이 있고, 단시간 내에 오염되므로 청결 및 위생관리에 어려운 점이 많으나 수질은 물론 풀장 시설이 오염되지 않도록 항상 주의하여야 한다. Floor 소독은 10~15% Sodium Thiosulfate가 가장 적합한 방법이다.

03 공중목욕탕의 욕조 수 과망간산칼륨소비량의 기준은?

① 15 mg/L 이하 ② 25 mg/L 이하
③ 35 mg/L 이하 ④ 45 mg/L 이하

정답 ②
해설 공중목욕탕의 욕조 수 과망간산칼륨소비량의 기준은 25 mg/L 이하이다.

20 먹는물 수질기준

학습 목표 1. 먹는물의 정의에 대해 설명할 수 있다.
2. 먹는물 수질기준에 대해 설명할 수 있다.

학습 내용 1. 먹는물 정의
2. 먹는물 수질기준
3. 미생물, 유기물질, 무기물질 및 심미적 영향물질

1 먹는물

먹는 데에 통상 사용하는 자연상태의 물, 자연상태의 물을 먹기에 접합하도록 처리한 수돗물, 먹는 샘물, 먹는 염지하수, 먹는 해양심층수 등을 말한다.

1) 먹는 샘물

암반 대수층의 지하수 또는 용천수 등 수질의 안정성을 계속 유지할 수 있는 자연 상태의 깨끗한 물을 먹는 데 적합하도록 물리적 처리 등의 방법으로 제조한 물을 말한다.

2) 먹는 염지하수

물속에 녹아있는 염분 등의 함량이 환경부령으로 정하는 기준이상인 암반대수층 안의 지하수로써 수질의 안전성을 계속 유지할 수 있는 자연 상태의 물을 먹기에 적합하도록 물리적으로 처리하는 등의 방법으로 제조한 물을 말한다.

3) 먹는 해양심층수

해양심층수를 먹는 데 적합하도록 물리적으로 처리하는 등의 방법으로 제조한 물을 말한다.

2 먹는물 수질 기준

먹는물 수질은 생물학적, 물리학적, 화학적 및 방사능학적 기준으로 나뉘어진다. 생물학적 및 화학적 기준은 건강상의 위해를 제거하기 위해 설정되었으며, 물리학적 기준은 미관과 기분상의 기준이다.

1) 목적 및 의의

(1) 먹는물의 수질기준이 설정되는 주목적은 인체에 해로운 오염물질의 농도를 규제하는 데 있다.

(2) 먹는물에서 페놀(석탄산)류를 문제 삼는 가장 큰 이유는 염소소독 시 분해되지 않고 클로르페놀이 형성되어 불쾌한 냄새를 내기 때문이다.

(3) 불소는 충치의 예방을 위하여 기준을 정했다.

(4) 먹는물 중에 암모니아성 질소를 검사하는 것은 위생적으로 분류, 하수, 폐수의 오염지표가 되기 때문이다.

2) 미생물에 관한 기준

(1) 일반세균은 1 mL 중 100 CFU(Colony Forming Unit)를 넘지 아니할 것. 다만, 샘물 및 염지하수의 경우에는 저온일반세균은 20 CFU/mL, 중온일반세균은 5 CFU/mL를 넘지 아니하여야 하며, 먹는샘물, 먹는염지하수 및 먹는해양심층수의 경우에는 병에 넣은 후 4℃를 유지한 상태에서 12시간 이내에 검사하여 저온일반세균은 100 CFU/mL, 중온일반세균은 20 CFU/mL를 넘지 아니할 것

(2) 총 대장균군은 100 mL(샘물·먹는샘물, 염지하수, 먹는염지하수 및 먹는 해양심층수의 경우에는 250 mL)에서 검출되지 아니할 것. 다만, 매월 또는 매 분기 실시하는 총 대장균군의 수질검사 시료(試料) 수가 20개 이상인 정수시설의 경우에는 검출된 시료 수가 5퍼센트를 초과하지 아니하여야 한다.

(3) 대장균·분원성 대장균군은 100 mL에서 검출되지 아니할 것. 다만, 샘물·먹는샘물, 염지하수, 먹는염지하수 및 먹는해양심층수의 경우에는 적용하지 아니한다.

(4) 분원성 연쇄상구균·녹농균·살모넬라 및 쉬겔라는 250 mL에서 검출되지 아니할 것(샘물· 먹는샘물, 염지하수, 먹는염지하수 및 먹는해양심층수의 경우에만 적용한다)

(5) 아황산환원혐기성포자형성균은 50 mL에서 검출되지 아니할 것(샘물· 먹는샘물, 염지하수, 먹는염지하수 및 먹는해양심층수의 경우에만 적용한다)

(6) 여시니아균은 2 L에서 검출되지 아니할 것(먹는물공동시설의 물의 경우에만 적용한다)

3) 건강상 유해영향 무기물질에 관한 기준

무기물질	기준
납	0.01 mg/L 미만
불소	1.5 mg/L 미만 (샘물·먹는샘물 및 염지하수·먹는염지하수의 경우에는 2.0 mg/L 미만)
비소	0.01 mg/L 미만(샘물·염지하수의 경우에는 0.05 mg/L)
셀레늄	0.01 mg/L 미만 (염지하수의 경우에는 0.05 mg/L 미만)
수은	0.001 mg/L 미만
시안	0.01 mg/L 미만
크롬	0.05 mg/L 미만
암모니아성 질소	0.5 mg/L 미만
질산성 질소	10 mg/L 미만
카드뮴	0.005 mg/L 미만
보 론	1.0 mg/L 미만(염지하수의 경우에는 적용하지 아니한다)
브롬산염	0.01 mg/L 미만(먹는샘물, 염지하수·먹는염지하수, 먹는해양심층수 및 오존으로 살균·소독 또는 세척 등을 하여 음용수로 이용하는 지하수만 적용한다)
스트론튬	4 mg/L 미만(먹는염지하수 및 먹는해양심층수의 경우에만 적용한다)

4) 건강상 유해영향 유기물질에 관한 기준

유기물질	기준
페놀	0.005 mg/L 미만
다이아지논	0.02 mg/L 미만
파라티온	0.06 mg/L 미만
페니트로티온	0.04 mg/L 미만
카바릴	0.07 mg/L 미만

유기물질	기준
1,1,1-트리클로로에탄	0.1 mg/L 미만
테트라클로로에틸렌	0.01 mg/L 미만
트리클로로에틸렌	0.03 mg/L 미만
디클로로메탄	0.02 mg/L 미만
벤젠	0.01 mg/L
톨루엔	0.7 mg/L미만
에틸벤젠	0.3 mg/L 미만
크실렌	0.5 mg/L 미만
1,1-디클로로에틸렌	0.03 mg/L 미만
사염화탄소	0.002 mg/L 미만
1,2-디브로모-3-클로로프로판	0.003 mg/L 미만
1,4-다이옥산	0.05 mg/L 미만

5) 소독제 및 소독부산물질에 관한 기준

샘물, 먹는샘물, 염지하수, 먹는염지하수, 먹는해양심층수 및 먹는 물 공동시설의 물의 경우에는 적용제외

소독제 및 소독 부산물질	기준
잔류염소(유리잔류염소를 말한다)	4.0 mg/L 미만
총트리할로메탄	0.1 mg/L 미만
클로로포름	0.08 mg/L 미만
브로모디클로로메탄	0.03 mg/L 미만
디브로모클로로메탄	0.1 mg/L 미만
클로랄하이드레이트	0.03 mg/L 미만
디브로모아세토니트릴	0.1 mg/L 미만
디클로로아세토니트릴	0.09 mg/L 미만
트리클로로아세토니트릴	0.004 mg/L 미만
할로아세틱에시드(디클로로아세틱에시드, 트리클로로아세틱에시드 및 디브로모아세틱에시드의 합으로 한다)	0.1 mg/L 미만

6) 심미적 영향물질에 관한 기준

심미적 영향물질	기준
경도(硬度)	1,000 mg/L(수돗물의 경우 300 mg/L, 먹는염지하수 및 먹는해양심층수의 경우 1,200mg/L) 미만. 다만, 샘물 및 염지하수의 경우에는 적용제외
과망간산칼륨 소비량	10 mg/L 미만
냄새와 맛	소독으로 인한 냄새와 맛 이외의 냄새와 맛이 있어서는 아니될 것. 다만, 맛의 경우는 샘물, 염지하수, 먹는샘물 및 먹는물공동시설의 물에는 적용제외
구리	1 mg/L 미만
색도	5도 미만
세제(음이온 계면활성제)	0.5 mg/L 미만. 다만, 샘물·먹는 샘물, 염지하수·먹는 염지하수 및 먹는해양심층수의 경우에는 검출되지 아니하여야 한다.
수소이온 농도	pH 5.8 이상 pH 8.5 이하. 다만, 샘물, 먹는샘물 및 먹는물공동시설의 물의 경우에는 pH 4.5 이상 pH 9.5 이하
아연	3 mg/L 미만
염소이온	250 mg/L 미만(염지하수의 경우에는 적용제외)
증발잔류물	수돗물의 경우에는 500mg/L, 먹는염지하수 및 먹는해양심층수의 경우에는 미네랄 등 무해성분을 제외한 증발잔류물이 500mg/L 미만
철	0.3 mg/L 미만. 다만, 샘물 및 염지하수의 경우에는 적용제외
망간	0.3 mg/L(수돗물의 경우 0.05 mg/L) 미만. 다만, 샘물 및 염지하수의 경우에는 적용제외
탁도	1NTU(Nephelometric Turbidity Unit) 미만. 다만, 지하수를 원수로 사용하는 마을상수도, 소규모급수시설 및 전용상수도를 제외한 수돗물의 경우에는 0.5NTU 미만
황산이온	200 mg/L 미만. 다만, 샘물, 먹는샘물 및 먹는물공동시설의 물은 250 mg/L 미만, 염지하수의 경우에는 적용제외
알루미늄	0.2 mg/L 미만

7) 방사능에 관한 기준(염지하수의 경우에만 적용한다)

(1) 세슘(Cs-137)은 4.0 mBq/L를 넘지 아니할 것

(2) 스트론튬(Sr-90)은 3.0 mBq/L를 넘지 아니할 것

(3) 삼중수소는 6.0 Bq/L를 넘지 아니할 것

요점 정리

1. 먹는물

먹는 데에 통상 사용하는 자연상태의 물, 자연상태의 물을 먹기에 접합하도록 처리한 수돗물, 먹는샘물, 먹는염지하수, 먹는해양심층수 등을 말한다.

1) 먹는샘물

암반 대수층의 지하수 또는 용천수 등 수질의 안정성을 계속 유지할 수 있는 자연 상태의 깨끗한 물을 먹는 데 적합하도록 물리적 처리 등의 방법으로 제조한 물을 말한다.

2. 먹는물 수질 기준

먹는물 수질은 생물학적, 물리학적, 화학적 및 방사능학적 기준으로 나뉘어진다. 생물학적 및 화학적 기준은 건강상의 위해를 제거하기 위해 설정되었으며, 물리학적 기준은 미관과 기분상의 기준이다.

1) 목적 및 의의

먹는 물의 수질기준이 설정되는 주목적은 인체에 해로운 오염물질의 농도를 규제하는데 있다.

2) 미생물에 관한 기준

총 대장균군은 100 mL(샘물, 먹는샘물, 염지하수, 먹는염지하수 및 먹는해양심층수의 경우에는 250 mL)에서 검출되지 아니할 것. 다만, 매월 또는 매분기 실시하는 총 대장균군의 수질검사 시료(試料) 수가 20개 이상인 정수시설의 경우에는 검출된 시료 수가 5퍼센트를 초과하지 아니하여야 한다.

3) 건강상 유해영향 무기물질에 관한 기준

납은 0.01 mg/L 미만이다.

4) 건강상 유해영향 유기물질에 관한 기준

페놀은 0.005 mg/L 미만이다.

5) 소독제 및 소독부산물질에 관한 기준

(샘물, 먹는샘물, 염지하수, 먹는염지하수, 먹는해양심층수 및 먹는 물 공동시설의 물의 경우에는 적용제외)

잔류염소(유리잔류염소를 말한다) 4.0 mg/L 미만이다.

6) 심미적 영향물질에 관한 기준

과망간산칼륨 소비량 10.0 mg/L 미만이다.

7) 방사능에 관한 기준(염지하수의 경우에만 적용한다)

(1) 세슘(Cs-137)은 4.0 mBq/L를 넘지 아니할 것

(2) 스트론튬(Sr-90)은 3.0 mBq/L를 넘지 아니할 것

(3) 삼중수소는 6.0 Bq/L를 넘지 아니할 것

퀴즈(객관식 3문항)

01 암반 대수층의 지하수 등 자연상태의 깨끗한 물을 먹는 데 적합하도록 물리적 처리 등의 방법으로 제조한 물은?

① 먹는샘물 ② 먹는우물물
③ 먹는지하수 ④ 먹는염지하수

정답 ①

해설 암반 대수층의 지하수 또는 용천수 등 수질의 안정성을 계속 유지할 수 있는 자연 상태의 깨끗한 물을 먹는 데 적합하도록 물리적 처리 등의 방법으로 제조한 물을 말한다.

02 먹는물 수질기준 중 총 대장균군의 기준으로 적절한 것은?

① 불검출 ② 5 CFU
③ 10 CFU ④ 50 CFU

정답 ①

해설 총 대장균군은 100 mL(샘물, 먹는샘물, 염지하수, 먹는염지하수 및 먹는해양심층수의 경우에는 250 mL)에서 검출되지 아니할 것.

03 건강상 유해영향을 주는 무기물질에 관한 기준이 아닌 것은?

① 망간 ② 불소
③ 비소 ④ 수은

정답 ①

해설 망간, 구리, 철 및 아연 등은 무기물질임에도 건강상 유해영향을 주는 심미적 물질 기준에 포함되어 있다.

21 수질오염과 수질오염 피해사례

학습 목표
1. 수질오염의 정의 및 원인에 대해 설명할 수 있다.
2. 녹조와 적조현상에 대해 설명할 수 있다.

학습 내용
1. 수질오염의 정의
2. 녹조와 적조
3. 수질오염 사례

1 수질오염의 정의

자연수의 수질이 인간생활과 산업활동에 의해서 야기된 하수, 폐수 및 분뇨 등이 배출되어 물리적, 화학적, 생물학적으로 변화하는 현상 또는 각종 폐수량의 증가와 용수와 하수량이 증가되어 물의 자정능력이 상실된 상태를 말한다. 또 다른 정의는 공공수역(하천, 호수, 해역 등)에 도시하수, 산업폐수의 방류 또는 대기오염물질의 낙하로 인해 수중에 정상적으로 존재하지 않았던 물질이 외부로부터 혼입되어 수질이 악화되어 그 수역이나 물 이용에 지장을 초래하거나 사람의 건강이나 수서생물에 유해한 영향을 미치는 상태를 말한다.

1 수질오염의 요인과 피해

1) 유기물

중성세제(ABS) 및 연성세제(LAS)가 배출되어 하천 표면에 포막을 형성하여 자정작용을 방해하고 DO를 감소시키며, 또한 하수 내 유기물질은 수계의 DO를 감소시켜 부패를 일으킨다.

2) 무기물

식염(NaCl), 인산염(PO_4^{3-}), 질산염(NO_3^-), 암모늄염(NH_4^+), 철분 등이 하천과 해수에 유입되어 부영양화와 적조현상을 일으켜 어패류의 폐사 및 유독화를 초래한다.

3) 유류

수면의 유막을 형성하여 수서생물의 폐사 및 생육에 지장을 준다.

4) 분뇨

BOD 증가, COD 증가, DO 감소, 부영양화 현상, 부패, 악취의 원인이며, 각종 기생충, 그리고 수인성 감염병을 유발한다.

5) 중금속

수은(Hg), 카드뮴(Cd), 비소(As), 납(Pb) 등이 먹이연쇄를 통해 유독성을 나타낸다.

6) 농약

(1) DDT, PCP, 엔드린(Endrin), 디엘드린(Dieldrin), 파라티온(Parathion), PCB 등이 하천이나 해수에 유입되어 수서생물의 폐사 및 먹이사슬을 통해 인체나 동물에 피해를 입힌다.

(2) 카네미유증
일본의 카네미 주식회사에서 열매체로 사용하던 PCB가 식용유에 혼합되어 유통됨으로써 이를 섭취한 주민 중 1,400여 명이 피부장애, 간장장애, 시력감퇴, 칼슘대사 장애, 권태증세를 일으킨 사건이다.

2 부영양화와 적조현상

1) 부영양화

(1) 해양이나 호소에 있어서 영양염류가 적은 곳은 플랑크톤이 적고 투명도가 높은데, 이와 같은 수역을 빈영양이라고 하는 반면에 영양염류가 많아 조류가 발생하여 투명도가 낮은 수역을 부영양이라 한다.

(2) 특히 호수나 해안 등지에서 오염이나 기타의 원인으로 빈영양에서 부영양으로 변화하는 현상을 부영양화라 하고, 체류시간이 긴 호수나 정체성 해 역에 조류의 영양분이 유입됨으로써 일어난다.

(3) 유발물질 : 조류의 영양분인 질소(0.2～0.3 mg/L 이상), 인(0.01～0.02 mg/L 이상), 탄소 등이 저수지나 호수에 축적되고 유입될 때 발생한다.

(4) 원인으로는 가정하수, 공장폐수 등의 유입, 산림지대 등에 있는 썩은 식물, 합성세제, 목장 지역의 동물의 분뇨, 농지에서 사용되는 질소비료나 인산질 비료

(5) 영향 및 피해

① 생태계가 변화되어 마침내는 죽음의 호수에 이른다.

② 혐기성 분해로 인해 냄새가 나고, 맛을 나쁘게 한다.

③ 투명도 저하 및 착색

④ 사멸된 조류의 분해작용에 의한 DO 결핍

⑤ COD 증가

(6) 방지대책

① 조류가 번식할 경우 황산구리($CuSO_4$)이나 활성탄을 뿌려서 제거한다.

② 일광을 차단하여 조류의 번식을 억제한다.

③ 하수, 분뇨, 공장폐수 등의 처리기술을 증강시켜 영양염류의 유입을 사전에 줄인다.

④ 저수지 내 질소(N), 인(P) 등의 유입을 막거나, 농도를 감소시킨다.

⑤ 인(P)을 함유하는 합성세제의 사용을 금지하거나 농도를 감소시킨다.

⑥ 질소, 인의 제거를 위해 고도처리(3차 처리)를 한다.

2) 적조

(1) 호수나 해수 중에서 부유생활을 하고 있는 식물성 플랑크톤이 단시간 내에 증식하여 물을 변색시키는 현상이다.

(2) 발생 요인

① 정체성 수역

② 플랑크톤 성장에 필요한 Si, Ca, Mg 등의 존재

③ N, P, C 등이 풍부한 부영양화 상태

④ 일사량, 수온, 염분, pH 등이 생물성장 조건에 유리할 경우

(3) 영향 및 피해

① 독성을 갖는 편모조류가 치사성의 독소를 분비하여 어패류를 폐사시킨다.

② 황화수소(H_2S)나 부패독과 같은 유해물질이 발생되어 어패류를 폐사시킨다.

③ DO의 부족으로 수중의 생물이 생존에 위협을 받는다.

④ 적조생물이 어패류의 아가미에 부착해서 질식사를 일으킨다.

3 대표적인 수질오염 사건

1) 미나마타병

1956년 4월 일본의 구마모토현 미나마타라는 작은 어촌에서 발생되었다. acetaldehyde 제조공장에서 촉매로 사용되는 유기 수은인 메틸수은이 미나마타만으로 유입되어 어패류에 축적되고 이 어패류를 계속 섭취한 사람에게 피해를 준 사건이다. 증상은 손발이 마비되어 시야 협착이 일어나고, 지각, 운동, 언어, 청력, 보행의 장애와 심할 경우는 중추신경마비로 사망하게 된다.

2) 이따이이따이병

1968년 일본 신통천 상류지역에 위치한 광업소에서 아연의 선광, 정련 공정에서 배출된 카드뮴이 흘러나와 수질을 오염시켜 발생하였다. 증상은 신장의 기능이 나빠지고 칼슘과 인이 체외로 배출되어 전신에 통증과 골연화증, 병적인 골절 수반 및 심할 경우 사망하게 된다.

3) 스위스 레만호 오염사건

1950년대 말 스위스 레만호에서 합성세제가 원인이 되어 발생한 사건이다. 1950년대 말 레만호는 악취 뿐만 아니라 생물이 살 수 없는 죽음의 호수로 변하였다. 1962년 스위스와 프랑스는 레만호의 오염방지를 위한 양국 간 협정을 체결하였으며, 주요 오염원부터 우선적으로 폐수처리장을 설치하였다. 1970년대 말부터 레만호의 물은 맑아지기 시작하여 물고기가 다시 뛰노는 호수가 되었다.

4) 아모코카디즈 사건

1978년 3월 16일 프랑스 브리태니포트샬 연안에서 원유 유출에 의해 발생된 사건이다. 200 km의 프랑스 연안이 짙은 원유 띠로 뒤덮였고, 굴 수확량의 80% 감소되었으며, 해조류 70%가 파괴되었다. 또한 갈매기, 바다오리, 물새 등이 죽었으며, 해안의 모든 생물이 전멸하였다.

5) 블루베이비병(메타헤모글로비네미아)

1953년~1960년 체코슬로바키아(대표 발생지)에서 질산성 질소에 의해 발생된 사건이다. 1953~1960년 사이 체코에서 태어난 수백 명의 어린이가 푸른색으로 변해간다는 보고가 이어지고, 산모는 건강한데도 갓 태어난 아기가 푸른색을 띠는 사례가 보고되었다. 지하수를 식수로 사용하는 농촌에서 자주 발생되었으며 질산성 질소로 오염된 식수용 지하수에 의해서 발생되었다.

6) 제인스강 오염

1975년 미국 버즈니아 주 호스웰 시에서 유독성 살충제에 의해 발생한 사건이다. 라이츠 사이언스라는 살충제 제조공장 근로자의 절반 이상이 두통, 시각장애, 간질환, 신경통, 불임 등의 직업병에 시달리고 있어 조사해 본 결과 회사에서 제조하는 키폰이라는 유독성 살충제가 원인이 된 것이 밝혀졌다. 제임스강 160 km에 걸쳐 낚시를 금지하였고 이 일을 계기로 환경오염 유발 가능성이 있는 공장의 폐쇄나 이전 시 적절한 환경영향 검토 후 이를 최소화하는 방법으로 시행하도록 하고 있다.

7) 우리나라의 수질오염 사례

1989년 수돗물 중금속 검출 사건, 1990년 발암물질인 THM 검출 사건, 1991년 낙동강 페놀 오염사건, 1994년 낙동강 유역 수돗물 악취사건, 1996년 낙동강과 임진강, 2000년 중랑천에서의 물고기 집단 폐사 사건, 2007년 태안 기름 유출 사건 등이 발생하였다.

요점 정리

자연수의 수질이 인간생활과 산업활동에 의해서 야기된 하수, 폐수 및 분뇨 등이 배출되어 물리적, 화학적, 생물학적으로 변화하는 현상 또는 각종 폐수량의 증가와 용수와 하수량이 증가되어 물의 자정능력이 상실된 상태를 말한다.

1. 수질오염의 요인과 피해

1) 유기물

중성세제(ABS) 및 연성세제(LAS)가 배출되어 하천표면에 포막을 형성하여 자정작용을 방해하고 DO를 감소시키며, 또한 하수 내 유기물질은 수계의 DO를 감소시켜 부패를 일으킨다.

2) 무기물

식염(NaCl), 인산염(PO_4^{3-}), 질산염(NO_3^-), 암모늄염(NH_4^+), 철분 등이 하천과 해수에 유입되어 부영양화와 적조현상을 일으켜 어패류의 폐사 및 유독화를 초래한다.

3) 유류

수면의 유막을 형성하여 수서생물의 폐사 및 생육에 지장을 준다.

4) 분뇨

BOD 증가, COD 증가, DO 감소, 부영양화 현상, 부패, 악취의 원인이며, 각종 기생충, 그리고 수인성 감염병을 유발한다.

5) 중금속

수은(Hg), 카드뮴(Cd), 비소(As), 납(Pb) 등이 먹이연쇄를 통해 유독성을 나타낸다.

6) 농약

(1) DDT, PCP, 엔드린(Endrin), 디엘드린(Dieldrin), 파라티온(Parathion), PCB 등이 하천이나 해수에 유입되어 수서생물의 폐사 및 먹이사슬을 통해 인체나 동물에 피해를 입힌다.

(2) 카네미유증

일본의 카네미 주식회사에서 열매체로 사용하던 PCB가 식용유에 혼합되어 유통됨으로써 이를 섭취한 주민 중 1,400여 명이 피부장애, 간장장애, 시력감퇴, 칼슘대사 장애, 권태증세를 일으킨 사건이다.

2. 부영양화와 적조현상

1) 부영양화

해양이나 호소에 있어서 영양염류가 적은 곳은 플랑크톤이 적고 투명도가 높은데, 이와 같은 수역을 빈영양이라고 하는 반면에 영양염류가 많아 조류가 발생하여 투명도가 낮은 수역을 부영양이라 한다.

2) 적조

호수나 해수 중에서 부유생활을 하고 있는 식물성 플랑크톤이 단시간 내에 증식하여 물을 변색시키는 현상이다.

3. 대표적인 수질오염 사건

1) 미나마타병

1956년 4월 일본의 구마모토현 미나마타라는 작은 어촌에서 발생되었다. acetaldehyde 제조공장에서 촉매로 사용되는 유기 수은인 메틸수은이 미나마타만으로 유입되어 어패류에 축적되고 이 어패류를 계속 섭취한 사람에게 피해를 준 사건이다. 증상은 손발이 마비되어 시야 협착이 일어나고, 지각, 운동, 언어, 청력, 보행의 장애와 심할 경우는 중추신경마비로 사망하게 된다.

2) 이따이이따이병

1968년 일본 신통천 상류지역에 위치한 광업소에서 아연의 선광, 정련 공정에서 배출된 카드뮴이 흘러나와 수질을 오염시켜 발생하였다. 증상은 신장의 기능이 나빠지고 칼슘과 인이 체외로 배출되어 전신에 통증과 골연화증, 병적인 골절 수반 및 심할 경우 사망하게 된다.

3) 스위스 레만호 오염사건

1950년대 말 스위스 레만호에서 합성세제가 원인이 되어 발생한 사건이다. 1950년대 말 레만호는 악취뿐만 아니라 생물이 살 수 없는 죽음의 호수로 변하였다. 1962년 스위스와 프랑스는 레만호의 오염방지를 위한 양국 간 협정을 체결하였으며, 주요 오염원부터 우선적으로 폐수처리장을 설치하였다. 1970년대 말부터 레만호의 물은 맑아지기 시작하여 물고기가 다시 뛰노는 호수가 되었다.

4) 아모코카디즈 사건

1978년 3월 16일 프랑스 브리태니포트샬 연안에서 원유 유출에 의해 발생된 사건이다. 200 km의 프랑스 연안이 짙은 원유 띠로 뒤덮였고, 굴 수확량의 80% 감소되었으며, 해조류 70%가 파괴되었다. 또한 갈매기, 바다오리, 물새 등이 죽었으며, 해안의 모든 생물이 전멸하였다.

5) 블루베이비병(메타헤모글로비네미아)

1953년~1960년 체코슬로바키아(대표 발생지)에서 질산성 질소에 의해 발생된 사건이다. 1953~1960년 사이 체코에서 태어난 수백 명의 어린이가 푸른색으로 변해간다는 보고가 이어지고, 산모는 건강한데도 갓 태어난 아기가 푸른색을 띠는 사례가 보고되었다. 지하수를 식수로 사용하는 농촌에서 자주 발생되었으며 질산성 질소로 오염된 식수용 지하수에 의해서 발생되었다.

퀴즈(객관식 3문항)

01 수질오염물질 중 수계의 용존산소를 감소시켜 부패를 일으키는 물질은?

① 무기물 ② 중금속
③ 유류 ④ 유기물

정답 ④

해설 중성세제(ABS) 및 연성세제(LAS)가 배출되어 하천표면에 포막을 형성하여 자정작용을 방해하고 DO를 감소시키며, 또한 하수 내 유기물질은 수계의 DO를 감소시켜 부패를 일으킨다.

02 영양염류가 많아 조류가 발생하여 투명도가 낮은 수역을 무엇이라 하는가?

① 부영양화 ② 빈영양화
③ 과영양화 ④ 미영양화

정답 ①

해설 해양이나 호소에 있어서 영양염류가 적은 곳은 플랑크톤이 적고 투명도가 높은데, 이와 같은 수역을 빈영양이라고 하는 반면에 영양염류가 많아 조류가 발생하여 투명도가 낮은 수역을 부영양이라 한다.

03 대표적 수질오염사건 중 손발이 마비되어 시야 협착이 일어나고 지각, 운동, 언어, 청력, 보행의 장애와 심할 경우 중추신경마비로 사망하게 되는 물질은?

① 카드뮴 ② 수은
③ 납 ④ 비소

정답 ②

해설 1956년 4월 일본의 구마모토현 미나마타라는 작은 어촌에서 발생되었다. acetaldehyde 제조공장에서 촉매로 사용되는 유기 수은인 메틸수은이 미나마타만으로 유입되어 어패류에 축적되고 이 어패류를 계속 섭취한 사람에게 피해를 준 사건이다. 증상은 손발이 마비되어 시야 협착이 일어나고, 지각, 운동, 언어, 청력, 보행의 장애와 심할 경우는 중추신경마비로 사망하게 된다.

22 폐기물 관리

학습 목표 1. 폐기물의 정의에 대해 설명할 수 있다.
2. 폐기물의 종류에 대해 설명할 수 있다.
3. 폐기물처리 방법에 대해 설명할 수 있다.

학습 내용 1. 폐기물의 정의
2. 폐기물의 종류
3. 폐기물의 처리 방법

1 폐기물의 정의

우리나라 폐기물관리법에서는 폐기물을 "쓰레기, 연소재, 슬러지, 폐유, 폐알칼리, 동물의 사체 등으로 사람의 생활이나 산업활동에 필요하지 아니하게 된 물질을 말함

2 폐기물의 종류

폐기물관리법에 의해 폐기물을 생활폐기물과 사업장 폐기물로 구분함

1) 생활폐기물

사업장 폐기물 외의 폐기물

2) 사업장폐기물

대기환경보건법·수질환경보전법 또는 소음·진동규제법의 규정에 의하여 배출시설을 설치·운영하는 사업장 기타 대통령이 정하는 사업장에서 발생되는 폐기물을 말한다. 사업장일반폐기물과 건설폐기물 그리고 지정폐기물로 나뉜다.

(1) 사업장일반폐기물 : 사업장폐기물로써 지정폐기물과 건설폐기물을 제외한 폐기물

(2) 건설폐기물 : 건설산업기본법 제2조제4호에 따른 건설공사로 폐기물 5톤 이상 배출하는 사업장에서 배출되는 사업장 폐기물로써 지정폐기물과 성질·상태가 다른 폐기물을 의미

(3) 지정폐기물 : 사업장 폐기물 중 폐유·폐산 등 주변 환경을 오염시킬 수 있거나 의료폐기물 등 인체에 위해를 줄 수 있는 해로운 물질로서 대통령령으로 정하는 폐기물

① 폐산 : 수소이온농도가 2.0 이하인 것

② 폐알칼리 : 수소이온농도가 12.5 이상인 것

③ 폐유 : 기름 성분을 5% 이상 함유한 것

④ 폐합성고분자화합물 : 폐합성 수지, 폐합성고무

⑤ 폐석면 : 건조고형물의 함량을 기준으로 석면이 1% 이상 함유된 제품·설비 등의 해체·제거 시 발생되는 것

⑥ 오니 : 고형물 함량이 5% 이상인 것

⑦ 의료폐기물 : 보건·의료기관, 동물병원, 시험·검사기관 등에서 배출되는 폐기물 중 인체에 감염 등 위해를 줄 우려가 있는 폐기물과 인체 조직 등 적출물, 실험동물의 사체 등 보건·환경보호상 특별한 관리가 필요하다고 인정되는 폐기물로써 대통령령으로 정하는 폐기물로 격리의료폐기물, 위해의료폐기물, 일반의료폐기물로 구분

⑧ 그 밖에 주변 환경을 오염시킬 수 있는 유해한 물질로써 환경부 장관이 정하여 고시하는 물질

3 폐기물의 처리 방법

도시의 급속한 발달과 현대화는 폐기물의 배출량을 증가시킴과 더불어 그 처리 방법에 있어서도 매우 발달된 형태로 매몰이 98%, 비료로써 재활용하는 경우 0.6% 소각 0.6% 기타 0.8%를 차지하나 배출된 폐기물을 모두 수용하기에는 악취발생과 공해문제로 인해 종말처리장을 구하기 어려우므로 많은 문제점을 일으키고 있다.

1) 투기 처분

(1) 폐기물을 해상이나 공지에 방치하는 방법으로 도시 미관상에도 나쁘고, 악취의 발생 및 파리나 쥐의 서식처로써 감염병 전파의 매개체가 되므로 가장 비위생적이라고 할 수 있다.

(2) 투기장소의 선정 시 여러 조건을 고려해 보고 생석회 등의 살충제나 소독제를 사용한다.

2) 매립

폐기물을 홈이나 기타 저지대에 매립하고 복토하는 방법으로 현대 문명국에서 가장 많이 사용한다.

(1) 방법

① 도량식

㉠ 도량을 2.5~7 m 정도 파고 폐기물을 묻은 후 다시 흙을 덮는 방식이다.

㉡ 복토할 흙을 다른 장소로부터 가지고 오지 않아도 된다.

② 경사식

㉠ 경사면에 폐기물을 쌓은 후 그 위에 흙을 덮는 방법이다.

㉡ 다른 장소로부터 흙을 가지고 와야 한다.

㉢ 경사식 매립 시 표면은 30° 경사가 좋다.

③ 지역식(저지대 매립법)

㉠ 어느 지역에 폐기물을 살포시키고 다진 후에 흙을 덮는 방법이다.

㉡ 다른 장소로부터 흙을 가지고 와야 한다.

④ 지역식(계곡매립법)

계곡, 협곡, 토취장, 채석장과 같은 자연적 저지(低地)나 인공적 저지가 존재하는 지역에서 이용 가능한 방법이다.

(2) 매립 시 복토

미관상(종이 등이 바람에 날리는 것 방지), 위생해충의 발생 방지, 침출수의 유출 방지 등의 이유로 폐기물 매립 시 복토를 한다.

① 폐기물 매립 시 복토를 하는 이유는 다음과 같다.

㉠ 미관상(종이 등이 바람에 날리는 것 방지)

㉡ 위생해충의 발생 방지

㉢ 침출수의 유출 방지 등

② 복토의 두께

㉠ 일일복토 : 하루의 작업이 끝난 후 복토하는 것으로써 15 cm로 한다.

㉡ 중간복토 : 1주일(7일) 이상 작업이 중단된 후 복토하는 것으로써 30 cm로 한다.

㉢ 최종복토 : 매립이 끝난 후 복토하는 것

ⓐ 가스배제층 : 30 cm

ⓑ 차단층 : 점토, 점토광물혼합토 등으로 45 cm

ⓒ 배수층 : 모래 등으로 30 cm

ⓓ 식생대층(식물식재) : 60 cm

(3) 매립지 선정

① 폐기물의 위생적 매립을 위해서는 먼저 그 토지의 상태를 세밀히 조사하는 것이 필요한데, 일반적으로 매립에 이용되는 토질은 사질(砂質)이 우수하다.

② 매립지 선택 시에는 경제성 거리, 장래이용성, 복토문제, 농지·산림·주택지와의 거리문제, 수원지의 위치조사, 침출수의 공공수역 오염방지 등을 고려해야 한다.

③ 매립에 적당한 장소는 인가에서 멀리 떨어진 저지대나 습지, 계곡 등이 적합하고, 특히 지표수, 지하수의 오염, 악취발생, 해충이나 쥐의 서식, 화재발생 등을 고려하여 선정하는 것이 중요하다.

(4) 매립변화

① 발생가스 : NH_3, CO_2, CH_4, CO, N_2

② 압축된 폐기물에 공기 중 산소가 나타날 때까지 호기성 분해가 되어 CO_2가 다량 발생한다.

③ 약 18개월 후에는 혐기성 분해가 진행되어 CH_4 가스가 일정하게 증가됨을 볼 수 있다.

(5) 침출수의 특징

① 침출량은 매립방법, 지반의 투수성에 의해 크게 좌우되며 질의 다양성이나 형상도 처리시스템에 따라 달라진다.

② 동·식물성 잔사, 유기성 오염물질은 BOD 농도가 높은 오수가 침출되어진다.

③ 폐산, 폐알칼리, 금속성 광산 등을 그대로 매립하면 접촉되는 물에는 오염수가 침출될 수 있다.

(6) 침출수 처리

① SS의 제거 : 원수 → 침전 → 방류

② BOD, COD, SS, T-N, 색도제거

원수 → 생물처리(호기성 처리) → 탈질소 → 재폭기 → 응집침전 → 방류

(7) 매립 후 사후 처리

① 침출수 처리

② 가스 배출장치 설치

③ 악취 제거 장치 설치

④ 해충, 쥐 등 번식방지

(8) 매립지의 이용

① 불모의 토지나 늪과 같은 곳에 폐기물을 위생적으로 매립하여, 토지가 안정된 상태로 되었을 때 공원, 골프장, 운동장, 유원지, 주택지 등으로 상용한다.

② 주택건립 등에는 지반의 안정성을 기하기 위하여 30년이 경과한 후가 좋다(2011년 개정, 보통 5년이면 대략 침하하여 안정화된다.)

③ 매립지에 수도관이나 하수관거(下水管渠)를 가설할 때에는 부식오염 및 지반침강에 특별히 주의를 하여야 한다.

④ 매립지 내에 세워진 건물의 지하실 등은 각종 가스의 침입을 고려하여 환기장치를 충분히 설비하여야 한다.

(6) 장점 및 단점

① 장점

㉠ 폐기물의 분리가 필요 없고 경제적이며 조작이 간편하다.

㉡ 투기 처분에 비해 악취발생 및 화재발생의 위험성이 적고, 모기·파리 그리고 쥐 등의 위생해충이나 동물의 출현이 적다.

② 단점

㉠ 혐기성 부패로 인한 악취가스, 즉 메탄(CH_4), 암모니아(NH_3), 황화수소(H_2S) 등이 가스가 발생하므로 파이프나 콘크리트관 등이 부식할 수 있다.

㉡ 매립지 선정에 있어 도시의 경우 적당한 가격에 비교적 넓은 장소를 구하기 힘들다.

㉢ 위생기술자의 감독이 항상 필요하다.

3) 소각처분

(1) 가장 위생적인 방법으로 소각로에서 폐기물을 태워 없애는 방법이다. 병원 등에서 주로 쓰는 방법인데 화재위험과 대기오염의 문제가 되고 연료비가 든다는 점이 단점으로 지적될 수 있다.

(2) 소각 처리 시에는 가연분의 함유도를 가장 먼저 고려하여야 한다.

(3) 소각로는 자연송풍식과 강제송풍식, 고온로와 저온로, 단독로와 연속로 등으로 구별된다.

(4) 단독로는 노온 400℃ 이상 불연속 투입으로 1일 8시간의 작업이 보통이고, 연속로는 노온 700~1000℃에 연속 투입으로 24시간 작업을 한다.

(5) 최근에는 강제송풍식 고온로(800~980℃)가 잘 이용된다.

(6) 소각 시스템의 구성 : 건조상, 연소실, 2차 연소실

(7) 소각에 필요한 장치

① 소각로 투입구문

② 연소실

③ 하적· 저장소

④ 화격자

⑤ 폐기물 운반 및 평량

⑥ 보조 버너

(8) 장점

① 남은 열의 회수가 가능하다(폐열 이용).

② 매립에 비해 넓을 토지를 필요로 하지 않는다.

③ 기후에 영향을 거의 받지 않는다.

④ 도시의 중심부에 설치가 가능하다.

⑤ 의료 폐기물의 처리에 좋다.

⑥ 폐기물의 부피 감소

(9) 단점

① 건설비가 비싸다.

② 소각로 선정에 어려움이 있다.

③ 운전관리비가 비싸다.

④ 대기오염물질이 발생한다.

⑤ 도시폐기물 소각 시 배기가스의 성분

⑥ 불완전연소가 될 때 CO, 분진 발생

⑦ 폐기물 중의 성분에 의한 SOx 등 발생

⑧ 소각로 내의 고온 시 NOx 발생

⑨ 플라스틱류에 들어 있는 염소에 의한 염화수소, 다이옥신 등 발생

4) 사료처분

(1) 부엌 폐기물류는 주로 양돈사료로 이용되고 건조시켜서 새의 사료로 이용하기도 한다.

(2) 양돈에 이용할 때에는 사료와 축사의 위생적 관리를 잘해야 하는데 특히 선모충병에 감염되지 않도록 주의해야 한다.

5) 비료처분(퇴비화)

(1) 폐기물은 4~5개월 후면 발효로 검게 변하여 좋은 퇴비가 된다. 농촌이나 농촌에서 가까운 소도시에서 많이 사용된다.

(2) 일반적으로 발효에 영향을 미치는 인자는 공기, C/N 비, 수분, 온도, pH 등이다.

① 공기(산소) 공급 : 호기성균을 이용한다.

② C/N(30 내외) : 퇴비화의 조건으로 C/N는 30 정도가 좋으며, C/N가 10 정도면 퇴비화가 멈춘다.

③ 최적온도(65℃~75℃) : 고온균을 이용한다.

④ 수분(50~70%)

⑤ pH 6~8

(3) 최근 외국에서 고속퇴비화 처리를 권장하고 있다. 즉, 분쇄기로 폐기물을 분쇄한 다음 적당량의 분뇨를 혼합하여 발효조에 넣어, 공기를 유통시키면 호기성균의 번식을 촉진시

켜 고온발효(60~70℃)를 일으키고, 2~3일 후면 양질의 비료가 되며, 발효 시 60~70℃의 발열이 수일간 계속되므로 병균, 기생충란은 완전히 사멸된다. 미국의 Earp-Thomas식과 덴마크의 Dano식이 대표적이다.

요점 정리

1. 폐기물의 정의

우리나라 폐기물관리법에서는 폐기물을 "쓰레기, 연소재, 슬러지, 폐유, 폐알칼리, 동물의 사체 등으로 사람의 생활이나 산업활동에 필요하지 아니하게 된 물질을 말함

2. 폐기물의 종류

1) 생활폐기물

사업장 폐기물 외의 폐기물

2) 사업장폐기물

(1) 대기환경보건법·수질환경보전법 또는 소음·진동규제법의 규정에 의하여 배출시설을 설치·운영하는 사업장 기타 대통령이 정하는 사업장에서 발생되는 폐기물을 말함

(2) 사업장일반폐기물과 건설폐기물 그리고 지정폐기물로 나뉨

3. 폐기물의 처리방법

1) 투기처분

폐기물을 해상이나 공지에 방치하는 방법으로 도시 미관상에도 나쁘고, 악취의 발생 및 파리나 쥐의 서식처로써 감염병 전파의 매개체가 되므로 가장 비위생적이라고 할 수 있다.

2) 매립

(1) 폐기물을 홈이나 기타 저지대에 매립하고, 복토하는 방법으로 현대 문명국에서 가장 많이 사용함

(2) 매립 시 복토
미관상(종이 등이 바람에 날리는 것 방지), 위생해충의 발생방지, 침출수의 유출 방지 등의 이유로 폐기물 매립 시 복토를 한다.

(3) 매립지 선정
① 폐기물의 위생적 매립을 위해서는 먼저 그 토지의 상태를 세밀히 조사하는 것이 필요한데,

일반적으로 매립에 이용되는 토질은 사질(砂質)이 우수하다.

② 매립지 선택 시에는 경제성 거리, 장래이용성, 복토문제, 농지·산림·주택지와의 거리문제, 수원지의 위치조사, 침출수의 공공수역 오염 방지 등을 고려해야 한다.

③ 매립에 적당한 장소는 인가에서 멀리 떨어진 저지대나 습지, 계곡 등이 적합하고, 특히 지표수, 지하수의 오염, 악취발생, 해충이나 쥐의 서식, 화재발생 등을 고려하여 선정하는 것이 중요하다.

(4) 매립변화

① 발생가스 : NH_3, CO_2, CH_4, CO, N_2

② 압축된 폐기물에 공기 중 산소가 나타날 때까지 호기성 분해가 되어 CO_2가 다량 발생한다.

③ 약 18개월 후에는 혐기성 분해가 진행되어 CH_4 가스가 일정하게 증가됨을 볼 수 있다.

(5) 장점 및 단점

① 장점

㉠ 폐기물의 분리가 필요 없고 경제적이며 조작이 간편하다.

㉡ 투기 처분에 비해 악취발생 및 화재발생의 위험성이 적고, 모기, 파리 그리고 쥐 등의 위생해충이나 동물의 출현이 적다.

② 단점

㉠ 혐기성 부패로 인한 악취가스, 즉 메탄(CH_4), 암모니아(NH_3), 황화수소(H_2S) 등이 가스가 발생하므로 파이프나 콘크리트관 등이 부식할 수 있다.

㉡ 매립지 선정에 있어 도시의 경우 적당한 가격에 비교적 넓은 장소를 구하기 힘들다.

㉢ 위생기술자의 감독이 항상 필요하다.

3) 소각처분

(1) 가장 위생적인 방법으로 소각로에서 폐기물을 태워 없애는 방법이다. 병원 등에서 주로 쓰는 방법인데 화재위험과 대기오염의 문제가 되고 연료비가 든다는 점이 단점으로 지적될 수 있다.

(2) 소각 처리 시에는 가연분의 함유도를 가장 먼저 고려하여야 한다.

(3) 소각로는 자연송풍식과 강제송풍식, 고온로와 저온로, 단독고와 연속로 등으로 구별된다.

(4) 단독로는 노온 400℃ 이상 불연속 투입으로 1일 8시간의 작업이 보통이고, 연속로는 노온 700～1000℃에 연속 투입으로 24시간 작업을 한다.

(5) 최근에는 강제송풍식 고온로(800～980℃)가 잘 이용된다.

(6) 소각 시스템의 구성 : 건조상, 연소실, 2차 연소실

(7) 소각에 필요한 장치

① 소각로 투입구문

② 연소실

③ 하적· 저장소

④ 화격자

⑤ 폐기물 운반 및 평량

⑥ 보조버너

(8) 장점

① 남은 열의 회수가 가능하다(폐열 이용).

② 매립에 비해 넓을 토지를 필요로 하지 않는다.

③ 기후에 영향을 거의 받지 않는다.

④ 도시의 중심부에 설치가 가능하다.

⑤ 의료폐기물의 처리에 좋다.

⑥ 폐기물의 부피 감소

(9) 단점

① 건설비가 비싸다.

② 소각로 선정에 어려움이 있다.

③ 운전관리비가 비싸다.

④ 대기오염물질이 발생한다.

⑤ 도시폐기물 소각 시 배기가스의 성분

⑥ 불완전연소가 될 때 CO, 분진 발생

⑦ 폐기물 중의 성분에 의한 SOx 등 발생

⑧ 소각로 내의 고온 시 NOx 발생

⑨ 플라스틱류에 들어 있는 염소에 의한 염화수소, 다이옥신 등 발생

4) 사료처분

(1) 부엌 폐기물류는 주로 양돈사료로 이용되고 건조시켜서 새의 사료로 이용하기도 한다.

(2) 양돈에 이용할 때는 사료와 축사의 위생적 관리를 잘해야 하는데 특히 선모충병에 감염되지 않도록 주의해야 한다.

5) 비료처분(퇴비화)

(1) 폐기물은 4~5개월 후면 발효로 검게 변하여 좋은 퇴비가 된다. 농촌이나 농촌에서 가까운 소도시에서 많이 사용된다.

(2) 일반적으로 발효에 영향을 미치는 인자는 공기, C/N 비, 수분, 온도, pH 등이다.

① 공기(산소) 공급 : 호기성균을 이용한다.

② C/N(30 내외) : 퇴비화의 조건으로 C/N는 30정도가 좋으며, C/N가 10 정도면 퇴비화가 멈춘다.

③ 최적온도(65℃~75℃) : 고온균을 이용한다.

④ 수분(50~70%)

⑤ pH 6~8

(3) 최근 외국에서 고속퇴비화 처리를 권장하고 있다. 즉, 분쇄기로 폐기물을 분쇄한 다음 적당량의 분뇨를 혼합하여 발효조에 넣어, 공기를 유통시키면 호기성균의 번식을 촉진시켜 고온발효(60~70℃)를 일으키고, 2~3일 후면 양질의 비료가 되며, 발효 시 60~70℃의 발열이 수일간 계속되므로 병균, 기생충란은 완전히 사멸된다. 미국의 Earp-Thomas식과 덴마크의 Dano식이 대표적이다.

퀴즈(객관식 3문항)

01 폐기물관리법에 의한 사업장폐기물에 해당되지 않는 것은?

① 사업장일반폐기물 ② 건설폐기물
③ 지정폐기물 ④ 생활폐기물

정답 ④

해설 폐기물관리법에 의해 폐기물을 생활폐기물과 사업장폐기물로 구분하는데 사업장폐기물에는 사업장일반폐기물, 건설폐기물 및 지정폐기물 등이 있음.

02 폐기물처리방법 중 악취의 발생 및 파리나 쥐의 서식처로서 감염병 전파의 매개체가 되는 방법은?

① 투기처분 ② 매립
③ 소각처분 ④ 사료처분

정답 ①

해설 투기처분방법은 폐기물을 해상이나 공지에 방치하는 방법으로 도시 미관상에도 나쁘고, 악취의 발생 및 파리나 쥐의 서식처로써 감염병 전파의 매개체가 되므로 가장 비위생적이라고 할 수 있으며, 투기 장소의 선정 시 여러 조건을 고려해 보고 생석회 등의 살충제나 소독제를 사용한다.

03 폐기물처리방법 중 소각처리방법의 장점이 아닌 것은?

① 남은 열의 회수가 가능 ② 불완전연소가 될 때 일산화탄소 등 발생
③ 기후에 영향을 받지 않음 ④ 의료폐기물처리방법에 좋음

정답 ②

해설 불완전연소가 될 때 일산화탄소, 분진 등이 발생하는 것은 단점에 해당됨.

23 분뇨관리

학습 목표 1. 분뇨처리 시 고려해야 할 사항에 대해 설명할 수 있다.
2. 분뇨와 관련된 질병에 대해 설명할 수 있다.
3. 분뇨처리방법에 대해 설명할 수 있다.

학습 내용 1. 분뇨의 정의 및 처리현황
2. 분뇨처리 시 고려사항
3. 분뇨와 관련된 질병
4. 분뇨처리방법

1 분뇨처리 현황

우리나라의 경우 분뇨처리는 폐기물 처리와 마찬가지로 과거의 운영방식은 대행업자제, 직영제, 반관반민제(半官半民)를 채택했었으나 현재에는 폐기물은 직영제를, 분뇨는 계속대행제를 채택하여 수거·처리하고 있다.

서울, 부산 등 대도시의 경우 간이저장탱크를 설치하여 분뇨를 저장, 처리하고 있으며, 특히 서울시에서는 10,323 m³/day 분뇨를 습식산화방식으로 처리하고 있다. 그러나 아직도 수거된 분뇨를 원시적인 방법으로 처리하고 있는 실정이므로 이것을 초월한 과학적인 분뇨종말처리 시설의 설치가 당면과제로 남아 있다.

2 분뇨의 성분과 성상

(1) 성분은 대부분 수분이며, 이 밖에 유기물·비료분 등 14종과 세균으로 되어 있다. 즉, 약 96%의 수분과 약 4%의 고형분으로 되어 있으며, 고형분의 약 60%는 유기성분이다.
(2) BOD가 12,000~15,000 ppm인 농후한 오염물질을 함유하고 있고, 많은 세균을 가지고 있다.
(3) 분뇨처리 시 고려해야 할 사항
① 방충, 방서관리가 철저히 되어야 한다.

② 토양에 병원체 오염이 없도록 하여야 한다.
③ 불쾌한 냄새의 발생이 없도록 해야 한다.
④ 수원이 되는 원수나 지하수 및 지표수를 오염시키지 않아야 한다.
⑤ 처리방법이 경제적이고 간편하며, 도시미관을 해치지 않도록 해야 한다.
⑥ 변조는 수밀되어야 한다.
⑦ 분변의 비료화로 인한 토양오염을 줄이기 위해서 완전부숙(겨울 3개월, 여름 1개월 이상)후에 사용하도록 한다.

3 분뇨의 배출량

(1) 사람의 1일 분뇨배출량은 연령, 성별, 음식물과 계절 등에 따라 약간의 차이가 있고, 또한 하절은 배출된 분뇨가 증발하므로 동절에 비해 감소된다.
(2) 대체적으로 평균 1인 1일 변의 배출량은 100~160 g, 뇨는 1.0~1.5 L로 간주되므로 매일 1인당 약 1 L의 분뇨를 배출하게 되어, 1년에 약 365 L를 배출하게 된다.
(3) 동양인은 1년에 1인당 평균 약 365 L의 밥을 먹고, 약 365 L의 분뇨를 배출한다고 한다.

4 분뇨와 관련된 질병

1) 감염병 발생

(1) 환자나 보균자에게서 배설된 분뇨의 비위생적인 처리와 분뇨에 있는 병균이 음료수나 음식물을 오염시키므로 질병이 발생하게 된다.
(2) 분뇨로 인해 발병 가능한 소화기계 감염병으로 콜레라, 장티푸스, 파라티푸스, 이질 등이 있으며, 특히 장티푸스는 우리나라에서 그 발병률이 가장 높은 법정감염병이다(제1종).
(3) 이질 중 세균성 이질은 이질균속 중 Shigella에 의한 질병으로 발병률도 높고 사망자 수도 높기 때문에 철저한 방역대책이 요구된다.
(4) 분뇨를 위생적으로 처리하지 않으면 환자, 보균자에서 배설된 병균이 분뇨를 통하여 음료수나 음식물을 오염시키기 때문에 종말처리장의 시설을 이용하여 분뇨를 처리하여야 한다.

배설물의 주요 병원체

- 분 : 대장균, 이질균, 장티푸스균, 파라티푸스균, 결핵균, 페스트균, 소아마비, 바이러스 간염
- 뇨 : 장티푸스균, 파라티푸스균(초기), 임균, 비뇨기감염균, 결핵균

2) 분뇨와 기생충

(1) 사람의 분변을 통하여 충란이 체외로 배설되는데, 이 충란은 회충란, 구충란, 편충란, 동양모양선충, 선모충란, 조충란 등이 있다.

(2) 혈관 내에 기생하는 기생충인 일본주혈 흡충란도 분변에 섞여 배설된다.

(3) 우리나라를 비롯한 동남아시아 지역에서는 분뇨를 비료로 사용하고 있으므로 미처리생분(未處理生糞)은 감염병, 기생충 감염뿐만 아니라 환경위생상과 도시미관상 해를 끼친다.

(4) 분뇨를 위생적으로 처리하여 분뇨 내의 기생충란을 사멸시키고 충란 또는 자충이 인체에 직접 침입되는 것을 방지하는 대책을 강구하는 동시에, 인체 내의 기생충의 성충을 집단적으로 구충하여 기생충을 예방하여야 한다.

5 분뇨 처리법

1) 저류법(Storage Method)

(1) 정화변소나 급취변소 내에서 일정 기간 동안 분뇨를 저장하여 부패, 소화시키는 방법으로써 여름은 30일 이상, 겨울은 100일 이상 저장하게 되면 병균 및 기생충란이 사멸된다.

(2) 농촌의 경우 밭 구석에 콘크리트로 된 대형 분뇨저류 탱크를 만들어 각 가정에서 급취한 분뇨를 일정 기간 부패소화시켜 사용하기도 한다.

2) 퇴비법(Composting)

(1) 농비를 만들 때 퇴비 위에 분뇨를 뿌리는 일종의 가온처리법으로써 퇴비 내 온도가 부패열로 60~70℃ 전후로 수일간 지속되므로 병균과 기생충란이 완전히 사멸된다.

(2) 이때 토양의 오염을 감소시키기 위해 겨울은 3개월 이상, 여름은 1개월 이상 완전 부패, 소화한 뒤 사용하도록 한다.

3) 화학적 처리법(Chemical Treatment)

(1) 감염병원에서 사용되는 화학변소의 경우 병균소독은 쉬우나 기생충란은 죽이기가 곤란한데, 살충란제로 이황화탄소(CS2)를 사용한다.

(2) 화학적 처리법의 처리과정은 예비처리, 본처리, 종말처리의 과정을 침전, 소독한 후에 방류한다.

4) 소화처리법

(1) 정화조와 같은 특수한 오물정화장치를 시설하여 처리하는 방법으로 이 처리에서 생기는 액체는 하수도 또는 해상·하천 등에 방류하고, 오니는 매립 또는 비료로 사용한다. 그러나 소화처리한 방류수는 분뇨종말처리장에 보내는 것이 원칙이다.

(2) 침전, 혐기성 또는 호기성 분해 등의 방법에 의해 분뇨 또는 하수를 안전하게 처리하는 정화시설을 액상폐기물 정화조라고도 하는데, 이에 의한 방류수의 수질은 처리대상 500～1,000인의 정화조에 있어서는 BOD가 1일 평균 90 ppm 이하, 1,000인 이상의 경우 BOD는 1일 평균 60 ppm 이하로 되어 있다.

(3) 분료처리시설의 방류수질기준

(공공하수처리시설로 유입하여 처리하는 분뇨처리시설은 적용제외)

항목 / 구분	생물화학적 산소요구량 (mg/L)	화학적 산소요구량 (mg/L)	부유물질 (mg/L)	총대장균 군 수 (개수/mL)	기타 (mg/L)
분뇨처리시설	30 이하	50 이하	30 이하	3,000 이하	총질소 : 60 이하 총인 : 8 이하

5) 분뇨분리처리법(Sewage Method)

대변과 소변을 분리하여 저류시키는 방법으로 소변의 병균함유 가능성이 적고 비료효과가 큰 점을 고려하여 처리하는 방법이다.

6) 하수처리법(Sewage Treatment)

정화조 변소와 수세식 변소의 부패조를 통해 배출되는 오수를 배수관을 통해 하수도에 버리는 방법이다.

7) 소각

(1) 병원 등에서 처분하는 특수한 처리법으로 모든 미생물 사멸의 최선책이다.
(2) 특수처리법에는 습식연소법이 이용되는데 분뇨가 하구 중의 유기물질을 자연조건 하에서는 연소시킬 수가 없으나, 100기압 하의 270~280℃에서는 연소가 된다.
(3) 이 원리를 이용한 처리법이다.

8) 온열처리

분뇨에 55~60℃의 열을 가하여 병균과 기생충란을 사멸시킨 후 퇴비로 살포하는 방법으로 위생적으로 좋은 방법이기는 하나 연료비 문제가 뒤따른다.

9) 투기

해상, 육상 및 하천에 그대로 버리는 방법으로, 가장 원시적인 처리법이다.

10) 매립법

일정한 지역에 땅을 파고 묻는 방법이다. 이 방법은 토지의 넓이가 문제되고 지하수와 인근 하천수의 오염에 주의하여야 한다.

요점 정리

1. 분뇨처리 현황

우리나라의 경우 분뇨처리는 폐기물 처리와 마찬가지로 과거의 운영방식은 대행업자제, 직영제, 반관반민제(半官半民)를 채택했었으나 현재에는 폐기물은 직영제를, 분뇨는 계속대행제를 채택하여 수거·처리하고 있다.

2. 분뇨의 성분과 성상

(1) 성분은 대부분 수분이며, 이 밖에 유기물·비료분 등 14종과 세균으로 되어 있다. 즉, 약 96%의 수분과 약 4%의 고형분으로 되어 있으며, 고형분의 약 60%는 유기성분이다.

(2) 분뇨처리 시 고려해야 할 사항

① 방충, 방서관리가 철저히 되어야 한다.

② 토양에 병원체 오염이 없도록 하여야 한다.

③ 불쾌한 냄새의 발생이 없도록 해야 한다.

④ 수원이 되는 원수나 지하수 및 지표수를 오염시키지 않아야 한다.

⑤ 처리방법이 경제적이고 간편하며, 도시미관을 해치지 않도록 해야 한다.

⑥ 변조는 수밀되어야 한다.

⑦ 분변의 비료화로 인한 토양오염을 줄이기 위해서 완전부숙(겨울 3개월, 여름 1개월 이상) 후에 사용하도록 한다.

3. 분뇨와 관련된 질병

1) 감염병 발생

(1) 환자나 보균자에게서 배설된 분뇨의 비위생적인 처리와 분뇨에 있는 병균이 음료수나 음식물을 오염시키므로 질병이 발생하게 된다.

(2) 분뇨로 인해 발병가능한 소화기계 감염병으로 콜레라, 장티푸스, 파라티푸스, 이질 등이 있으며, 특히 장티푸스는 우리나라에서 그 발병률이 가장 높은 법정감염병이다(제1종).

(3) 이질 중 세균성 이질은 이질균속 중 Shigella에 의한 질병으로 발병률도 높고 사망자 수도 높기 때문에 철저한 방역대책이 요구된다.

(4) 분뇨를 위생적으로 처리하지 않으면 환자, 보균자에서 배설된 병균이 분뇨를 통하여 음료수나 음식물을 오염시키기 때문에 종말처리장의 시설을 이용하여 분뇨를 처리하여야 한다.

2) 분뇨와 기생충

(1) 사람의 분변을 통하여 충란이 체외로 배설되는데, 이 충란은 회충란, 구충란, 편충란, 동양모양선충, 선모충란, 조충란 등이 있다.

(2) 혈관 내에 기생하는 기생충인 일본주혈 흡충란도 분변에 섞여 배설된다.

(3) 우리나라를 비롯한 동남아시아 지역에서는 분뇨를 비료로 사용하고 있으므로 미처리생분(未處理生糞)은 감염병, 기생충 감염뿐만 아니라 환경위생상과 도시미관상 해를 끼친다.

(4) 분뇨를 위생적으로 처리하여 분뇨 내의 기생충란을 사멸시키고 충란 또는 자충이 인체에 직접 침입되는 것을 방지하는 대책을 강구하는 동시에, 인체 내의 기생충의 성충을 집단적으로 구충하여 기생충을 예방하여야 한다.

4. 분뇨 처리법

1) 저류법(Storage Method)

(1) 정화변소나 급취변소 내에서 일정기간 동안 분뇨를 저장하여 부패, 소화시키는 방법으로써 여름은 30일 이상, 겨울은 100일 이상 저장하게 되면 병균 및 기생충란이 사멸된다.

(2) 농촌의 경우 밭구석에 콘크리트로 된 대형 분뇨저류 탱크를 만들어 각 가정에서 급취한 분뇨를 일정 기간 부패소화시켜 사용하기도 한다.

2) 퇴비법(Composting)

(1) 농비를 만들 때 퇴비 위에 분뇨를 뿌리는 일종의 가온처리법으로서 퇴비 내 온도가 부패열로 60~70℃ 전후로 수일간 지속되므로 병균과 기생충란이 완전히 사멸된다.

(2) 이때 토양의 오염을 감소시키기 위해 겨울은 3개월 이상, 여름은 1개월 이상 완전 부패, 소화한 뒤 사용하도록 한다.

3) 화학적 처리법(Chemical Treatment)

(1) 감염병원에서 사용되는 화학변소의 경우 병균소독은 쉬우나 기생충란은 죽이기가 곤란한데, 살충란제로 이황화탄소(CS_2)를 사용한다.

(2) 화학적 처리법의 처리과정은 예비처리, 본처리, 종말처리의 과정을 침전·소독한 후에 방류한다.

4) 소화처리법

(1) 정화조와 같은 특수한 오물정화장치를 시설하여 처리하는 방법으로 이 처리에서 생기는 액체는 하수도 또는 해상, 하천 등에 방류하고, 오니는 매립 또는 비료로 사용한다. 그러나 소화, 처리한 방류수는 분뇨종말처리장에 보내는 것이 원칙이다.

(2) 침전, 혐기성 또는 호기성 분해 등의 방법에 의해 분뇨 또는 하수를 안전하게 처리하는 정화시설을 액상폐기물 정화조라고도 하는데, 이에 의한 방류수의 수질은 처리대상 500~1,000인의 정화조에 있어서는 BOD가 1일 평균 90 ppm 이하, 1,000인 이상의 경우 BOD는 1일 평균 60 ppm 이하로 되어 있다.

(3) 분료처리시설의 방류수질기준
(공공하수처리시설로 유입하여 처리하는 분뇨처리시설은 적용 제외)

5) 분뇨분리처리법(Sewage Method)

대변과 소변을 분리하여 저류시키는 방법으로 소변의 병균함유 가능성이 적고 비료효과가 큰 점을 고려하여 처리하는 방법이다.

6) 하수처리법(Sewage Treatment)

정화조 변소와 수세식 변소의 부패조를 통해 배출되는 오수를 배수관을 통해 하수도에 버리는 방법이다.

7) 소각

(1) 병원 등에서 처분하는 특수한 처리법으로 모든 미생물 사멸의 최선책이다.

(2) 특수처리법에는 습식연소법이 이용되는데 분뇨가 하구 중의 유기물질을 자연조건 하에서는 연소시킬 수가 없으나, 100기압 하의 270~280℃에서는 연소가 된다.

(3) 이 원리를 이용한 처리법이다.

8) 온열처리

분뇨에 55~60℃의 열을 가하여 병균과 기생충란을 사멸시킨 후 퇴비로 살포하는 방법으로 위생적으로 좋은 방법이기는 하나 연료비 문제가 뒤따른다.

9) 투기

해상·육상 및 하천에 그대로 버리는 방법으로, 가장 원시적인 처리법이다.

10) 매립법

일정한 지역에 땅을 파고 묻는 방법이다. 이 방법은 토지의 넓이가 문제되고 지하수와 인근 하천수의 오염에 주의하여야 한다.

퀴즈(객관식 3문항)

01 분뇨처리방법 중 병원 등에서 처분하는 특수한 처리법으로 모든 미생물 사멸의 최선책인 방법은?

① 퇴비법 ② 소화처리법
③ 하수처리법 ④ 소각

정답 ④

해설 분뇨처리방법 중 소각방법은 병원 등에서 처분하는 특수한 처리법으로 모든 미생물 사멸의 최선책이며, 특수처리법에는 습식연소법이 이용되는데 분뇨가 하구 중의 유기물질을 자연조건 하에서는 연소시킬 수가 없으나, 100기압 하의 270~280℃에서는 연소가 된다.

02 분뇨와 관련된 대표적 발생가능한 감염병은?

① 장티푸스 ② 매독
③ 임질 ④ 선천성면역결핍증

정답 ①

해설 환자나 보균자에게서 배설된 분뇨의 비위생적인 처리와 분뇨에 있는 병균이 음료수나 음식물을 오염시키므로 질병이 발생하게 되며, 분뇨로 인해 발병 가능한 소화기계 감염병으로 콜레라, 장티푸스, 파라티푸스, 이질 등이 있으며, 특히 장티푸스는 우리나라에서 그 발병률이 가장 높은 법정감염병이다. 이질 중 세균성 이질은 이질균속 중 Shigella에 의한 질병으로 발병률도 높고 사망자수도 높기 때문에 철저한 방역대책이 요구된다.

03 분뇨처리 시 고려해야 할 사항으로 적절하지 않은 것은?

① 방충, 방서관리가 철저히 되어야 한다.
② 처리방법이 경제적이지만 복잡해야 한다.
③ 불쾌한 냄새의 발생이 없도록 해야 한다.
④ 수원이 되는 원수나 지하수를 오염시키지 말아야 한다.

정답 ②

해설 분뇨처리 시 고려해야 할 사항으로는 처리방법이 경제적이고, 간편하며, 도시미관을 해치지 않도록 해야 한다.

24 토양오염관리

학습 목표 1. 토양의 구성 및 토양오염물질에 대해 설명할 수 있다.
2. 토양오염 방지 대책에 대해 설명할 수 있다.

학습 내용 1. 토양의 구성
2. 토양오염 물질
3. 토양오염 방지대책

토양은 지각의 최상단에 위치하며 암석이 풍화되고 여기에 서식한 동식물의 시체가 혼합된 자연체로서 생물이 서식할 수 있는 물질이다. 토양은 대기권과 암석권의 경계에 존재하며 수권과 공존한다. 따라서 토양은 무기질, 유기물, 물 및 공기 생물 등으로 구성되어 있는데 고상(古相), 액상(液狀), 기상(氣象)의 3가지로 구분한다. 고상은 암석의 풍화물인 무기물과 동식물의 유체, 생물체를 포함한 유기물이고 액상은 토양수이며 기상은 토양 공기이다. 토양은 식물을 키워주는 기능 및 저수 기능, 수질 및 토양오염 물질의 정화 기능과 건조물 제거 기능의 역할을 수행한다.

1 토양의 구성

토양은 크게 유기물질과 무기물질으로 이루어져 있다. 이 중 유기물질은 오랜기간 동안 안정되어 있었던 부식물질에 이르기까지 매우 다양하다. 또한 무기물질인 암석은 햇빛, 비, 바람, 하천수에 의해 풍화, 침식되어 커다란 돌덩이와 모래가 되고 나아가 입자가 직경 0.02 mm 이하의 미립자인 점토까지 그 형태가 변한다. 토양의 무기물은 1차 광물과 2차 광물로 구분된다. 1차 광물은 대형이고 마그마(용암)가 냉각되어 생성된 것이다. 대표적인 예로는 석영, 장석, 운모석, 각섬석, 휘석, 감람석을 예시할 수 있다. 2차 광물은 미세하고 함수성이 큰 점토가 대부분이며 1차 광물이 변성작용 또는 풍화작용에 의해 변질되었거나 또는 새롭게 생성된 광물이다.

2 토양오염 물질

1) 토양오염의 개념 및 특성

토양 중에 오염물질이 투입되면 토양은 자체의 자정작용에 의하여 오염물질을 정화하는 작용을 하게 되는 바 이를 토양의 자정작용이라고 한다. 토양은 자정작용을 통해 분해 가능한 오염물질이 오염된 경우는 자연의 안정된 상태로의 환원이 가능하다. 그러나 중금속 물질이나 PCB와 같은 분해하기가 곤란한 오염물질이 유입되면 토양의 자정작용을 저해하여 토양 중에 축적됨으로써 토양오염을 일으키게 된다. 토양오염은 토양 중에 특정 물질의 농도가 한계 농도 이상으로 높아져 토양의 이화학적 성질을 악화시키거나 토양생물의 생육에 지장을 초래하며 먹이 연쇄를 통해 생태계에 커다란 변화를 일으키고 인체에 유해작용을 유발하는 것을 의미한다. 토양오염은 간접적이고 만성적이며 경제적으로 개선이 어려운 특성을 지니고 있다.

토양이 오염되면

(1) 토양생물과 지하수의 오염을 야기하여 농작물 및 토양생물의 생육에 지장을 초래한다.

(2) 먹이 연쇄를 통해 생태계에 커다란 변화를 초래한다.

(3) 오염된 토양에서 재배한 농작물을 섭취하면 건강상의 피해를 입게 된다.

2) 토양오염 물질

토양오염의 원인 물질로서는 농약, 유해합성 화합물, 중금속, 유기물, 유기염류, 방사능물질 등이 있다. 이 중에서 유기물은 토양 중에서 분해되며 무기염류도 흡수, 유실되므로 축적되는 양이 적다.

한편 토양오염의 발생원으로는 비료, 농약 등의 과·오용과 금속광산에서의 광물질, 중금속 배출업소의 허용기준 초과 배출, 산업 폐기물 및 도시 쓰레기의 관리 소홀 등을 예시할 수 있다.

(1) 농약

농약이 살충, 살균, 제초제 등의 고유 역할을 수행할 때에는 농약의 목적에 부합하지만 목적으로 하지 않는 대상에 잘못 사용되는 경우 생태계의 파괴와 더불어 농약오염을 야기한다. 농약을 적절한 시기에 적당한 양으로 안전하게 사용하는 것은 농약으로 인한 오염 문제를 최소화 할 수 있는 방법 중의 하나가 된다. 이에 따라 품목별 적용범위, 사용시기, 사용회수 및 적정 사용량 등을 결정하여 농약지도에 활용하여 농약으로 인한 피해를 사전에 예방하고 있다.

특히 골프장의 잔디 및 수목보호를 위해 살포하는 농약으로 인한 환경오염을 방지하기 위하여 전국 골프장의 농약사용실태를 조사하고 있다. 나아가 농경지 등에서의 농약사용으로 인한 상수오염의 방지를 위해 상수원 보호구역내에서의 농경지의 유출수에 대한 농약 잔류량 조사를 실시하고 있다.

농약 중에서 특히 DDT 등 유기염소계 화합물과 파라치온 등의 유기수은계 화합물은 토양 중에서 잘 분해되지 않아서 장기간 잔류하게 된다.

한편 비료도 과다 사용하면 토양오염을 일으킨다(질산염, 아질산염, 인산염). 그리고 비소, 카드뮴, 코발트, 구리, 납, 니켈, 셀레니움, 아연 등이 토양에 축적될 수 있다.

(2) 중금속

환경오염원으로 주로 문제가 되고 있는 원소들은 수은, 카드뮴, 크롬, 납, 구리화합물 등이다. 이들 중에서 비소(As)나 수은(Hg)은 생물에 불필요할 뿐만 아니라 해를 끼치게 되며 일정온도 이상 축적되면 생장에 지장을 초래한다.

요컨대 생물체에서 중금속이 검출되었다고 하여 반드시 위해하다고 단정할 수는 없다. 문제는 어느 정도의 함량을 지니고 있느냐 하는 점이며 허용기준을 훨씬 초과한 경우에 문제를 가져온다.

오염원으로는 광산폐수, 공장폐수, 대기오염물질의 토양침적 등이다. 광산폐수는 채광과 선광 과정에서의 폐수로 각종 중금속을 함유하며 공장폐수로는 제련소 및 도금폐수, 도료 및 염료공업 폐수, 화학공업 폐수 등에서 많이 배출된다. 그리고 농약 중에는 살균적인 유기수은제와 비소화합물이 포함된다.

또한 제련소의 배기가스나 자동차 매연 중에 각종 중금속이 포함되어 있으며 여기에 첨가하는 납화합물로 인해 토양이 오염될 수 있다.

(3) 방사능물질

핵실험에 의한 낙진, 핵폐기물의 부적절한 처분 등에 의해 토양이 오염될 수 있다.

(4) 대기오염 물질

질소산화물, 황산화물 등 산성대기오염물질은 산성비가 되어 농작물에 직접적인 피해를 주며 토양을 산성화시켜 지력을 쇠퇴시킨다. 또한 대기 중에 존재하는 구리, 납, 니켈 등의 화합물이 토양과 식물에 영향을 미친다.

3) 토양오염의 영향

(1) 토양의 산성화

토양의 산성화를 야기하는 원인은 다음과 같다.

① 비료의 과다 사용

② 분뇨를 토양에 연용할 경우

③ 유기물질의 과다한 살포

④ 산성비

(2) 식물에 영향

① 직접적 피해

식물 체내의 단백질을 용해시키거나 응고시킨다.

② 용출된 Al^{3+}와 Mn^{3+}에 의한 피해

맥류 등의 작물에 특성을 내포하거나 칼슘 및 인의 결핍을 가져온다.

③ 연분 증가에 의한 피해

식물의 성장 저해로 가져온다.

④ 중금속 오염으로 인한 피해

카드뮴(Cd^{3+})이 작물에 흡수되고 이것을 사람이 섭취할 경우 인체에 해를 주게 된다. 또한 구리와 아연이 과다하게 존재하면 세포의 물질대사를 저해하며 식물을 고사시킬 수 있다.

(3) 기타

탄광폐수, 요업폐수 등은 토양구조를 악화시켜 공기 유통과 배수작용을 저해한다. 또한 농업용수 중에 나트륨(Na^{+})의 양이 칼슘이나 마그네슘에 비해 많은 경우 배수가 불량한 토양이 되고 경작이 어렵게 된다.

3 토양오염 방지대책

우리나라의 토양환경정책은 종전의 수질환경보전법에 근거를 두고 출발하였으나 1995년 1월 토양환경보전법이 제정 공포되면서 1996년부터는 명실상부한 토양환경보전 시책이 실시되었다.

토양오염을 방지하기 위한 예방대책을 열거하면 다음과 같다.

(1) 토양오염 측정망의 운영

토양 측정망의 조사항목

- 중금속(8) : Cd, Cu, As, Hg, Pb, Cr^{+6}, Zn, Ni
- 일반항목(8) : PCB, CN, 유기인, 페놀, 유류(BTEX, TPH), 불소, TCE, PCE 토양산도(pH)

(2) 폐수 및 폐기물의 적정 처리 및 관리

중금속이나 유해물질은 함유하고 있는 폐수와 폐기물은 적정처리 및 관리하여 토양 피해가 발생하지 않도록 한다.

(3) 농약 및 비료의 과용 지양

농약의 잔류성을 최소화하기 위하여 농약개발 과정에서 농약 본래의 목적을 달성하고 빨리 분해할 수 있도록 농약 분자구조가 개발되어야 한다. 나아가 안정성 농약개발의 연구가 진행되어야 한다.

(4) 유해폐기물의 분리제도 확립

가정에서 발생되는 유해폐기물 즉 폐건전지, 부탄가스, 폐농약, 각종 스프레이 제품 등의 분리제도를 확립한다.

(5) 청정 농약의 개발

잔류성과 독성이 적은 농약을 개발한다.

(6) 청정 기술의 개발

제조공정에서 오염을 덜 유발하거나 유해성이 적은 원료를 사용할 수 있도록 기술을 개발하며 유해물질은 생산에서 유통, 처분에 이르기까지 철저히 관리한다.

한편 각종 오염물질로 오염된 토양은 다음과 같은 방법을 활용한다.

① 토양의 조건을 고려하여 재배식물을 권장한다.

② 밭을 논으로, 논을 밭으로 전환한다.

③ 토양의 이전 교환, 또는 용도 변경, 매립용으로 이용하고 다른 곳에서 오염이 안 된 토양을 운반하여 메꾼다.

구체적인 방안으로는,

㉠ 매립 객토

㉡ 객토 또는 복토 : 굴착이 곤란한 곳, 지하수위가 높은 지역에서 실시

㉢ 배토 후 객토 : 오염된 토양을 걷어내고 깨끗한 흙으로 객토

㉣ 혼층 복토 : 오염농도가 낮을 때 실시

㉤ 층위 전환 객토 : 상부 토양과 하부 토양의 위치를 교환하여 객토

④ 산성화된 토양은 석회를 사용하여 중화시킨다.

⑤ 유해 중금속에 오염된 토양은 토양 개량제를 사용하거나 객토를 실시한다.

⑥ 미생물을 증식시켜 이를 살포한다.

⑦ 오염물질의 비율이 큰 경우 토양을 물이나 계면활성제로 세척하여 제거한다.

⑧ 오염물질을 높은 농도로 농축할 수 있는 식물을 오염토양에 재배한 후 주기적으로 오염물질을 제거 한다.

토양을 침식으로부터 보전하는 방법은 여러 가지가 있으나 근본적인 대책으로는 비모세관공극의 확대와 물의 안정 교착의 생성 촉진으로 빗물을 충분히 삼투시켜야 한다. 그리고 빗방울의 직접적인 충격을 피하게 지표의 피복 보호를 강구하여야 하며 유출수의 속도를 느리게 하여야 한다.

요점 정리

1. 토양의 구성

토양은 크게 유기물질과 무기물질으로 이루어져 있다. 이 중 유기물질은 오랜기간 동안 안정되어 있었던 부식물질에 이르기까지 매우 다양하다. 또한 무기물질인 암석은 햇빛, 비, 바람, 하천수에 의해 풍화, 침식되어 커다란 돌덩이와 모래가 되고 나아가 입자가 직경 0.02 mm 이하의 미립자인 점토까지 그 형태가 변한다.

2. 토양오염 물질

1) 토양오염의 개념 및 특성

토양 중에 오염물질이 투입되면 토양은 자체의 자정작용에 의하여 오염물질을 정화하는 작용을 하게 되는 바 이를 토양의 자정작용이라고 한다. 토양은 자정작용을 통해 분해 가능한 오염물질이 오염된 경우는 자연의 안정된 상태로의 환원이 가능하다. 그러나 중금속 물질이나 PCB와 같은 분해하기가 곤란한 오염물질이 유입되면 토양의 자정작용을 저해하여 토양 중에 축적됨으로써 토양오염을 일으키게 된다.

2) 토양오염 물질

토양오염의 원인 물질로서는 농약, 유해합성 화합물, 중금속, 유기물, 유기염류, 방사능물질 등이 있다. 이 중에서 유기물은 토양 중에서 분해되며 무기염류도 흡수, 유실되므로 축적되는 양이 적다.

한편 토양오염의 발생원으로는 비료, 농약 등의 과·오용과 금속광산에서의 광물질, 중금속 배출업소의 허용기준 초과 배출, 산업 폐기물 및 도시 쓰레기의 관리 소홀 등을 예시할 수 있다.

3) 토양오염의 영향

(1) 토양의 산성화

토양의 산성화를 야기하는 원인은 다음과 같다.

① 비료의 과다 사용

② 분뇨를 토양에 연용할 경우

③ 유기물질의 과다한 살포

④ 산성비

(2) 식물에 영향

① 직접적 피해

식물 체내의 단백질을 용해시키거나 응고시킨다.

② 용출된 Al^{3+}와 Mn^{3+}에 의한 피해

맥류 등의 작물에 특성을 내포하거나 칼슘 및 인의 결핍을 가져온다.

③ 연분 증가에 의한 피해

식물의 성장 저해로 가져온다.

④ 중금속 오염으로 인한 피해

카드뮴(Cd3+)이 작물에 흡수되고 이것을 사람이 섭취할 경우 인체에 해를 주게 된다. 또한 구리와 아연이 과다하게 존재하면 세포의 물질대사를 저해하며 식물을 고사시킬 수 있다.

(3) 기타

탄광폐수, 요업폐수 등은 토양구조를 악화시켜 공기 유통과 배수작용을 저해한다.

또한 농업용수 중에 나트륨(Na^{+})의 양이 칼슘이나 마그네슘에 비해 많은 경우 배수가 불량한 토양이 되고 경작이 어렵게 된다.

3. 토양오염 방지대책

우리나라의 토양환경정책은 종전의 수질환경보전법에 근거를 두고 출발하였으나 1995년 1월 토양환경보전법이 제정 공포되면서 1996년부터는 명실상부한 토양환경보전 시책이 실시되었다.

토양오염을 방지하기 위한 예방대책을 열거하면 다음과 같다.

1) 토양오염 측정망의 운영

2) 폐수 및 폐기물의 적정 처리 및 관리

중금속이나 유해물질은 함유하고 있는 폐수와 폐기물은 적정처리 및 관리하여 토양 피해가 발생하지 않도록 한다.

3) 농약 및 비료의 과용 지양

농약의 잔류성을 최소화하기 위하여 농약개발 과정에서 농약 본래의 목적을 달성하고 빨리 분해할 수 있도록 농약 분자구조가 개발되어야 한다. 나아가 안정성 농약개발의 연구가 진행되어야 한다.

4) 유해폐기물의 분리제도 확립

가정에서 발생되는 유해폐기물 즉 폐건전지, 부탄가스, 폐농약, 각종 스프레이 제품 등의 분리제도를 확립한다.

5) 청정 농약의 개발

잔류성과 독성이 적은 농약을 개발한다.

6) 청정 기술의 개발

제조공정에서 오염을 덜 유발하거나 유해성이 적은 원료를 사용할 수 있도록 기술을 개발하며 유해물질은 생산에서 유통, 처분에 이르기까지 철저히 관리한다.

퀴즈(객관식 3문항)

01 토양의 설명으로 옳지 않은 것은?

① 토양은 무기질, 유기물 등으로 구성되어 있다.
② 식물을 키워주는 기능이 있다.
③ 토양오염 물질의 정화 기능이 있다.
④ 생물이 서식할 수 없는 물질이다.

정답 ④

해설 토양은 지각의 최상단에 위치하며 암석이 풍화되고 여기에 서식한 동식물의 시체가 혼합된 자연체로서 생물이 서식할 수 있는 물질이다.

02 토양오염의 영향으로 적절치 않은 것은?

① 토양의 알칼리성화
② 식물 체내의 단백질을 용해
③ 중금속 오염으로 인한 피해
④ 탄광폐수 등은 토양구조를 악화시켜 공기 유통과 배수작용을 저해

정답 ①

해설 비료의 과다사용, 분뇨를 토양에 연용하고, 유기물질의 과다한 살포로 토양의 산성화를 야기한다.

03 토양오염 방지대책으로 옳지 않은 것은?

① 농약 및 비료의 과용 지양
② 알칼리화된 토양은 석회를 사용하여 강알칼리로 변화시킨다.
③ 토양오염 측정망의 운영
④ 폐수 및 폐기물의 적정처리 및 관리

정답 ②

해설 산성화된 토양은 석회를 사용하여 중화시킨다.

25 산업보건개론

학습 목표 1. 산업보건의 정의에 대해 설명할 수 있다.
2. 산업보건의 목표에 대해 설명할 수 있다.

학습 내용 1. 산업보건의 정의
2. 산업보건의 역사
3. 산업보건관리의 목표

1 산업보건의 정의

사회생활을 영위하려면 직업에 종사해서 일을 하지 않으면 안 된다. 일(근로)은 인류역사와 더불어 존재해 온 생산적 활동과 직결된 인류 생활의 가장 기본적 요소이다. 직장 생활에 있어서는 근로에 의해서 체력을 소모하고 수명을 단축하는 일도 있고, 또 작업환경이나 작업조건이 좋지 않기 때문에 근로자는 질병에 이환되기도 하고 재해를 일으키고 때로는 사망하는 경우도 있다. 따라서 모든 산업장의 근로자들이 건강한 심신으로 높은 작업능률을 유지하면서 작업을 계속할 수 있고 생산성을 높이기 위하여 근로자의 근로 및 생활 조건을 어떻게 관리 정비해 나갈 것인가를 연구하는 일은 산업보건학의 주된 임무이자 목적이라 할 수 있겠으며, 이는 어디까지나 근로자의 건강과 행복을 전제로 하고 있다. 오늘날 산업사회는 근로자의 작업능력과 건강을 저해하는 수많은 유해요인들이 산재해 있는 실정이므로 근로자 개인의 건강을 적극적으로 유지·증진시키기 위한 산업보건학이 현대사회의 중요한 학문영역으로 부상하게 되었다.

산업보건에 관해 ILO와 WHO는 다음과 같이 정의하고 있다.

> "The promotion and maintenance of the highest degree of physical, mental and social well-being of worker's in all occupation."
> 모든 산업장의 직업인들의 육체적, 정신적, 사회적 안녕이 최고도로 유지 · 증진되도록 하는데 있다.

따라서 직업이 신체에 미치는 영향을 밝히고 예방조치를 강구함으로써 질병 및 재해를 예방하고, 나아가서 노동자의 건강증진에 노력하며 노동자의 직업적성을 고려해서 노동자의 노동력을 충분히 발휘하게 하며 사회에 공헌함으로써 노동자의 풍부한 생활을 향유시키는 것을 목적으로 하고 있다. 그러므로 산업보건은「노동자의 노동력이 함부로 소모되지 않도록 하여 근로자의 노동수명을 다할 때까지 순조롭게 지속시키고 기업주는 숙련된 노동력을 얻을 수 있도록 하는 데 의의를 지니고 있다」.

2 산업보건의 영역

위의 정의에서 보면 산업보건의 영역은 매우 광범위하다. 공중보건이 작업장 이외의 일반환경에서 공기, 물, 소음(진동), 영양 및 감염 등에 대한 건강 장해를 취급하는 반면 산업보건은 산업장 내에서의 작업 및 작업환경과 관련되어 일어나는 신체적·정신적·사회적 건강문제를 다루는 것이라 할 수 있겠다. 이는 개인의 노동 생리학에 기초를 두고 의학, 공학, 화학, 중독학, 심리학, 통계학, 사회학 등 여러 전문분야의 특수한 지식과 관련하여 여러 전문가와 긴밀한 협조 관계가 중요하며, 근로자 집단의 건강장해 예방에 중점을 둔 것으로 작업환경 대책이 그 핵심이라 할 수 있겠다.

이러한 광범위한 영역은 때로는 몇 개의 분과로 나누기도 한다. ① 작업환경의 정비에 있어서 의학, 이공학의 전문가들에 의하여 "Industrial health와 sanitary engineering" 분야의 발전을 가져왔고 ② 작업방법의 개선에 있어서 인간중심으로 변형하는 발전은 의학·공학·심리학 분야의 전문가들에 의하여 "Industrial Engineering 및 Ergonomics" 분야의 발전을 가져왔으며 ③ 직업에 기인하여 유발되는 건강장애의 예방, 치료, 사회복지에 관한 "Industrial medicine"이 발전되었다.

옛날의 산업은 특성상 원료와 시설에만 관심이 컸으며 인간 자원을 바탕으로 한 기업 합리화란 측면에서는 관심이 적었으나, 근래 산업은 기업경영이란 측면에서 근로자의 건강과 안전을 관리하는 인도적인 입장과 생산증가를 직결된 것으로 인식하게 되었으며, 장차 근로 인구의 확대 전망에 따라 연소, 노년 근로자 및 부녀근로자가 차지하는 비중이 커질 것으로 전망하여 근로자의 정신건강문제 등이 크게 대두하게 되었다.

따라서 산업보건학의 기초적 과제는 ① 작업환경의 정비 ② 산업의 합리화 ③ 산업심리 ④ 근로자의 영양관리 ⑤ 부녀, 노·소년 근로자의 보호 ⑥ 산업피로와 재해 예방문제 ⑦ 보호구 ⑧ 근로 보건관리 등이다.

3 산업보건의 발전

1) 외국의 산업보건 역사

생활용품을 만들기 위한 공장은 태고시대부터 시작되었다. 산업에 기인한 질병 및 재해 발생에 관한 대표적 기술은 의성 Hypocrates(B.C. 460~357)가 직업의 종사로 인해 특정의 질병이 일어나 건강에 장해가 생긴다고 하였으며, 그 후 산업의 발달과 직업의 분화로 직업에 의한 장해가 다양해지면서 라마리찌(Bernardino Ramazzini, 1663~1714)가 「직업인의 질병 : De Morbis Artificum Diatriba」이란 책을 1700년, 1713년 각각 출판하였는데, 이는 광범위한 직업에 종사하는 사람들의 각종 질병을 총괄한 것으로 산업의학의 시조로 불리고 있다.

18세기에 들어와서 증기기관의 발명이 산업혁명을 일으켰고 기계화가 근대산업을 유발케 했으며, 그 가운데 19세기 말에서 20세기 초 자본주의 경제가 이상적으로 발달해 근대산업의 기반이 확립되었지만 그로 인해 근로자가 공업을 중심으로 산업에 흡수되고 장기간 야간 근로 등의 불리한 작업조건, 유해물질 등에 폭로되는 불량작업환경에 의해 질병이나 재해를 발생시키므로 근로자의 건강장해는 커다란 사회문제로 대두되었다.

1919년 ILO가 창립되어 근로자의 권익과 안전보건을 위한 기틀이 마련되었으며, 1970년 미국에서 "산업안전보건법"이 통과되어 산업위생 분야의 급속한 발전을 가져오게 되었다.

2) 우리나라의 산업보건

예로부터 우리나라는 농업국으로 20세기 초 서양문화 도입과 더불어 일제통치하에 들어갔고, 해방 후 전쟁의 폐허 속에서 재건을 위해 1955년 비료, 시멘트, 방직, 금속 등에서 출발하여 1962년 제1차 경제개발 5개년계획에 이어 2차, 3차에 걸쳐 한국산업의 면모를 극적으로 변화시켰다. 이에 반해 사회적 관심은 일반적으로 낮았으며 산업보건에 대한 대책이 미흡한 가운데 2차산업인 중소기업체에 고용되어 있는 근로자는 산업보건의 혜택을 가장 많이 받아야 할 대상으로 그 수는 날로 증가 일로에 있다.

1953년에 우리나라의 산업보건에 관한 법령인 "근로기준법"이 공포되었고, 몇 년 후 근로보건관리규정(1961년)과 산업재해보상보험법(1963년)이 제정되었으나 그 실시면에서 국민의 인식부족으로 미흡한 점이 많았다. 산업보건에 관한 노동행정은 노동부가 주관하고 있으며, 64년 정부 주관하에 산업재해보상법제도가 시작되어 현재 모든 사업장에서 적용되고 있다.

근로자를 재해로부터 적극적으로 보호하기 위한 독립법이 시급히 요청되어 "산업안전보건법

(81년 제정) 및 동 시행령, 동 시행규칙"이 제정 공포되어 82년 7월부터 시행하여 오늘에 이르고 있다. 고용노동부(2010년 정부조직 개편으로 노동부에서 고용노동부로 명칭 변경함)는 또한 1995년 고용보험법을 제정한 이래 2013년까지 정을 거듭하며 고용보험 관련 업무를 확대해 1998년 3월부터 5인 이상 사업장에 적용 실업급여를 실시하였고, 1998년 10월부터는 전 사업장으로 확대실시 하였다. 2006년 1월 가입자수가 근로자 800만 9,329명, 사업장 114만 7,264개로 증가했다. 2012년 이후 49인 이하 종업원 둔 자영업자에게도 고용보험을 확대 적용하였으며, 2015년 통계 기준 약 근로자 1150만 명이 고용보험에 가입하였다.

4 산업보건 관리

1) 산업보건의 목표

산업보건의 목표를 1950년 ILO와 WHO의 합동위원회에서는 다음과 같이 정의하고 있다.

(1) 근로자가 정신적, 육체적 또는 사회적으로 건전하며

(2) 사업장의 환경관리를 철저히 하여 유해요인에 기인한 손상을 사전에 예방하고

(3) 합리적인 노동조건을 설정하므로 건강 유지를 도모하며

(4) 정신적·육체적 적성에 맞는 직종에 종사케 함으로써 사고를 예방하고 작업능률을 최대한 올리는 것을 기본목표로 삼고 있다. 즉, 산업보건의 목표는 직업인이 효율적으로 산업에 참여하고 안전과 보건을 유지 증진하여 자신의 행복한 삶을 영위하는 데 있다.

2) 중시해야 할 구체적 과제

(1) 노동적성 문제(중년, 고령자, 부녀자의 심신 특성)

(2) 새로운 생산기술이 인체에 미치는 영향과 대책

(3) 기술혁신으로 인한 정신적 부담과 긴장의 과학적 평가

(4) 산업근대화에 따른 새로운 유해환경의 영향(독성연구)

(5) 저농도의 유해물질이 장기간 연속 작용 시 새로운 직업성장해

(6) 작업 및 생활환경에 있어서의 부적응과 산업정신위생

(7) 교대제, 생체리듬, 인간공학

(8) 노동시간 단축(주 5일제)과 건강

3) 작업환경의 위생적 관리

건강에 해로운 작업조건이나 유해물질 및 위험물질이 있는 작업환경에 대한 위생적 관리가 중요한 업무이다. 따라서 각종 작업환경의 조건을 조사하여 개선함으로써 깨끗한 환경을 만들도록 노력함이 중요하다.

4) 근로자의 건강관리(건강진단)

1인 이상의 근로자를 사용하는 사업주는 정기적으로 근로자에 대한 건강진단을 실시하여야 하며, 근로자는 사업주가 실시하는 건강진단을 받아야 한다.

(1) 건강진단의 목적

근로자들에 대한 건강진단의 목적은 첫째, 생산능률에 나쁜 영향을 미치는 근로자들의 질병과 건강장해를 일으킬 소인을 가진 자를 발견하며 둘째, 업무상 불가피하게 발생한다고 생각되는 직업성 질병과 건강장해를 조기에 발견하여 진행을 사전에 예방하는 데 있다.

(2) 건강진단의 종류

근로자들에 대한 건강진단의 종류는 일반건강진단(직장가입자 건강검진), 배치 전 건강검진, 특수건강검진, 수시건강검진, 임시건강검진으로 구분한다.

> **실시근거**
> 1인 이상의 근로자를 사용하는 사업주는 근로자의 일반질병 및 직업성질환을 예방하고 작업 및 환경을 건강보호유지에 적합하도록 유지관리하기 위하여 산업안전보건법 제43조, 동법 시행규칙 제98조 내지 제107조 및 근로자건강진단실시기준(노동부고시)에서 정한 바에 따라 근로자 건강진단을 실시하여야 한다.

① 정기적으로 실시하여야 하는 건강진단

사무직에 종사하는 모든 근로자에 대하여는 매 2년에 1회 이상 일반건강진단을 실시하고, 사무직에 종사하는 근로자가 아닌 나머지 근로자에 대하여는 매 1년에 1회 이상 일반건강진단을 실시하여야 한다(규칙 제98조제2호 및 제99조제2항). 유해작업에 종사하는 근로자에 대하여는 매 1년에 1회 이상 일반건강진단을 실시하고, 동시에 유해

작업에서 노출되는 유해인자에 대한 특수건강진단을 배치 전 건강진단을 실시한 날부터 해당 유해인자별로 정해져 있는 시기 및 주기를 준수하여 주기적으로 함께 실시하여야 한다(규칙 제98조제3, 제99조제3항 내지 제5항 및 규칙별표 13).

② 직업성질환 의심 증상이나 소견을 호소할 때 실시하여야 하는 건강진단 유해작업에 종사하는 근로자가 직업성천식, 직업성피부질환 또는 기타 직업성질환을 의심케 하는 증상이나 소견을 호소하는 경우에는 당해 근로자에 대하여 수시건강진단을 실시하여야 한다(규칙 제98조제5호 및 제99조제7항).

③ 관할 지방노동관서의 장의 명령이 있을 때 실시하여야 하는 건강진단 관할 지방노동관서의 장이 명령을 하는 근로자에 대하여는 지체 없이 임시건강진단을 실시하여야 한다(규칙 제98조제6호).

(3) 건강진단 종류별 실시절차

① 일반건강진단(규칙 제100조제1항 내지 제4항)
제1차 검사와 제2차 검사의 두 단계로 구분하여 실시하되, 제1차 검사는 대상근로자 전체에 대하여 실시하고, 제2차 검사는 제1차 검사에서 의심소견이 있거나 결과판정이 곤란한 근로자에 대하여 추가로 실시한다.

② 배치 전 건강진단, 특수건강진단, 수시건강진단 및 임시건강진단
필수검사와 선택검사의 두 단계로 구분하여 실시하되, 필수검사는 대상근로자 전체에 대하여 실시하고, 선택검사는 필수검사에서 의심소견이 있거나 결과판정이 곤란한 근로자에 대하여 추가로 실시한다(규칙 제100조제5항, 제6항).
다음의 필수검사 및 선택검사 통합실시기준에 해당하는 근로자에 대하여는 필수검사 시에 선택검사의 일부 또는 전부를 통합하여 실시할 수 있다(규칙 제100조제7항).

(4) 종사작업별 건강진단 실시의뢰

일반작업에 배치할 예정이거나 종사하고 있는 근로자에 대한 일반건강진단은 특수건강진단기관 또는 국민건강보험법에 의한 건강진단기관에 의뢰하여 실시하여야 한다.
유해작업에 배치할 예정이거나 종사하고 있는 근로자에 대한 - 배치 전 건강진단(채용시 건강진단 포함), 특수건강진단(일반건강진단 포함) 및 수시건강진단은 특수건강진단기관에 의뢰하여 실시하여야 한다.

(5) 건강관리 구분 판정

건강관리 구분		건강관리 구분 내용
A		건강관리 상 사후관리가 필요 없는 근로자(건강자)
C	C1	직업성 질병으로 진전될 우려가 있어 추적 검사 등 관찰이 필요한 근로자(직업병 요관찰자)
	C2	일반질병으로 진전될 우려가 있어 추적 관찰이 필요한 근로자 (일반질병 요관찰자)
D	D1	직업성 질병의 소견을 보여 사후관리가 필요한 근로자(직업병 유소견자)
	D2	일반질병의 소견을 보여 사후관리가 필요한 근로자(일반질병 유소견자)
R		1차 건강진단 결과 건강수준의 평가가 곤란하거나 질병이 의심되는 근로자(제2차 건강진단 대상자)

※ 특수건강진단 선택검사항목 추가검사 대상임을 통보하였으나 당해 근로자의 퇴직 등으로 당해검사가 이루어지지 않아 건강관리 구분을 판정할 수 없는 근로자에 대해서는 "U"로 분류함

(6) 사후관리조치 판정

구분	사후관리조치 내용(1)
0	필요 없음
1	건강상담
2	보호구지급 및 착용지도
3	추적검사(2) 검사항목에 대하여 20 년 월 일경에 추적검사가 필요
4	근무 중 (　　)에 대하여 치료
5	근로시간 단축
6	작업전환
7	근로제한 및 금지
8	산재요양신청서 직접 작성 등 당해 근로자에 대한 직업병확진의뢰 안내(3)
9	기타

(1) 사후관리조치 내용은 한 근로자에 대하여 중복하여 판정할 수 있음

(2) 건강진단의사가 직업병요관찰자(C_1) 또는 직업병유소견자(D_1)에 대하여 추적검사 판정을 하는 경우에는 사업주는 반드시 건강진단의사가 지정한 검사항목에 대하여 지정한 시기에 추적검사를 실시하여야 함

(3) 직업병유소견자(D_1) 중 요양 또는 보상의 필요성 확인이 필요한 근로자에 대하여는 건강진단의사가 반드시 직접 산재요양신청서를 작성하여 당해 근로자가 근로복지공단 관할지사에 산재요양신청을 할 수 있도록 안내하여야 함

사업주는 일반질병 요관찰자 또는 유소견자의 판정을 받은 근로자에 대하여는 생활습관 개선 또는 근무 중 치료 등 의사의 사후관리조치 판정에 따라 당해 근로자가 스스로 건강관리를 할 수 있도록 보건지도를 실시하고 그에 필요한 조치를 배려하여야 하며, 직업병 요관찰자 또는 유소견자 판정을 받은 근로자에 대하여는 의사가 판정한 사후관리조치 또는 그에 준하는 건강보호조치를 이행하여야 한다.

(7) 업무수행 적합여부 판정

구분	업무수행 적합 여부 내용
가	건강관리상 현재의 조건하에서 작업이 가능한 경우
나	일정한 조건(환경개선, 보호구착용, 건강진단주기의 단축 등)하에서 현재의 작업이 가능한 경우
다	건강장해가 우려되어 한시적으로 현재의 작업을 할 수 없는 경우(건강상 또는 근로조건상의 문제가 해결된 후 작업복귀 가능)
라	건강장해의 악화 또는 영구적인 장해의 발생이 우려되어 현재의 작업을 해서는 안되는 경우

(8) 건강진단결과에 따른 사후관리 조치

개별적 사후관리 조치	• 건강상담 및 건강증진 • 보호구 지급, 교체 및 착용지도 • 추적검사(검사항목 일부) • 주기단축(건강진단, 전체, 개인)
집단적 사후관리 조치	• 보건교육 • 주기단축(동일공정, 작업 전체) • 작업환경 측정 • 직업환경 • 기술

(9) 건강진단결과의 판정

건강진단결과에서 판정받은 건강관리구분은 현재의 상태에서 건강을 보호·유지하기 위하여 어떤 조치가 필요한지를 결정하기 위한 참고기준으로 건강관리구분을 가지고 개별 근로자의 건강수준을 평가하거나 질병의 유무를 판단하는 것은 옳지 않다.

요점 정리

1. 산업보건의 정의

사회생활을 영위하려면 직업에 종사해서 일을 하지 않으면 안 된다. 일(근로)은 인류역사와 더불어 존재해 온 생산적 활동과 직결된 인류 생활의 가장 기본적 요소이다. 직장 생활에 있어서는 근로에 의해서 체력을 소모하고 수명을 단축하는 일도 있고, 또 작업환경이나 작업조건이 좋지 않기 때문에 근로자는 질병에 이환되기도 하고 재해를 일으키고 때로는 사망하는 경우도 있다. 따라서 모든 산업장의 근로자들이 건강한 심신으로 높은 작업능률을 유지하면서 작업을 계속할 수 있고 생산성을 높이기 위하여 근로자의 근로 및 생활 조건을 어떻게 관리 정비해 나갈 것인가를 연구하는 일은 산업보건학의 주된 임무이자 목적이라 할 수 있겠으며, 이는 어디까지나 근로자의 건강과 행복을 전제로 하고 있다.

2. 산업보건의 영역

위의 정의에서 보면 산업보건의 영역은 매우 광범위하다. 공중보건이 작업장 이외의 일반환경에서 공기, 물, 소음(진동), 영양 및 감염 등에 대한 건강장해를 취급하는 반면 산업보건은 산업장 내에서의 작업 및 작업환경과 관련되어 일어나는 신체적·정신적·사회적 건강문제를 다루는 것이라 할 수 있겠다. 이는 개인의 노동 생리학에 기초를 두고 의학·공학·화학·중독학·심리학·통계학·사회학 등 여러 전문분야의 특수한 지식과 관련하여 여러 전문가들과 긴밀한 협조 관계가 중요하며, 근로자 집단의 건강장해 예방에 중점을 둔 것으로 작업환경 대책이 그 핵심이라 할 수 있겠다.

3. 산업보건의 발전

1) 외국의 산업보건 역사

생활용품을 만들기 위한 공장은 태고시대부터 시작되었다. 산업에 기인한 질병 및 재해 발생에 관한 대표적 기술은 의성 Hypocrates(BC 460~357)가 직업의 종사로 인해 특정의 질병이 일어나 건강에 장해가 생긴다고 하였으며, 그 후 산업의 발달과 직업의 분화로 직업에 의한 장해가 다양해지면서 라마리찌(Bernardino Ramazzini : 1663~1714)가 「직업인의 질병 : De Morbis Artificum Diatriba」이란 책을 1700년, 1713년 각각 출판하였는데, 이는 광범위한 직업에 종사하는 사람들의 각종 질병을 총괄한 것으로 산업의학의 시조로 불리고 있다.

4. 산업보건 관리

1) 산업보건의 목표

산업보건의 목표를 1950년 ILO와 WHO의 합동위원회에서는 다음과 같이 정의하고 있다.

(1) 근로자가 정신적, 육체적 또는 사회적으로 건전하며

(2) 사업장의 환경관리를 철저히 하여 유해요인에 기인한 손상을 사전에 예방하고

(3) 합리적인 노동조건을 설정하므로 건강유지를 도모하며

(4) 정신적·육체적 적성에 맞는 직종에 종사케 함으로써 사고를 예방하고 작업능률을 최대한 올리는 것을 기본목표로 삼고 있다. 즉, 산업보건의 목표는 직업인이 효율적으로 산업에 참여하고 안전과 보건을 유지 증진하여 자신의 행복한 삶을 영위하는 데 있다.

2) 중시해야 할 구체적 과제

(1) 노동적성 문제(중년, 고령자, 부녀자의 심신특성)

(2) 새로운 생산기술이 인체에 미치는 영향과 대책

(3) 기술혁신으로 인한 정신적 부담과 긴장의 과학적 평가

(4) 산업근대화에 따른 새로운 유해환경의 영향(독성연구)

(5) 저농도의 유해물질이 장기간 연속 작용 시 새로운 직업성 장해

(6) 작업 및 생활환경에 있어서의 부적응과 산업정신위생

(7) 교대제, 생체리듬, 인간공학

(8) 노동시간 단축(주 5일제)과 건강

3) 작업환경의 위생적 관리

건강에 해로운 작업조건이나 유해물질 및 위험물질이 있는 작업환경에 대한 위생적 관리가 중요한 업무이다. 따라서 각종 작업환경의 조건을 조사하여 개선함으로써 깨끗한 환경을 만들도록 노력함이 중요하다.

4) 근로자의 건강관리(건강진단)

1인 이상의 근로자를 사용하는 사업주는 정기적으로 근로자에 대한 건강진단을 실시하여야 하며, 근로자는 사업주가 실시하는 건강진단을 받아야 한다.

① 건강관리 구분 판정

<table>
<tr><th colspan="2">건강관리 구분</th><th>건강관리 구분 내용</th></tr>
<tr><td colspan="2">A</td><td>건강관리 상 사후관리가 필요 없는 근로자(건강자)</td></tr>
<tr><td rowspan="2">C</td><td>C1</td><td>직업성 질병으로 진전될 우려가 있어 추적 검사 등 관찰이 필요한 근로자(직업병 요관찰자)</td></tr>
<tr><td>C2</td><td>일반질병으로 진전될 우려가 있어 추적 관찰이 필요한 근로자
(일반질병 요관찰자)</td></tr>
<tr><td rowspan="2">D</td><td>D1</td><td>직업성 질병의 소견을 보여 사후관리가 필요한 근로자(직업병 유소견자)</td></tr>
<tr><td>D2</td><td>일반질병의 소견을 보여 사후관리가 필요한 근로자(일반질병 유소견자)</td></tr>
<tr><td colspan="2">R</td><td>1차 건강진단 결과 건강수준의 평가가 곤란하거나 질병이 의심되는 근로자(제2차 건강진단 대상자)</td></tr>
<tr><td colspan="3">※ 특수건강진단 선택검사항목 추가검사 대상임을 통보하였으나 당해 근로자의 퇴직 등으로 당해검사가 이루어지지 않아 건강관리 구분을 판정할 수 없는 근로자에 대해서는 "U"로 분류함</td></tr>
</table>

퀴즈(객관식 3문항)

01 산업보건학의 기초적 과제로 적절하지 않은 것은?

① 작업환경의 정비
② 근로자의 영양관리
③ 산업피로와 재해 예방문제
④ 근로자 적절 치료

정답 ④

해설 산업보건학의 기초적 과제는 ① 작업환경의 정비 ② 산업의 합리화 ③ 산업심리 ④ 근로자의 영양관리 ⑤ 부녀, 노·소년 근로자의 보호 ⑥ 산업피로와 재해 예방문제 ⑦ 보호구 ⑧ 근로 보건관리 등이다.

02 산업보건의 목표로 적절하지 않은 것은?

① 생산성 높은 노동조건을 설정
② 사업장의 환경관리 철저
③ 정신적, 육체적 적성에 맞는 직종에 종사
④ 유해요인에 기안한 손상을 사전에 예방

정답 ①

해설 합리적인 노동조건을 설정하므로 건강유지를 도모하는 것이 산업보건의 목표임.

03 근로자 건강관리 판정 구분 중 'D1'이 의미하는 것은?

① 일반질병의 소견을 보여 사후관리가 필요한 근로자
② 직업성 질병의 소견을 보여 사후관리가 필요한 근로자
③ 직업성 질병으로 진전될 우려가 있어 추적 검사 등 관찰이 필요한 근로자
④ 일반질병으로 진전될 우려가 있어 추적 관찰이 필요한 근로자

정답 ②

해설 D1은 직업성 질병의 소견을 보여 사후관리가 필요한 근로자로 일명 직업병 유소견자 판정이라고 함.

26 근로자 보건관리

학습 목표 1. 근로자의 보건관리에 대해 설명할 수 있다.
2. 산업현장에서 사용하는 개인보호구에 대해 설명할 수 있다.

학습 내용 1. 근로자의 보건관리 내용
2. 호흡기 보호구 등의 개인보호구 관리 내용
3. 산업정신위생에 관한 내용

1 근로자의 보건관리

산업보건에 있어서 근로자의 보건관리 목적 달성을 위해 근로자와 사업주는 상호협조를 하지 않으면 안 된다. 산업안전보건법에서도 근로자의 보건관리를 위해 사업주는 안전관리자와 보건관리자를 선임해야 하며(제17조 내지 제18조), 정기적인 건강진단 실시(제129조)도 명시하고 있다. 아울러 인체에 해로운 작업장에 대하여는 노동부령이 정하는 바에 의하여 작업환경을 측정(제125조)하여 기록 보존하도록 하고 있다.

※ 보건관리자의 직무

(1) 산업안전보건법에 따라 보건관리자가 수행하여야 할 업무는 다음과 같다.

① 산업안전보건위원회 또는 노사협의체에서 심의·의결한 업무와 안전보건관리규정 및 취업규칙에서 정한 업무

② 안전인증대상 등과 자율안전확인대상 기계·기구 등 중 보건과 관련된 보호구(保護具) 구입 시 적격품 선정에 관한 보좌 및 조언·지도

③ 위험성평가에 관한 보좌 및 조언·지도

④ 물질안전보건자료의 게시 또는 비치에 관한 보좌 및 조언·지도

⑤ 산업보건의의 직무(보건관리자가 의사인 경우로 한정)

⑥ 해당 사업장 보건교육계획의 수립 및 보건교육 실시에 관한 보좌 및 조언·지도

⑦ 해당 사업장의 근로자를 보호하기 위한 다음의 조치에 해당하는 의료행위(보건관리자가 의사 및 간호사 경우로 한정)

㉠ 외상 등 흔히 볼 수 있는 환자의 치료

㉡ 응급처치가 필요한 사람에 대한 처치

㉢ 부상·질병의 악화를 방지하기 위한 처치

㉣ 건강진단 결과 발견된 질병자의 요양 지도 및 관리

㉤ 가목부터 라목까지의 의료행위에 따르는 의약품의 투여

⑧ 작업장 내에서 사용되는 전체 환기장치 및 국소 배기장치 등에 관한 설비의 점검과 작업방법의 공학적 개선에 관한 보좌 및 조언·지도

⑨ 사업장 순회점검·지도 및 조치의 건의

⑩ 산업재해 발생의 원인 조사·분석 및 재발 방지를 위한 기술적 보좌 및 조언·지도

⑪ 산업재해에 관한 통계의 유지·관리·분석을 위한 보좌 및 조언·지도

⑫ 법 또는 법에 따른 명령으로 정한 보건에 관한 사항의 이행에 관한 보좌 및 조언·지도

⑬ 업무수행 내용의 기록·유지

⑭ 그 밖에 작업관리 및 작업환경관리에 관한 사항

(2) 보건관리자는 위의 업무를 수행할 때는 안전관리자와 협력하여야 한다.

2 산업위생보호구

H. W. Heinrich는 보호구(personal protective equipment)를 「외부의 유해한 자극물을 차단하거나 그 영향을 낮출 목적으로 근로자의 신체 일부 또는 전부에 착용하는 것」으로 정의하고 있다. 즉, 작업장에서 착용하는 개인위생보호구는 유해물질을 줄이거나 완전히 제거하지 못하는 경우에 최후의 수단으로 재해나 건강상 질환을 방지하기 위한 부수적인 목적으로 신체에 직접 착용하는 것이므로 보호구에 결함이 있거나 그 성능 자체가 좋지 않을 경우 언제든지 유해물질에 폭로될 수 있다. 특히 작업장 내의 오염된 공기 중에 분진, 흄, 미스트, 각종 가스 및 유해증기와 산소결핍 등의 유해요소로부터 폭로 정도를 줄이기 위해 신체에 착용하는 장구들을 위생보호구라 하며, 사업주나 근로자들은 위생보호구의 성능, 손질방법, 착용방법에 관한 지식습득이 필요하다.

보호구의 종류

① 안전보호구 : 안전화, 안전모, 안전대, 방한복, 방사조끼, 내전복, 작업복 등
② 위생보호구 : 방진안경, 차량안경, 방호면, 귀마개, 귀덮개, 방진마스크, 방열장갑, 방열복, 송기마스크, 위생장갑, 방독마스크, 절연복, 고무장화, 우의, 토시 등

그 중 주요 위생보호구에 대해 살펴보고자 한다.

1) 호흡용 보호구

(1) 방진 마스크

① 산소농도가 18% 이하인 장소에서 공기 중 부유입자(톱밥분진, 규산질분진, 석탄과 납, 카드뮴, 베릴륨의 흄분진)의 방지 목적으로 호흡부위에 착용한다. 가스 상태의 유해물질이 존재하는 곳에서는 아무런 착용 효과가 없는 것이다.

② 선정기준으로는

㉠ 높은 포집률(1전후 SiO_2 분진 30 L/min 속도로 통과)
㉡ 무게가 가벼울 것(120 g 이하가 적당)
㉢ 시야가 넓을 것(60° 이상)
㉣ 적은 흡기 저항(RMR이 높을수록 저항이 낮은 것 착용)
㉤ 중심이 앞쪽으로 치우치지 않을 것
㉥ 밀착성이 강할 것
㉦ 사용법 손질이 간편할 것

③ 형태별로는 전면마스크(full face mask)와 반면마스크(half face mask)가 있다. 분진의 종류에 따라 특급, 1급, 2급으로 구분하며, 특히 베릴륨, 비소, 납, 망간, 아연 등 중독을 일으키는 분진과 방사선물질에는 특급을 사용해야 한다.

(2) 송풍 마스크(산소 마스크)

① 산소 결핍 시, 유해물의 농도가 높을 시 사용

② 송풍 마스크(송기 마스크, Hose mask) : 송풍량은 경작업 시 150 L/min, 중등도에서 200 L/min이 적당하다.

③ 산소마스크(산소 호흡기) : 마스크가 산소 봄베와 연결되어 구급용, 위생용 양질로 사

용 가능하며, 헬멧식과 구복식 2가지가 있다.

④ 방독마스크(gas mask) : 산소가 18% 미만인 곳에서는 사용이 금지되고 있으며, 맨홀 내 작업, 지하, 배 밑, 창고, 기름 탱크 안의 작업 등은 위험하다.

⑤ 대상 유해물질에 따라 흡수관 내의 흡수제가 다르며 흡수제로는 활성탄이 주로 사용된다. 격리식, 직결식, 직결식 소형마스크가 있다.

⑥ 방독마스크의 원리는 흡수통 내에 들어있는 활성탄, 실리카겔, 제오라이트, 염화칼슘 등과 같은 흡수제의 종류에 따라 구별 사용해야 한다.

2) 방음 보호구(차음보호구)

(1) 귀마개(ear plug) : 외이도에 삽입하여 소음을 차단하는 것으로 25～40 dB 이상 차음 효과가 이상적이다. 100 dB 이상인 곳에서는 별 효과가 없다. 휴대 및 사용이 간편하고 값이 싼 장점이 있는 반면 외청도 오염의 우려가 있고 차음 효과가 낮은 단점이 있다.

(2) 귀덮개(ear muff) : ear phone과 비슷하나 차음효과가 plug보다 크고 귀의 크기에 구애받지 않으며 귀에 이상이 있어도 착용 가능하다(45 dB 이상의 차음효과가 있어야 됨). 그러나 고온 작업장에서 착용이 곤란하고 휴대·관리가 곤란한 단점이 있다. 8시간 TWA 105 dB 이상인 작업장에서는 plug와 muff를 동시에 착용해야 효과가 있다.

(3) ear value : ear filter라고도 하며 회화음은 통과시키고 고음만 차단이 되도록 고안

3) 눈 보호구(goggle)

(1) 차광안경 : 300～400 m의 자외선과 700～1,400 m의 적외선을 흡수할 수 있어야 한다(300 이하 자외선과 4,000 이상 적외선은 1 mm 보통 유리로 차단이 가능). 차광용 안경은 지금까지 순도 높은 녹색을 많이 썼으나 눈을 피로하게 하고 적외선을 투과시키기 때문에 순도가 높지 않는 녹색(綠色)이나 다색(茶色)이 적당하다고 한다(KS P8141 차광보호구에서는 무채색 또는 연두색, 청록색 등 규정)

(2) 보호안경(외상방지용) : 특수한 열처리로 강한 외력에 깨지는 일이 없어야 한다. 산·알칼리·부식성화학약품·먼지·금속조각·화염에 의한 눈 외상 보호에 적합하게 제조된 것이라야 한다.

4) 방열복 · 방열면

석면 운모가 사용되었으나, 근래 섬유에 알루미늄을 증착(蒸着)시킨 방열복을 사용한다(80% 방열효과).

5) 감전방지용 보호구

전기용 안전모와 전기용 고무장갑, 작업옷, 전기용 고무장화 등이 있다.

6) 피부 보호용 크림

산업용 피부 보호제로 다음과 같은 것들이 있다.

(1) 지용성 물질에 대한 피부 보호제

(2) 수용성 피부 보호제

(3) 광 과민성 피부 보호제

(4) 피막 형성용 피부 보호제 등이 있다.

3 산업정신위생

1) 정신위생

여기서 정신위생이라고 하는 것은 단순히 직장의 정신병 대책을 말하고 있는 것이 아닌 좀 더 넓은 의미의 것을 다루고자 한다.

제1차 산업혁명은 인간의 육체적 건강 측면에서 결핵이나 기타 질병을 만연시키는 결과를 초래했지만 최근 산업의 발전은 직업인들의 정신적 건강에 현저한 영향을 미치고 있다. 기술의 근대화에 의한 생산의 증대는 육체적 부담을 덜어 주었지만 정신건강을 요구하는 작업이 많아 정신면의 부담을 크게 하고 있다. 또 기업 내에서의 인간관계의 복잡화와 한편으로는 인간 소외가 정신적 부담이 되고 있다. 대뇌변연계(cerebral limbic system)와 대뇌피질(cerebral cortex)의 움직임 사이에 갈등은 정신 피로의 원인이 되고 이것이 또 육체적인 영향을 미친다는 것은 전술한 바와 같다.

산업 정신위생을 취급하는 항목으로서는 아래와 같은 것이 있다.

적성에는 개인의 체격·체질·연령·직업력·훈련 등도 관련하고 있지만 기능, 인간관계, 관리자로서의 소질은 정신위생과 관련이 대단히 크다. 또 직장 부적응문제가 정신 갈등을 일으키기 쉬운 성격으로부터 일어나는 것이 있다. 직장도피, 결근, 태업(怠業) 등을 유발하는 기초가 된다. 따라서 재해와도 밀접한 관계가 있다. 이러한 성격의 경우 가정에서도 갈등이 일어나기 쉬우며, 그것이 직장에서도 이어져 직장에서의 정신 갈등 원인이 되기도 하는 데 있다. 직장 부적응의 문제점과 그 원인을 보면 과반수는 협의의 정신병, 신체질환 및 장해, 성격이상에 기인한다고 말하고 있다.

2) 산업 신경증(産業神經症)

심인성 장해(신경증, 노이로제 등)는 심적원인(心因)에 의해서 정신 또는 육체에 장해를 일으키는 것과 심인에 의해서 지금까지 있어온 질환이 채색되어 드러나는 것을 말하고 있다.

산업신경증이란 넓게 생각하면 산업 그 자체에 특별한 유해성(有害性)이 없어도 직업에 의해 일어나는 신경증이 있다. 소질적으로 장해가 있어서 근무로부터 도피나 쉬고 싶다고 요망하는 보통의 신경증도 여기에 포함시키는 경우가 많다.

이 가운데 직업성신경증(職業性神經症)이라고 부르는 것은 작업의 하중이 원인이 되어 일어나고 있다. 신경적소질을 가지므로 작업상 불안이 보이기도 하고 이것에 근무의 하중(荷重)이 더해져 일어나는 것이 있다. 중요성 신경증은 다음과 같은 것이 있다.

(1) 수지경련(手指痙攣) : 전신수(電信手), 타이피스트, 키이펀치, 봉제사

(2) 서경(書痙, 文字를 쓰면 경련(痙攣)이 일어나 文字를 쓰지 못함) : 창작가, 기자, 대서사, 속기사

(3) 악수경련(樂手痙攣) : 피아니스트, 바이올리니스트, 취적수(吹笛手), 성악가(성대 이상으로 발성 곤란)

근무에 주로 사용하는 근육근이 작업동작을 할 때 경련이 일어나고 떨리기도 하고 신경통이 일어나기도 하며 마비가 일어나서 사용하지 못한다. 그러나 같은 근육을 다른 일에 사용하는 경우에 지장이 없는 것이 특징이다.

요점 정리

1. 근로자의 보건관리

산업보건에 있어서 근로자의 보건관리의 목적 달성을 위해 근로자와 사업주는 상호협조를 하지 않으면 안된다. 산업안전보건법에서도 근로자의 보건관리를 위해 사업주는 안전관리자와 보건관리자를 선임해야 하며(제17조 내지 제18조), 정기적인 건강진단 실시(제129조)도 명시하고 있다.

2. 산업위생보호구

H. W. Heinrich는 보호구(personal protective equipment)를「외부의 유해한 자극물을 차단하거나 그 영향을 낮출 목적으로 근로자의 신체 일부 또는 전부에 착용하는 것」으로 정의하고 있다. 즉, 작업장에서 착용하는 개인위생보호구는 유해물질을 줄이거나 완전히 제거하지 못하는 경우에 최후의 수단으로 재해나 건강상 질환을 방지하기 위한 부수적인 목적으로 신체에 직접 착용하는 것이므로 보호구에 결함이 있거나 그 성능자체가 좋지 않을 경우 언제든지 유해물질에 폭로될 수 있다. 특히 작업장 내의 오염된 공기 중에 분진, 흄, 미스트, 각종가스 및 유해증기와 산소결핍 등의 유해요소로부터 폭로 정도를 줄이기 위해 신체에 착용하는 장구들을 위생보호구라 하며, 사업주나 근로자들은 위생보호구의 성능, 손질방법, 착용방법에 관한 지식습득이 필요하다.

1) 호흡용 보호구

(1) 방진 마스크 : 산소농도가 18% 이하인 장소에서 공기중 부유입자(톱밥분진, 규산질분진, 석탄과 납, 카드뮴, 베릴륨의 흄분진)의 방지 목적으로 호흡부위에 착용한다. 가스 상태의 유해물질이 존재하는 곳에서는 아무런 착용효과가 없는 것이다. 선정기준으로는

① 높은 포집률(1 전후 SiO_2 분진 30 L/min 속도로 통과)
② 무게가 가벼울 것(120 g 이하가 적당)
③ 시야가 넓을 것(60°이상)
④ 적은 흡기 저항(RMR이 높을수록 저항이 낮은 것 착용)
⑤ 중심이 앞쪽으로 치우치지 않을 것
⑥ 밀착성이 강할 것
⑦ 사용법 손질이 간편할 것

형태별로는 전면마스크(full face mask)와 반면마스크(half face mask)가 있다. 분진의 종류에 따라 특급, 1급, 2급으로 구분하며, 특히 베릴륨, 비소, 납, 망간, 아연 등 중독을 일으키는 분진과 방사선 물질에는 특급을 사용해야 한다.

(2) 송풍 마스크(산소 마스크) : 산소 결핍 시, 유해물의 농도가 높을 시 사용

① 송풍 마스크(송기 마스크, Hose mask) : 송풍량은 경작업 시 150 L/min, 중등도에서 200 L/min이 적당하다.

② 산소마스크(산소 호흡기) : 마스크가 산소 봄베와 연결되어 구급용, 위생용 양질로 사용 가능하며, 헬멧식과 구복식 2가지가 있다.

③ 방독마스크(gas mask) : 산소가 18% 미만인 곳에서는 사용이 금지되고 있으며, 맨홀 내 작업, 지하, 배 밑, 창고, 기름탱크 안의 작업 등은 위험하다.
대상 유해물질에 따라 흡수관내의 흡수제가 다르며 흡수제로는 활성탄이 주로 사용된다. 격리식, 직결식, 직결식 소형마스크가 있다.
방독마스크의 원리는 흡수통 내에 들어있는 활성탄, 실리카겔, 제오라이트, 염화칼슘 등과 같은 흡수제의 종류에 따라 구별 사용해야 한다.

2) 방음 보호구(차음보호구)

(1) 귀마개(ear plug) : 외이도에 삽입하여 소음을 차단하는 것으로 25～40 dB 이상 차음 효과가 이상적이다. 100 dB 이상인 곳에서는 별 효과가 없다. 휴대 및 사용이 간편하고 값이 싼 장점이 있는 반면 외청도 오염의 우려가 있고 차음효과가 낮은 단점이 있다.

(2) 귀덮개(ear muff) : ear phone과 비슷하나 차음효과가 plug보다 크고 귀의 크기에 구애받지 않으며 귀에 이상이 있어도 착용 가능하다(45 dB 이상의 차음효과가 있어야 됨). 그러나 고온 작업장에서 착용이 곤란하고 휴대·관리가 곤란한 단점이 있다. 8시간 TWA 105 dB 이상인 작업장에서는 plug와 muff를 동시에 착용해야 효과가 있다.

(3) ear value : ear filter라고도 하며 회화음은 통과시키고 고음만 차단이 되도록 고안

3) 눈 보호구(goggle)

(1) 차광안경 : 300～400 m의 자외선과 700～1,400 m의 적외선을 흡수할 수 있어야 한다(300 이하 자외선과 4,000 이상 적외선은 1 mm 보통 유리로 차단이 가능). 차광용 안경은 지금까지 순도 높은 녹색을 많이 썼으나 눈을 피로하게 하고 적외선을 투과시키기 때문에 순도가 높지 않는 녹색(綠色)이나 다색(茶色)이 적당하다고 한다(KS P8141 차광 보호구에서는 무채색 또는 연두색, 청록색 등 규정)

(2) 보호안경(외상방지용) : 특수한 열처리로 강한 외력에 깨지는 일이 없어야 한다. 산·알카리·부식성화학약품·먼지·금속조각·화염에 의한 눈 외상 보호에 적합하게 제조된 것이라야 한다.

4) 방열복·방열면

석면 운모가 사용되었으나, 근래 섬유에 알루미늄을 증착(蒸着)시킨 방열복을 사용한다(80% 방열 효과).

5) 감전방지용 보호구

전기용 안전모와 전기용 고무장갑, 작업옷, 전기용 고무장화 등이 있다.

6) 피부 보호용 크림

산업용 피부 보호제로 다음과 같은 것들이 있다.

(1) 지용성 물질에 대한 피부 보호제

(2) 수용성 피부 보호제

(3) 광과민성 피부 보호제

(4) 피막 형성용 피부 보호제 등이 있다.

3. 산업정신위생

1) 정신위생

여기서 정신위생이라고 하는 것은 단순히 직장의 정신병 대책을 말하고 있는 것이 아닌 좀 더 넓은 의미의 것을 다루고자 한다. 제1차 산업혁명은 인간의 육체적 건강 측면에서 결핵이나 기타 질병을 만연시키는 결과를 초래했지만 최근 산업의 발전은 직업인들의 정신적 건강에 현저한 영향을 미치고 있다. 기술의 근대화에 의한 생산의 증대는 육체적 부담을 덜어 주었지만 정신건강을 요구하는 작업이 많아 정신면의 부담을 크게 하고 있다. 또 기업 내에서의 인간관계의 복잡화와 한편으로는 인간 소외가 정신적 부담이 되고 있다. 대뇌변연계(cerebral limbic system)와 대뇌피질(cerebral cortex)의 움직임 사이에 갈등은 정신 피로의 원인이 되고 이것이 또 육체적인 영향을 미친다는 것은 전술한 바와 같다.

산업 정신위생을 취급하는 항목으로서는 아래와 같은 것이 있다.

적성에는 개인의 체격·체질·연령·직업력·훈련 등도 관련하고 있지만 기능, 인간관계, 관리자로서의 소질은 정신위생과 관련이 대단히 크다. 또 직장 부적응문제가 정신 갈등을 일으키기 쉬운 성격으로부터 일어나는 것이 있다. 직장도피, 결근, 태업(怠業) 등을 유발하는 기초가 된다. 따라서 재해와도 밀접한 관계가 있다. 이러한 성격의 경우 가정에서도 갈등이 일어나기 쉬우며, 그것이 직장에서도 이어져 직장의 정신 갈등의 원인이 되기도 하는 데 있다. 직장 부적응의 문제점과 그 원인을 보면 과반수는 협의의 정신병, 신체질환 및 장해, 성격이상에 기인한다고 말하고 있다.

2) 산업 신경증(産業神經症)

심인성 장해(신경증, 노이로제 등)는 심적원인(心因)에 의해서 정신 또는 육체에 장해를 일으키는 것과 심인에 의해서 지금까지 있어온 질환이 채색되어 드러나는 것을 말하고 있다.

산업신경증이란 넓게 생각하면 산업 그 자체에 특별의 유해성(有害性)이 없어도 직업에 의해 일어나는 신경증이 있다. 소질적으로 장해가 있어서 근무로부터 도피나 쉬고 싶다고 요망하는 보통의 신경증도 여기에 포함시키는 경우가 많다.

이 가운데 직업성신경증(職業性神經症)이라고 부르는 것은 작업의 하중이 원인이 되어 일어나고 있다. 신경적소질을 가지므로 작업상 불안이 보이기도 하고 이것에 근무의 하중(荷重)이 더해져 일어나는 것이 있다. 중요성 신경증은 다음과 같은 것이 있다.

(1) 수지경련(手指痙攣) : 전신수(電信手), 타이피스트, 키이펀치, 봉제사

(2) 서경(書痙, 文字를 쓰면 경련(痙攣)이 일어나 文字를 쓰지 못함) : 창작가, 기자, 대서사, 속기사

(3) 악수경련(樂手痙攣) : 피아니스트, 바이올리니스트, 취적수(吹笛手), 성악가(성대 이상으로 발성 곤란)

근무에 주로 사용하는 근육근이 작업동작을 할 때 경련이 일어나고 떨리기도 하고 신경통이 일어나기도 하며 마비가 일어나서 사용하지 못한다. 그러나 같은 근육을 다른 일에 사용하는 경우에 지장이 없는 것이 특징이다.

퀴즈(객관식 3문항)

01 산업안전보건법 상 보건관리자의 직무로 적절하지 않은 것은?

① 위험성평가에 관한 보좌 및 조언
② 물질안전보건자료의 게시 또는 비치에 관한 보좌
③ 사업장 순회점검, 지도 및 조치의 건의
④ 수익성 증대를 위한 생산설비의 재배치

정답 ④

해설 보건관리자의 직무는 산업안전보건법에 따라 보건관리자가 수행하여야 할 업무를 구체적으로 명기하고 있으며, 안전관리자와 협력하도록 규정하고 있다.

02 호흡용보호구의 선정기준으로 옳지 않은 것은?

① 낮은 포집율　　② 무게가 가벼울 것
③ 시야가 넓을 것　　④ 적은 흡기저항

정답 ①

해설 높은 포집률을 보이고 있어야 하며, 중심이 앞쪽으로 치우치지 않아야 하고, 사용법 손질이 간편할 것 등이 호흡용보호구의 선정기준임.

03 귀덮개는 얼마 이상의 차음효과가 있어야 적절한가?

① 25 dB　　② 45 dB
③ 65 dB　　④ 85 dB

정답 ②

해설 귀덮개(ear muff)는 ear phone과 비슷하나 차음효과가 plug보다 크고 귀의 크기에 구애받지 않으며 귀에 이상이 있어도 착용 가능하다(45 dB 이상의 차음효과가 있어야 됨). 그러나 고온 작업장에서 착용이 곤란하고 휴대·관리가 곤란한 단점이 있다. 8시간 TWA 105 dB 이상인 작업장에서는 plug와 muff를 동시에 착용해야 효과가 있다.

27 근로자의 산업피로

학습 목표 1. 작업생리에 대해 설명할 수 있다.
2. 근로와 영양공급에 대해 설명할 수 있다.
3. 산업피로와 재해에 대해 설명할 수 있다.

학습 내용 1. 작업생리
2. 근로와 영양공급
3. 산업피로
4. 산업재해

1 작업 생리

1) 근로자의 생활시간

1일 24시간을 어떻게 배분해서 생활하는가는 각자 생활 태도에 따라 다르다. 근로자의 경우 근로시간은 일정하고 통근시간과 수면시간도 일정하기 때문에 생활시간은 시대나 생활태도, 생활 정도, 성별, 연령에도 관계된다.

생활시간은 수입생활시간(통근·종업·내직), 생리적 생활시간(수면·식사·입욕·휴식), 가사 작업시간(가사·육아), 사회·문화적 시간(학업·교양·취미·오락·운동·교재) 등으로 분류하고 있으며, 이 중에서 수입생활시간으로 작업시간 및 근무시간은 가장 중요한 부문으로 간주한다.

작업시간의 적정 한도 문제는 실제로 사회적·경제적으로 제약을 받기 때문에 간단히 정할 문제는 아니나 현재 근로기준법에는 1일 8시간, 1주 40시간을 정하고 있다. 근무시간이 길면 수면시간과 사회적·문화적 생활시간이 압축을 받아 단축되기 마련이다.

따라서 수면이 부족하면 내장을 지배하는 자율신경 기능이 불안정한 상태가 되어서 머리가 무겁고 기분이 좋지 않고 졸음이 오기도 하고 입이 마르기도 하고 소변이 자주 보고 싶어진다.

2) 근로자와 에너지 소비량

인간은 화학 energy를 다량 함유하는 영양소를 섭취해 이것을 분해하고 그때 유리되는 에너지를 이용해서 생활한다. 인간은 살아있는 한 에너지를 소비하는 것으로 알려져 있다. 물리학에서는 순수한 물 1g의 온도를 14.5℃에서 15.5℃까지 상승하는데 필요한 열량을 1칼로리(1 cal ; 10 erg)라고 말하며, 인간의 에너지 소비에는 cal라 하는 경우 kcal를 의미하게 된다.

(1) 기초대사량(basal metabolism)

인간이 생명을 유지하고 활동 능력을 갖게 되는 최소한의 필요열량은 일정해서 기초대사량(basal metabolism)이라고 한다. 이것은 식후 10시간 이상 경과해서 소화 흡수가 끝나고 위장활동이 정지된 상태에서 심신을 안정시키고 누운 상태로 에너지 소비량을 측정한 것이 인간의 에너지 가운데 가장 기초가 되는 신진대사량, 즉 기초대사량이라 불리는 것이다.

기초대사량의 측정은 아침 공복 시에 행하는 것이 보통으로 수면 상태가 아니고 활동 능력을 가진 상태로서 산소 소비량을 측정하고(산소 1 L 소비량의 발생열량을 4.8 kcal로 계산), 몸을 움직이는 경우에는 더 큰 에너지를 소비하는 것이 당연하지만 누워있는 상태에서도 근육활동에 요하는 에너지는 적지만 내장은 활동을 하고 있다. 또 심장은 송혈펌프로 일을 하고 있다. 이 펌프 활동에 에너지를 소비하게 된다. 폐장은 혈액에 산소를 공급하고 혈액으로부터 CO_2 가스를 취해 제거하는 일을 하고 있지만 폐장 자신은 움직일 능력이 없어서 흉벽과 횡경막의 운동으로 피동적으로 움직이고 있다. 여기에도 에너지는 필요하며 소화기의 활동에도 에너지는 필요하다. 성장하는 조직의 갱신에도 체온유지에도 꽤 큰 에너지가 필요하다. 기초대사량은 동일 개인에게 있어서는 일정해 몸의 크기·체표면적에 가장 잘 비례한다고 한다(Rubner의 피부면적 법칙).

그러나 위 계산 방법은 복잡해서 표나 도표를 이용하게 되는데 안정된 상태에서 생명을 유지하고 활동능력을 유지하게 되는 데는 약 1일 평균 1,400 kcal(남), 1,200 kcal(여)가 필요하게 된다.

(2) Energy 대사율

기초대사량이란 생명유지에 필요한 최소한의 에너지 소비이나 인간의 생활에는 반드시 근로가 따르기 때문에 그 근로를 하기 위해서는 에너지가 필요하다. 이러한 근로에 필요한 에너지는 신체의 크기나 성에 의해 차이가 나게 된다. 이를테면 1분간 40 m 정도로 걷는 경우 1분간의 에너지 소비는 남자는 2.6 kcal, 여자는 2.2 kcal가 된다. 또 신체가 큰 경우 더 많은 에너지를 소비하게 된다. 따라서 어떤 근로에 의한 에너지 대사의 항진(노동에 의한 에너지 소비량으로부터 그동안 의자에 앉아 안정되어 있다고 가정했을 때의 에너지량을 뺀 것을 근로대사라고 말한다)이 기초대사의 몇 배가 되는가를 나타내는 것으로 이것을 에너지대사율(relative metabolic rate)이라 한다.

에너지대사율(R.M.R) = 활동대사량 - 안정대사량 / 기초대사량

보통 에너지대사율(R.M.R)의 측정은 2~10분간 주작업을 계속해서 그간에 배출되는 호기를 Douglas bag에 모아서 가스분석기로 호기중의 산소와 탄산가스 농도를 측정하여 구한다.

$$\text{R.M.R} = (\text{작업 시의 전산소소비량}) - \frac{\text{동일시간 내의 안정시의 산소소비량}}{\text{작업시간 내의 기초대사의 산소소비량}}$$

R.M.R은 세수 등의 동작에서는 1 이하가 되고, 상박으로 움직이는 동작은 1~2가 되며, 4 이하일 때는 안전상태로 체내에 필요한 산소를 충족할 수 있으나, 4 이상이 되면 필요한 산소충족이 어려워 격렬한 호흡이 필요하며, 장시간 작업을 계속할 때 휴식이 필요하다.

R.M.R이 7 이상인 작업은 기계화하는 방법이 좋고, 10 이상이면 휴식시간이 길어 생산에도 영향을 미치기 때문이다. R.M.R 0~2를 경노동, 2~4를 중등노동, 4 이상을 중(重)노동으로 구분하기도 한다. R.M.R을 사용하여 노작 시의 소비열량(즉, 활동대사량)을 산출할 수 있는데, 그 식은 안정 시 대사량을 기초대사량의 1.1(1.2)배로 하면 된다.

2 근로와 영양공급

1) 영양권장량

영양권장량을 결정하는 데는 연령, 성, 체격, 직업, 기후 등의 인자를 고려하여야 하며, 그 기준을 설정함에 있어서 건강을 유지하는 데 필요한 최저소요량(requirement), 지적량(optimum), 충분량(adequate), 이상량(ideal) 등으로 설정되고 있다.

(1) 근육작업과 영양공급

근육작업의 작업강도는 현재 격(激)·중(重)·강(强)·중(中)·경(輕)의 5종으로 나누며, 이에 따른 소요 칼로리와 비타민류가 결정되어 있다. 특히 3,200~3,700 kcal의 소요열량이 필요한

격심한 작업자에게는 특유의 식사를 주어야 한다는 것이 인정되고 있으며, 더욱이 고온다습 환경에 폭로되는 경우가 많으므로 크게 피로하기 쉬워 식욕이 감퇴되는 수가 많다. 이러한 경우 1. 식사의 회수를 늘인다든가 2. 일하기 전 식욕이 왕성할 시 먹인다든가 3. 소화가 잘되는 것으로 바꾼다든가 4. 조리방법을 달리하는 방도 등을 연구할 필요가 있다.

한편 중근작업에는 많은 열량이 필요하므로 당질을 주로 한 영양을 보급하되 소화를 감안해 지방을 보충하고 아울러 단백질을 증가 보급해야 하나 일단 저장된 때는 당질만큼 필요치 않다. 특히 공급하여야 할 영양소는 Vit. B1으로 이는 호기적 산화를 도와서 근육에 에너지공급을 원활하게 한다.

(2) 정신작업과 영양보급

현대 산업의 특성으로 보아 정신작업의 분야가 증가하므로 이에 따른 신경성 소모가 커져 이를 회복하기 위해선 칼로리나 비타민 보급도 중요하지만 인간성 회복이 중요하므로 식사의 쾌적한 만족이 필요하다. 따라서 ① 영양가가 높은 것은 물론 ② 가정적 경쾌한 분위기의 식사 ③ 2~3종 이상의 음식에서 선택 섭식을 할 수 있어야 한다. 신경전달의 에너지원으로 γ-아미노부틸산(γBA)의 아미노기가 작용한다고 알려져 이 γBA가 정신작업 시에 보급되면 효과가 있다고 한다. 또 γBA는 생체 내에서 글루타민산으로부터 Vit. B6을 포함한 아미노산 탈탄산효소에 의해서 생성되므로 Vit. B6가 효과가 있다고 판정된다.

(3) 산업장에서 영양지도

작업환경이나 작업내용에 따라 급식내용과 방법에 차이가 있어야 함은 당연하다. 고온 다습한 작업장과 기타 작업 등 특수한 작업장에서는 직업병이 발생할 수도 있으므로 영양지도에 있어 예방식·보건식·치료식이란 관점에서 고려되어야 한다. 유해환경을 식이의 개선만으로 해결할 수는 없으며, 유해환경에 대해 반드시 어떤 음식이 좋다는 규명도 없는 실정이므로 실제 그 실현이 어려우나 고온작업에 식염의 증량이라든지 비타민의 증량이 중요하다는 것은 널리 알려진 사실이다.

근로조건이나 작업내용에 따라 급식 등을 통한 사업장 영양지도는 두 가지 측면에서 생각할 수 있다. 외부의 보건소나 영양지도원에 의하는 방법과 내부의 영양사나 보건관리자를 통한 영양관리를 할 필요가 있다.

인체에 중독현상을 일으키는 중독물질은 생체 내 신진대사과정의 여러 부분을 저해할 수도 있으며 다른 영양물질을 많이 소모하는 경우가 있다고 한다. 염소 중독 시에 nicotin산과 비타민 E가 효과가 있다는 점 등이다.

3 산업피로와 재해

1) 산업피로

(1) 피로의 정의

근로에 의해서 피로감이 생기고 이러한 일종의 독특한 감정을 수반한 육체적 기능의 감퇴, 작업능률의 저하 등의 상태를 총괄해서 산업피로(industrial fatigue)라고 말한다.

이렇게 생각하면 피로라는 것은 통증이나 사망과 같이 정상적인 육체의 중요한 기능이라고 생각하는 것이 좋다. 피로는 이러한 의미를 가지고 있기 때문에 피로가 일어나면 자연적으로 휴식을 요구하게 되고, 휴식을 취하면 정상적인 피로는 곧 회복되는 것이 특징이나 병적인 피로는 그렇지 않기 때문에 문제가 된다. 피로 판정법에 있어서도 오늘날 여러 연구자에 의해서 승인된 것을 보면 학문적인 피로의 본태(本態)가 확실히 밝혀지지 않았기 때문에 활동하는 인간의 생체기능·대사 변화를 보아 판단하는 것이 보통이다.

(2) 피로학설

피로학설의 몇 가지를 소개하면 ① 피로물질 축적설 ② 이화학적 상태 변화설(내부 환경 변화설) ③ 상기 양학설을 관련시킨 학설 ④ 에너지원 소모설 ⑤ 내분비원 및 조절기능 변화설 ⑥ 신경중추의 피로설 ⑦ 피로와 생체부담설 등을 들고 있으며, 그 외 정신적 피로를 이야기하고 있다. 정신적 피로는 육체적 피로와 완전 분리하기는 어려우나 상식적으로 정신적 요소가 많은 피로를 정신피로라고 부르고 있다.

(3) 피로의 발생요인

산업장에서 일어나는 산업피로는 작업의 강도와 양·속도·작업시간과 자세·작업환경 등의 외부적인 요인과 신체적인 요인 등 작업생활조건이 복합적으로 관련되어 일어난다.

(4) 피로의 종류

피로의 종류는 그 원인, 발생 부위, 증상 등에 따라 여러 가지로 분류하고 있으나 피로의 본태를 확실하게 알지 못하고 있으므로 분류 파악이 어렵다. 대체로 다음과 같이 분류한다.

① 피로 발생원별 : 정신적 피로, 육체적 피로

② 발생 부위별 : 국소피로, 전신피로

③ 주기별 : 보통피로·과로·곤비 등으로 분류하고 있으나 상대적인 표현이기 때문에 엄격한 분류는 어렵다.

(5) 피로의 증상

피로란 그 내용이 매우 복잡하기 때문에 그 증상도 여러 가지이며 피로 유발요인 및 개인의 건강상태에 따라서 달라진다.

① 순환기능의 변화 : 맥박이 빨라지고 혈압은 초기에 높아지나 진행되면 도리어 낮아진다.

② 혈액 및 소변의 변화 : 혈액소견으로 혈당치가 낮아지고 젖산과 탄산량이 증가하여 산 혈증(acidosis)으로 된다. 뇨(尿) 소견으로 소변량이 줄어들고 진한 갈색을 나타내며 단백질 또는 교질물질의 배설량이 증가한다.

③ 신경기능의 변화 : 맛, 냄새, 시각, 촉각 등 지각기능이 둔해지고 슬관절의 건반사 등 반사기능이 낮아진다.

④ 호흡기능 및 체온변화 : 호흡이 얕고 빠르며 심할 때는 호흡곤란을 동반하고 체온이 높아지나 피로 정도가 심해지면 체온조절기능에 장애가 초래되기 때문에 도리어 낮아진다.

⑤ 기타 자각증상 : 머리가 무겁고 아프기도 하며 전신이 나른하고 어깨 및 가슴이 결리고 팔다리가 쑤시며 입이 마르고 하품이 나며 식은땀이 난다.

(6) 피로 판정법

① 자각증상 조사

② 슬개건반사역치 측정법

③ 하퇴주장측정법(下腿周長測定法)

④ 연속색명호칭법(連續色名呼稱法)

⑤ 생화학적 검사법(혈액·뇨검사)

⑥ 기타 뇌파·심전도 검사 등

(7) 피로의 예방과 회복대책

① 피로의 예방대책

㉠ 불필요한 동작을 피하고 에너지 소모를 적게 한다.

㉡ 정적인 작업은 될 수 있으면 동적인 작업으로 바꾼다.

㉢ 작업속도를 적절하게 하고 작업량을 조절한다.

㉣ 충분한 수면을 취하고 적절한 휴식시간을 둔다.

㉤ 작업환경을 적절하게 정비한다.

② 피로회복 대책

㉠ 충분한 영양을 섭취한다.

㉡ 작업 후 목욕 및 맛사지를 한다.

㉢ 커피·홍차·엽차를 마시고 Vit. B_1 등을 충분히 섭취한다.

요점 정리

1. 작업 생리

1) 근로자의 생활시간

1일 24시간을 어떻게 배분해서 생활하는가는 각자 생활 태도에 따라 다르다. 근로자의 경우 근로시간은 일정하고 통근시간과 수면시간도 일정하기 때문에 생활시간은 시대나 생활 태도, 생활정도, 성별, 연령에도 관계된다. 작업시간의 적정한도 문제는 실제로 사회적·경제적으로 제약을 받기 때문에 간단히 정할 문제는 아니나 현재 근로기준법에는 1일 8시간, 1주 40시간을 정하고 있다. 근무시간이 길면 수면시간과 사회적·문화적 생활시간이 압축을 받아 단축되기 마련이다.

2) 근로자와 에너지 소비량

인간은 화학 energy를 다량 함유하는 영양소를 섭취해 이것을 분해하고 그때 유리되는 에너지를 이용해서 생활한다. 인간은 살아있는 한 에너지를 소비하는 것으로 알려져 있다. 물리학에서는 순수한 물 1g의 온도를 14.5℃에서 15.5℃까지 상승하는 데 필요한 열량을 1칼로리(1cal ; 10erg)라고 말하며, 인간의 에너지 소비에는 cal라 하는 경우 kcal를 의미하게 된다.

1) 기초대사량(basal metabolism)

인간이 생명을 유지하고 활동 능력을 갖게 되는 최소한의 필요열량은 일정해서 기초대사량(basal metabolism)이라고 한다. 이것은 식후 10시간 이상 경과해서 소화 흡수가 끝나고 위장활동이 정지된 상태에서 심신을 안정시키고 누운 상태로 에너지 소비량을 측정한 것이 인간의 에너지 가운데 가장 기초가 되는 신진대사량, 즉 기초대사량이라 불리는 것이다.

2) Energy 대사율

기초대사량이란 생명유지에 필요한 최소한의 에너지 소비이나 인간의 생활에는 반드시 근로가 따르기 때문에 그 근로를 하기 위해서는 에너지가 필요하다. 이러한 근로에 필요한 에너지는 신체의 크기나 성에 의해 차이가 나게 된다. 이를테면 1분간 40 m 정도로 걷는 경우 1분간의 에너지 소비는 남자는 2.6 kcal, 여자는 2.2 kcal가 된다. 또 신체가 큰 경우 더 많은 에너지를 소비하게 된다. 따라서 어떤 근로에 의한 에너지 대사의 항진(노동에 의한 에너지 소비량으로부터 그동안 의자에 앉아 안정되어 있다고 가정했을 때의 에너지량을 뺀 것을 근로대사라고 말한다)이 기초대사의 몇 배가 되는가를 나타내는 것으로 이것을 에너지대사율(relative metabolic rate)이라 한다. R.M.R은 세수 등의 동작에서는 1 이하가 되고, 상박으로 움직이는 동작은 1~2가 되며, 4 이하일 때는 안전상태로 체내에 필요한 산소를 충족할 수 있으나, 4 이상이 되면 필요한 산소충족이 어려워 격렬한 호흡이 필요하며, 장시간 작업을 계속할 때 휴식이 필요하다. R.M.R이 7 이상인 작업은 기계화하는 방법이 좋고, 10 이상이면 휴식시간이 길어 생산에도 영향을 미치기 때문이다. R.M.R 0~2를 경노동, 2~4를 중등노동, 4 이상을 중(重)노동으로 구분하기도 한다. R.M.R을 사용하여 노작시의 소비열량(즉, 활동대사량)을 산출할 수 있는데, 그 식은 안정 시 대사량을 기초대사량의 1.1(1.2)배로 하면 된다.

2. 근로와 영양공급

1) 영양권장량

영양권장량을 결정하는 데는 연령, 성, 체격, 직업, 기후 등의 인자를 고려하여야 하며, 그 기준을 설정함에 있어서 건강을 유지하는 데 필요한 최저소요량(requirement), 지적량(optimum), 충분량(adequate), 이상량(ideal) 등으로 설정되고 있다.

(1) 근육작업과 영양공급

근육작업의 작업강도는 현재 격(激)·중(重)·강(强)·중(中)·경(輕)의 5종으로 나누며, 이에 따른 소요 칼로리와 비타민류가 결정되어 있다. 특히 3,200~3,700 kcal의 소요열량이 필요한 격심한 작업자에게는 특유의 식사를 주어야 한다는 것이 인정되고 있으며, 더욱이 고온다습 환경에 폭로되는 경우가 많으므로 크게 피로하기 쉬워 식욕이 감퇴되는 수가 많다. 이러한 경우 ① 식사의 회수를 늘인다든가 ② 일하기 전 식욕이 왕성할 시 먹인다든가 ③ 소화가 잘되는 것으로 바꾼다든가 ④ 조리방법을 달리하는 방도 등을 연구할 필요가 있다.

(2) 정신작업과 영양보급

현대 산업의 특성으로 보아 정신작업의 분야가 증가하므로 이에 따른 신경성 소모가 커져 이를 회복하기 위해선 칼로리나 비타민 보급도 중요하지만 인간성 회복이 중요하므로 식사의 쾌적한 만족이 필요하다. 따라서 ① 영양가가 높은 것은 물론 ② 가정적 경쾌한 분위기의 식사 ③ 2~3종 이상의 음식에서 선택 섭식을 할 수 있어야 한다. 신경전달의 에너지원으로 γ-아미노부틸산(γBA)의 아미노기가 작용한다고 알려져 이 γBA가 정신작업 시에 보급되면 효과가 있다고 한다. 또 γBA는 생체 내에서 글루타민산으로부터 Vit. B6을 포함한 아미노산 탈탄산효소에 의해서 생성되므로 Vit. B6가 효과가 있다고 판정된다.

(3) 산업장에서 영양지도

작업환경이나 작업내용에 따라 급식내용과 방법에 차이가 있어야 함은 당연하다. 고온 다습한 작업장과 기타 작업 등 특수한 작업장에서는 직업병이 발생할 수도 있으므로 영양지도에 있어 예방식·보건식·치료식이란 관점에서 고려되어야 한다. 유해환경을 식이의 개선만으로 해결할 수는 없으며, 유해환경에 대해 반드시 어떤 음식이 좋다는 규명도 없는 실정이므로 실제 그 실현이 어려우나 고온작업에 식염의 증량이라든지 비타민의 증량이 중요하다는 것은 널리 알려진 사실이다.

3. 산업피로와 재해

1) 산업피로

(1) 피로의 정의

근로에 의해서 피로감이 생기고 이러한 일종의 독특한 감정을 수반한 육체적 기능의 감퇴, 작업능률의 저하 등의 상태를 총괄해서 산업피로(industrial fatigue)라고 말한다.

이렇게 생각하면 피로라는 것은 통증이나 사망과 같이 정상적인 육체의 중요한 기능이라고 생각하는 것이 좋다. 피로는 이러한 의미를 가지고 있기 때문에 피로가 일어나면 자연적으로 휴식을 요구하게 되고, 휴식을 취하면 정상적인 피로는 곧 회복되는 것이 특징이나 병적인 피로는 그렇지 않기 때문에 문제가 된다.

(2) 피로의 발생요인

산업장에서 일어나는 산업피로는 작업의 강도와 양·속도·작업시간과 자세·작업환경 등의 외부적인 요인과 신체적인 요인 등 작업생활조건이 복합적으로 관련되어 일어난다.

(3) 피로의 종류

피로의 종류는 그 원인, 발생 부위, 증상 등에 따라 여러 가지로 분류하고 있으나 피로의 본태를 확실하게 알지 못하고 있으므로 분류 파악이 어렵다. 대체로 다음과 같이 분류한다.

① 피로 발생원별 : 정신적 피로, 육체적 피로

② 발생 부위별 : 국소피로, 전신피로

③ 주기별 : 보통피로·과로·곤비 등으로 분류하고 있으나 상대적인 표현이기 때문에 엄격한 분류는 어렵다.

(4) 피로의 증상

피로란 그 내용이 매우 복잡하기 때문에 그 증상도 여러 가지이며 피로 유발요인 및 개인의 건강상태에 따라서 달라진다.

① 순환기능의 변화 : 맥박이 빨라지고 혈압은 초기에 높아지나 진행되면 도리어 낮아진다.

② 혈액 및 소변의 변화 : 혈액소견으로 혈당치가 낮아지고 젖산과 탄산량이 증가하여 산 혈증(acidosis)으로 된다. 뇨(尿)소견으로 소변량이 줄어들고 진한 갈색을 나타내며 단백질 또는 교질물질의 배설량이 증가한다.

③ 신경기능의 변화 : 맛, 냄새, 시각, 촉각 등 지각기능이 둔해지고 슬관절의 건반사 등 반사기능이 낮아진다.

④ 호흡기능 및 체온변화 : 호흡이 얕고 빠르며 심할 때는 호흡곤란을 동반하고 체온이 높아지나 피로 정도가 심해지면 체온조절기능에 장애가 초래되기 때문에 도리어 낮아진다.

⑤ 기타 자각증상 : 머리가 무겁고 아프기도 하며 전신이 나른하고 어깨 및 가슴이 결리고 팔다리가 쑤시며 입이 마르고 하품이 나며 식은땀이 난다.

(5) 피로의 예방과 회복대책

① 피로의 예방대책

㉠ 불필요한 동작을 피하고 에너지 소모를 적게 한다.

㉡ 정적인 작업은 될 수 있으면 동적인 작업으로 바꾼다.

㉢ 작업속도를 적절하게 하고 작업량을 조절한다.

㉣ 충분한 수면을 취하고 적절한 휴식시간을 둔다.

㉤ 작업환경을 적절하게 정비한다.

② 피로회복 대책

㉠ 충분한 영양을 섭취한다.

㉡ 작업 후 목욕 및 맛사지를 한다.

㉢ 커피·홍차·엽차를 마시고 Vit B_1 등을 충분히 섭취한다.

퀴즈(객관식 3문항)

01 산업피로의 예방과 회복대책으로 적절치 않은 것은?

① 불필요한 동작을 피하고 에너지 소모를 적게 한다.
② 정적인 작업은 될 수 있으면 동적인 작업으로 바꾼다.
③ 작업환경을 적절하게 정비한다.
④ 작업속도를 최대한 빠르게 하고 신속히 휴식시간을 준다.

정답 ④
해설 작업속도를 적절하게 하고 작업량을 조절한다.

02 산업피로의 증상으로 옳지 않은 것은?

① 맥박이 느려지고 혈압은 초기에 낮아지나 진행되면 도리어 높아진다.
② 혈당치가 낮아지고, 젖산과 탄산량이 증가한다.
③ 맛, 냄새, 시각, 촉각 등 지각기능이 둔해진다.
④ 호흡이 얕고 빠르며, 심할 때는 호흡곤란을 동반한다.

정답 ①
해설 순환기능의 변화로 맥박이 빨라지고, 혈압은 초기에 높아지나, 진행되면 도리어 낮아지는 특징이 있다.

03 R.M.R 지수 중 얼마 이상이 되면 필요한 산소충족이 어려워 격렬한 호흡이 필요하며, 장시간 작업을 계속할 때 휴식이 필요한가?

① 3 ② 4
③ 5 ④ 6

정답 ②
해설 R.M.R은 세수 등의 동작에서는 1 이하가 되고, 상박으로 움직이는 동작은 1~2가 되며, 4 이하일 때는 안전상태로 체내에 필요한 산소를 충족할 수 있으나, 4 이상이 되면 필요한 산소충족이 어려워 격렬한 호흡이 필요하며, 장시간 작업을 계속할 때 휴식이 필요하다. R.M.R이 7 이상인 작업은 기계화하는 방법이 좋고, 10 이상이면 휴식시간이 길어 생산에도 영향을 미치기 때문이다.

28 산업재해의 개념과 원인

학습 목표 1. 산업재해의 개념에 대해 설명할 수 있다.
2. 산업재해 발생원인에 대해 설명할 수 있다.
3. 산업재해 예방대책에 대해 설명할 수 있다.

학습 내용 1. 산업재해 개념
2. 산업재해 발생원인
3. 산업재해 예방대책

1 산업재해의 개념

재해라고 불리는 개념에는 여러 가지 내용이 포함되어 있으나 가장 중요한 개념은 "예상하지 못한 사건의 발생"이라 볼 수 있다. 재해의 결과는 인체의 손상일 수도 있고 재산상의 피해일 수도 있으나, 원래 재해예방이 목적하는 바는 인명의 구제와 인체의 손상을 방지하는 데 있는 것이고 재산상의 피해는 이에 부수되는 것이라고 볼 수 있다. 하지만 재산상의 피해만 초래할 경우도 있겠으나 때로는 인체 손상을 초래할 수도 있기 때문에 결국 재해에 대한 개념은 포괄적으로 정의되지 않을 수 없다.

통계작성 등 재해를 기록하는 데는 인명피해나 인체손상을 초래한 것만을 집계하는 것이 편리하고 현실적인 경우가 많아 이러한 것만을 재해라고 부르고, 물질적인 손해만을 초래한 것을 사고(事故)라고 부르기도 한다.

2 산업재해 발생의 역학적 특징

우리나라의 최근 산업재해의 몇 가지 특성을 살펴보면 5인 이상 사업장 근로자의 경우 약 75%가 2차산업에서 차지하며, 그중 65%가 제조업에서 발생하는 것으로 나타나고 있다. 제조업에서는 46.5%가 작업 행동재해에 속하고, 34.2%는 동력운전재해, 1.52%는 특수위험재해, 4.0%는 기타 재해에 속하는 것으로 집계되고 있다.

Heinrich는 재해발생원인의 88%는 인적요인에 의하며, 10%는 물적 요인, 기타 2%는 불가항력에 의한 것이라고 설명했다.

신체손상 부위별로는 손과 수지가 34.3%로 수위를 차지하고, 다음은 발과 족지로 1.65%, 요부가 8.8%, 흉부가 8.3%인 것으로 나타나고 있다.

상해의 종류로는 타박상과 개방창이 전체의 반 이상을 차지하고 골절과 탈구가 다음을 차지하고 있다.

계절별로는 봄과 가을이 많고 요일별로는 큰 특징을 볼 수 없으나 시간적으로 오전 11 ~12시, 오후 2~3시에 가장 많은 것으로 나타나고 있다.

3 산업재해의 발생원인

1) 인적요인(human factor)

(1) 관리상의 요인 : 작업지식의 부족, 작업 미숙, 작업진행의 혼란, 작업방법의 불량, 과중한 작업부담, 기타 돌발사고 등

(2) 생리적 요인 : 피로, 질병, 연령, 성별, 약물, 임신 등

(3) 심리적 요인 : 정신상의 결함, 정신력의 부적합, 작업 규칙이나 명령의 미준수, 부주의, 착오 등

2) 환경적 요인(environment factor)

물적요인이라고도 불리며 시설물의 불량, 작업장의 환경불량 및 정돈불량, 공구불량 및 부적합 재료, 취급품의 부적합, 복장의 미비 등이 있다.

4 재해에 관한 지수(ILO의 권장)

1) 연천인율(年千人率)

(1) 재적근로자 1,000인당 1년간에 발생하는 재해자 수를 나타냄

$$연천인율 = 연간재해자\ 수 / 연평균근로자\ 수 \times 1,000$$

(2) 근로자 수는 근무에 종사하는 총인원

(3) 재해자 수는 사망자, 부상자, 직업병의 환자 수를 합한 것임

2) 도수율 또는 빈도율(frequency rate)

$$도수율 = 재해발생건수 / 연근로시간수 \times 1,000,000$$

연근로시간 수의 정확한 산출이 곤란할 때는 1일 8시간, 1개월 25일, 연 300일을 시간으로 환산하여 연 2,400시간으로 한다.

3) 강도율(severity rate)

$$강도율 = 근로\ 손실일수 / 연\ 근로시간\ 수 \times 1,000$$

- 미국 : 1,000,000시간당의 강도율 산출
- 일본 : 1,000시간당의 강도율 산출

(1) 근로 손실일수의 산정기준(국제기준)

① 사망 및 영구 전노동 불능 상해 : 7,500일(미국 : 6,000일 적용)

② 영구 일부 노동불능 상해

③ 일시 전 노동불능 및 일시 부분 노동불능 상해

$$휴직일\ 수 \times (300/365)$$

(2) 사망에 의한 근로 손실일수 7,500일 산출근거

① 사망자 수의 평균연령 : 30세

② 근로가능 연령 : 55세

③ 근로 손실연수 : 55 - 30세 = 25세

④ 연간 근로일수 : 300일

⑤ 사망으로 인한 근로 손실일수 : 300일 × 25년 = 7,500일

산업재해 보상보험제도(1963년 제정)

근로자의 업무상 발생되는 재해에 대해 기업주의 과중한 재정부담과 재해 근로자에 대한 신속, 공정한 보상을 실시하기 위하여 기업주가 강제 가입해야 하는 사회보험으로써 노동부 산하 근로복지공단에서 업무를 담당하고 있다.
현재 모든 사업장에 적용되며 적용을 받지 않는 사업은 대통령으로 정한다.

보험급여의 종류

① 요양급여 ② 휴업 급여 ③ 장해 급여 ④ 간병급여 ⑤ 유족 급여 ⑥ 상병보상연금 ⑦ 장의비 급여

5 산업재해 예방대책

피로나 생산속도 등에 의해서 부주의나 동작상의 과오로 일어나도 재해라고 하는 것은 일단 신체가 외적 물체에 접촉해서 일어나기 때문에 재해발생에 있어서 외적·물적 조건의 중대성을 강조하고 있다. 그러나 일반적으로 우리나라의 경우 본인의 부주의가 강조되는 것이 많으며 근로자 자신도 재해는 본인의 부주의라고 의식하는 경우가 많다. 이를테면 탄광의 채탄부의 60%, 조선공의 50~80%가 재해는 본인의 부주의라고 생각하고 있으며, 특히 관리자, 경영자가 재해 원인은 부주의로 편파적으로 단정 지우는 사례가 많기 때문에 결코 재해는 감소되지 않고 있다.

최근 들어 기술혁신이나 기계화가 발달하여 건강장해나 재해를 증가시킨다고는 하지 않으나 인간존중 사상이 무르익지 않은 우리나라의 경우 인간의 행동이 그것에 적응되지 않아서 재해가 일어나는 경우가 많다. 이러한 것을 감안해서 종합적인 재해방지 대책이 수립 실현되어야 한다.

1) 재해의 정확한 관찰과 사례조사

재해는 현성재해만이 문제가 아니며 Heinrich에 의하면 "재해의 비율이 현성재해 : 불현성재해 : 잠재성재해 = 1 : 29 : 300이라고 하며, 현성재해는 1/330에 불과하다."라고 하였다. 따라서 현성재해의 근처에 있는 불현성재해·잠재성재해를 감안한 재해의 근본적인 해결대책이 필

요하다.

(1) 사실과 추정을 구별한 정확한 조사를 한다.

(2) 발생 상황을 객관적으로 올바르게 파악한다.

(3) 면접·청취는 본인, 관계자, 동료들로부터 개별 청취 분석한다.

재해손실의 평가방법

하인리히(H. W. Heinrich)방식

총재해 코스트(Cost) = 직접비 + 간접비 = 직접비 × 5

① 직접비 : 간접비 = 1 : 4

② 직접비 : 법령으로 정한 피해자에게 지급되는 산재보상비

③ 간접비 : 재산손실, 생산중단 등으로 인해 기업이 입은 손실

① 인적손실 : 본인 및 제3자에 관한 것을 포함한 시간손실

② 물적손실 : 기계, 공구, 재료, 시설의 복구에 소비된 시간손실 및 재산손실

③ 생산손실 : 생산감소, 생산중단, 판매감소 등에 의한 손실

④ 특수손실 : 근로자의 신규채용, 교육훈련비, 섭외비 등에 의한 손실

⑤ 기타손실 : 병상위문금, 여비 및 통신비, 입원 중의 잡비, 장의비용 등

⑥ 간접비의 정확한 산출이 어려울 때는 직접비의 4배를 간접비로 산정하여 추계한다.

2) 안전관리

보건관리, 노무관리, 기술관리, 생산관리와 연결하여 유기적으로 대책을 강구한다.

(1) 감독청이 실시해야 할 대책

① 안전관리 체제 확립

② 재해 방지책 수립

③ 재해방지대상 사업장의 지도 감독 철저

④ 안전, 보건교육

⑤ 집단지도(기계설비, 근로환경, 일반 근로조건 개선)

⑥ 근로 재해방지 지도원의 활동

⑦ 안전보건 설비에 대한 지원

⑧ 근로 재해방지사업단체에 대한 지원

(2) 재해방지 사회단체가 실시할 대책

① 안전기술·안전보건교육 실시

② 재해방지에 관한 제 규정 실천계몽

③ 재해방지 안전관리요원 교육

④ 기타 재해 안전관리사업

(3) 사업장이 실시할 대책

① 안전 보건관리조직의 정비

② 작업환경의 정비, 정기적 점검

③ 복장 및 보호구정비와 착용지도

(4) 작업원의 적정배치

(5) 안전 보건교육과 훈련실시

(6) 안전보건의 표식, 표시, 포스터 부착

(7) 작업장 정리정돈, 청결지도

(8) 재해방지목표 설정과 실천지도

요점 정리

1. 산업재해의 개념

재해라고 불리는 개념에는 여러 가지 내용이 포함되어 있으나 가장 중요한 개념은 "예상하지 못한 사건의 발생"이라 볼 수 있다. 재해의 결과는 인체의 손상일 수도 있고 재산상의 피해일 수도 있으나, 원래 재해예방이 목적하는 바는 인명의 구제와 인체의 손상을 방지하는 데 있는 것이고 재산상의 피해는 이에 부수되는 것이라고 볼 수 있다.

2. 산업재해 발생의 역학적 특징

우리나라의 최근 산업재해의 몇 가지 특성을 살펴보면 5인 이상 사업장 근로자의 경우 약 75%가 2차산업에서 차지하며, 그중 65%가 제조업에서 발생하는 것으로 나타나고 있다. 제조업에서는 46.5%가 작업 행동재해에 속하고, 34.2%는 동력운전재해, 1.52%는 특수위험재해, 4.0%는 기타 재해에 속하는 것으로 집계되고 있다.

3. 산업재해의 발생원인

(1) 인적요인(human factor)
(2) 환경적 요인(environment factor)

4. 재해에 관한 지수(ILO의 권장)

(1) 연천인율(年千人率)
재적근로자 1,000인당 1년간에 발생하는 재해자수를 나타냄
연천인율 = 연간 재해자 수 / 연평균 근로자 수 × 1,000

(2) 도수율 또는 빈도율(frequency rate)
도수율 = 재해발생 건수 / 연 근로시간수 × 1,000,000

(3) 강도율(severity rate)
강도율 = 근로 손실일수 / 연 근로시간수 × 1,000

산업재해 보상보험제도(1963년 제정)

근로자의 업무상 발생되는 재해에 대해 기업주의 과중한 재정부담과 재해 근로자에 대한 신속, 공정한 보상을 실시하기 위하여 기업주가 강제 가입해야 하는 사회보험으로써 노동부 산하 근로복지공단에서 업무를 담당하고 있다.
현재 모든 사업장에 적용되며 적용을 받지 않는 사업은 대통령으로 정한다.

5. 산업재해 예방대책

피로나 생산속도 등에 의해서 부주의나 동작상의 과오로 일어나도 재해라고 하는 것은 일단 신체가 외적 물체에 접촉해서 일어나기 때문에 재해발생에 있어서 외적·물적 조건의 중대성을 강조하고 있다. 그러나 일반적으로 우리나라의 경우 본인의 부주의가 강조되는 것이 많으며 근로자 자신도 재해는 본인의 부주의라고 의식하는 경우가 많다.

1) 재해의 정확한 관찰과 사례조사

재해는 현성재해만이 문제가 아니며 Heinrich에 의하면 "재해의 비율이 현성재해 : 불현성 재해 : 잠재성재해 = 1 : 29 : 300이라고 하며, 현성재해는 1/330에 불과하다." 라고 하였다. 따라서 현성재해의 근처에 있는 불현성재해·잠재성재해를 감안한 재해의 근본적인 해결대책이 필요하다.

(1) 인적손실 : 본인 및 제3자에 관한 것을 포함한 시간손실
(2) 물적손실 : 기계, 공구, 재료, 시설의 복구에 소비된 시간손실 및 재산손실
(3) 생산손실 : 생산감소, 생산중단, 판매감소 등에 의한 손실
(4) 특수손실 : 근로자의 신규채용, 교육훈련비, 섭외비 등에 의한 손실
(5) 기타손실 : 병상위문금, 여비 및 통신비, 입원중의 잡비, 장의비용 등
(6) 간접비의 정확한 산출이 어려울 때는 직접비의 4배를 간접비로 산정하여 추계한다.

2) 안전관리

보건관리, 노무관리, 기술관리, 생산관리와 연결하여 유기적으로 대책을 강구한다.

퀴즈(객관식 3문항)

01 산업재해 발생의 역학적 특징으로 옳지 않은 것은?

① 제조업에서 47%가 작업 행동재해에 속한다.
② 신체 손상부위별로 손과 수지가 34%를 차지한다.
③ 타박상과 개방창이 전체 상해의 절반 이상을 차지한다.
④ 하인리히는 88%를 물적요인으로 설명하였다.

정답 ④

해설 Heinrich는 재해발생원인의 88%는 인적요인에 의하며, 10%는 물적요인, 기타 2%는 불가항력에 의한 것이라고 설명했다.

02 산업재해의 발생원인 중 환경적 요인에 속하는 것은?

① 작업장의 환경불량
② 작업지식의 부족
③ 작업진행의 혼란
④ 작업규칙 미준수

정답 ①

해설 물적요인이라고도 불리며 시설물의 불량, 작업장의 환경불량 및 정돈불량, 공구불량 및 부적합 재료, 취급품의 부적합, 복장의 미비 등이 환경적 요인이다.

03 안전관리를 위해 사업장이 실시할 대책으로 적절한 것은?

① 재해 방지책 수립
② 작업환경의 정비
③ 안전기술 교육 실시
④ 안전보건 설비에 대한 지원

정답 ②

해설 사업장이 실시할 대책으로는 ⓐ 안전 보건관리조직의 정비, ⓑ 작업환경의 정비, 정기적 점검 및 ⓒ 복장 및 보호구정비와 착용지도 등이다.

29 직업성질환의 개념과 정의

학습 목표 1. 직업성 질환의 정의에 대해 설명할 수 있다.
2. 직업성 질환의 진단 및 예방대책에 대해 설명할 수 있다.
3. 직업성 질환의 원인 중 가스, 중금속 및 유기용제에 대해 설명할 수 있다.

학습 내용 1. 직업성 질환의 정의
2. 직업성 질환의 진단 및 예방대책
3. 직업성 질환의 원인

1 직업병의 개념

1) 직업성질환의 정의

직업성질환이란 근로자들이 그 직업에 종사(특수한 작업환경에 폭로)함으로써 발생하는 상병을 말하며, 업무와의 명확한 인과관계가 있는 것을 말한다. 근로기준법상 정의된 업무상 상병(직업성 질환)을 재해성 질병과 직업병으로 구분하고, 재해성 질병은 부상의 유무에 따라 재해성 외상과 재해성 중독으로 나누며, 직업병은 장기간에 걸친 유해작업 또는 작업조건에 의한 질병 보상이 되는 것과 되지 않는 것으로 구분하고 있다.

또한 직업성질환이란 업무상 사유에 의하여 발생한 질병을 말하는 것으로서 업무상 여부를 판단하기 위하여 업무수행성과 업무기인성의 유무를 입증하여야 한다. 재해성 질병이라 함은 업무에 관련하는 돌발적으로 또는 그 발생 상태를 시간적·장소적으로 분명히 할 수 있는 원인에 의하여 발명한 질병을 말하고, 직업성질병이라 함은 어떤 직업에 종사하는 경우에 그 직업 특유의 성질 또는 상태에 관련하여 필연적으로 걸릴 염려가 있는 질병을 말한다.

2) 직업성질환의 범위

직업성질환은 그 발생상태 또는 성질에 따라 재해성 질병과 직업병으로 나눌 수 있다

직업성질환은 그 발생 원인에 따라 크게 4가지로 구분한다.

① 작업환경의 온도, 복사열, 소음, 진동, 유해광선 등 물리적 원인에 의한 것

② 분진에 의하여 생기는 진폐증

③ 가스·금속·유기용제 등 화학적 물질에 의하여 생기는 여러 가지 중독증

④ 세균·곰팡이 등 생물학적 원인에 의하여 생기는 것

3) 화학적 유해물질에 의한 건강장해

공업의 발전에 따라 유해 화학물질은 해마다 증가하고 있으며, 이로 인한 공업중독(급성·만성)은 근로자들의 건강에 치명적 영향을 미친다.

이들 유해물질의 인체 침입경로는 ① 호흡기 ② 소화기 ③ 피부·점막의 세 가지 경로이며, 같은 독물이라도 침입방법에 따라 장애부위 및 증상이 다르다.

2 직업성질환의 진단 및 예방대책

직업성 질병은 업무와 상당한 인과관계가 있는 질병을 말하나 재해성 질병의 경우 업무 기인성을 판정하기가 비교적 쉽지만 직업병의 경우 그 판정이 쉽지 않은 경우가 있다. 일반적 조사사항은 다음과 같다.

1) 재해성 질병의 인정

(1) 부상에 기인하는 질병

① 부상 직후 신체의 손상 또는 증상과 발생한 질병과의 사이에 부위적으로 또는 부상을 입은 기점으로 보아 의학적인 관련성이 인정되어야 한다.

② 질병의 종류는 좌창, 절창, 열창, 좌상 또는 타박상, 염 등 부상의 성질로 보아서 의학적으로 타당하다고 인정되어야 하며 부상은 질병 발생의 원인이 될 수 있을 정도의 것이라야 한다.

③ 부상과 질병 발생과의 사이에 시간적으로 보아 의학적인 인과관계가 인정되어야 한다.

(2) 재해성 중독 기타 질병

일산화탄소 그 밖의 유해한 가스에 의한 급성중독이나 급성방사선 장해, 그 밖의 재해성 질환은 업무상의 재해라고 말할 수 있는 사건의 유무, 재해의 성질과 강도, 재해가 작용한

신체부위, 재해가 있은 발생 후 발병할 때까지 시간적 관계 등을 종합하여 판정한다.

2) 직업병의 인정

(1) 작업내용과 그 작업에 종사한 기간 또는 유해작업의 정도

(2) 작업환경, 취급원료, 중간 산물, 부산물 및 제품 자체 등의 유해성 유무와 그 정도 또는 공기 중의 유해물의 농도

(3) 유해물에 의한 중독증 또는 그 밖의 직업병에서 특유하게 볼 수 있는 증상, 의학적 특징으로 일어남이 예상되는 임상검사 소견의 유무

(4) 유해물에 폭로된 때부터 발병까지의 시간적 간격 및 증상의 경과

(5) 발병하기 전의 신체적 이상 또는 기왕증의 유무

(6) 비슷한 증상을 나타내면서도 업무에 기인하지 않는 다른 질환과의 감별

(7) 같은 작업장에서 비슷한 증상을 나타내는 환자의 발생 여부 등

3) 직업성질환의 예방 대책

(1) 생산기술 및 작업환경을 개선하고 철저히 관리하여 안전하고 건강한 노동 환경을 확립하여야 한다.

(2) 근로자를 신규채용 시 의학적으로 관리하고 유해 물질로 인한 이상 소견을 조기에 발견하여 적절한 조치를 강구한다.

(3) 개인 위생관리를 철저히 하여 근로자가 유해 물질에 폭로되어 그 영향을 받지 않도록 한다.

3 가스 중독

1) 일산화탄소 중독

(1) 원인 및 증상

일산화탄소(CO)는 물질의 연소 시 부산물로 산소의 공급이 불충분해서 불완전연소로 발생한다. 가정에서 물질 연소 시, 도시 석탄가스, 공장 용광로, 기관차 연돌이나 배기,

자동차 배기 등에 포함되어 있다. 이 CO 가스가 흡입되어 폐에서 가스교환을 할 때 혈액으로 들어가면 혈액 중 헤모글로빈(hemoglobin, 혈색소)과 결합한다. 헤모글로빈은 보통 산소와 결합해서 몸의 각부 조직에 산소를 운반하는 일을 하지만 거기에 일산화탄소가 존재하는 경우 일산화탄소가 헤모글로빈과 결합하는 능력이 300배가 되어 산소를 제치고 CO가 Hb와 결합해 CO-Hb가 된다. 이때 공기 중 산소농도는 약 21%이므로 그 1/300인 0.007%의 CO만 존재하면 Hb 반분은 O_2와 나머지 반은 CO와 결합해 조직 내의 산소공급이 부족해 질식 상태가 된다.

산소결핍에 가장 민감한 것은 뇌와 심장으로 이것을 중심으로 증상이 나타난다. 이를테면 두통, 현휘, 오심, 구토, 청·시각 감퇴 등이 나타나고 중증이 되면 의식이 없게 되고 호흡이 부정확하며 맥박이 빠르고 혈압 및 체온이 강하하고 수족이 마비 상태가 되어 사망에 이르게 된다.

(2) CO 발생원과 허용농도

탄소를 함유하는 물질의 연소 시 다소 CO가 발생하고 이때 발생하는 것은 공기오염에서 언급했으므로 생략한다. CO농 도와 난방기구의 배기 중의 CO 허용농도를 보면 보통 노동시간 중의 평균환경농도를 의미하는 것으로 ACGIH의 권고는 100 ppm, 일본산업위생학회에서는 50 ppm, 우리나라는 100 ppm(0.01%)으로 정하고 있다.

(3) CO중독 예방

CO는 무색, 무취, 무미이기 때문에 지각으로 인지하기 어려워 사망의 경지에 이르러 CO 농도를 판단하는 경우가 많지만 지금은 북천식검지관이 나와 비교적 간단히 측정할 수 있다. 그러나 근본적으로 환경농도를 허용농도 이하로 줄여야 한다.

2) 아황산가스 중독

(1) 원인 및 증상

아황산가스(SO_2, 이산화황)가 피부나 점막면에 접촉되면 그 곳에 수분의 존재로 산이 되고 산으로서 작용을 발휘한다. 흡입하거나 마시는 경우에도 호흡기 점막면의 수분이나 수액의 존재로 똑같은 양상을 띤다. 급성작용 시 그 산의 국소자극작용이 주가 되지만 만성작용은 산혈증 기타 증상이 가해진다.

① 급성중독증상 : 급성결막염, 상부기도점막자극, 호흡수 증가, 1회 호흡량 감소, 농도가 진하면 통증, 객담, 흉통, 호흡곤란, 기도가 발작되어 폐수종을 일으킨다.

② 만성중독증상 : 치아산식증이 나타나고, 만성기관염을 일으킨다. 천식 모양의 증상을 일으키기도 한다. SO_2폭로직장 노동자의 경우 위팽, 위통, 식욕부진 등을 호소하기도 한다.

(2) SO_2 중독 발생 직장 및 허용농도

유황광연소, 유산제조, 세롤로이드제조, 양모표백, 아유산 및 아유산염제조 등에서 발생한다. SO_2의 허용농도는 ACGIH도 일본산업위생학회도 5 ppm로 정하고 있다.

(3) SO_2 중독 예방 및 치료

가스농도를 낮게 하는 대책이 필요하다. 작업 중에는 양치질이나 세수를 자주 하는 것이 좋다. 산성가스용 방독마스크를 착용한다. 눈의 보호를 위해 보호안경을 사용한다.

3) 이황화탄소중독

(1) 원인과 증상

이황화탄소(CS_2)는 무색, 투명의 액체로 순품의 경우는 거의 무취이다. 액체 및 농후증기는 눈, 코 및 피부를 자극한다. CS_2는 피부자극이라고 하는 점에서 유기용제 중에 가장 맹독한 것의 하나이다. 액체나 증기의 경피흡수도 가능하나 주로 가스흡입에 의해서 중독이 일어난다. 1회의 대량폭로에 의한 급성중독의 증상은 마취가 주로서 두통, 구기, 마비, 혼수상태, 저농도의 CS_2에 장기간 폭로로 일어나는 만성중독에서는 자각적 두통, 두중, 권태, 불면, 성욕감퇴, 신경염, 시야협착 등을 볼 수 있다.

(2) CS_2 발생 직장 및 허용농도

비스코스·레이온공업, 셀로판 제조, CS_2 제조, 도료제조, 고무공업 등에서 발생하며 허용농도는 ACGIH가 20 ppm, 일본산업위생학회가 10 ppm으로 정하고 있다.

(3) CS_2 중독 예방

작업장 내부에 발생하는 CS_2 흡인을 배제하고, 실내 CS_2 농도를 허용농도 이하로 낮추어야 한다. 예방적 의미로 근로자의 적성배치가 필요하다.

4) 청산중독

(1) 청산중독의 원인과 증상

청산(HCN, 시안화수소)은 무색의 액체로 아몬드 냄새가 있다. 작업장에서 가스흡입 및 가스·액체의 경피흡수가 고려되고 있다. 일반생활의 중독은 청산염(청산가리, 소다)음독 증상이 가끔 일어나고 있다. 청산중독의 작용기전은 화학적인 질식으로서 세포산화 과정의 저해가 일어난다.

급성 및 아급성 증상은 두통, 권태, 오심, 구토, 인후자극, 경련, 호흡마비, 혼수 및 사망으로 이어진다.

(2) 발생직장 및 허용농도

금제련, 사진, 맥기, 살충, 제약, 화학, 산세(酸洗), 아크릴수지 제조 등에서 발생 사례가 있다. 유기용제 업무종사자(법 제130조)는 신규 및 일반(정기)건강진단 외에 추가로 특수건강진단을 실시해야 하며 검사항목은 시행규칙 별표 24와 같다.

4 중금속 중독

1) 연중독(鉛中毒, Lead, Pb)

(1) 연중독의 원인과 증상

① 체내대사

사업장에서 연흡수는 주로 호흡기를 통하여 들어와 폐혈류를 통해 흡수되며, 5 μm보다 작은 입자가 차지하는 비율 및 근로자의 분당 호흡량에 의해 좌우된다. 폐혈류로 흡수된 연은 90% 이상이 적혈구에 결합되어 있으므로 체내 흡수된 연량의 지표로 이용되나 비교적 빠르게 혈액으로부터 제거되기 때문에 혈중 연량은 축적된 연의 총량을 반영해 주지는 못한다.

② 연중독의 병리

㉠ 조혈기능에 대한 영향으로 적혈구내 프로토포피린 증가, 요중 코프로포피린 증가,

혈액소량 저하, 적혈구수 감소 등을 초래한다.

㉡ 신기능의 변화로 연은 신세뇨관에서 요산염의 배설을 방해하여 전형적 통풍 발작을 일으키는 경우가 있다.

㉢ 신경조직의 변화로 말초신경조직에 대상수초탈락이 생기고 슈반세포와 미토콘드리아에 손상을 입히는 경우가 있다.

③ 증상 및 증후

㉠ 위장장해로 식욕부진, 변비, 복부팽만감, 불면증, 근육통 등

㉡ 신경 및 근육계통의 장해로 사지의 신근쇠약 및 마비, 관절통, 근육통 등

㉢ 중추신경장해로 심한 뇌중독증, 조증, 정신착란, 경련 발작 등

(2) 연중독 발생 직장

비철금속제철, 전선제조, 안료제조, 의약품제조, 유리제조, 염료제조, 피혁공업, 인쇄판공업, 도기공업, 전구제조, 연용접작업 등이며 허용한계는 무기연은 0.2 mg/m^3, 유기연은 0.075 mg/m^{3}이다.

(3) 연중독 예방

연의 대용품을 사용하는 작업방법으로 변경해서 연증기의 발산을 방지하고 국소 환기허용농도는 HCN이 ACGIH 및 일본산업위생학회에서 10 ppm을 취하고 있다.

2) 수은중독

(1) 수은중독의 원인과 증상

수은중독은 역사적으로 꽤 오래전부터 존재했음은 동·서양이 동일한 현상이다.

수은은 상온(常溫)에서 증기가 발산하므로 작업장에서 흡입에 의한 것이 많지만 피부로부터 흡수되기도 하고 경구적으로도 들어간다. 피하에 수은이 들어가면 수은립(水銀粒)을 중심(中心)으로 결절(結節)을 만들고 상처를 통해서 수은이 들어가므로 주의를 바란다. 체온계의 수은 정도는 흡입해도 중독을 일으키지 않는다고 생각된다.

급성중증중독은 대량의 기중농도하에 근무하는 경우라든가 수은제를 오음(誤飮)해서 일어나며 치은종창, 구토, 복통, 하리, 뇨중 단백이 양성으로 나타나며, 만성경증중독은 구내염, 치은염 등을 수반하는 경우가 많으며, 나아가서 중추신경계 장애로 수지경련, 불면,

두통, 흥분, 정신불안, 기억력감퇴, 언어장애, 시력감퇴, 성격변조가 보이고, 임산부의 경우 조산, 유산을 유발할 수 있다.

(2) 수은중독 발생직장과 허용농도

수은광산의 채광, 정련, 체온계공업, 기타 계기공업, 약품제조(승홍 등), 수은전극을 사용하는 전해작업, 기타 실험실 작업 등에서 발생할 수 있으며 허용농도는 0.05 mg/m^{3}이다.

(3) 수은중독의 대책

공기 중에 수은의 비산이 없도록 하는 것이 중요하며 수은증기가 발산하는 것은 국소배기장치 등이 필요하고 작업대나 마루는 수은의 회수가 용이하도록 설비한다. 작업 중 직접 수은에 접촉하지 않도록 한다. 맨손으로 수은을 취급하지 않도록 하며, 세면·입욕 등을 철저히 하고 뇨중배설수은량은 무기수은의 경우 300 μg/L를 한도로 하며, 유기수은의 경우 50 μg/L를 한도로 처리한다.

3) 크롬(Chromium, Cr)중독

(1) 크롬중독의 원인과 증상

6가크롬을 포함한 크롬산, 중크롬산은 유해하다. 여기에 크롬화합물은 강한 산화성을 가져 피부나 점막에 염증, 괴양을 만들고 또 폐암이나 비강암의 원인이 되기도 한다.
피부에 접촉하면 단백과 크롬의 화합물을 만들고 그 때 산이 유리되어 단백을 응고한다. 이 작용이 점차로 피부 심부에까지 미쳐 궤양을 형성한다. 장해를 받기 쉬운 부위로서는 수지 등으로서 팔, 다리, 하퇴, 얼굴 등에 일어난다. 점막의 장해로는 비점막장해가 많다. 처음에는 비점막에 충혈이 오고 회색반, 점막비후, 점차 심부궤양을 형성하고 나아가서 비중격천공(鼻中隔穿孔)을 일으킨다. 비점막과 동시에 구강점막, 최근에는 폐암 및 비강암이 발견되기도 한다.

(2) 크롬중독 발생직장

크롬광정련소, 크롬맥기공장, 허용농도는 CrO_3로 0.1 mg/m^{3}이다.

(3) 크롬중독 예방

크롬산이나 중크롬산의 용액에 접촉하지 말도록 하며 반드시 보호장갑이 필요하다. 크롬가스 발산을 방지하기 위해 맥기조 면에 플라스틱을 덮는 것도 좋고 조측 면에 흡인 배기장치를 하는 것은 상식적인 일이다.

5 유기용제 및 농약 중독

1) 유기용제 중독

(1) 원인과 증상

용제로 사용하고 있는 유기물을 의미하므로 그 범위가 대단히 광범위하다. 보통 상온에서 액체이지만 휘발성이 대단히 커서 기도로 흡입되는 것이 보통이며 동시에 경피적으로도 흡수된다. 그래서 체내에 흡입되면 지방이 많은 뇌에 많이 분포해서 급성으로 마취작용을 일으킨다. 반복해서 작용하면 혈액, 간장, 말초신경 신장 등의 변화가 생긴다.
일반증상으로서는 먼저 정신적 흥분이 일어나며 피로감이 강하고 두통, 위부팽창감, 식욕부진이 된다. 종류에 따라 작용하는 장기 및 증상도 다채롭다. 초급알코올, 에테르, 알데히드, 케톤, 에스테르, 벤젠, 3염화에치렌, 이유화탄소 등은 일반적 신경독을 나타낸다. 메치르계 에스테르나 의산 에스테르 등을 흡입하면 호흡기계에 국소 자각증상을 일으키기도 하고 폐의 기능 장애를 일으키기도 한다. 벤조르와 그 유도체, 그리코르유는 혈액독으로서 조혈장기의 장해나 혈액의 변화를 일으킨다.

(2) 유기용제 중독의 발생환경

① 유기용제를 제조하는 공정에 관계하는 유기용제 등의 여과, 혼합, 각반, 가열, 주입 등의 과정
② 염료, 의약품, 농약, 화학섬유, 합성수지, 유기안료, 유지 향료, 감미료, 화약, 사진약품, 고무, 가소제 또는 그 중간체를 제조하는 공정에 있는 유기용제의 여과, 혼합, 각반, 가열 과정
③ 유기용제 함유물을 사용하는 보쇄, 간판, 접착, 도포, 세정 등

(3) 유기용제 중독예방

산업안전보건법 제115조에는 유해물질의 표시를 규정하고 있으며, 동법 산업보건기준에 관한 규칙에서는 유기용제를 1종, 2종, 3종으로 구분하여 각각 적색·황색·청색 바탕에 흑색글자로 표시하여 근로자가 구별하기 쉽도록 하고 있다. 또한 작업환경측정도 규정하고 있으며, 6개월에 1회 정기적으로 당해 작업장 내의 공기 중의 유기용제 농도를 측정하여야 한다.

기타에 의해 허용농도(0.15 mg/m^3, 일본산업위생학회) 이하로 낮출 필요가 있고, 아울러 호흡보호구를 사용하고 수세 등도 엄중히 한다.

2) 농약 중독

농약이라고 하더라도 사용 목적에 따라 여러 가지가 있다. 살충제, 살서제, 살균제, 제초제, 훈증제 등으로 나눈다. 그중에는 독성이 강해 제조 판매가 금지되어 있는 것도 있다.

(1) 살충제

살충제는 염소화탄화수소와 인산 에스테르가 알려져 있다. 중독은 연하흡입 또는 경피흡수로 일어난다. 중독 증상은 두통, 식욕상실, 오심, 구토, 경련, 혼수 등이 일어나고, 이것에 속하는 농약은 aldrin, benzene, hexachloride, chlordane, methoxychlor 등이고, 인산 에스테르 살충제는 통상 정상피부를 통해서 용이하게 흡수된다. 또 불순물의 연하 또는 흡입에 의해서 섭취된다.

유기인화합물은 약시, 쇠약, 두통, 하리, 근육경련, 혼수를 일으킨다. 여기에 속하는 살충제로써는 demeton, ENP, parathion, methylparthion, HETP, OMPA, TEDP, DDVP, malathion 등이 있다.

(2) 살서제

중요한 것으로 불화초산나트륨(sodium fluoroacetate)은 피부 및 호흡기, 소화기로 흡수된다. 증상으로는 오심이 있고 불안상태, 부정맥, 경련 등을 일으킨다.

중추신경의 억제도 일어난다. 스트리키닌(strychnine)은 의식상실은 없지만 경련이 특징적으로 사망 시에는 통상 뇌중추 장해가 있다. 황산탈륨(thallium sulfate)의 중독은 연하(嚥下) 또는 피부호흡에 의해서 일어난다. 급성중독은 12~24시간의 잠복기가 있어서 위장염이 일어나는 것이 특징이다.

(3) 살균제

대단히 많은 살균제가 사용되고 있다. 포름알데히드, tetramethylthiuram disulfide, 붕소, 크롬, 동, 아연화합물 등이 사용되고 있다. 그 외 유기수은이나 PCP도 사용되고 있다. 이것의 중독작용은 피부, 상부기도 점막의 자극 증상이 있다.

(4) 제초제

제초제 또는 잡초 고사제로 알려진 것을 식물에 접촉해서 작용하지만 대부분 인간에 저독성이다. maleic hydrazide, sodium chlorate는 중추신경에 작용하고 PCP(pentachlorophenol)의 제조공장에서 사망하는 예가 나오고 있다. 피부점막의 자극성이 있는 제초제로서 3염화초산이 있고 maleic hydrazide는 알레르기성·접촉성 피부염을 일으키기도 한다.

(5) 훈증제

훈증제(fumigant)는 곡류, 토양, 의복, 모피, 가옥, 창고, 내옥, 선박, 제분소, 온실, 비닐하우스 등을 훈증해서 살균하기 때문에 고체, 액체, 가스상으로 사용되지만 높은 휘발성을 가지고 있어서 대량 폭로 가능성이 있다.

요점 정리

1. 직업병의 개념

1) 직업성질환의 정의

직업성질환이란 근로자들이 그 직업에 종사(특수한 작업환경에 폭로)함으로써 발생하는 상병을 말하며, 업무와의 명확한 인과관계가 있는 것을 말한다.

2) 직업성질환의 범위

직업성질환은 그 발생상태 또는 성질에 따라 재해성 질병과 직업병으로 나눌 수 있다

3) 화학적 유해물질에 의한 건강장해

공업의 발전에 따라 유해 화학물질은 해마다 증가하고 있으며, 이로 인한 공업중독(급성·만성)은 근로자들의 건강에 치명적 영향을 미친다.

2. 직업성질환의 진단 및 예방대책

직업성 질병은 업무와 상당한 인과관계가 있는 질병을 말하나 재해성 질병의 경우 업무 기인성을 판정하기가 비교적 쉽지만 직업병의 경우 그 판정이 쉽지 않은 경우가 있다. 일반적 조사사항은 다음과 같다.

1) 재해성 질병의 인정

(1) 부상에 기인하는 질병

(2) 재해성 중독 기타 질병

일산화탄소 그 밖의 유해한 가스에 의한 급성중독이나 급성방사선 장해, 그 밖의 재해성 질환은 업무상의 재해라고 말할 수 있는 사건의 유무, 재해의 성질과 강도, 재해가 작용한 신체부위, 재해가 있은 후 발병할 때까지 시간적 관계 등을 종합하여 판정한다.

2) 직업병의 인정

(1) 작업내용과 그 작업에 종사한 기간 또는 유해작업의 정도

(2) 작업환경, 취급원료, 중간 산물, 부산물 및 제품 자체 등의 유해성 유무와 그 정도 또는 공기 중의 유해물의 농도

(3) 유해물에 의한 중독증 또는 그 밖의 직업병에서 특유하게 볼 수 있는 증상, 의학적 특징으로 일어남이 예상되는 임상검사 소견의 유무

(4) 유해물에 폭로된 때부터 발병까지의 시간적 간격 및 증상의 경과

(5) 발병하기 전의 신체적 이상 또는 기왕증의 유무

(6) 비슷한 증상을 나타내면서도 업무에 기인하지 않는 다른 질환과의 감별

(7) 같은 작업장에서 비슷한 증상을 나타내는 환자의 발생 여부 등

3) 직업성질환의 예방 대책

(1) 생산 기술 및 작업 환경을 개선하고 철저히 관리하여 안전하고 건강한 노동 환경을 확립하여야 한다.

(2) 근로자를 신규채용 시 의학적으로 관리하고 유해 물질로 인한 이상 소견을 조기에 발견하여 적절한 조치를 강구한다.

(3) 개인 위생관리를 철저히 하여 근로자가 유해 물질에 폭로되어 그 영향을 받지 않도록 한다.

3. 가스 중독

1) 일산화탄소 중독

(1) 원인 및 증상

일산화탄소(CO)는 물질의 연소 시 부산물로 산소의 공급이 불충분해서 불완전연소로 발생한다.

(2) CO 발생원과 허용농도

탄소를 함유하는 물질의 연소 시 다소 CO가 발생하고 이때 발생하는 것은 공기오염에서 언급했으므로 생략한다.

(3) CO 중독 예방

CO는 무색, 무취, 무미이기 때문에 지각으로 인지하기 어려워 사망의 경지에 이르러 CO 농도를 판단하는 경우가 많지만 지금은 북천식검지관이 나와 비교적 간단히 측정할 수 있다.

2) 아황산가스 중독

(1) 원인 및 증상

아황산가스(SO_2, 이산화황)가 피부나 점막면에 접촉되면 그곳에 수분의 존재로 산이 되고

산으로서 작용을 발휘한다. 흡입하거나 마시는 경우에도 호흡기 점막면의 수분이나 수액의 존재로 똑같은 양상을 띤다. 급성작용 시 그 산의 국소자극작용이 주가 되지만 만성작용은 산혈증 기타 증상이 가해진다.

(2) SO_2 중독 발생 직장 및 허용농도

유황광연소, 유산제조, 셀룰로이드제조, 양모표백, 아유산 및 아유산염제조 등에서 발생한다. SO_2의 허용농도는 ACGIH도 일본산업위생학회도 5 ppm으로 정하고 있다.

(3) SO_2 중독예방 및 치료

가스농도를 낮게 하는 대책이 필요하다. 작업 중에는 양치질이나 세수를 자주 하는 것이 좋다. 산성가스용 방독마스크를 착용한다. 눈의 보호를 위해 보호안경을 사용한다.

3) 이황화탄소중독

(1) 원인과 증상

이황화탄소(CS_2)는 무색, 투명의 액체로 순품의 경우는 거의 무취이다. 액체 및 농후증기는 눈, 코 및 피부를 자극한다. CS_2는 피부자극이라고 하는 점에서 유기용제 중에 가장 맹독한 것의 하나이다.

(2) CS_2 발생 직장 및 허용농도

비스코스·레이온공업, 세로판 제조, CS_2제조, 도료제조, 고무공업 등에서 발생하며 허용농도는 ACGIH가 20 ppm, 일본산업위생학회가 10 ppm으로 정하고 있다.

(3) CS_2중독 예방

작업장 내부에 발생하는 CS_2 흡인을 배제하고, 실내 CS_2 농도를 허용농도 이하로 낮추어야 한다. 예방적 의미로 근로자의 적성배치가 필요하다.

4) 청산중독

(1) 청산중독의 원인과 증상

청산(HCN, 시안화수소)은 무색의 액체로 아몬드 냄새가 있다. 작업장에서 가스흡입 및 가스·액체의 경피흡수가 고려되고 있다. 일반생활의 중독은 청산염(청산가리, 소다) 음독증상이 가끔 일어나고 있다. 청산중독의 작용기전은 화학적인 질식으로서 세포산화 과정의 저해가 일어난다.

(2) 발생 직장 및 허용농도

금제련, 사진, 맥기, 살충, 제약, 화학, 산세(酸洗), 아크릴수지 제조 등에서 발생 사례가 있다. 유기용제 업무종사자(보건규칙 제117조, 제6호 규정)는 신규 및 일반(정기)건강진단 외에 추가로 특수건강진단을 실시해야 하며 검사항목은 동법(별표13)과 같다.

4. 중금속 중독

1) 연중독(鉛中毒, Lead, Pb)

(1) 연중독의 원인과 증상

① 체내대사

사업장에서 연흡수는 주로 호흡기를 통하여 들어와 폐혈류를 통해 흡수되며, 5㎛보다 작은 입자가 차지하는 비율 및 근로자의 분당 호흡량에 의해 좌우된다. 폐혈류로 흡수된 연은 90% 이상이 적혈구에 결합되어 있으므로 체내 흡수된 연량의 지표로 이용되나 비교적 빠르게 혈액으로부터 제거되기 때문에 혈중 연량은 축적된 연의 총량을 반영해 주지는 못한다.

② 연중독의 병리

㉠ 조혈기능에 대한 영향으로 적혈구 내 프로토포피린 증가, 뇨 중 코프로포피린 증가, 혈액 소량 저하, 적혈구수 감소 등을 초래한다.

㉡ 신기능의 변화로 연은 신세뇨관에서 요산염의 배설을 방해하여 전형적 통풍 발작을 일으키는 경우가 있다.

㉢ 신경조직의 변화로 말초신경조직에 대상수초탈락이 생기고 슈반세포와 미토콘드리아에 손상을 입히는 경우가 있다.

③ 증상 및 증후

㉠ 위장장해로 식욕부진, 변비, 복부팽만감, 불면증, 근육통 등

㉡ 신경 및 근육계통의 장해로 사지의 신근쇠약 및 마비, 관절통, 근육통 등

㉢ 중추신경장해로 심한 뇌중독증, 조증, 정신착란, 경련 발작 등

(2) 연중독 발생 직장

비철금속제철, 전선제조, 안료제조, 의약품제조, 유리제조, 염료제조, 피혁공업, 인쇄판공업, 도기공업, 전구제조, 연용접작업 등이며 허용한계는 무기연은 0.2 mg/m^3, 유기연은 0.075 mg/m^{3}이다.

(3) 연중독 예방

연의 대용품을 사용하는 작업방법으로 변경해서 연증기의 발산을 방지하고 국소 환기허용농도는 HCN이 ACGIH 및 일본산업위생학회에서 10 ppm을 취하고 있다.

2) 수은중독

(1) 수은중독의 원인과 증상

수은중독은 역사적으로 꽤 오래전부터 존재했음은 동·서양이 동일한 현상이다.

수은은 상온(常溫)에서 증기가 발산하므로 작업장에서 흡입에 의한 것이 많지만 피부로부터 흡수되기도 하고 경구적으로도 들어간다. 피하에 수은이 들어가면 수은립(水銀粒)을 중심(中心)으로 결절(結節)을 만들고 상처를 통해서 수은이 들어가므로 주의를 바란다. 체온계의 수은 정도는 흡입해도 중독을 일으키지 않는다고 생각된다.

(2) 수은중독 발생직장과 허용농도

수은광산의 채광, 정련, 체온계공업, 기타 계기공업, 약품제조(승홍 등), 수은전극을 사용하는 전해작업, 기타 실험실 작업 등에서 발생할 수 있으며 허용농도는 0.05 mg/m^3이다.

(3) 수은중독의 대책

공기 중에 수은의 비산이 없도록 하는 것이 중요하며 수은증기가 발산하는 것은 국소배기장치 등이 필요하고 작업대나 마루는 수은의 회수가 용이하도록 설비한다. 작업 중 직접 수은에 접촉하지 않도록 한다. 맨손으로 수은을 취급하지 않도록 하며, 세면·입욕 등을 철저히 하고 뇨 중 배설수은량은 무기수은의 경우 300 $\mu g/L$를 한도로 하며, 유기수은의 경우 50 $\mu g/L$를 한도로 처리한다.

3) 크롬(Chromium, Cr)중독

(1) 크롬중독의 원인과 증상

6가크롬을 포함한 크롬산, 중크롬산은 유해하다. 여기에 크롬화합물은 강한 산화성을 가져 피부나 점막에 염증, 괴양을 만들고 또 폐암이나 비강암의 원인이 되기도 한다.

(2) 크롬중독 발생직장

크롬광정련소, 크롬맥기공장, 허용농도는 CrO_3로 0.1 mg/m^3이다.

(3) 크롬중독 예방

크롬산이나 중크롬산의 용액에 접촉하지 말도록 하며 반드시 보호장갑이 필요하다.

크롬가스 발산을 방지하기 위해 맥기조 면에 플라스틱을 덮는 것도 좋고 조측 면에 흡인배기 장치를 하는 것은 상식적인 일이다.

5. 유기용제 및 농약 중독

1) 유기용제 중독

(1) 원인과 증상

용제로 사용하고 있는 유기물을 의미하므로 그 범위가 대단히 광범위하다. 보통 상온에서 액체이지만 휘발성이 대단히 커서 기도로 흡입되는 것이 보통이며 동시에 경피적으로도 흡수된다. 그래서 체내에 흡입되면 지방이 많은 뇌에 많이 분포해서 급성으로 마취작용을 일으킨다. 반복해서 작용하면 혈액, 간장, 말초신경 신장 등의 변화가 생긴다.

(2) 유기용제 중독의 발생환경

① 유기용제를 제조하는 공정에 관계하는 유기용제 등의 여과, 혼합, 각반, 가열, 주입 등의 과정

(3) 유기용제 중독예방

산업안전보건법 제115조에는 유해물질의 표시를 규정하고 있으며, 동법 산업보건기준에 관한 규칙에서는 유기용제를 1종, 2종, 3종으로 구분하여 각각 적색·황색·청색 바탕에 흑색글자로 표시하여 근로자가 구별하기 쉽도록 하고 있다.

2) 농약 중독

농약이라고 하더라도 사용목적에 따라 여러 가지가 있다. 살충제, 살서제, 살균제, 제초제, 훈증제 등으로 나눈다. 그 중에는 독성이 강해 제조 판매가 금지되어 있는 것도 있다.

(1) 살충제

살충제는 염소화탄화수소와 인산 에스테르가 알려져 있다. 중독은 연하흡입 또는 경피흡수로 일어난다. 중독 증상은 두통, 식욕상실, 오심, 구토, 경련, 혼수 등이다

(2) 살서제

중요한 것으로 불화초산나트륨(sodium fluoroacetate)은 피부 및 호흡기, 소화기로 흡수된다. 증상으로는 오심이 있고 불안상태, 부정맥, 경련 등을 일으킨다.

(3) 살균제

대단히 많은 살균제가 사용되고 있다. 포름알데히드, tetramethylthiuram disulfide, 붕소, 크롬, 동, 아연화합물 등이 사용되고 있다. 그 외 유기수은이나 PCP도 사용되고 있다. 이것의 중독작용은 피부, 안, 상부기도 점막의 자극 증상이 있다.

(4) 제초제

제초제 또는 잡초 고사제로 알려진 것을 식물에 접촉해서 작용하지만 대부분 인간에 저독성이다. maleic hydrazide, sodium chlorate는 중추신경에 작용하고 PCP(pentachlorophenol)의 제조공장에서 사망하는 예가 나오고 있다. 피부점막의 자극성이 있는 제초제로서 3염화초산이 있고 maleic hydrazide는 알레르기성·접촉성 피부염을 일으키기도 한다.

(5) 훈증제

훈증제(fumigant)는 곡류, 토양, 의복, 모피, 가옥, 창고, 내옥, 선박, 제분소, 온실, 비닐하우스 등을 훈증해서 살균하기 때문에 고체, 액체, 가스상으로 사용되지만 높은 휘발성을 가지고 있어서 대량 폭로 가능성이 있다.

퀴즈(객관식 3문항)

01 직업성 질환의 예방 대책으로 옳지 않은 것은?

① 생산기술을 개선한다.
② 작업환경을 개선 및 철저히 관리한다.
③ 개인 위생관리를 철저히 한다.
④ 근로자를 신규채용 시에는 건강검진이 필요없다.

정답 ④

해설 근로자를 신규채용 시 의학적으로 관리하고 유해 물질로 인한 이상 소견을 조기에 발견하여 적절한 조치를 강구한다.

02 일산화탄소 중독으로 옳지 않은 것은?

① 물질의 완전연소로 발생한다.
② 산소결핍에 가장 민감한 것은 뇌와 심장이다.
③ 헤모글로빈과의 결합력은 산소 대비 250배 높다.
④ 무색, 무취, 무미이기 때문에 지각 인지가 어렵다.

정답 ①

해설 일산화탄소(CO)는 물질의 연소 시 부산물로 산소의 공급이 불충분해서 불완전 연소로 발생한다.

03 연(납)중독의 병리적 현상으로 적절치 않은 것은?

① 뇨(尿) 중 코프로포피린 증가
② 적혈구 내 프로토포피린 감소
③ 혈액 소량 저하
④ 적혈구 수 감소

정답 ②

해설 조혈기능에 대한 영향으로 적혈구 내 프로토포피린 증가, 뇨(尿) 중 코프로포피린 증가, 혈액 소량 저하, 적혈구수 감소 등을 초래한다.

30 환경에 의한 직업병

학습 목표
1. 환경성 직업병 중 진폐증에 대해 설명할 수 있다.
2. 이상기온 및 기압에 의한 장애에 대해 설명할 수 있다.
3. 전리방사선 장애에 대해 설명할 수 있다.
4. 직업성 난청에 대해 설명할 수 있다.

학습 내용
1. 진폐증
2. 이상기온과 기압
3. 전리방사선 및 직업성 난청

1 환경성 직업병

1) 진폐증

(1) 진폐증의 정의

진폐란 각종 분진을 흡입한 결과 X-선 사진에 이상한 음영이 나타나고 점차 폐기능이 저하하고 해부하면 폐에 분진에 의한 섬유화(fibrosis)가 보이는 것을 일컫는다.

섬유화(fibrosis)란 분진 때문에 폐의 조직이 단단한 교원섬유(膠原線維)가 형성되어 한번 이 변화가 폐에 생기면 회복이 되지 않으며, X-선상의 이상영(異常影)도 기능 저하로 그 원인은 섬유증식 때문이다. 진폐 가운데서도 규폐증은 결정형규산(SiO2, 대표적인 것은 석영)의 분진을 흡입함으로써 생기는 규폐로 우리나라에서도 광산작업으로 인해 옛날부터 알려진 것이다.

(2) 진폐증의 분류

① 무기먼지에 의한 진폐증

㉠ 비활성 먼지에 의한 것

- 흑연폐증(graphite pneumoconiosis or anthracosis)
- 철폐증(sidersis)
- 바륨폐증(baritosis)

- 칼슘폐증(calcitosis)
- 주석폐증(stannosis)

㉡ 섬유화 먼지에 의한 것

- 규폐증(silicosis)
- 석탄광부폐증(coal workcer's pneumoconiosis)
- 석면폐증(asbestosis)
- 베릴륨폐증(berylliosis)
- 활석폐증(tolcosis)

② 유기먼지에 의한 진폐증

㉠ 외인성 천식 : 밀러씨(Miller's)천식, 인쇄공 천식

㉡ 지연성 과민증 : 농부폐증(farmer's lung), 사탕수수깡 폐증(baggasosis), 버섯채취자 폐증(mushroom pickers lung), 조류 사육자 폐증(bird breeder's lung)

㉢ 직접적 생화학적 작용 : 면폐증(byssinosis)

(3) 진폐증의 원인과 증상

석영에 의한 결정형규산은 비교적 적은 분진(0.5～5 ㎛)이 폐포 내에 침입하여 일부는 폐간질의 임파관에 흡수되고, 나머지 대부분은 식세포에 둘러싸인다. 그 후 식세포는 둘러싸인 해(害)로 사멸되고 그 부분에 초기에는 가느다란 망상섬유가 형성되고 이것이 점차 커져 교원섬유가 되고 다음으로 결절이 된다.

석면에 의한 5 ㎛ 이상의 섬유상의 분진은 임파선에는 거의 들어가지 않기 때문에 임파선에 섬유화는 거의 일어나지 않으나 폐포 내의 섬유화가 일어난다.

이러한 진폐증의 발생에는 여러 가지 인자 ① 분진에 폭로된 기간 ② 분진에 대한 개인의 감수성 ③ 입자의 크기 ④ 농도 ⑤ 분진의 화학적 조성 등이 관여한다.

(4) 진폐발생 직장

광물 등을 굴착하는 작업장, 광물 등을 적재하는 작업장, 갱내의 광물분쇄물 및 파쇄작업장, 갱내의 광물운반작업장, 암석 또는 광물재단작업장, 조각작업장, 연마작업장, 광물 등 탄소원료 또는 알루미늄을 동력으로 분쇄하는 작업장, 도자기·토제품 연마작업, 모래를 이용한 주물제조공장, 광석전용선내작업, 금속 또는 무기물 제련, 용융업 등이 해당된다.

(5) 진폐예방과 건강관리

진폐예방에 무엇보다 필요한 것은 분진에 대한 대책으로 작업환경조건의 정비이다. 즉 밀폐, 국소배기, 전반환기, 습식작업, 대치방법, 방진 마스크 착용 등이며, 근본적인 대책은 발진원을 완전히 밀폐하고 배기함으로써 밀폐된 내부가 음압이 되도록 하는 것이다.

2) 이상기온에 의한 장해

(1) 직장에서 고온의 영향

고온하에서 생활하므로 서열작용이 강하든지 또는 작업이 극심할 때 체온조절이나 순환기운동에 영향이 미치기도 하고 수분이나 염분대사에 강한 영향이 미쳐 작업이 곤란하게 되고 때로는 작업이 불능하게 된다. 이러한 상태를 열중증이라고 부르고 있다. 열중증이 일어나는 직접적인 원인은 기온이 높다든지 열복사가 큰 것이라든지 아울러 고습풍속이 작은 것 등이 생체의 체온조절에 불리한 조건이 되어 일어난다. 물론 같은 고온 조건하에서는 작업강도가 크고 작업밀도가 높으면 열중증이 일어나기 쉽고 고온폭로시간이 길면 열중증 발생에 영향을 미친다.

한편 개인 측에서는 체력이 약한 자, 비만자, 순화기능에 실조가 있는 자, 미숙련자, 공복, 수면부족, 하리, 위장장해 등도 열중증의 원인이 된다. 열중증은 몇 가지의 증상이 있어, 열사병증후군(heat syndrome)이라 불리고 있다. 그중 몇 가지를 소개하면 다음과 같다.

① 열경련(熱痙攣, heat cramp)

산업현장에서 일어나고 있는 것 가운데 가장 전형적인 것으로 특징은 근육의 경련이 발작적으로 일어나며 경련은 작업에 많이 사용하는 근육군에 호발한다. 사지근은 물론 추간근이나 위(胃)에 까지 미칠 수도 있고 구토가 일어날 수도 있다. 작업 도중에 경련 발작이 일어나는 것도 많지만 작업 종료 후 입욕 중 또는 귀가 후 수면 중에 일어나는 수도 있다.

이 열경련의 원인은 대량 발한에 의한 전해질 상실이라고 생각된다. 즉 혈중 식염농도가 이상적으로 낮으며 체온은 상승하지 않고 혈압에도 큰 변화가 없는 것이 대부분이다. 맥박은 강하고 빠르며 뇨량이 감소하고 혈액은 고도로 농축되며 혈중·뇨중 식염농도가 격감한다. 식염수를 경구투여하거나 심한 경우 생리식염수를 정맥주사 하면 회복된다.

② 열소모(熱消耗, heat exhaustion)

열경련보다 심한 것으로 말초혈관 신경의 조절장애 및 심박출량의 부족으로 인한 순환장애가 주원인이며 전신에 강한 권태감, 탄력감, 실신, 현기증, 신경질, 식욕부진, 오심, 구토 등의 비특이적 증상이 있다.

발열이나 저혈압이 있는 것도 있다. 혈중 식염농도는 큰 변화가 없는 것이 대부분이다. 열경련이나 열소모는 방치해두어도 회복되는 경우가 있고 염분이나 수분을 공급하면 회복되는 것이 보통이다.

③ 열사병(熱射病, heat stroke)

가장 심각한 것으로 체온조절기능의 실조, 체온 또는 뇌온의 상승 등을 수반하는 중추신경장해가 원인이라고 생각된다. 두통, 현기증, 이명(耳鳴) 등의 전구 증상에 이어 혼수상태, 의식불명 등이 되는 경우가 많다. 발한이 멈추고 피부는 메말라 있다. 건반사저하, 이완성근마비, 의미 없는 운동, 이상감각 등이 인식된다. 체온은 41℃에 달하게 되고 혈중식염농도나 혈당의 양에는 변화가 없는 것이 많다. 치명률은 문헌에 의하면 15~60% 범위이다. 이 열사병의 치료는 먼저 1~2시간 내에 체온을 낮추어야 하므로 빙수에 환자를 담그든지, 알코올과 빙수에 적신 타월로 냉하게 하든가, 그 외에 선풍기를 사용해서 40℃를 오른 체온을 빨리 낮출 필요가 있다. 혈액응고항진이 인식되면 헤파린(heparin, 혈액응고 저지 물질)을 투여하는 것이 좋다.

(2) 고온대책

① 작업장의 온열조건의 개선 : 작업장의 전반적인 환기 및 국소 냉방 대책
② 작업시간의 제한 및 휴식시간의 적정화 : 고온폭로시간 제한, 휴식시간 연장
③ 정원의 적정화 : 작업시간 단축 및 정원증가
④ 휴게실의 냉방 : 휴게실을 통풍이 좋고 시원한 장소에 설치
⑤ 방열면, 방열복 사용 : 알루미늄을 증착시킨 아루미니이스 방열의 사용

(3) 한랭과 근로

냉동작업, 냉장고 작업, 냉장선 등이 있으며, 식품의 유통기구가 정비되면 한랭 작업자의 수도 증가하게 된다. 동계의 옥외작업으로는 제설작업, 보선작업, 야적창고작업, 노천채광작업, 임업노동 등이 있다. 가벼운 의복을 입고 한랭에 폭로될 시 -16℃에서 10분 정도 지나면 냉동감을 호소하고 -18℃ 한랭환경에서 1시간에 0.2℃ 하강하며, 동물실험 결과

체온 30℃까지는 완만한 하강을 보이나, 30~20℃까지는 급하강을 보인다고 한다. 그래서 직장온 30℃를 임계 직장온이라고 한다. 산소 소비량은 한랭 폭로에 의해 증대하며, 따라서 호흡수가 증대되고 박출량도 증대하며 최대혈압, 최소혈압도 상승하고 맥압은 감소한다.

① 한랭의 해

서서히 지각 둔화가 일어나고 암자색의 발적이나 부종이 생긴다. 호발 부위는 손등, 발등, 귓바퀴 등이다.

동상은 곧 피부온도가 낮아지고 단시간 내 감각이 없어지며 그 증상은 발적, 종창(제1도)에서 수포, 발적, 종창(제2도)에 이어, 궤양이 생기게(제3도) 된다. 호발부위는 말초손가락, 발가락, 얼굴 등이다.

한랭이 작용하면 불쾌한 냉감 때문에 근무의욕이 낮아지며, 따라서 수지의 교차성을 요하는 작업은 피부온의 저하로 손의 교차성이 낮아진다. 최근 -50℃ 이하에 달하는 냉장고 내에 근무자에게 많다.

② 한랭에 대한 대책

10℃ 이하 작업장에는 난방대책이 필요하며 한랭에 대한 피복의 효과도 크다. 피복의 열절연치(thermal insulation value)의 단위로 "CLO"가 사용되고 있다. 이 "CLO" 단위란 Gagge, Burton, Bazett가 주장한 것으로서 "1 CLO"는 습도 50%, 기류 20 ft/분(10 cm/sec), 21.2℃의 대기 중에서 의자에 앉은 상태의 안정된 피검자가 쾌감을 느끼고 평균 피부온이 33℃를 유지하게 되는 데 필요한 피복의 열절연치 보온력이다(방한력이 가장 좋은 것 : 4 CLO, 방한화 : 2.5 CLO, 방한장갑 : 2 CLO, 보통작업복 : 1 CLO). 약한 기류 중 중등도습도, 안정 시 나체의 피험자는 30℃에서 쾌적하지만 기온이 21.2℃로 낮아지면 똑같은 쾌적도를 유지하는데 1 CLO의 피복의 열절연이 필요하게 된다. 아울러 12.4℃에서는 2 CLO, 3.6℃에서는 3 CLO가 필요하다.

3) 전리방사선 장해

(1) 전리방사선

전리방사선(ionizing radiation)은 본질적으로 2가지 종류가 있다. 한 가지는 대단히 고속도로 움직이는 준원자적입자로 대표적인 것이 전자이다. 이 두 가지는 물리적으로는 완전히 다르나 화학적 및 생물학적 작용은 대단히 유사하다.

산업장에서 일차적으로 문제시되는 전리방사선은 X-선, γ선, α선, β선 및 중성자이며, 방사선에 있어서 단위는 렌트겐(γ), 래드(rad), 램(rem) 등이 쓰인다.

① 뢴트겐(roentgen, γ) : X-선 및 선의 단위로서 공기 중 1정전 단위의 이온(ion)쌍을 만드는 조사량이다.

② 래드(rad) : 흡수에너지를 기준으로 한 것이며, 물질 1 g에 100 erg의 에너지를 흡수시키는 방사선량을 1 rad라고 한다.

③ 램(rem) : 인체에 미치는 피해를 고려한 단위이며, 1 rad의 X-선이나 γ선과 같은 피해를 주는 방사선 조사량을 1 rem이라고 한다.

(2) 전리방사선에 의한 신체적 장해

각 조직의 전리방사선에 대한 감수성은 일반적으로 증식력과 재생 기능이 왕성하고 세포분열이 영속되며, 그 형태와 기능이 미숙할수록 크다. 따라서 생식세포, 악성종양세포는 방사선에 대하여 예민하게 반응한다.

방사선에 대한 감수성이 큰 조직부터 순차적으로 적어보면 다음과 같다.

① 골수, 임파구, 임파선, peyer씨 집선(集腺, Patches), 흉선 및 비장 등 임파조직 : 빈혈, 백혈병, 암종, 비장의 손상, 임파구 감소증 등을 일으킨다.

② 눈의 수정체 : 백내장을 일으킨다.

③ 성선(고환, 난소), 타액선, 피부 및 점막 등 상피세포 : 불임증, 유전적 장해, 피부의 홍반 및 위축, 피부암, 탈모 등 장해를 일으킨다.

④ 혈관, 복막 등 내포세포

⑤ 결합조직과 지방조직

⑥ 뼈 및 근육조직

⑦ 폐, 위장관, 뼈, 신 등 내장기관조직

⑧ 신경조직 등에 퇴행성 변화와 암종을 일으킨다.

전신의 1회 조사에 의한 영향으로서 원자로 사고 등이 그 좋은 예로 300～500 rem으로 조사 시 증상은 30～60일간에 50%가 사망하는 급성장애를 일으킨다.

급성장애 증상으로는 처음에는 전혀 증상을 느낄 수가 없고 1시간 정도 지나면 그 때부터 오심, 구토가 일어나고 하리를 수반하게 된다.

동시에 쇠약감, 피로감, 자율신경 증상이 2일간 계속되고, 한편 혈액은 조사된 날부터 임파구 감소가 일어나고 과립 백혈구도 일시 증가한 후에 점차 감소하게 된다. 2~3주간에는 고열이 계속되어 체중이 감소되고 피부 홍반, 탈모, 구강 및 인후괴양 등이 일어나고 백혈구가 감소되고 면역체의 생식력이 저하되어 세균감염이 일어나게 된다.

만성적으로 경과 시 그 주된 장해로는 피부장해, 혈액변화, 생식기능 변화, 수명단축, 악성종양 발생 등이 일어나게 된다.

만성의 혈액변화로는 백혈구수가 감소되고 또 적혈구수, 헤모글로빈 양도 감소되어 빈혈 증상을 일으키게 된다.

많은 기관에 악성종양이 발생한다. 주요한 것은 백혈병, 피부암, 폐암, 골수종, 간종양, 갑상선암 등이 된다. 발생 시까지는 잠복기간은 10~20년이 걸린다.

(3) 방사선의 최대허용선량 및 선량한도

방사선은 어떠한 피폭의 경우도 유해한 영향을 수반한다고 생각된다.

의미가 있다고 하는 것과 허용된다고 하는 선량은 차이가 있으며, 신체에 작용하는 방사선 핵종을 신체부하량(body burden)이라 하며, 그 부하량은 신체 각부에 고르게 분포되어 있는 것이 아니고 특정의 장기에 집중되어 있는 경우가 많으나 어떠한 경우를 막론하고 방사선의 총부하량은 감수성이 높은 특정 장기에 대한 최대폭로 허용량을 넘어서는 안 된다. 이것을 신체부하의 최대허용한계(maximum permissible body burden)로 정하고 있다. 국제방사선 보호위원회(International commission on radiological protection : ICRP)에서는 전리방사선의 최대허용량을 정하고 있다. 이 선량을 넘지 않도록 하기 위해 개인별 모니터링을 하지만 한편 공중의 구성원에 대한 선량은 환경에서 표집해서 통계적으로 산정하고 연간 공중구성원에 대한 선량한도(dose limit)는 직업상 최대허용선량의 1/10로 하고 있다.

(4) 방사선 장해(放射線 障害)의 방지

전리방사선이라고 하더라도 외부조사와 내부조사에 있어서 그 방어 방법이 크게 다르다. 외부조사에 있어서는 방사선원으로부터 멀리해야 한다. 즉 첫째, 원격조작, 기타 방법으로 선원(線原)으로 부터 거리를 멀리 할 필요가 있다. 공기나 기타 흡수를 무시했을 때 거리의 2승에 역비례해서 조사선량이 감소한다. 둘째, 방사선보호벽을 이용해도 유효하다. 방사선의 종류와 에너지의 차에 의해 물체의 흡수율은 다르다. 물체의 비중이 큰 만큼 방사선은 잘 흡수된다. 입자선의 경우는 입자가 큰 쪽이 흡수되어 진다. 중성자선은 무거운 물질보다 가벼운 물질에 의해 흡수되어 진다. 셋째, 허용선량 이하로 하기 위해 방사선 피폭시간을 단축하는 것은 중요한 의미가 있다. 그 때는 개인의 피폭량을 monitor할 필요가 있다. 넷째, 최후의 수단으로 개인용 보호구의 사용이다.

내부조사의 방호(防護)로서는 방사선 물질이 비산하지 않도록 하는 방법이 절실하다. 그 때문에 방사선 물질은 후드 내에서 또는 글로브박스(globe box)내에서 취급하고 방사선 물질로 환경의 표면오염이 일어나지 않도록 하는 것이 절실하다. 작업장의 환기에 의해서 공기 중 농도를 감소시킬 필요가 있다. 아울러 방사선 작업자의 개인 관리도 필요하다. 모니터(monitor)를 작업 시 휴대하고, 마지막으로 신체 표면의 오염을 제거하기 위해 샤워시설을 갖출 필요가 있다. 의학적 관리로서는 정기검진을 실시할 필요가 있다.

4) 기압에 의한 건강장해

(1) 고기압에 의한 건강장해

잠수부가 잠수를 한다거나 고층건축공사, 교량가설공사, 터널공사 등에 잠함이 사용되면 고기압의 영향을 받게 된다.

잠함(caisson)작업이란 대규모 토목공사에 고압침하종(高壓沈下腫), 곧 잠함을 침투, 그 내에 고압공기를 보내 기압을 높이고 주위로부터 물의 침입을 방지한 후 그 안에서 근로자가 작업을 하게 된다. 보통 인간은 대기 중에서 체표 2 cm^2당 1 kg의 압력을 받지만 작업이 해저 30 m 장소에서 이루어지면 그 때 가해지는 압력은 체표 1 cm^2당 3 kg이 증가된다. 이것을 작용압 또는 caisson압이라고 말한다. 전체로는 4 kg의 압을 받는 결과가 되어 이 전체의 압력을 절대기압이라고 하며 이러한 기압이 가해질 때 공기가 부비강 및 중이를 포함한 전 표면에 자유통로가 있으면 18기압의 고기압이 되어도 현저한 증상이 없이 이겨내지만 기압이 전 표면에 균등하게 분포되지 않고 조직과 환경기압의 약간의 차로도 불쾌한 증상을 일으키고 귀, 부비강, 치아 등의 통증을 1.5% 정도 작업자가 경험한다고 한다.

4기압 또는 그 이상 기압 하에서 질소의 마취가 일어나고 그 증상으로서 작업력 감소,

자제력 소실, 지각과민, 다행증 등의 증상이 일어난다. 기압이 높아도 공기 호흡의 경우는 일어나지 않지만 산소분압이 2기압인 산소를 흡입하면 경고적 징조로 호흡곤란, 오심, 입술마비, 수지·족지작열감, 시력장애, 환청, 정신적 혼란, 안면창백, 동공확대 최후로 간질성경련(epileptiform convulsion)을 일으킨다.

CO_2는 산소의 독성이나 질소의 마취 작용을 증강하기도 한다. 잠함 내의 환기불량, 송기 중의 공기에 CO_2가 많으면 일어날 수 있다.

(2) 감압병(caisson disease, 잠수병)

고기압의 작용으로 체내의 액체나 지방에는 공기 중의 각종 기체가 용해한다. 그 양은 기압이 높을수록 커진다. 이 가스 가운데는 질소의 용해도가 크며 체액보다 지방에는 5배가량 용해한다. 고기압으로부터 저기압으로 옮겨오면 용해된 가스는 체외로 배출되나 그 감압이 급격할 시 가스가 폐로부터 배출이 불완전해서 질소는 기포상이 되어 혈관에 침투한다(공기전색, air embolism). 그래서 조직을 압박해서 조직의 영양을 해치고 여러 가지 징후를 일으킨다. 이것을 감압증(減壓症, decompressed air sickness)이라 한다. 이러한 감압증이 일어나는 직장으로서는 잠함공업을 행하는 터널굴착, 교각건설, 건조물의 기초공사 등으로서 잠함작업에서 일어나는 것을 잠함병(caisson sickness)이라 부르고, 어선, 하물의 인양, 해산물 채취, 수중구조물건조·수리 등 잠수작업에서 일어나는 것을 잠수병(潛水病)이라고 한다.

주요한 증상으로는 동통성관절근육장해(bend), 질식증상, 마비, 비감염성골괴사 등을 일으킨다. 이러한 감압증은 비교적 진행성으로 80% 가량은 4~6시간 만에 발생하며, 질식증상(chokes)은 기포가 기관 내에서 발생하고 정맥성으로 우심으로부터 폐에 달하고 폐의 모세관을 폐색해서 호흡곤란을 일으키고 흉내고통, 사지 냉증, 빈맥, 혈압 강하가 일어나고 가끔은 쇼크로 사망하는 경우도 있다.

(3) 감압증 대책

20세 미만 50세 이상인 사람은 고기압 작업은 금하는 것이 좋다. 부적격자로 비만인자, 호흡기 및 심장이 약한 자, 알코올 중독자, 신경통이나 루마티스 환자 등이다. 또 감압증 이환자, 질병으로 인한 결근자, 고기압작업으로부터 멀리 있던 자가 고기압 작업을 할 시는 임시건강진단을 행할 필요가 있다. 가압 시간은 0.8 $kg/cm^2/min$ 이하에서 행함이 좋고 감압법은 단계적으로 일정 압력까지 낮춘 후 일정 시간 머무르고 다시 반복해 행함이 좋다. 감압증 치료는 재압치료(재압실)가 유일한 방법이다.

5) 직업성 난청(職業性 難聽)

직업성 난청이 발생하는 경우를 생각하면 공업중독이나 고압작업자에게서 보이는 경우가 있고 또는 폭발사고 등으로 발생된 난청(두부외상의 후유증으로 생긴 난청)에 의한 재해성 난청이 포함되지만 보통 소음작업에 종사하는 자에게 발생하는 난청으로 일컬어 소음성이라고 말하며 영구적인 장해로 남는 경우도 있다.

(1) 일시적 청력장애

일시적 청력장해(temporary hearing impairment)란 청력피로(auditory fatigue)라고도 부르는데 소음폭로에 의해 일과성으로 일어나는 청력손실이다. 이 청력손실은 오디오메타(audiometer)로 측정하는데 각 주파수에서 정상청력자의 최소가청치(이것을 0 dB로 하면)에 대해 이것보다 강한 각종 단계의 음을 레시벨로부터 발생시켜 피험자가 청취하는 최소의 음이 기준의 0 dB보다 몇 dB 강한 음인가 라고 하는 것으로 청력의 저하를 측정해서 이것을 청력손실(hearing loss)이라 한다.

공장 소음 폭로에 의해 4,000～6,000 cps 크기에서 일과성 청력손실이 일어난다. 손실은 2시간 이내에 발생하며 회복은 소음폭로 중지 후 1～2시간 이내에 가장 크며 일시적 청력손실 정도는 개인에 따라서 차이가 있다.

(2) 소음성 난청

소음에 의한 청력손실은 내이(內耳, internal ear)의 와우관(蝸牛管, cochlear duct)내의 나선기관(corti 씨 기관)의 상해에 의한 것으로, 일시적 난청은 피로 현상이라고 하는 기능적 손상이지만 영구성 청력손실은 기질적 손실로서의 변성을 인정한다. 곧 소음성 난청은 내이의 손상에 의한 감음성난청(내이, 감각 세포로부터 청신경을 경유해서 대뇌의 중추에 달하는 경로의 어딘가에 장해가 있는 경우를 말한다)이 있다. 감음성 난청에서는 일반적으로 고음역의 청력손실이 현저하다. 소음성 난청에서도 마찬가지로 특히 4,000 Hz을 중심으로 해서 C5-dip라고 하는 청력 손실의 현상이 보인다.

요점 정리

1. 환경성 직업병

1) 진폐증

(1) 진폐증의 정의

진폐란 각종 분진을 흡입한 결과 X-선 사진에 이상한 음영이 나타나고 점차 폐기능이 저하하고 해부하면 폐에 분진에 의한 섬유화(fibrosis)가 보이는 것을 일컫는다.다.

(2) 진폐증의 분류

① 무기먼지에 의한 진폐증

② 유기먼지에 의한 진폐증

㉠ 외인성 천식 : 밀러씨(Miller's)천식, 인쇄공 천식

㉡ 지연성 과민증 : 농부폐증(farmer's lung), 사탕수수깡 폐증(baggasosis), 버섯채취자 폐증(mushroom pickers lung), 조류 사육자 폐증(bird breeder's lung)

㉢ 직접적 생화학적 작용 : 면폐증(byssinosis)

(3) 진폐증의 원인과 증상

석영에 의한 결정형규산은 비교적 적은 분진(0.5～5 μm)이 폐포 내에 침입하여 일부는 폐간질의 임파관에 흡수되고, 나머지 대부분은 식세포에 둘러싸인다. 그 후 식세포는 둘러싸인 해(害)로 사멸되고 그 부분에 초기에는 가느다란 망상섬유가 형성되고 이것이 점차 커져 교원섬유가 되고 다음으로 결절이 된다.

(4) 진폐예방과 건강관리

진폐예방에 무엇보다 필요한 것은 분진에 대한 대책으로 작업환경조건의 정비이다.

즉 밀폐, 국소배기, 전반환기, 습식작업, 대치방법, 방진 마스크 착용 등이며, 근본적인 대책은 발진원을 완전히 밀폐하고 배기함으로써 밀폐된 내부가 음압이 되도록 하는 것이다.

2) 이상기온에 의한 장해

(1) 직장에서 고온의 영향

고온 하에서 생활하므로 서열작용이 강하든지 또는 작업이 극심할 때 체온조절이나 순환기운동에 영향이 미치기도 하고 수분이나 염분대사에 강한 영향이 미쳐 작업이 곤란하게 되고 때로는 작업이 불능하게 된다. 이러한 상태를 열중증이라고 부르고 있다. 열중증이 일어나는

직접적인 원인은 기온이 높다든지 열복사가 큰 것이라든지 아울러 고습풍속이 작은 것 등이 생체의 체온조절에 불리한 조건이 되어 일어난다. 물론 같은 고온조건하에서는 작업강도가 크고 작업밀도가 높으면 열중증이 일어나기 쉽고 고온폭로시간이 길면 열중증 발생에 영향을 미친다.

① 열경련(熱痙攣, heat cramp)

산업현장에서 일어나고 있는 것 가운데 가장 전형적인 것으로 특징은 근육의 경련이 발작적으로 일어나며 경련은 작업에 많이 사용하는 근육군에 호발한다. 사지근은 물론 추간근이나 위(胃)까지 미칠 수도 있고 구토가 일어날 수도 있다. 작업 도중에 경련 발작이 일어나는 것도 많지만 작업 종료 후 입욕 중 또는 귀가 후 수면 중에 일어나는 수도 있다.

② 열소모(熱消耗, heat exhaustion)

열경련보다 심한 것으로 말초혈관 신경의 조절장애 및 심박출량의 부족으로 인한 순환장애가 주원인이며 전신에 강한 권태감, 탄력감, 실신, 현기증, 신경질, 식욕부진, 오심, 구토 등의 비특이적 증상이 있다.

③ 열사병(熱射病, heat stroke)

가장 심각한 것으로 체온조절기능의 실조, 체온 또는 뇌온의 상승 등을 수반하는 중추신경장해가 원인이라고 생각된다. 두통, 현기증, 이명(耳鳴) 등의 전구 증상에 이어 혼수상태, 의식불명 등이 되는 경우가 많다.

(2) 고온대책

① 작업장의 온열조건의 개선 : 작업장의 전반적인 환기 및 국소 냉방 대책

② 작업시간의 제한 및 휴식시간의 적정화 : 고온폭로시간 제한, 휴식시간 연장

③ 정원의 적정화 : 작업시간 단축 및 정원증가

④ 휴게실의 냉방 : 휴게실을 통풍이 좋고 시원한 장소에 설치

⑤ 방열면, 방열복 사용 : 알루미늄을 증착시킨 아루미니이스 방열의 사용

(3) 한랭과 근로

냉동작업, 냉장고작업, 냉장선 등이 있으며, 식품의 유통기구가 정비되면 한랭 작업자의 수도 증가하게 된다. 동계의 옥외작업으로는 제설작업, 보선작업, 야적창고작업, 노천채광작업, 임업노동 등이 있다. 가벼운 의복을 입고 한랭에 폭로될 시 -16℃에서 10분 정도 지나면 냉동감을 호소하고 -18℃ 한랭환경에서 1시간에 0.2℃ 하강하며, 동물실험 결과 체온 30℃까지는 완만한 하강을 보이나, 30~20℃까지는 급하강을 보인다고 한다. 그래서 직장온 30℃를 임계 직장온이라고 한다.

3) 전리방사선 장해

(1) 전리방사선이란

전리방사선(ionizing radiation)은 본질적으로 2가지 종류가 있다. 한 가지는 대단히 고속도로 움직이는 준원자적 입자로 대표적인 것이 전자이다. 이 두 가지는 물리적으로는 완전히 다르나 화학적 및 생물학적 작용은 대단히 유사하다.

(2) 전리방사선에 의한 신체적 장해

각 조직의 전리방사선에 대한 감수성은 일반적으로 증식력과 재생 기능이 왕성하고 세포 분열이 영속되며, 그 형태와 기능이 미숙할수록 크다. 따라서 생식세포, 악성종양세포는 방사선에 대하여 예민하게 반응한다.

4) 기압에 의한 건강장해

(1) 고기압에 의한 건강장해

잠수부가 잠수를 한다거나 고층 건축공사, 교량가설공사, 터널공사 등에 잠함이 사용되면 고기압의 영향을 받게 된다.

(2) 감압병(caisson disease, 잠수병)

고기압의 작용으로 체내의 액체나 지방에는 공기 중의 각종 기체가 용해한다. 그 양은 기압이 높을수록 커진다. 이 가스 가운데는 질소의 용해도가 크며 체액보다 지방에는 5배가량 용해한다. 고기압으로부터 저기압으로 옮겨오면 용해된 가스는 체외로 배출되나 그 감압이 급격할 시 가스가 폐로부터 배출이 불완전해서 질소는 기포상이 되어 혈관에 침투한다(공기전색, air embolism). 그래서 조직을 압박해서 조직의 영양을 해치고 여러 가지 징후를 일으킨다. 이것을 감압증(減壓症, decompressed air sickness)이라 한다.

5) 직업성 난청(職業性 難聽)

직업성 난청이 발생하는 경우를 생각하면 공업중독이나 고압작업자에게서 보이는 경우가 있고 또는 폭발사고 등으로 발생된 난청(두부외상의 후유증으로 생긴 난청)에 의한 재해성 난청이 포함되지만 보통 소음작업에 종사하는 자에게 발생하는 난청으로 일컬어 소음성이라고 말하며 영구적인 장해로 남는 경우도 있다.

퀴즈(객관식 3문항)

01 진폐증을 발생하는 인자에 해당되지 않는 것은?

① 분진에 폭로된 기간
② 분진에 대한 개인의 감수성
③ 분진의 화학적 조성
④ 분진에 노출된 계절

정답 ④

해설 이러한 진폐증의 발생에는 여러 가지 인자, 즉 ① 분진에 폭로된 기간 ② 분진에 대한 개인의 감수성 ③ 입자의 크기 ④ 농도 ⑤ 분진의 화학적 조성 등이 관여한다.

02 열중증 중 체온조절기증의 장애를 초래하여 뇌온이 상승되는 질병은?

① 열사병 ② 열쇠약
③ 열피로 ④ 열경련

정답 ①

해설 열사병은 가장 심각한 것으로 체온조절기능의 실조, 체온 또는 뇌온의 상승 등을 수반하는 중추신경 장해가 원인이라고 생각된다. 두통, 현기증, 이명(耳鳴) 등의 전구 증상에 이어 혼수상태, 의식불명 등이 되는 경우가 많다.

03 소음성 난청 판정에서 급격한 음역대에서 청력손실이 보이는 구간은?

① 1,000 Hz ② 2,000 Hz
③ 3,000 Hz ④ 4,000 Hz

정답 ④

해설 감음성 난청에서는 일반적으로 고음역의 청력손실이 현저하다. 소음성 난청에서도 마찬가지로 특히 4,000 Hz을 중심으로 해서 C5-dip라고 하는 청력손실의 현상이 보인다.

31 기타 직업성 질환의 이해

학습 목표 1. 직업성 암 및 피부질환에 대해 설명할 수 있다.
2. 직업성 안질환 및 VDT 증후군에 대해 설명할 수 있다.

학습 내용 1. 직업성 암
2. 직업성 피부질환
3. 직업성 안질환
4. VDT 증후군

1 기타 직업병

1) 직업성 피부장해

(1) 직업성 피부장해의 정의

직업성 피부질환(occupational dermatoses)이란 작업환경에 의해서 직접적으로 발생하거나 또는 이전부터 내려온 피부질환이 작업환경에 의해서 악화된 것으로 그 증상은 다양하다. 재해성을 일으키는 열상이나 산·알칼리, 기타에 의한 화학적 화상, 부식증에 의한 우발적 상해 등을 포함해서 직업성 피부장해라 총칭한다.

(2) 직업성 피부장해의 요인

피부에의 증상은 원인, 작용하는 양, 작용기간, 개인의 감수성에 의해 차이가 있다. 특히 화학적 물질에 의한 장해의 원인은 무수히 많다고 보는 것이 좋다. 피지의 유해물질도 등장하고 유해물질은 단독으로 작용하기도 하고 혼합해서 작용하기도 한다.

① 화학적 물질에 의한 장해를 대별하면 다음과 같다.

㉠ 산(무기산, 유기산)과 알칼리에 의한 부식, 피부염, 궤양

㉡ 금속 및 그 염류(크롬, 니켈, 코발트 등에 의한 습진·궤양, 수은·연 등에 의한 피부염)

㉢ 반금속과 그 염류(염화인, 창연 등에 의한 피부염, 비소에 의한 흑피증, 피부염, 암 등)

㉣ 지방족 화합물, 방향족 화합물, 복소환식 화합물, 기타 타르, 피치, 광유 등에 의한 유기화합물에 의한 피부염

㉤ 옻나무 삼피(杉皮), 티크목 등의 과즙, 제충국 등에 의한 피부염

② 물리적 자극에 의한 장해로는 아래와 같은 기계적 자극이나 화상 등의 온열적 자극, 방사선 등이 피부장해를 일으키는 것이 된다.

㉠ 기계적 자극에 의한 장해 : 그라스 오일에 의한 피부염이나 피부장해

㉡ 화상이 대표가 되는 온열적 자극에 의한 장해 : 고열작업장의 혈관확장증

㉢ 자외선의 장기 폭로 : 피부는 건성, 갈색, 탄력상실, 안(顔)에 모세혈관확장

㉣ 마이크로웨브(microwave) : 적외선과 같은 국소열 효과, 전리방사선(ionizing radiation)에 의한 급·만성 피부염

㉤ 생물학적 원인 : 제모, 피혁공의 탄저, 습윤작업자의 수충, 가축업자의 사상균증, 목축·식품 가공업자의 동물기생충증 등이 있으나, 피부장해로써는 화학물질과 물리적 원인이 제일 크다.

(3) 직업성 피부장해의 예방

① 원료나 자료검토 : 화학물질로서는 피부에 대해 자극성이 없는 것을 선택한다.

② 공정의 검토와 개선 : 공정의 밀폐, 격리, 자동화 등도 근본 대책이 된다. 유해물의 배제 장치도 유효하다.

③ 예방시설의 완비 : 수세, 세면, 입욕설비를 완비하고, 오염작업 외의 관리도 필요하다.

④ 근로조건의 검토 : 폭로시간이나 휴식시간 검토, 자극이 강한 감작성 물질을 다루는 작업에서는 간헐적 집중 생산제나 고온 다습한 계절의 작업중지 등을 검토한다.

⑤ 개인보호 : 상기와 같은 대책 등을 강구해도 충분한 효과가 없으면 보호의, 장화, 장갑, 호흡보호구 등을 사용한다. 또 작업 전 피부보호크림을 도포해서 부착 물질이나 광선 등으로부터 피부를 보호한다.

보호크림은 ㉠ 친수성크림 ㉡ 소수성크림 ㉢ 차광성크림 ㉣ 피막형성형크림 ㉤ 피부조정크림 등이 있다.

⑥ 작업자의 선택과 건강관리 : 피부 감수성은 개인차가 크기 때문에 작업자의 적성 선택이 필요하다. 건강관리로서는 가능하면 월별 건강진단이 행해진다.

2) 직업성 안질환

직업성 건강장해 가운데 피부장해와 안(눈) 장해는 종류도 많고 발생 수도 많아 예전부터 주목이 되고 있다. 그러나 일단 장해가 유발된 경우 작업상으로 취급하는 영향이나 고통이라는 측면에서 안 장해가 비중이 크다.

(1) 직업성 안질환의 원인

이물이나 화학적 물질에 의한 안염 발생이 가장 많지만 자외선이나 적외선의 영향도 예부터 알려져 있다.

① 자외선에 의한 장해로서 용접공의 각결막염은 대표적인 것으로서 자외선 폭로 후 수 시간 잠복기를 거쳐 안통, 안루, 이명의 증상을 수반하게 된다. 자외선에 대한 보호가 용접공보다 불충분한 용접작업 보조자가 보다 자극 장해를 받기 쉽다. 백내장을 유발할 수도 있다.

② 적외선은 열효과가 강해서 피부에는 이것을 방지하는 것을 자연적으로 근로자들이 유념하기 때문에 큰 장해는 없으나 눈은 열감을 받지 않아서 방심하므로 장해를 입기 쉽다. 용광로나 유리불기 등으로 장기간 적외선에 폭로되면 후극성 백내장(posterior cataract) 또는 열성백내장(heat cataract)이라고 하는 눈의 장해가 일어난다. 적외선에 의한 망막염도 알려져 있다.

③ X-선 관으로부터 전자현미경 제조, 사용 등에서 발생하는 X-선이나 공장에서 이용하는 Cobalt 60이나 Indium 192로부터 γ선을 눈에 받아서 방사선 백내장(radiation cataract)을 일으킨다.

④ 마이크로웨이브(microwave)가 눈에 닿으면 백내장을 일으킨다.

⑤ 이물로써 금속기계 공업이나 연마작업 드릴작업 등에서 발생하는 철편, 금속편, 석분, 탄분, 목편, 곡분, 분진 등에 의해 안 외상을 일으키기도 하고 각막염, 결막염, 화상 등을 일으킨다.

⑥ 직접 눈에 작용해서 장해를 일으키는 외에 유해물이 일단 체내에 흡수되어 중독증상의 현상으로서 시신경장해를 일으키기 쉽다. 일산화탄소, 이황화탄소, 연중독(만성중독), 메틸알코올, 에틸알코올, 비소, 벤젠, 나프탈렌 중독에서 축성시신경염이 일어난다.

⑦ 탄광 갱내에서 안구진탄증을 일으킬 수 있지만 그 원인의 한 가지는 조명불량이다.

⑧ 불량조명하에서 부적당한 작업 자세, 작업 방법으로 작업을 계속하면 안정피로, 시력

저하, 일과성근시 상태가 된다.

⑨ 산, 알칼리, 석회, 포르말린, 기타 자극성가스, 증기 등 100종류 이상 물질에서 각막염, 결막염, 화상 등을 일으킬 수 있다.

(2) 직업성 안질환 예방

직업성 안질환의 대부분이 광선, 방사선, 화학적 유해물질, 이물 등에 의해 일어나므로 예방도 적절히 신속한 조치가 필요하다. 그 예방은 보호안경이 유효하다. 보호안경으로서는 차광용으로 JIS가 있다. 산, 알칼리 등 화학물질 때문에 화학 화상 등을 일으키는 것은 신속한 구급처치가 필요하다.

3) 직업성 암

직업성 암의 원인이 되는 조건은 10년 내지 20년의 장기간 작용에 의해 일어난다. 그 작용 방법은 대개 3가지로 나누어진다.

① 피부면에 부착
② 호흡기도에 흡입
③ 소화관으로 들이마시는 경우

그 가운데에서도 피부를 통해 작용하는 것이 가장 많은 점도 직업성 암의 특징이다.

(1) 직업성 암의 원인

1755년 Pott에 의해 세계 최초로 조사된 것은 영국의 연돌 소제부의 음낭암(chimney sweepers′ cancer of the scrotum)이다. 곧 매진으로 인한 불결한 의복과 거의 목욕을 하지 않는 생활이 주된 원인이라고 생각된다. 직업성 발암물질의 침입경로는 피부나 폐, 비강, 방광 등이 많고 발생부위도 직업성 암과 일반 암과의 다른 점이 있다. 일반적으로 남자는 위암, 여자는 자궁암 등이 많지만 직업성 암의 경우, 부위는 그렇지 않다.

(2) 직업성 암의 예방

원인이 되는 조건에 폭로되지 않도록 하는 것이 근본 방법이다. 우리나라에서도 산업안전보건법(제115조)에 유해물질의 표시에서 취급 및 방재 요령을 명시하고 있다. 일본에서는 노동안전위생법에 의해 발암성이 있는 물질은 취급 및 제조를 금지하고 있다. 피부암의 예방에는 피부를 청결히 하는 것이 중요하고, 호흡기 암의 예방은 타르의 고온 분류물이 발산하는 직장에서 피부에 특유한 모세관확장(가스斑)을 보이고 이 가스반을 다수 인정하는 사람 가운데 폐암환자가 발견되기 때문에 가스반이 발견되는 직장이나 개인에게 주목해서 관리하는 것이 중요하다. 방광암은 뇨의 세포진단을 활용하는 것이 좋다.

4) 국소진동장해(局所振動障害)

(1) 골·관절의 장해

진동 공구 중에도 착암기에 의한 진동이 일어나기 쉽다. 독일의 갱내 근로자 중 이 장해가 전 지역병 중 3~4%에 달한다고 한다. 그러나 착암기나 기타 진동공구에 의한 골·관절의 질환은 주관절부에 골의 증식이 인정되고 관절면으로부터 연골이나 골의 괴사가 이루어져 유리되고 이것이 관절에 장시간 자극을 가해 비특이적인 관절염이 일어나기도 하고 압착공기공구를 사용하는 작업을 한 후에는 병이 악화되는 경우가 있다. 일본의 경우 10년 이상 착암기를 사용하고 있는 근로자 61명 중 X-선상으로 56명이 주관절에 변화가 있다고 보고하고 있다. 또 동유럽의 연구자로부터 척추의 형태학적 변화를 인정한다고 하는 보고도 있다.

(2) 직업성 레이노증후군

이 장해는 간헐적인 수지의 창백을 주증상으로 하는 병으로 발작성의 손가락 동맥 혈관연축(血管攣縮)이 일어난다고 알려져, 레이노 증후군과 증상은 유사하다. 직업성 레이노증후군(Raynaud's phenomenon of occupational origin, 최근 white finger라고도 함)이라고 불린다.

이 직업병은 1911년 이탈리아에서 "Loriga"에 의해 처음으로 보고되었으며, 발작이 일어나는 시기는 주로 동계이며 전신이 냉하면 일어나기 쉽다. 물론 이러한 증상이 나타나면 손을 문지르기도 하고 따뜻하게도 해서 5~15분 후에 회복된다. 회복될 때에는 자주 저림, 통증, 심한 불쾌감이 있다. 진동 공구를 사용해서 1~2개월째 레이노 현상이 발생한다고 보고한 예도 있으며 착암기로 0.5~1년에 빨리 발증이 보고된 예도 있다. 이 치료법은 지금까지 적당한 것이 없고 의학요법이나 운동요법, 혈관확장제 투여 등이 행해지고 있다.

(3) 근, 신경장해

신경의 장해로써는 다발성 신경염이 형성된다는 것이 많고 말초부 지각마비나 감각이상을 호소하는 경우가 많다. 저린감을 호소하는 경우도 있다. 신경장해의 결과 근위축이 인정되기도 한다.

(4) 국소진동장해 방지대책

진동공구를 장시간 사용하면 진동장해를 일으키는 원인이 되기 때문에 특히 머리 위의 위치에서 진동공구를 쥐고 사용하는 것은 좋지 않다. 가능한 진동공구에 기계적인 지지대를 붙이는 것이 좋다. 또 작업자의 전신의 보온과 손의 보온에 주의할 필요가 있다. 한랭시 오토바이 주행도 원인이 될 수 있기 때문에 주의가 필요하다.

5) 마이크로파·레이저에 의한 장해

(1) 마이크로파에 의한 장해

마이크로파장해(microwave radiation hazards)라고 알려져 있는 것은 최근 꽤 주목이 되고 있다. 마이크로파 또는 고주파 에너지는 300~3,000 megacycle/sec 이상의 전자파를 총칭한다. 이 에너지는 심층 레이더(search radar)나 추적 레이더(tracking radar), 라디오 중계망, 텔레비전 송신의 정지안테나 등으로부터 방사되지만 이 통신의 경우 장해가 일어나는 것은 군사용의 경우가 많다.

최근 이 에너지의 열효과를 이용한 공학적, 의학적 장치가 사용되어 진다. 이를테면 마이크로파 난로, 마이크로파 천화(전자레인지) 등이 있다. 150 megacycles/sec 이하는 흡수되어도 감지되지 않고 150~1,000 megacycles/sec 파장에서는 꽤 깊이 신체 조직까지 흡수되어 열을 내지만 감각 기구에는 감지되지 않고, 1,000~10,000 megacycles/sec에서는 눈의 백내장을 일으킨다.

3,000 megacycles/sec는 가장 위험한 주파수로 고환에 조사되면 정자의 감소 등이 일어난다고 보고되고 있다. 허용기준은 10 milliwatts/cm^{2}가 사용되고 있다.

(2) 레이저에 의한 장해

레이저(LASER, Light Amplification by the Stimulated Emission of Radiationn : 유도

방출에 의한 광증폭)란 복사선 중 특정한 파장 부위가 강력하게 방출되는 것을 말하며, 즉 근 및 원적외선, 근 및 원 자외선 그리고 가시광선 부위에 집중적으로 강력한 에너지를 방출한다. 레이저에서 가장 예민한 신체부위는 눈과 피부이다. 레이저에서 나오는 200~400 nm 파장의 자외선은 파장이 짧을수록 눈에 대한 투과력이 감소한다. 적외선, 특히 1400 nm 이상 2,000 nm 이하의 원적외선의 레이저는 각막 표면에서 흡수되며 각막혼탁 및 상피 조직을 파괴하고 일부는 안구 조직에 전파되어 수정체의 혼탁(백내장)을 일으킨다. 피부에 대한 장해로는 피부의 탈색을 들 수 있고, 그 외 내부 장기에 손상을 일으킨다.

6) VDT 취급에 의한 건강장해

VDT는 Visual Display Terminal(영상화면 단말기)의 약자로, 컴퓨터를 비롯한 모든 화면 작업을 총칭하는 말이다.

(1) VDT 작업의 잠재적 유해요인

① CRT 화면의 깜박거림, 눈부심 등 CRT 기기의 불량

② 상지의 반복사용으로 인한 국소의 과대 부하

③ VDT와 작업대, 의자 등에 의한 공간 레이아웃에서 정해지는 작업 자세, 작업부하로 가중시키는 것은 작업환경으로 조명, 온·습도, 소음 등이며, 그 외 작업속도, 작업밀도, 정신적 압박, 개인적 적응능력도 영향을 끼친다고 볼 수 있다.

(2) VDT 사용으로 인한 장해

① 시각부담 : 고휘도의 화면주시, 영상의 깜박거림 등으로 조절기능 및 폭주변화, 근시화 변화, 누액분비기능 이상, 안압 변화 등

② 근·골격 장애 : 목, 어깨, 팔장해(경견완 장해), 배·요부 장해, 손가락·손목 근육장해 등

③ 정신적 부담 : 초조·피로 호소, 카테콜아민의 혈중농도·혈압·심박수 상승

④ 유해광선에 의한 장해 : VDT에서 발생하는 유해광선에 대한 사회적 논란이 계속 중이며, 일단은 광선의 불검출 또는 허용기준 이하로 보고되고 있다.

⑤ 피부발진 : 브라운관의 전기충전으로 발생한 정전기가 전기장을 형성하여 작업자 주변에 대전하고 있던 먼지입자를 끌어들여 작업자의 얼굴, 피부에 발진현상을 초래한다는 보고가 있다.

(3) VDT 작업자의 건강장해 예방

① 작업기기(CRT)와 작업환경의 개선 : CRT 및 키보드 조건, 선치거리, 휘도와 대조비, 화면표면의 반사감소, 화면의 배경색, 색상, 채광

② 작업관리의 개선 : 작업시간 조정, 작업편성

③ 건강관리 : 건강진단, 진단 후 사후조치, 직장 체조, 산업보건 교육

요점 정리

1. 기타 직업병

1) 직업성 피부장해

(1) 직업성 피부장해의 정의

직업성 피부질환(occupational dermatosis)이란 작업환경에 의해서 직접적으로 발생하거나 또는 이전부터 내려온 피부질환이 작업환경에 의해서 악화된 것으로 그 증상은 다양하다.

(2) 직업성 피부장해의 예방

① 원료나 자료검토 : 화학물질로서는 피부에 대해 자극성이 없는 것을 선택한다.

② 공정의 검토와 개선 : 공정의 밀폐, 격리, 자동화 등도 근본 대책이 된다. 유해물의 배제 장치도 유효하다.

③ 예방시설의 완비 : 수세, 세면, 입욕설비를 완비하고, 오염작업 외의 관리도 필요하다.

④ 근로조건의 검토 : 폭로시간이나 휴식시간 검토, 자극이 강한 감작성 물질을 다루는 작업에서는 간헐적 집중 생산제나 고온 다습한 계절의 작업 중지 등을 검토한다.

⑤ 개인보호 : 상기와 같은 대책 등을 강구해도 충분한 효과가 없으면 보호의, 장화, 장갑, 호흡보호구 등을 사용한다. 또 작업 전 피부보호크림을 도포해서 부착 물질이나 광선 등으로부터 피부를 보호한다.

보호크림은 ㉠ 친수성크림 ㉡ 소수성크림 ㉢ 차광성크림 ㉣ 피막형성형크림 ㉤ 피부조정크림 등이 있다.

⑥ 작업자의 선택과 건강관리 : 피부 감수성은 개인차가 크기 때문에 작업자의 적성 선택이 필요하다. 건강관리로서는 가능하면 월별 건강진단이 행해진다.

2) 직업성 안질환

직업성 건강장해 가운데 피부장해와 안 장해는 종류도 많고 발생수도 많아 예전부터 주목이 되고 있다. 그러나 일단 장해가 유발된 경우 작업상으로 취급하는 영향이나 고통이라는 측면에서 안 장해 비중이 크다.

(1) 직업성 안질환의 원인

이물이나 화학적 물질에 의한 안염 발생이 가장 많지만 자외선이나 적외선의 영향도 예부터 알려져 있다.

① 자외선에 의한 장해로써 용접공의 각결막염은 대표적인 것으로서 자외선 폭로 후 수시간 잠복기를 거쳐 안통, 안루, 이명의 증상을 수반하게 된다. 자외선에 대한 보호가 용접공보다 불충분한 용접작업 보조자가 보다 자극 장해를 받기 쉽다. 백내장을 유발할 수도 있다.

(2) 직업성 안질환 예방

직업성 안질환의 대부분이 광선, 방사선, 화학적 유해물질, 이물 등에 의해 일어나므로 예방도 적절히 신속한 조치가 필요하다. 그 예방은 보호안경이 유효하다. 보호안경으로서는 차광용으로 JIS가 있다. 산, 알칼리 등 화학물질 때문에 화학 화상 등을 일으키는 것은 신속한 구급처치가 필요하다.

3) 직업성 암

직업성 암의 원인이 되는 조건은 10년 내지 20년의 장기간 작용에 의해 일어난다. 그 작용 방법은 대개 3가지로 나누어진다.

① 피부면에 부착

② 호흡기도에 흡입

③ 소화관으로 들이마시는 경우

그 가운데에서도 피부를 통해 작용하는 것이 가장 많은 점도 직업성 암의 특징이다.

(1) 직업성 암의 원인

1755년 Pott에 의해 세계 최초로 조사된 것은 영국의 연돌 소제부의 음낭암(chimney sweepers′ cancer of the scrotum)이다. 곧 매진으로 인한 불결한 의복과 거의 목욕을 하지 않는 생활이 주된 원인이라고 생각된다. 직업성 발암물질의 침입경로는 피부나 폐, 비강, 방광 등이 많고 발생부위도 직업성 암과 일반 암과의 다른 점이 있다. 일반적으로 남자는 위암, 여자는 자궁암 등이 많지만 직업성 암의 경우, 부위는 그렇지 않다.

4) 국소진동장해(局所振動障害)

(1) 골·관절의 장해

진동 공구 중에도 착암기에 의한 진동이 일어나기 쉽다. 독일의 갱내 근로자 중 이 장해가 전 지역병 중 3~4%에 달한다고 한다. 그러나 착암기나 기타 진동공구에 의한 골·관절의 질환은 주관절부에 골의 증식이 인정되고 관절면으로부터 연골이나 골의 괴사가 이루어져 유리되고 이것이 관절에 장시간 자극을 가해 비특이적인 관절염이 일어나기도 하고 압착공기공구를 사용하는 작업을 한 후에는 병이 악화되는 경우가 있다.

(2) 직업성 레이노증후군

이 장해는 간헐적인 수지의 창백을 주증상으로 하는 병으로 발작성의 손가락 동맥 혈관연축(血管攣縮)이 일어난다고 알려져, 레이노 증후군과 증상은 유사하다. 직업성 레이노 증후군(Raynaud's phenomenon of occupational origin, 최근 white finger라고도 함)이라고 불린다.

(3) 근, 신경장해

신경의 장해로서는 다발성 신경염이 형성된다는 것이 많고 말초부 지각마비나 감각이상을 호소하는 경우가 많다. 저린감을 호소하는 경우도 있다. 신경장해의 결과 근위축이 인정되기도 한다.

(4) 국소진동장해 방지대책

진동공구를 장시간 사용하면 진동장해를 일으키는 원인이 되기 때문에 특히 머리 위의 위치에서 진동공구를 쥐고 사용하는 것은 좋지 않다. 가능한 진동공구에 기계적인 지지대를 붙이는 것이 좋다. 또 작업자의 전신의 보온과 손의 보온에 주의할 필요가 있다. 한랭 시 오토바이 주행도 원인이 될 수 있기 때문에 주의가 필요하다.

5) 마이크로파·레이저에 의한 장해

(1) 마이크로파에 의한 장해

마이크로파장해(microwave radiation hazards)라고 알려져 있는 것은 최근 꽤 주목이 되고 있다. 마이크로파 또는 고주파 에너지는 300～3,000 megacycle/sec 이상의 전자파를 총칭한다. 이 에너지는 심층 레이더(search radar)나 추적 레이더(tracking radar), 라디오 중계망, 텔레비전 송신의 정지안테나 등으로부터 방사되지만 이 통신의 경우 장해가 일어나는 것은 군사용의 경우가 많다.

6) VDT 취급에 의한 건강장해

VDT는 Visual Display Terminal(영상화면 단말기)의 약자로, 컴퓨터를 비롯한 모든 화면 작업을 총칭하는 말이다.

(1) VDT 작업의 잠재적 유해요인

① CRT 화면의 깜박거림, 눈부심 등 CRT 기기의 불량

② 상지의 반복사용으로 인한 국소의 과대부하

③ VDT와 작업대, 의자 등에 의한 공간 레이아웃에서 정해지는 작업 자세, 작업부하로 가중시키는 것은 작업환경으로 조명, 온·습도, 소음 등이며, 그 외 작업속도, 작업밀도, 정신적 압박, 개인적 적응능력도 영향을 끼친다고 볼 수 있다.

(2) VDT 작업자의 건강장해 예방

① 작업기기(CRT)와 작업환경의 개선 : CRT 및 키보드 조건, 선치거리, 휘도와 대조비, 화면 표면의 반사감소, 화면의 배경색, 색상, 채광

② 작업관리의 개선 : 작업시간 조정, 작업편성

③ 건강관리 : 건강진단, 진단 후 사후조치, 직장 체조, 산업보건 교육

퀴즈(객관식 3문항)

01 직업성 질환 발생요인 중 화학적 인자에 포함되지 않는 것은?

① 유기산 ② 금속류
③ 지방족화합물 ④ 자외선

정답 ④

해설 물리적 자극에 의한 장해로는 아래와 같은 기계적 자극이나 화상 등의 온열적 자극, 방사선 등이 피부장해를 일으키는 것이 된다.

02 유해인자의 인체 노출경로로 일반적이지 않는 것은?

① 비뇨기 ② 소화기
③ 호흡기 ④ 피부흡수

정답 ①

해설 직업성 암의 원인이 되는 조건은 10년 내지 20년의 장기간 작용에 의해 일어난다. 그 작용 방법은 대개 3가지로 나누어진다. ① 피부면에 부착, ② 호흡기도에 흡입, ③ 소화관으로 들이마시는 경우이며, 그 가운데에서도 피부를 통해 작용하는 것이 가장 많은 점도 직업성 암의 특징이다.

03 VDT 사용으로 인한 장애에 해당되지 않는 것은?

① 시각부담 ② 소화장애
③ 근골격 장애 ④ 피부발진

정답 ②

해설 시각부담은 고휘도의 화면주시, 영상의 깜박거림 등으로 조절기능 및 폭주변화, 근시화 변화, 누액분비기능 이상, 안압변화 등이며, 근·골격 장애는 목, 어깨, 팔장해(경견완 장해), 배·요부장해, 손가락·손목 근육장해 등이다. 정신적 부담으로는 초조·피로 호소, 카테콜아민의 혈중농도·혈압·심박수 상승이며, 유해광선에 의한 장해는 VDT에서 발생하는 유해광선에 대한 사회적 논란이 계속 중이며, 일단은 광선의 불검출 또는 허용기준 이하로 보고되고 있다. 그 외 피부발진은 브라운관의 전기충전으로 발생한 정전기가 전기장을 형성하여 작업자 주변에 대전하고 있던 먼지입자를 끌어들여 작업자의 얼굴, 피부에 발진현상을 초래한다는 보고가 있다.

32 식중독의 원인과 구분

학습 목표 1. 식중독의 발생 원인에 대해 설명할 수 있다.
2. 식중독의 분류에 대해 설명할 수 있다.

학습 내용 1. 식중독의 발생원인
2. 감염형 식중독
3. 독소형 식중독

식중독은 병원 미생물이나 독성 화학물질이 함유되었거나 혹은 오염된 식품을 섭취한 후 단시간 내에 갑작스럽게 발생되는 질환을 총칭하는 것으로 주로 구토, 오심, 복통, 설사 등을 주 증상으로 하는 위장 증후를 나타낸다. 식중독의 진단은 임상적 결과와 역학조사 결과가 병합되어 판단된다.

1 식중독 발생 실태

식중독 발생 실태

구분	해당 내용
원인 식품	육류가공, 어패류, 버섯, 복합 조리식품
계절	여름(7~8월)에 많다. • 기온, 기습상승으로 미생물 성장 촉진 • 다량 수분 섭취로 소화 장관의 내성 저하
섭취장소	결혼 및 회갑, 집단급식 장소
성별	남 > 여(외식의 빈도)
연령별	20대 > 10대 > 30대 > 40대 순
직업별	농업 > 무직 > 학생 > 공업 순

2 식중독 발생의 주요 원인

1) 식중독 발생 요인

식중독을 야기하는 요인은 무수히 많다. 이 중에서 식중독을 일으키는 데 필수적으로 관여하는 요인은 다음과 같다.

(1) 음식을 오염시키는 요인

① 식품 취급자의 감염
② 식품 취급자의 개인위생 불량
③ 오염된 식재료
④ 식자재의 안전성 미확보
⑤ 교차오염

(2) 오염된 음식에서의 세균 혹은 바이러스의 증식 요인

① 부적절한 냉각
② 음식의 생산과 급식까지의 장시간 소요
③ 부적절한 재가열
④ 부적절한 열장 보관
⑤ 부적절한 해동

브라이언(Bryan)에 따르면 식중독을 발생시키는 주요 원인은 표와 같다.

식중독 발생의 주요 원인

주요 원인	부적절한 냉각
음식을 만든 시간이 오래됨	17%
감염된 사람	13%
부적절한 재가열	11%
부적절한 열장 보관	9%

2) 식중독균 증식에 영향을 주는 요인

인간이 식중독에 이환되는 것은 균의 섭취 정도에 의거하여 결정된다.

주요 식중독균의 원인균과 양

식중독균	섭취량
shigella / E.coli	적어도 10 cell
C. perfringens / staphylococcus	100,000/g
salmonella	100-1,000
campylobacter	> 500

그러므로 오염된 음식을 섭취한 경우 식중독균의 유형과 섭취량이 식중독 이환 여부를 결정하며 동일한 음식을 섭취하였을지라도 개개인의 면역력 등에 따라서 식중독 발생 정도가 좌우된다. 또한 식중독균의 번식을 증가시키는 환경하에서는 식중독 발생이 늘어나며 상대적으로 건강상의 위험을 크게 할 수도 있다.

식중독 증식에 영향을 주는 요인

일련번호	요인	해석
1	식품	수분과 단백질이 풍부한 잠정적 위해 식품(육류, 우유, 계란, 생선 등)
2	식품의 산도	세균증식에 적합한 산도-중성 혹은 약산성(pH 6.6~7.5) PH 4.6 이하에서는 생존 불가능
3	시간	약산성 식품을 5~60℃에서 2시간 이상 방치하는 경우 급속도로 증식
4	온도	5~60℃에서 급속히 증식
5	산소	대부분의 세균은 산소 존재 하에 증식 그러나 보툴리즘은 혐기성 조건에서 증식
6	수분	세균, 효모, 곰팡이 등은 수분활성도(water activity, WA) 0.86 이상에서 급속히 증식

3 식중독의 분류

식중독의 원인에 따라 식중독을 분류하면 크게 세균성 식중독, 화학적 식중독 및 자연독 식중독으로 구분할 수 있다.

식중독의 분류

구분	식중독	원인 물질
세균성 식중독	감염형 식중독 독소형 식중독	살모넬라균, 장염 비브리오균 등 포도상구균, 보툴리누스균 등
화학적 식중독	과실로 혼입된 유해물질에 의한 식중독 유해한 착색료에 의한 식중독 유해 방부제에 의한 식중독 유해 인공 감미료에 의한 식중독 기타 물질에 의한 식중독 조리기구·포장 등에 의한 식중독	농약, 수은, 카드뮴 등 auramine, gentian violet 등 붕산, 포르말린 등 dulcin, cyclamate, toludine 등 methanol, 간수 등 산화구리, 납, 비소 등
자연독 식중독	동물성 자연독에 의한 식중독 식물성 자연독에 의한 식중독 곰팡이독에 의한 식중독	복어독, 조개독 등 감자독, 버섯독 등 맥각독, aflatoxin 등

1) 세균성 식중독

세균성 식중독의 감염은 대개 두 가지 경로를 통해서 발생한다. 첫째, 식품 자체가 이미 오염 또는 감염상태에 있는 것을 섭취할 때 둘째, 식품의 조리, 가공 및 운반 도중에 인간이나 동물에 의해 오염되는 경우이다.

세균성 식중독은 세균 자체로 인하여 증상을 일으키는 감염성 식중독과 식품에 침입된 세균이 분비하는 독소에 기인하는 독소형 식중독의 두 가지로 구분된다.

(1) 감염형 식중독

① 살모넬라 식중독(salmonellosis)

1885년 돼지 콜레라에서 분리하였으며 장티푸스균, 파라티푸스균 등이 여기에 속한다. 6~48시간(평균 12~24시간)의 잠복기를 거친 다음 복통, 설사, 구토 등의 위장염 증세를 나타나며 발열 현상을 동반하는 것이 다른 식중독과는 다른 특징이다.

주로 여름 및 가을철에 많이 발생하며 어육제품, 수육제품, 유제품, 어패류, 달걀, 콩제품을 매개로 일어난다.

살모넬라 식중독의 예방을 위해서는 생식을 금하고 식품을 차게 보존하거나 충분히 가열, 조리하여 조리 후 즉시 섭취하여야 한다. 또한 부정 육류는 식용하지 않고 소, 돼지 등은 정기적으로 살모넬라증 유무를 검사하여 감염동물은 조속히 처리하는 것이 좋다.

구분	해석
발생 원인	salmonella종에 의한 감염
잠복기간	12~24시간
증상	메스꺼움, 설사, 복통, 발열, 두통, 오한, 허탈
관련 식품	육류, 기름류, 계란, 유제품, 생선 등
예방법	완전 가열조리, 교차오염 방지, 개인위생 철저

② 장염 비브리오 식중독

우리나라에서 발생한 예는 1969년에 처음 보고된 바 있으며 비브리오균은 편모를 갖고 운동성이 있으며 무아포성, 그람 음성의 간균이다.

연안의 해수, 해저, 플랑크톤 등에 분포하며 여름에 집중된다. 연근해의 문어, 오징어, 고등어, 부시리(전갱이과) 등의 어패류에서 많이 발견되며 조리기구 즉 생선조리용 도마, 칼, 행주 등을 매개로 전파된다.

구분	해석
발생 원인	Vibrio parahaemolyticus에 의한 감염
잠복기간	8~20시간
증상	급성 위장염(복통, 설사, 구토)/심한 설사로 인한 탈수 증상
관련 식품	해산물의 표피, 내장, 아가미 등
예방법	해산 어패류를 잘 씻어서 조리하고 가능한 빨리 섭취 어패류 원재료의 냉장 혹은 냉동 보존

③ 병원성 대장균 식중독

병원성 대장균은 그람 음성이고 편모를 갖는 간균에 속하며 혈청학적으로는 항원구조에 따라 O, H, K의 세 가지 항원을 가지고 있다.

사람이나 동물의 정상 대장균과 항원성 차이(O-antigen)를 나타내며 모양 및 생화학적 성질은 일반 대장균과 동일하다. 이것은 이질균과 같이 외부에서 인체로 침입하며 설사를 일으키는데 이로 인해 이질과 혼돈할 수 있다.

병원성 대장균의 예방을 위해서는 분변 비료의 사용을 금지하고 야채류와 과일은 충분히 세척하여 섭취한다. 그리고 환경을 청결히 하고 방서 및 방충시설을 완비하는 것이 필요하다. 특히 고아원, 탁아소 및 유치원 등에서는 주의를 기울여야 한다.

구분	해석
발생 원인 잠복기간 증상 관련 식품 예방법	Escherichia coli 10~30시간(평균 12시간) 설사(영유아, 점액성 수양변) 급성 장염(성인) 우유(젖먹이), 동물성 식품 가열 식품의 섭취, 환경 청결, 방서, 방충시설 설치 분변 비료 사용 금지, 야채류, 과일류의 충분한 세척

병원성 대장균은 1996년 초여름 일본에서 초등학교 학생들에게 급식을 제공할 때 광범위하게 발생하여 사회문제로 대두된 바 있으며 우리나라에서도 각별한 주의를 필요로 하는 식중독이다(O-157).

④ 웰치균 식중독(clostridium welchii)

원인균은 cl. welchii 또는 cl. perfringens라고 불리며 그람양성의 간균이다. 생성되는 산에 따라 A, B, C, D, E, F의 6가지 유형으로 분류되는데 인간에게는 주로 A 및 F형에 의한 식중독이 많다.

웰치균 식중독은 지역적으로 집중하기보다는 전국적으로 발생하는 경향을 보이며 동시에 5~9월 사이에 많이 발생하고 10월부터 4월까지는 거의 존재하지 않는 특징을 지니고 있다.

웰치균은 혐기성균으로 학교급식과 같이 대량으로 조리한 스프 등을 통해 식중독이 일어나기 쉽다. 그러므로 조리식품을 오래 방치하지 않고 급냉하여 저온 보존하는 것이 좋다. 또한 웰치균은 토양균이지만 인축의 장관 내에도 존재하므로 보균자와 쥐 및 곤충 등에 의해서 식품이 오염되는 경우도 있다.

구분	해석
발생 원인	Clostridium perfringens(혐기성)의 독소 매개형 독소 매개형 독소형
잠복기간	8~24시간
증상	설사, 복부 경련, 두통, 오한 등
관련 식품	육류, 기름류 등으로 만든 음식이 미지근한 상태로 방치될 경우
예방법	조리 후 급속 냉각, 재 가열시 신속히 74℃ 유지

⑤ 아리조나(Arizona) 식중독

병원체는 paracolobacterium arizona이며 척추동물의 장관 내에 존재하는 세균이다. 돼지, 닭, 칠면조, 오리 및 꿩을 비롯한 수육과 조육이 원인식품이 될 수 있으며 파충류의 정상 장내 세균(가금류의 알, 건조란 섭취)도 원인이 될 수 있다.

아리조나 식중독은 미국 아리조나 주에서 서식하는 도마뱀에서 분리되었다.

(2) 독소형 식중독

독소형 식중독은 균이 생성한 독소에 의해서 발생되는 식중독이다. 여기에는 포도상구균 식중독, 보툴리즘 식중독, 장구균 식중독, 알러지 식중독 등이 포함된다.

① 포도상 구균 식중독(staphylococcus)

1914년 Barber에 의해 보고되었으며 그람 양성균으로 편모나 아포를 형성하지는 않는다. 통성 혐기성균으로 발육 지적온도는 37℃이며 식중독 증상은 장 독소에 기인한다. 독소형 식중독의 대표적 균으로 동물이나 사람의 화농성 질환에 의해 주로 야기되는 바 저항력이 강하며 자연계에 널리 분포하고 있다. 또한 균체는 열에 약하나 독소는 열에 강하며 세균성 식중독 중 발생 빈도가 가장 높다.

생리학적으로는 크게 황색 포도상구균과 표피상 포도상구균으로 분류된다.

구분	황색 포도상구균
황색 포도상구균	coagulase 양성 mannitol 분해 식중독, 화농 유발
표피상 포도상구균	coagulase 음성 mannitol 비분해 병원성 없음

면역학적으로 A, B, C, D, E의 다섯 가지로 분류되며 주성분은 단백질이다. 또한 열에 강하며 생성된 독소는 일반 조리 과정에서 파괴할 수 없다.

독소 생성시간 및 온도와의 관계(식중독 유발 독소량)

구분	독소 생성시간
6℃ 이하	4주
9℃	7일
18℃	3일
25-30℃	5시간

포도상구균에 의한 식중독이 발생하기 위해서는 세 가지 조건을 충족하여야 하는 바 첫째, 식품이 포도상구균에 오염되어야 하며 둘째, 균의 증식에 필요한 온도 상태로 보관해야 한다. 마지막으로 장독소를 생성하는데 일정한 시간을 경과하여야 한다. 식중독의 발생은 사계절(늦은 봄~가을)에 걸쳐서 나타나며 전 세계적으로 유제품을 통해 식중독이 발현한다. 특히 우리나라는 김밥, 도시락, 찹쌀떡 등의 곡류와 가공품이 원인식품이다.

식중독의 오염은 식품 취급자의 편도선염이나 화농성 염증에 의해 직접 오염되거나 쥐 등을 통해 간접적으로 전파된다.

포도상구균 식중독을 예방하기 위해서는 사용하는 식품 및 기구를 철저히 소독하고 음식물을 저온 저장(5℃ 이하)한다. 나아가 화농성 질환자는 음식점의 조리사로 종사하는 일을 금지시킨다.

구분	해석
발생 원인	staphylococcus aureus에 의해 생산된 독소
잠복기간	1~6시간
증상	심한 구토, 설사, 복부 경련
관련 식품	카스타드 혹은 크림이 든 빵, 햄, 가금류, 계란, 감자 사라다, 크림 소스
예방법	조리 식품의 신속한 냉장 및 냉각 저장, 위생적 취급(손의 청결 등)

② 보툴리누스균 식중독 (감염형과 독소형의 중간형)

1800년 독일의 kerner가 소세지 식중독에서 원인균을 발견하였는데 그람 양성이며 원인균 CLOstridium botulinum이다. 이것은 exotoxin으로 중독되며 12~36시간의 잠복기간을 거쳐 신경 증상(안검하수, 호흡마비 등)을 초래한다.

균체는 열에 강하나 독소는 열에 약하다(80℃에서 30분간). 그러나 세균성 식중독

중 치사율이 가장 높으며(치사율 40% 내외). 체온 상승을 동반하지 않는다. 원인식품으로는 통조림, 병조림 등의 밀봉식품과 소시지를 통해서 감염된다. 나아가 독소는 면역학적 성질에 따라 A, B, C, D, E, F형으로 나누는데 이 중에서 식중독을 유발하는 것은 A, B, E형이다. 예를 들어 일본에서는 청어회를 먹고 E형에 이환된 경우가 발생하였는바 젓갈류나 소금절인 야채류의 통조림에 의한 식중독이 발생할 수 있다. 이 경우 해안지역이나 하천에 국한하는 지역적 유행 현상을 수반한다.

임상적으로는 소화기계 증상으로 위장염이 있고 신경계 증상으로써 시력 저하, 동공 확대, 호흡곤란을 동반한다. 보툴리즘 식중독을 예방하기 위해서는 채소나 과일은 깨끗이 세척하며 모든 음식물은 가열 조리 후 섭취한다. 또 음식물은 저온 상태에서 저장하고 통·병조림은 가열 살균 처리하여야 한다.

구분	해석
발생 원인	clostridium botulinum에 의한 독소형
잠복기간	12∼36 시간
증상	신경독 증상 - 사물이 겹쳐 보임, 연하곤란, 언어곤란, 근육마비, 호흡곤란 ⇒ 치사율이 높다.
관련 식품	통조림, 육류, 소시지, 생선, 마늘 함유 기름 등
예방법	가열처리 철저, 통조림 구입 시 믿을 수 있는 제품 선택

③ 장구균 식중독(Enter coccus)

원인균은 그람 양성 연쇄상 구균으로 Streptococcus Faecalis라고 불려진다. 장관의 정상적인 생리작용을 통해 작은 창자에 존재하며 쇠고기, 햄, 치즈 등을 통해 식중독을 야기한다.

임상증상으로 1∼3시간(5∼10시간)의 잠복기를 거친 후 설사, 구토, 구역질, 복통을 호소한다. 따라서 음식물은 충분히 가열 후 섭취하는 것이 좋다.

④ 알러지 식중독

병원체는 proteus morganii가 단백질을 분해시킬 때 생성되는 Histamine에 의해 발생하며 붉은 살 계통의 바다고기와 꽁치, 정어리, 고등어를 통해 식중독이 생겨난다. 이와 같은 자연식품이 가열되면 조직세포가 연화되고 단백질이 변성되며 추출물이 많아지므로 부패균의 오염을 받기가 쉬울 뿐만 아니라 증식하기에도 좋은 조건이 발생한다. 따라서 일명 부패균 식중독으로 불리어진다. 1~5시간의 잠복기를 거친 후 전신 두드러기 증상과 오한, 두통 증상을 수반한다. 하지만 회복이 빠르며 사망하는 예가 없다. 치료를 위해서는 항히스타민제를 복용한다.

요점 정리

식중독은 병원 미생물이나 독성 화학물질이 함유되었거나 혹은 오염된 식품을 섭취한 후 단시간 내에 갑작스럽게 발생되는 질환을 총칭하는 것으로 주로 구토, 오심, 복통, 설사 등을 주 증상으로 하는 위장 증후를 나타낸다. 식중독의 진단은 임상적 결과와 역학조사 결과가 병합되어 판단된다.

1. 식중독 발생 실태

2. 식중독 발생의 주요 원인

1) 식중독 발생 요인

식중독을 야기하는 요인은 무수히 많다. 이 중에서 식중독을 일으키는 데 필수적으로 관여하는 요인은 다음과 같다.

(1) 음식을 오염시키는 요인

① 식품취급자의 감염

② 식품 취급자의 개인위생 불량

③ 오염된 식재료

④ 식자재의 안전성 미확보

⑤ 교차오염

(2) 오염된 음식에서의 세균 혹은 바이러스의 증식 요인

① 부적절한 냉각

② 음식의 생산과 급식까지의 장시간 소요

③ 부적절한 재가열

④ 부적절한 열장 보관

⑤ 부적절한 해동

2) 식중독균 증식에 영향을 주는 요인

인간이 식중독에 이환되는 것은 균의 섭취 정도에 의거하여 결정된다.

주요 식중독균의 원인균과 양

3. 식중독의 분류

식중독의 원인에 따라 식중독을 분류하면 크게 세균성 식중독, 화학적 식중독 및 자연독 식중독으로 구분할 수 있다.

1) 세균성 식중독

세균성 식중독의 감염은 대개 두 가지 경로를 통해서 발생한다. 첫째, 식품 자체가 이미 오염 또는 감염상태에 있는 것을 섭취할 때 둘째, 식품의 조리, 가공 및 운반 도중에 인간이나 동물에 의해 오염되는 경우이다.

(1) 감염형 식중독

① 살모넬라 식중독(salmonellosis)

1885년 돼지 콜레라에서 분리하였으며 장티푸스균, 파라티푸스균 등이 여기에 속한다. 6~48시간(평균 12~24시간)의 잠복기를 거친 다음 복통, 설사, 구토 등의 위장염 증세를 나타나며 발열 현상을 동반하는 것이 다른 식중독과는 다른 특징이다.

② 장염 비브리오 식중독

우리나라에서 발생한 예는 1969년에 처음 보고된 바 있으며 비브리오균은 편모를 갖고 운동성이 있으며 무아포성, 그람 음성의 간균이다.

③ 병원성 대장균 식중독

병원성 대장균은 그람 음성이고 편모를 갖는 간균에 속하며 혈청학적으로는 항원구조에 따라 O, H, K의 세 가지 항원을 가지고 있다.

④ 웰치균 식중독(clostridium welchii)

원인균은 cl. welchii 또는 cl. perfringens라고 불리며 그람양성의 간균이다. 생성되는 산에 따라 A, B, C, D, E, F의 6가지 유형으로 분류되는데 인간에게는 주로 A 및 F형에 의한 식중독이 많다.

⑤ 아리조나(Arizona) 식중독

병원체는 paracolobacterium arizona이며 척추동물의 장관 내에 존재하는 세균이다. 돼지, 닭, 칠면조, 오리 및 꿩을 비롯한 수육과 조육이 원인식품이 될 수 있으며 파충류의 정상 장내 세균(가금류의 알, 건조란 섭취)도 원인이 될 수 있다.

(2) 독소형 식중독

독소형 식중독은 균이 생성한 독소에 의해서 발생되는 식중독이다. 여기에는 포도상구균 식중독, 보툴리즘 식중독, 장구균 식중독, 알러지 식중독 등이 포함된다.

① 포도상 구균 식중독(staphylococcus)

1914년 Barber에 의해 보고되었으며 그람 양성균으로 편모나 아포를 형성하지는 않는다. 통성 혐기성균으로 발육 지적온도는 37℃이며 식중독 증상은 장독소에 기인한다.

② 보툴리누스균 식중독 (감염형과 독소형의 중간형)

1800년 독일의 kerner가 소시지 식중독에서 원인균을 발견하였는데 그람 양성이며 원인균 CLOstridium botulinum이다. 이것은 exotoxin으로 중독되며 12~36시간의 잠복기간을 거쳐 신경 증상(안검하수, 호흡마비 등)을 초래한다.

③ 장구균 식중독(Enter coccus)

원인균은 그람 양성 연쇄상 구균으로 Streptococcus Faecalis라고 불려진다. 장관의 정상적인 생리작용을 통해 작은 창자에 존재하며 쇠고기, 햄, 치즈 등을 통해 식중독을 야기한다.

④ 알러지 식중독

병원체는 proteus morganii가 단백질을 분해시킬 때 생성되는 Histamine에 의해 발생하며 붉은 살 계통의 바닷고기와 꽁치, 정어리, 고등어를 통해 식중독이 생겨난다.

퀴즈(객관식 3문항)

01 식중독의 발생요인으로 적절치 않은 것은?

① 감염된 사람 ② 부적절한 재가열
③ 부적절한 열장 보관 ④ 조리하는 사람의 수준

정답 ④

해설 식중독을 야기하는 요인은 무수히 많다. 이 중에서 식중독을 일으키는데 필수적으로 관여하는 요인은 다음과 같다. ① 식품취급자의 감염, ② 식품취급자의 개인위생 불량, ③ 오염된 식재료, ④ 식자재의 안전성 미확보, ⑤ 교차오염

02 감염형 식중독에 해당되는 것은?

① 살모넬라 ② 포도상구균
③ 보툴리누스 ④ 장구균

정답 ①

해설 세균성 식중독은 세균 자체로 인하여 증상을 일으키는 감염성 식중독과 식품에 침입된 세균이 분비하는 독소에 기인하는 독소형 식중독의 두 가지로 구분된다.

03 황색포도상구균의 특징으로 옳지 않은 것은?

① 편모 형성 ② 그람 음성균
③ 아포 형성 ④ 통성혐기성균

정답 ②

해설 1914년 Barber에 의해 보고되었으며 그람 양성균으로 편모나 아포를 형성하지는 않는다. 통성 혐기성균으로 발육 지적온도는 37℃이며 식중독 증상은 장독소에 기인한다.

33 식중독 예방관리 방법

학습 목표 1. 사용되는 용기로 인한 식중독에 대해 설명할 수 있다.
2. 자연독에 의한 식중독에 대해 설명할 수 있다.
3. 화학물질로 인한 식중독에 대해 설명할 수 있다.

학습 내용 1. 사용되는 용기로 인한 식중독
2. 자연독에 의한 식중독
3. 화학물질로 인한 식중독

앞에서 언급한 세균성 식중독의 특징을 요약하면 다음과 같다.

세균성 식중독의 주요 특징

병인	전염원	전염경로	잠복기	주증상	발병률	기타
장염비브리오	• 어패류	• 발육조건만 갖추어지면 식품 속에서 1~2 시간 만에 중독을 일으킬 수 있다. 파리에 의해서도 운반	• 13~19 시간	• 복통, 구기, 구토, 설사, 두통, 발열	• 30~90%	• Takikawa 등에 의해 26가지의 혈청으로 분리되어 있는데 Ⅱ, Ⅳ,Ⅶ 형이 가장 많음
살모넬라균속	• 사람, 개, 고양이, 쥐 등의 보균 동물과 계란, 소, 돼지 등의 수육 및 제품, 유류 유제품 및 식물성 식품	• 수육, 가금, 계란과 쥐에 의해 오염된 식품, 음식물 그리고 파리에 의한 식품의 오염	• 6~7시간 (평균 12~24시간)	• 구토, 구기, 복통, 설사, 오한, 전율, 두통, 발열	• 식품오염의 정도에 따라 다르나 보통 10~75% 전후	
포도상구균	• 사람, 동물의 화농창, 비점막 등에 존재 하고 온도가 알맞으면 장관독 생성 균주가 증식하여 장관독 배출	• 식품 취급자에 의한 식품오염(손가의 화농 창이 많음) • 그리고 유방염이 걸린 소에서 오염된 우유	• 1/2~6시간 (평균 2~3 시간)	• 발병은 급격, 타액 분비가 증가되고 구토, 복통, 설사, 발열 거의 없음	• 30%(치사율 0~1%)	• 우유, 유제품이나 햄, 소세지, 샐러드 등에 의한 것이 많음 • 어육 제품 등에 특히 많으며 가공식품에도 있다.

병인	전염원	전염경로	잠복기	주증상	발병률	기타
보튤리누스균	• 균의 아포가 토양으로부터 식품에 오염 되어 가공 조작에도 견디어 내며 혐기적 으로 증식하여 균의 자체 붕괴에 의해 독소를 생성함	• 가열처리가 불완전한 수육, 생선구이, 소금에 절인 것, 통조림류에 많음	• 2~8일(보통 1~7일) • 7일 이상 생존하면 그 후는 예후가 양호 • 독소량이 많을수록 짧음	• 연하곤란, 복식 호흡곤란, 호흡 • 근 마비에 의한 사망. 보통 발열은 없음	• 함독식품을 먹으면 거의 모두 가 발병 (치사율 30~70%)	• 독소는 가열에 의해 파괴되지만 아포의 내열성 독소는 위에서 잘 흡수됨
웰치균	• Clostridium perfringens(Clostridium welchii) - 상처감염증의 가스 괴저 원인균 • 웰치균 오염식품 섭취 시 장내증식 후 아포를 생성 하면서 독소 생성 - 중간형 • 최적온도 37-45℃로 99%가 내열성 A형균에 의함 / 세대 교체시간 짧음 (10-12분)	• 육류·어패류의 가공품, 튀김두부 등 가열 조리 후 실온 에서 5시간 경과한 단백질성 식품	• 8~20시간	• 구토, 복통, 설사(혈변)	• 연중 대규 모의 집단적 발생 (치사율 40%)	• A형균의 아포는 내열성 강해 100℃, 4h 가열에도 생존 • 독소(enterotoxin)는 60℃, 4분 가열, pH 4 이하에서 불활성화(즉, 위산에 무독화)

1 세균성 식중독의 예방

일반적으로 세균성 식중독은 입을 통해서 전염된다는 점에서 경구감염병과 동일한 전파경로를 지니고 있다. 그러나 표에서 관찰하는 바와 같이 몇 가지 점에서 차이를 보인다.

세균성 식중독과 경구 감염병의 비교

구분	세균성 식중독	경구 감염병
균량	다량	미량
2차 감염	불능	가능
면역	불능	가능
잠복기	짧다	길다

이와 같은 관점에서 세균성 식중독을 예방하기 위해서는

① 원인 식품의 오염을 방지하고

② 오염된 균의 증식을 저지하며(저온 저장 : 5℃ 이하)

③ 가열 후 섭취한다.

④ 식품 및 시설기구, 종업원의 청결을 유지한다.

2 화학물질에 의한 식중독

유독한 화학물질이 고의로 또는 과실에 의해서 식품에 혼입되거나 첨가됨으로써 발생하는 식중독을 의미한다. 화학물질에 의한 식중독은 크게 식품첨가물에서 유래한 것, 고의 또는 부주의로 사용된 독성물질에 의한 것, 음식용 기구, 용기, 포장 등에 의한 것으로 대별할 수 있다.

1) 식품첨가물에 의한 식중독

식품의 제조, 가공에 사용되는 모든 화학적 합성품을 통칭하여 식품첨가물이라고 한다. 우리나라에서 분류한 식품첨가물의 종류는 모두 21개 군으로 사용도에 따라 다양하게 분류되고 있으며 세계보건기구와 식량농업기구(WHO/FAO)에서는 1일에 섭취할 수 있는 첨가물의 최대 허용량을 규정하고 있다.

(1) 유해 보존료

유해한 보존료는 법적으로 사용이 금지되어 있으나 때로 불법적으로 사용되어 사람들에게 피해를 준다.

① 붕산(H_3BO_3)

붕산은 육제품인 햄이나 베이컨 및 어육·연제품 등에 첨가되며 신체 내 축적력이 강하여 소화효소의 작용을 억제한다. 이에 따라 소화불량과 체중 감소를 초래한다.

② 승홍($HgCl_2$)

승홍은 강력한 살균작용으로 주류의 방부제로 많이 사용된다. 독성의 강도는 수은과 비슷하나 현재는 사용이 금지되고 있다.

③ 포름알데히드(HCHO)

단백질을 변형시키는 작용이 있기 때문에 살균력이 강하며 0.1%로 유아포균에 유효하다. 주류, 간장류, 우유제품, 육제품에 사용되며 두통, 구토, 현기증, 호흡곤란 등의 현상을 수반한다.

④ β-naphtol

곰팡이, 효모류에 대해 0.005%로 방부력이 있기 때문에 간장 등의 곰팡이 방지제로 사용된 적이 있으나 현재는 금지되고 있다.

신장에 유해하여 단백뇨, 혈색소뇨를 초래한다.

⑤ thymol

티몰은 고급 페놀이며 특유의 향기로 인해 첨가하는 경우가 있으나 다량을 섭취하면 인체에 유해하다.

(2) 유해 착색제

착색제 중에서 염기성 타르 색소가 인체에 더욱 유해한 색소이며 합성 타르 색소는 모두 유독성을 내포하고 있다. 이 중에서 rhodamine-B는 가장 독성이 강한 것으로 알려졌다.

유해 착색제

구분	해석
황색계	auramine, orange Ⅱ, butter yellow O, P-nitro-aniline
녹색계	malachite blue
자색계	methyl violet, crystal violet, gentian violet
청색계	methylene blue
적색계	rhodamine B, Sudan Ⅲ, silk scarlet
갈색계	bismark brown

이 중에서 auramine은 단무지에 사용되고 rhodamine B는 과자, 빙과류에, malachite green은 해조나 green peas 등에 그리고 혼합 색소가 팥 앙금과 초콜렛에 이용된다. 독성은 색소의 종류에 따라 다르지만 일반적으로 간장, 신장 등의 장기와 신경계, 순환혈액계의 장애를 가져오며 소량을 지속적으로 상용하는 경우 발암을 유발할 수도 있다.

(3) 감미료

과거 천연 설탕이 부족했을 때 설탕 대신으로 감미료를 사용하였으나 발암성과 독성 문제로 대다수의 감미료는 사용이 금지되고 있다.

① Cyclamate : 무색, 백색의 결정성 분말. 설탕보다 약 40~50배 감미를 가지고 있음

② Dulcin : 설탕의 약 250배의 감미. 혈액독, 간종양, 적혈구 생산 억제

③ P-nitro-toluidine : 살인당 또는 원폭당으로 불림. 위통, 식욕감퇴, 구토 증상을 나타냄

2) 사용되는 용기로 인한 식중독

(1) 납(Pb)

납으로 만든 식품조리용 기구나 통조림, 도자기나 법랑용 기구에 도포한 유약 중의 납이 분출되어 음식물을 오염시킬 수 있다.

급성 식중독으로는 위장 장애, 흥분, 의식불명과 같은 증상을 일으키고 만성적으로는 얼굴이 파래지는 연창구증, 빈혈증, 사지 근육의 마비 등을 나타낸다. 납중독의 치료는 Ca-EDTA를 투여한다.

(2) 구리(Cu)

구리는 열전도성이 강하므로 가열 조리 용기에 많이 사용된다. 이에 따라 녹청의 발생과 식품의 오염을 가져온다. 다량 섭취 시 구역질, 복통, 발한, 경련, 호흡곤란의 증상을 보인다.

(3) 카드뮴(Cd)

카드뮴은 금속식기의 도금제로 사용되며 산성식품을 보존할 시 식품을 오염시킨다. 증상으로는 위장 자극을 시작으로 구토, 설사 및 복통을 동반하나 회복은 빠른 편이다. 치료제는 황산나트륨이나 Ca-EDTA가 사용된다.

(4) 아연(Zn)

아연 성분이 함유되어 있는 식품용기에 산성식품을 장기간 보존하면 아연 성분이 용출되어 식품이 오염되며 위장 장애의 증상과 입안에서 금속성 미각을 느끼는 현상을 야기한다.

3) 과실로 인한 식중독

일시적 착각이나 실수 또는 식품제조, 공정상의 과실로 인해 식중독 증상이 발현할 수 있다. 또한 농약, 살충·살서제의 오용으로 인해 건강상의 장애가 나타난다.

(1) 메틸알콜의 오용

메틸알콜을 에틸알콜로 착오하여 직접 마시거나, 양조 과정에서 다량의 메틸알콜을 섭취하는 경우(일시에 30~100 mL를 섭취하면 사망 초래) 건강의 장해를 가져온다.

(2) 농약

유기인제(palathion, diazinon, malathion 등)는 독성이 강한 반면에 동·식물 체내에서 비교적 빨리 분해되므로 만성중독은 거의 발생하지 않는다. 치료에는 PAM(pralidoxime)을 사용한다.

반면에 유기염소제(DDT, Y-BHC, aldrin 등)은 동물의 지방층이나 뇌신경 등에 축적되어 만성 중독을 일으킨다. 그러므로 식욕부진, 구토에서 시작하여 강직성 또는 간헐적 경련 증상을 보이다가 마침내는 혼수에 도달한다.

3 자연 독에 의한 식중독

1) 동물성 식중독

(1) 복어 중독

복어의 난소, 고환, 피부, 장 등에 함유되어 있는 tetrodotoxin($C_6H_{12}NO_{16}$)에 의해 야기되는 바 4% NaOH로 20분 정도 처리하면 거의 무독화 된다.

tetrodotoxin은 흡수 및 배설이 빠르므로 섭취 후 20~30분 이내 늦어도 4~5시간 내에 중독 증상이 발현한다. 입술, 혀끝의 지각마비 현상을 시작으로 사지운동, 평형감각의 장애가 나타나고 심하면 동공 확대와 동공운동이 불가능해진다. 이어서 말초신경의 마비와 호흡기 중추를 마비시킨다.

치료는 위세척 등을 통해 독소를 제거하고 인공호흡을 실시하며 호흡중추 흥분제와 강심제를 투여한다.

예방을 위해서는 복어요리 전문가가 요리한 음식은 섭취하고 내장은 충분히 제거하고 물로 세척한다.

(2) 조개 중독

패류 중에서 대표적인 중독인 홍합 중독으로 이미 오래전부터 홍합의 간에 함유되어 있는 mytilotoxin이 중독의 원인으로 알려져 왔다. 증상은 복어중독과 비슷한 증세를 보이는데 조개를 먹은 후 30분이 지나면서 말초신경의 마비와 호흡중추를 마비시킨다. 그러므로 위생적이지 않은 홍합은 먹지 않는 것이 바람직하다.

(3) 바지락과 굴 중독

바지락이나 굴에 함유되어 있는 venerupin이 원인으로 초기에는 37~38℃의 발열로 시작하여 출혈반이 나타나고 황달이 생기면서 구토, 의식혼탁 상태가 된다. 또 병리학적으로는 급성 간장 위축 현상을 보인다.

2) 자연식물에 의한 중독

(1) 독버섯

독버섯을 감별하는 공통적인 특징은 없으나 일반적으로 외형, 색채가 지나치게 선명한 것, 악취, 고미, 산미가 있는 것, 유즙이 나오는 것, 점액이 나오거나 공기 중에서 쉽게 변색하는 것, 방향이 일정하지 않게 찢어지는 것들은 독버섯인 경우가 많다.

독버섯의 유독성분으로는 muscarine, muscaridine, agaricic acid, choline, neurine, phaline, amanitatoxine 등이 있다. 이들 독소는 대체로 위장 장애, 콜레라양 증상(허탈, 경련, 황달, 혈액뇨, 청색증 등)과 뇌 증상(발한, 장운동 항진)을 동반한다.

버섯 중독의 예방을 위해서는 독버섯으로 의심이 되는 버섯을 먹지 말아야 하며 중독된 경우 즉시 위 세척을 실시하고 강심제, 포도당 주사를 맞아야 한다.

(2) 감자 중독

감자에는 solanine이라는 미량의 독성물질이 함유되어 있다. 이것이 0.1% 이상 함유된 경우 독성을 보이는바 용혈작용 및 운동중추 마비 작용을 가져온다.

증상으로는 복통, 위장장애, 허탈, 현기증, 경도의 의식장애 등이 있다.

(3) 맥각 중독

비가 오는 시기인 우기 때 보리에 기생하는 맥각균에 의해서 생성된 ergotoxin이 일으키는 중독 현상으로 곡물 중에서 맥각을 0.5% 이상 혼입하면 독성이 나타나고 7%에서 치명적으로 된다.

(4) 청매 중독

설익은 매실속의 amygdaline이라는 청매 배당체를 통해 중독된다. 증상은 소화불량, 경련 및 호흡곤란을 초래한다.

(5) 독미나리

cicutoxin에 의해 중독되며 소량을 섭취하여도 위장 장애와 경련을 일으키며 치사량이 강하다.

요점 정리

1. 세균성 식중독의 예방

일반적으로 세균성 식중독은 입을 통해서 전염된다는 점에서 경구감염병과 동일한 전파경로를 지니고 있다. 그러나 표에서 관찰하는 바와 같이 몇 가지 점에서 차이를 보인다.

이와 같은 관점에서 세균성 식중독을 예방하기 위해서는

① 원인 식품의 오염을 방지하고

② 오염된 균의 증식을 저지하며(저온 저장 : 5℃ 이하)

③ 가열 후 섭취한다.

④ 식품 및 시설기구, 종업원의 청결을 유지한다.

2. 화학물질에 의한 식중독

유독한 화학물질이 고의로 또는 과실에 의해서 식품에 혼입되거나 첨가됨으로써 발생하는 식중독을 의미한다. 화학물질에 의한 식중독은 크게 식품첨가물에서 유래한 것, 고의 또는 부주의로 사용된 독성물질에 의한 것, 음식용 기구, 용기, 포장 등에 의한 것으로 대별할 수 있다.

1) 식품첨가물에 의한 식중독

식품의 제조, 가공에 사용되는 모든 화학적 합성품을 통칭하여 식품첨가물이라고 한다. 우리나라에서 분류한 식품첨가물의 종류는 모두 21개 군으로 사용도에 따라 다양하게 분류되고 있으며 세계보건기구와 식량농업기구(WHO/FAO)에서는 1일에 섭취할 수 있는 첨가물의 최대 허용량을 규정하고 있다.

(1) 유해 보존료

유해한 보존료는 법적으로 사용이 금지되어 있으나 때로 불법적으로 사용되어 사람들에게 피해를 준다.

(2) 유해 착색제

착색제 중에서 기성 타르 색소가 인체에 더욱 유해한 색소이며 합성 타르색소는 모두 유독성을 내포하고 있다. 이 중에서 rhodamine-B는 가장 독성이 강한 것으로 알려졌다.

(3) 감미료

과거 천연 설탕이 부족했을 때 설탕 대신으로 감미료를 사용하였으나 발암성과 독성 문제로 대다수의 감미료는 사용이 금지되고 있다.

2) 사용되는 용기로 인한 식중독

(1) 납(Pb)

납으로 만든 식품조리용 기구나 통조림, 도자기나 법랑용 기구에 도포한 유약 중의 납이 분출되어 음식물을 오염시킬 수 있다.

(2) 구리(Cu)

구리는 열전도성이 강하므로 가열 조리 용기에 많이 사용된다. 이에 따라 녹청의 발생과 식품의 오염을 가져온다. 다량 섭취 시 구역질, 복통, 발한, 경련, 호흡곤란의 증상을 보인다.

(3) 카드뮴(Cd)

카드뮴은 금속식기의 도금제로 사용되며 산성식품을 보존할 시 식품을 오염시킨다. 증상으로는 위장 자극을 시작으로 구토, 설사 및 복통을 동반하나 회복은 빠른 편이다. 치료제는 황산나트륨이나 Ca-EDTA가 사용된다.

(4) 아연(Zn)

아연 성분이 함유되어 있는 식품용기에 산성식품을 장기간 보존하면 아연 성분이 용출되어 식품이 오염되며 위장 장애의 증상과 입안에서 금속성 미각을 느끼는 현상을 야기한다.

3) 과실로 인한 식중독

일시적 착각이나 실수 또는 식품제조, 공정상의 과실로 인해 식중독 증상이 발현할 수 있다. 또한 농약, 살충·살서제의 오용으로 인해 건강상의 장애가 나타난다.

(1) 메틸알콜의 오용

메틸알콜을 에틸알콜로 착오하여 직접 마시거나, 양조 과정에서 다량의 메틸알콜을 섭취하는 경우(일시에 30～100 mL를 섭취하면 사망 초래) 건강의 장해를 가져온다.

(2) 농약

유기인제(palathion, diazinon, malathion 등)는 독성이 강한 반면에 동·식물 체내에서 비교적 빨리 분해되므로 만성중독은 거의 발생하지 않는다. 치료에는 PAM(pralidoxime)을 사용한다. 반면에 유기염소제(DDT, Y-BHC, aldrin 등)은 동물의 지방층이나 뇌신경 등에 축적되어 만성중독을 일으킨다. 그러므로 식욕부진, 구토에서 시작하여 강직성 또는 간헐적 경련 증상을 보이다가 마침내는 혼수에 도달한다.

3. 자연독에 의한 식중독

1) 동물성 식중독

(1) 복어 중독

복어의 난소, 고환, 피부, 장 등에 함유되어 있는 tetrodotoxin(C6H12NO16)에 의해 야기되는 바 4% NaOH로 20분 정도 처리하면 거의 무독화 된다.

tetrodotoxin은 흡수 및 배설이 빠르므로 섭취 후 20~30분 이내 늦어도 4~5시간 내에 중독 증상이 발현한다. 입술, 혀끝의 지각마비 현상을 시작으로 사지운동, 평형감각의 장애가 나타나고 심하면 동공확대와 동공운동이 불가능해진다. 이어서 말초신경의 마비와 호흡기 중추를 마비시킨다.

(2) 조개 중독

패류 중에서 대표적인 중독인 홍합 중독으로 이미 오래전부터 홍합의 간에 함유되어 있는 mytilotoxin이 중독의 원인으로 알려져 왔다. 증상은 복어 중독과 비슷한 증세를 보이는데 조개를 먹은 후 30분이 지나면서 말초신경의 마비와 호흡중추를 마비시킨다. 그러므로 위생적이지 않은 홍합은 먹지 않는 것이 바람직하다.

(3) 바지락과 굴 중독

바지락이나 굴에 함유되어 있는 venerupin이 원인으로 초기에는 37~38℃의 발열로 시작하여 출혈반이 나타나고 황달이 생기면서 구토, 의식혼탁 상태가 된다. 또 병리학적으로는 급성 간장 위축 현상을 보인다.

2) 자연식물에 의한 중독

(1) 독버섯

독버섯을 감별하는 공통적인 특징은 없으나 일반적으로 외형, 색채가 지나치게 선명한 것, 악취, 고미, 산미가 있는 것, 유즙이 나오는 것, 점액이 나오거나 공기 중에서 쉽게 변색하는 것, 방향이 일정하지 않게 찢어지는 것들은 독버섯인 경우가 많다.

(2) 감자 중독

감자에는 solanine이라는 미량의 독성물질이 함유되어 있다. 이것이 0.1% 이상 함유된 경우 독성을 보이는바 용혈작용 및 운동중추 마비 작용을 가져온다.

증상으로는 복통, 위장장애, 허탈, 현기증, 경도의 의식장애 등이 있다.

(3) 맥각 중독

비가 오는 시기인 우기 때 보리에 기생하는 맥각균에 의해서 생성된 ergotoxin이 일으키는 중독 현상으로 곡물 중에서 맥각을 0.5% 이상 혼입하면 독성이 나타나고 7%에서 치명적으로 된다.

(4) 청매 중독

설익은 매실 속의 amygdaline이라는 청매 배당체를 통해 중독된다. 증상은 소화불량, 경련 및 호흡곤란을 초래한다.

(5) 독미나리

cicutoxin에 의해 중독되며 소량을 섭취하여도 위장 장애와 경련을 일으키며 치사량이 강하다.

01 유해 보존료의 종류에 해당되지 않는 것은?

① 붕산 ② β-naphtol
③ thymol ④ 타르 색소

정답 ④

해설 착색제 중에서 염기성 타르 색소가 인체에 더욱 유해한 색소이며 합성 타르색소는 모두 유독성을 내포하고 있다. 이 중에서 rhodamine-B는 가장 독성이 강한 것으로 알려졌다.

02 복어 중독의 현상으로 옳지 않은 것은?

① 복어 독은 내장에 없으므로 내장을 요리하여 섭취한다.
② 테트라도톡신은 흡수 및 배설이 빠르다.
③ 입술, 혀끝의 지각마비 현상을 시작으로 사지운동 등의 장애가 나타난다.
④ 치료는 위세척 등을 통해 독소를 제거한다.

정답 ①

해설 예방을 위해서는 복어요리 전문가가 요리한 음식은 섭취하고 내장은 충분히 제거하고 물로 세척한다.

03 감자독의 독성물질로 옳은 것은?

① ergotoxin ② solanine
③ amygdaline ④ cicutoxin

정답 ②

해설 감자에는 solanine이라는 미량의 독성물질이 함유되어 있다. 이것이 0.1% 이상 함유된 경우 독성을 보이는바 용혈작용 및 운동중추 마비 작용을 가져온다.

34 식품의 보존방법

학습 목표 1. 식품의 변질과 부패에 대해 설명할 수 있다.
2. 식품의 보존방법에 대해 설명할 수 있다.
3. HACCP에 대해 설명할 수 있다.

학습 내용 1. 식품의 변질과 부패
2. 식품의 보존방법
3. HACCP

1 식품의 변질과 부패

1) 변질

식품을 방치하여 외관적으로나 내용적으로 고유의 성질을 잃어버리게 되어 식용하기에 적당하지 않은 상태가 되는 것을 변질이라고 한다.

변질의 원인으로는 미생물의 증식, 화학적 작용, 물리적인 작용을 예시할 수 있다.

2) 산패(rancidity)

유지가 산소에 의해 산화되어 산성을 띠며 악취가 나고 변색되는 현상을 일컫는다.

3) 부패와 변패

단백질이 혐기적인 상태에서 미생물에 의해 분해되어 악취와 유해물질을 생성하는 것을 부패라고 한다. 즉 부패의 경우에는 식품에 부착 또는 혼입된 미생물이 증식하여 식품 중의 질소를 유기화합물인 단백질로 분해하는 것을 뜻한다.

하지만 변패는 단백질 이외의 성분(주류, 버터 등 당질이나 지방질 성분)을 갖는 식품이 변질되는 것으로 부패의 경우보다 유해물질의 생성이 비교적 적다.

식품이 부패하는 경우 초기에는 아민, 암모니아, 알코올, 곰팡이 냄새 등이 생겨나고 변색, 퇴색, 착색과 광택의 손실로 탄력성이 감소하며 점차로 점액화 되어간다.

부패 여부를 판정하는 방법은 크게 네 가지로 대별한다.

첫째, 관능적 판정은 가장 초보적이고 기초적인 방법으로 인간의 감각기관을 이용(시각, 촉각, 미각, 후각 등)하여 체크하는 방법이다.

둘째, 미생물학적 판정 방법을 예시할 수 있는데 식품 중의 생균 수를 측정하여 신선도 여부를 측정한다. 부패 초기의 생균 수는 107~108/g이다.

셋째, 화학적 판정은 휘발성 염기 질소를 측정하는 것이다.

넷째, 물리적 판정은 경도, 탄성, 점성, 색과 같이 식품의 물리적 속성을 평가하여 부패 여부를 판단한다.

또한 발효는 미생물에 의하여 단백질이나 지방과 탄수화물이 분해되어 그 생산물이 일상생활에 유용하게 이용되는 경우를 말하며 지방이 주로 산화되어 변질된 것을 산패라고 한다.

2 식품의 보존 방법

대체로 식품의 변질은 미생물과 번식과 직접적으로 연관되어 있기 때문에 미생물의 성장번식에 필요한 조건을 물리화학적으로 차단함으로써 미생물의 성장을 억제할 수 있다.

이와 같이 식품의 안전한 보존을 통해 식량의 손실을 방지하고 가격의 안전성을 부여할 수 있으며 식품을 통한 각종 위해사고를 방지할 수 있다. 나아가 식품의 위생학적, 영양학적 가치를 극대화하여 국민의 안전한 식품 공급에 기여할 수 있다.

식품의 보존 방법은 물리적 보존법, 화학적 방법 및 생물학적 방법으로 구별된다.

1) 물리적 보존법

식품의 안전한 보전을 위해 냉장, 건조, 가열, 자외선, 적외선 및 방사선을 이용한다.

(1) 건조법

세균은 수분이 부족하면(수분 15% 환경) 발육이 억제되므로 이를 활용하여 과실, 어류, 곡류, 육류의 보존에 이용한다.

(2) 냉동 냉장법

① 10℃ 이하에서는 세균의 발육이 억제되며 -5℃ 이하가 되면 대부분의 미생물은 발육

이 제한된다.

② 냉장은 1~4℃의 저온으로 단시간의 식품 신선도를 유지하기 위한 방법으로 야채, 과일, 육류의 저장에 사용된다. 이에 비해 냉동은 0℃ 이하로 냉각하여 장기간 보관하고자 이용된다.

(3) 가열법

식품 중의 오염된 미생물의 체내 효소를 파괴하여 사멸시킴으로써 보존 목적을 달성하는 방법으로 80℃에서 30분 이상이면 아포균을 제외한 대부분의 세균은 사멸한다.
그러나 아포성균 제거를 위해서는 110~120℃에서 20분간 가열해야 한다.

(4) 밀봉법

밀봉을 통해 외부 공기와의 접촉을 차단하여 흡습 및 충해를 방지하는 방법이다.

(5) 자외선 또는 방사선 이용

2,500~2,700Å의 자외선을 이용하여 식품을 살균하는 방법으로 식품에 영향을 미치지 않는 장점이 있으나 투과력이 없는 결점이 있다. 최근에는 γ선인 CO60를 이용하여 식품을 보존하기도 하는데 안전성을 고려하여야 한다.

(6) 통조림법

일종의 밀봉 방법으로 깡통 속의 가스를 제거하고 밀봉 후 가열, 처리하여 흡습 및 충해를 방지할 수 있으므로 비교적 장기간 보존할 수 있다.

2) 화학적 보존법

(1) 지입법

① 당장 : 50% 이상의 농도 유지를 통해 세균, 효모, 곰팡이의 발육이 억제된다. 젤리, 잼, 연유 등에 적용된다.

② 염지법 : 식염으로 식품의 탈수 및 세균의 원형질을 분리하여 부패를 막을 수 있다. 해산물, 축산물, 야채류의 보존 시 도입한다.

③ 산 저장 : pH5 이하의 초산이나 젖산을 이용하여 세균, 곰팡이와 같은 미생물의 발육을 억제하여 부패를 방지한다.

③ 가스 저장법 : CO_2, N_2 가스를 이용하여 호기성 부패 세균의 증식을 억제하는 방법으로 어육류, 난류, 야채의 저장에 쓰인다.

(2) 훈연법

매연을 형성하는데 탁월한 벚나무, 참나무, 떡갈나무 등의 연기 속에 내포된 알데히드, 페놀 등의 물질을 어육류의 조직에 침투시켜 건조와 살균작용을 도모하고 보존과 향미를 증진시킨다.

(3) 훈증법

훈증 가스를 이용하여 곡류를 저장하고 곤충의 충란 또는 미생물을 사멸하는 방법으로 $CHCl_3$, NO_2 등이 훈증제로 이용되고 있다.

(4) 방부제

식초, 식염, 알코올 등의 정균작용을 통해 식품의 부패와 변질을 방지하는 방법이다. 대다수 가공식품에서 사용되고 있는 방부제가 갖추어야 할 조건은 다음과 같다.

① 최대한 독성이 없어야 한다.
② 미량을 사용하여도 효과가 좋을 것
③ 무미, 무취해야 한다.
④ 식품에는 변화가 없어야 한다.
⑤ 가격이 저렴하고 사용이 간편해야 한다.

3) 생물학적 보전 방법

인체에 해가 되지 않는 유익한 미생물을 이용하여 식품을 안전하게 보전한다. 즉 세균, 곰팡이 및 효모의 작용으로 식품을 저장하는 방법으로 유산균의 활용에 의한 치즈, 발효유 등이 여기에 해당된다.

HACCP(Hazard Analysis Critical Control Point)

① HACCP 정의

위해요소 중점관리제도라고 하며 식품의 원재료부터 제조, 가공, 보존, 유통, 조리단계를 거쳐 최종소비자가 섭취하기 전까지의 각 단계에서 발생할 우려가 있는 위해요소를 규명하고, 이를 중점적으로 관리하기 위한 중요관리점을 결정하여 자율적이며 체계적이고 효율적인 관리로 식품의 안전성을 확보하기 위한 과학적인 위생관리체계이다.

② HACCP의 7가지 원칙

원칙1 : 위해분석(HA)을 실시
원칙2 : 중요관리점(CCP)을 결정
원칙3 : 관리기준(CL)을 결정
원칙4 : CCP에 대한 모니터링 방법을 설정
원칙5 : 모니터링 결과 CCP가 관리상태의 위반 시 개선조치(CA)를 설정
원칙6 : HACCP가 효과적으로 시행되는지를 검증하는 방법을 설정
원칙7 : 이들 원칙 및 그 적용에 대한 문서화와 기록유지방법을 설정

요점 정리

1. 식품의 변질과 부패

1) 변질

식품을 방치하여 외관적으로나 내용적으로 고유의 성질을 잃어버리게 되어 식용하기에 적당하지 않은 상태가 되는 것을 변질이라고 한다.

변질의 원인으로는 미생물의 증식, 화학적 작용, 물리적인 작용을 예시할 수 있다.

2) 산패(rancidity)

유지가 산소에 의해 산화되어 산성을 띠며 악취가 나고 변색되는 현상을 일컫는다.

3) 부패와 변패

단백질이 혐기적인 상태에서 미생물에 의해 분해되어 악취와 유해물질을 생성하는 것을 부패라고 한다. 부패의 경우에는 식품에 부착 또는 혼입된 미생물이 증식하여 식품 중의 질소를 유기화합물인 단백질로 분해하는 것을 뜻한다. 하지만 변패는 단백질 이외의 성분(주류, 버터 등 당질이나 지방질 성분)을 갖는 식품이 변질되는 것으로 부패의 경우보다 유해물질의 생성이 비교적 적다.

2. 식품의 보존 방법

대체적으로 식품의 변질은 미생물과 번식과 직접적으로 연관되어 있기 때문에 미생물의 성장번식에 필요한 조건을 물리화학적으로 차단함으로써 미생물의 성장을 억제할 수 있다. 식품의 안전한 보전을 위해 냉장, 건조, 가열, 자외선, 적외선 및 방사선을 이용한다.

(1) 건조법

세균은 수분이 부족하면(수분 15% 환경) 발육이 억제되므로 이를 활용하여 과실, 어류, 곡류, 육류의 보존에 이용한다.

(2) 냉동 냉장법

① 10℃ 이하에서는 세균의 발육이 억제되며 -5℃ 이하가 되면 대부분의 미생물은 발육이 제한된다.

② 냉장은 1~4℃의 저온으로 단시간의 식품 신선도를 유지하기 위한 방법으로 야채, 과일,

육류의 저장에 사용된다. 이에 비해 냉동은 0℃ 이하로 냉각하여 장기간 보관하고자 이용된다.

(3) 가열법

식품 중의 오염된 미생물의 체내 효소를 파괴하여 사멸시킴으로써 보존 목적을 달성하는 방법으로 80℃에서 30분 이상이면 아포균을 제외한 대부분의 세균은 사멸한다.

그러나 아포성균 제거를 위해서는 110~120℃에서 20분간 가열해야 한다.

(4) 밀봉법

밀봉을 통해 외부 공기와의 접촉을 차단하여 흡습 및 충해를 방지하는 방법이다.

(5) 자외선 또는 방사선 이용

2,500~2,700Å의 자외선을 이용하여 식품을 살균하는 방법으로 식품에 영향을 미치지 않는 장점이 있으나 투과력이 없는 결점이 있다. 최근에는 γ선인 CO60를 이용하여 식품을 보존하기도 하는데 안전성을 고려하여야 한다.

(6) 통조림법

일종의 밀봉 방법으로 깡통 속의 가스를 제거하고 밀봉 후 가열, 처리하여 흡습 및 충해를 방지할 수 있으므로 비교적 장기간 보존할 수 있다.

2) 화학적 보존법

(1) 지입법

(2) 훈연법

매연을 형성하는 데 탁월한 벚나무, 참나무, 떡갈나무 등의 연기 속에 내포된 알데히드, 페놀 등의 물질을 어육류의 조직에 침투시켜 건조와 살균작용을 도모하고 보존과 향미를 증진시킨다.

(3) 훈증법

훈증 가스를 이용하여 곡류를 저장하고 곤충의 충란 또는 미생물을 사멸하는 방법으로 CHCl3, NO2 등이 훈증제로 이용되고 있다.

(4) 방부제

식초, 식염, 알코올 등의 정균작용을 통해 식품의 부패와 변질을 방지하는 방법이다.

대다수 가공식품에서 사용되고 있는 방부제가 갖추어야 할 조건은 다음과 같다.

① 최대한 독성이 없어야 한다.

② 미량을 사용하여도 효과가 좋을 것

③ 무미, 무취해야 한다.

④ 식품에는 변화가 없어야 한다.

⑤ 가격이 저렴하고 사용이 간편해야 한다.

3) 생물학적 보전 방법

인체에 해가 되지 않는 유익한 미생물을 이용하여 식품을 안전하게 보전한다. 즉 세균, 곰팡이 및 효모의 작용으로 식품을 저장하는 방법으로 유산균의 활용에 의한 치즈, 발효유 등이 여기에 해당된다.

HACCP(Hazard Analysis Critical Control Point)

위해요소 중점관리제도라고 하며 식품의 원재료부터 제조, 가공, 보존, 유통, 조리단계를 거쳐 최종소비자가 섭취하기 전까지의 각 단계에서 발생할 우려가 있는 위해요소를 규명하고, 이를 중점적으로 관리하기 위한 중요관리점을 결정하여 자율적이며 체계적이고 효율적인 관리로 식품의 안전성을 확보하기 위한 과학적인 위생관리체계이다.

퀴즈(객관식 3문항)

01 유지가 산소에 의해 산화되어 산성을 띠며 악취가 나고 변색되는 현상은?

① 변질　　② 부패
③ 변패　　④ 산패

정답 ④

해설 산패는 유지가 산소에 의해 산화되어 산성을 띠며 악취가 나고 변색되는 현상을 일컫는다.

02 부패 여부를 판정하는 방법으로 옳지 않은 것은?

① 인간의 감각기관을 이용할 수는 없다
② 미생물학적 판정은 부패 초기의 생균수는 $10^7 \sim 10^8$/g이다.
③ 화학적 판정은 휘발성 염기 질소를 측정한다.
④ 물리적 판정은 경도, 탄성 및 색과 같이 식품의 물리적 속성을 평가한다.

정답 ①

해설 관능적 판정은 가장 초보적이고 기초적인 방법으로 인간의 감각기관을 이용(시각, 촉각, 미각, 후각 등)하여 체크하는 방법이다.

03 식품 위해요소 중점관리제도란?

① HAZOP　　② HACCP
③ HZARD　　④ HAPPY

정답 ②

해설 위해요소 중점관리제도라고 하며 식품의 원재료부터 제조, 가공, 보존, 유통, 조리단계를 거쳐 최종소비자가 섭취하기 전까지의 각 단계에서 발생할 우려가 있는 위해요소를 규명하고, 이를 중점적으로 관리하기 위한 중요관리점을 결정하여 자율적이며 체계적이고 효율적인 관리로 식품의 안전성을 확보하기 위한 과학적인 위생관리체계이다. 요점 정리

35 영양관리의 의미

학습 목표 1. 영양관리에 대해 설명할 수 있다.
2. 일반 영양요소에 대해 설명할 수 있다.

학습 내용 1. 5대 영양소
2. 열량소 중 단백질, 탄수화물 및 지방질
3. 조절소 중 무기질과 비타민

우리의 건강을 유지하고 증진하는 데는 우선 영양이 완전하지 않으면 안 된다. 최근 우리나라도 국민소득 증대 및 각종 공중보건시책의 개선으로 생활 여건이 향상됨에 따라 국민의 영양 상태도 개선되었고 체위도 신장되었다. 영양(nutrition)이란 "생물이 적당한 물질을 외부로부터 들여와 대사(metabolism), 즉 동화와 이화를 하여 칼로리를 방출하는 등 이로써 신체를 유지하고 생활을 영위하는 모든 것"을 말한다. 아울러 영양소(nutrients)란 "영양을 유지하기 위하여 외부로부터 섭취하는 식품의 성분 중 우리 몸에서 이용되는 성분"을 말한다. 이들 영양소는 단백질, 지방, 탄수화물, 무기질, 비타민 및 물 등 6종류로 나뉜다. 이는 양적으로 충분하고 질적으로 훌륭해야 하며 맛이 있어야 하는 등 영양적 위생적 조건이 고려되어야 한다. 특히 질적으로 불량한 음식물을 장기적으로 섭식할 때 각종 결핍증상이나 질병을 일으키게 한다.

영양에 관한 과학은 생리학, 화학, 생화학, 식품학, 미생물학 등의 종합 학문이며 각 분야의 전문적인 학리가 기초가 되어 발전하고 있으며 영양학자나 영양사는 이러한 새로운 지식을 바탕으로 매일의 식생활의 실제 문제와 관련지어 신체 발달과 건강의 유지를 위해 노력하고 있다.

1 5대 영양소의 작용과 필요량

식생활에 이용되는 음식물은 여러 가지 영양소로 구성되어 있으며 그 양이나 질은 각각 다르다. 영양소는 열량소와 조절소로 나눌 수 있는데 열량소에는 에너지원이 되는 단백질(protein), 탄수화물(carbohydrate), 지방질(fat) 등이 있고, 조절소에는 무기질(mineral)과 비타민(vitamin)이 있다.

그 외에 신체 구성의 65%를 차지하는 수분도 영양소로써 신체기능조절에 중요한 역할을 한다. 영양소의 중요한 작용으로는 열량공급작용, 신체조직구성, 생리기능조절 등의 작용을 한다.

1) 단백질(protein)

(1) 단백질은 아미노산의 펩타이드 결합으로 구조를 형성하고 있는 복합분자로서, 인체의 정상적인 성장과 생리적 기능 및 생명 유지를 위해 필요한 아미노산과 질소화합물의 공급원이다. 식사로 섭취된 단백질은 유리 아미노산과 작은 펩타이드 분자로 소화되고, 소장에서 흡수되어 간과 다른 조직으로 운송된 후, 단백질 및 질소화합물 합성에 이용되고, 나머지는 이화과정을 거쳐 포도당 및 지방질과 요소 합성을 위해 사용된다.

(2) 단백질 결핍증은 저개발국가나 저소득층 아동들에게서 흔히 나타나는데, 단백질이 결핍되면 발육부진이 발생하고 질병 감염에 대한 민감도가 증가한다.

(3) 생애주기별로 볼 때 특히 성장기, 임신기와 수유기에는 부가적인 단백질 섭취가 요구된다. 성장기에 단백질 섭취가 충분히 이루어지지 않으면 성장지연 및 뇌기능 감퇴, 성 성숙의 지연 등이 나타난다. 노인의 경우 만성질환, 외상이 있고 활동이 부족한 사람이 있으면서 단백질을 불충분하게 섭취할 경우 근육감소증이 빨리 진행되며, 이는 각종 장애와 사망의 원인이 된다.

(4) 단백질의 영양가는 단백질을 구성하고 있는 아미노산의 종류와 양에 따라 다르며, 동물체내에서 합성이 가능한 것이 있고(불필수 아미노산, non-essential amino acid), 동물체내에서는 합성되지 않기 때문에 외부로부터 섭취되어야 하는 것(필수아미노산, essential amino acid)이 있다.

(5) 필수아미노산에는 leucine, isoleucine, valine, histidine, phenylalanine, threonine tryptophane, methionine, lysine 등이 있다. 필수아미노산을 많이 함유한 단백질일수록 조직을 보충하는 능력이 크다.

(6) 임신부 및 수유부는 단백질 필요량이 커지므로 임신 2분기에는 권장섭취량의 +15 g, 임신 3분기는 +30 g, 수유부는 +25 g을 하도록 한다.

2) 탄수화물(carbohydrate)

(1) 탄수화물은 1 g당 4 kcal의 에너지를 내는 중요한 에너지원이고, DNA와 RNA의 구성성분이며, 소장에서 소화·흡수되지 않은 올리고당, 일부의 전분과 식이섬유는 대장에서

체내 유익균의 생장을 증가시키는 작용을 한다. 또한 인체의 뇌와 적혈구는 포도당을 주요 에너지원으로 사용한다.

(2) 저탄수화물 식사를 하면 혈액 내 인슐린 농도가 감소하고 글루카곤 농도가 증가하게 되어 체내대사가 변화된다. 즉, 인체는 체내에 축적된 단백질을 사용하여 당질을 생합성하고, 포도당을 대신하는 대체 에너지원으로 케톤체를 합성하여 에너지원으로 사용한다. 그러나 이런 상태가 장기간 지속되면, 체단백이 감소되고 케톤체가 증가하여 케토시스를 유발할 위험이 커진다.

(3) 탄수화물 섭취량이 증가하면, 특히 정제된 형태의 탄수화물인 당류의 섭취가 증가하면, 비만 위험이 커지고 혈액 내 중성지방량이 증가되어 당뇨병, 고지혈증, 대사증후군의 위험이 커진다.

(4) 섭취기준 : 에너지 섭취량 중에서 탄수화물의 적절한 섭취비율, 즉 탄수화물 에너지 적정비율을 설정하고 있으며, 탄수화물로부터 섭취하는 에너지 비율이 70% 이상이면 질병의 위험이 증가하는 것으로 보고되고 있으므로 2015년 개정된 한국인 영양섭취기준에서는 탄수화물 에너지 적정비율을 55~65%로 설정하고 있다.

(5) 탄수화물의 종류

① 단당류(monosaccharide) : 포도당(glucose), 과당(fructose), 갈락토오즈(galactose), mannose

② 소당류(oligosaccharide) : 2당류[disaccharide : 서당(sucrose), 맥아당(maltose), 유당(lactose)], 3당류(trisaccharide), 4당류(tetrasaccharide)

③ 다당류(polysaccharide) : 전분(starch), 호정(dextrin), 글리코겐(glycogen), 섬유질(fiber)

(6) 당질은 지질과 더불어 중요한 열량원인데, 지질만으로 열량을 보급하면 지방의 연소 중간산물인 ketone이 생겨 혈액 내 증가하면 산혈증(ketosis)을 초래한다. 2015년 한국인 영양섭취기준에서는 총당류 섭취량을 총 에너지섭취량의 10~20%로 제한하고, 특히 식품의 조리 및 가공 시 첨가되는 첨가당은 총 에너지섭취량의 10% 이내로 섭취하도록 하고 있다. 첨가당의 주요 급원으로는 설탕, 액상과당, 물엿, 당밀, 꿀, 시럽, 농축과일주스 등이 있다. 당질은 단백질을 절약하는 작용을 함과 동시에 체내에서 산화 분해되기 쉬우며 소화흡수율이 98%로, 섭취한 당질은 거의 이용되어 신체에 부담을 주지 않아서 피로회복 효과가 크다. 당질은 대부분 곡류에 농축 분포되어서 70~80% 들어있고, 채소에는 3~7%, 과일에는 10% 정도 들어있다.

3) 지질(脂質)

(1) 지질은 중성지방, 스테롤 및 지방산으로 구성되며, 인체에 에너지를 제공할 뿐만 아니라 세포막의 구성성분이 되고, 지용성비타민의 흡수를 도와준다.

(2) 필수지방산인 리놀레산(n-6 지방산)과 리놀렌산(n-3 지방산)은 반드시 식품을 통해 섭취되어야 한다. 이들은 체내 필요에 따라 다른 지방산으로 전환되어 면역작용이나 다양한 화학적 메신저로 작용한다. 식물성 기름에 많이 함유돼 있으며, 부족 시 성장장애, 습진성 피부염, 생식기능장애, 호흡기 감염, 탈색소, 지방간 등을 초래한다.

(3) 필수지방산이 결핍되면 피부에 염증이 생기고 피부가 벗겨지며 위장에 문제가 생기고 면역기능이 손상될 수 있으며, 특히 성장기에는 성장지연이 나타난다.

(4) 지질은 탄수화물이나 단백질에 비해 두 배 이상의 에너지를 공급하기 때문에 과다하게 섭취할 경우 비만의 위험이 커질 수 있고, 포화지방산이나 트랜스지방산의 과다섭취는 뇌·심혈관계질환, 이상지질혈증, 당뇨병, 고혈압 등의 위험을 증가시킬 수 있다.

(5) 섭취기준 : 성인의 경우 지질의 에너지 적정비율을 15~30%로 하고 있으며, 3~18세의 경우 포화지방산은 총 에너지 섭취량의 8% 미만, 트랜스지방산 1% 미만으로 섭취하도록 한다. 성인의 경우 뇌·심혈관질환 예방을 위해 포화지방산과 트랜스지방산의 에너지 적정비율을 각각 7%와 1% 미만으로 하고 있다.

(6) 지질의 생리적 기능은 에너지 공급, 필수지방산의 공급, 체내 지용성 비타민의 운반, 체구성 성분, 단열재로서 작용, 생체기관의 보호, 기타 비타민 B1의 절약작용과 향미성분의 공급으로 식욕을 돋우며 소화속도가 더디어 만복감을 갖춘다.

4) 무기질(無機質)

영양소로서 화학적 에너지를 가지고 있지 않으나 신체의 생리적 조절 및 산 알칼리의 균형 보존 역할을 하므로 사람의 생존상 불가결의 영양소이다. 인체 안에 있는 무기질은 약 20가지이며 체중의 0.01% 이상 존재(또는 1일 식사에서 100 mg 이상 섭취해야 되는 것)하는 것을 다량원소(macro-minerals)라 하고 칼슘, 인, 황, 칼륨, 나트륨, 염소, 마그네슘이 해당된다. 체중의 0.01%보다 더 적은 양이 존재하는 것을 미량원소(micro-minerals)라 하고 철, 요오드, 불소, 아연, 셀레늄, 구리, 크롬, 망간, 비소, 니켈, 바나듐 등이 포함된다. 그러나 일상 식사에서 특히 섭취에 주의해야 할 무기질은 Ca, Fe, P, NaCl, I 등이다.

(1) 칼슘(Ca)

체내 칼슘의 대부분은 주로 뼈에 존재하며, 그 외 체내 여러 조직에서 신경의 자극전달, 근육이나 혈관의 수축 및 이완 조절 등의 대사과정에 관여한다. 칼슘은 뼈를 단단하게 하는 역할을 하고 체내 칼슘의 저장 기능도 수행하게 된다. 따라서 칼슘은 인체의 구성과 성장에 필요한 주요 영양소이며, 장기간의 칼슘 섭취상태는 성숙기의 최대 골밀도에 커다란 영향을 미친다. 그러므로 칼슘 섭취가 부족하여 골밀도가 저하되면 체내의 골질량을 충분히 유지할 수 없게 되어 골감소증 및 골다공증을 유발하게 된다. 골격의 성장 및 유지를 위해서는 체내 칼슘평형에 도달하기에 충분한 양의 칼슘 섭취가 필요하다. 성장기에는 뼈의 형성과정이 뼈의 용출 과정보다 활발히 진행되며, 이후 성인기에는 뼈의 형성과 용출이 평형상태를 이루다가 점차 뼈의 용출과정이 뼈의 형성과정보다 활발히 진행되어 노년기나 여성의 폐경기에는 골질량이 감소한다. 칼슘을 일정 수준 이상으로 섭취하면 변비가 발생하거나 신장 조직이 파괴될 수 있으며 결석이 잘 생기는 사람의 경우에는 신장결석의 위험도가 증가할 수 있다.

2015년 개정된 한국이 영양섭취 기준에 따라 50세 이상 여성의 경우 추가적인 칼슘 섭취가 폐경으로 인한 골손실 및 골절예방에 도움이 된다는 보고에 따라 권장섭취량에 100 mg을 부가하고 있으며 임신·수유부의 경우 태아의 성장 및 모체 조직의 증가, 수유로 인한 체내 칼슘 필요량의 증가에 대해서 생리적인 적응 반응이 일어나는 것으로 제시되었고, 추가 섭취의 건강상 이익을 제시하는 근거가 없다고 보고 추가량을 제시하지 않고 있다.

(2) 인(P)

세포막과 세포벽을 구성하는 성분이며, 뼈와 치아 등의 경조직을 구성한다. 또한 세포의 에너지 대사, 체액의 산·염기 균형 조절, 세포막의 구성, 생체 신호 전달 등의 기능을 수행하는 생물학적으로 매우 중요한 역할을 하는 무기질이다. 식품 속의 인은 형태에 따라 흡수율이 다르다. 칼슘은 인과 결합하여 염을 형성하므로 칼슘과 함께 섭취하면 인이 흡수되지 못하고 변으로 배설될 수 있다. 소장에서 인이 흡수될 때 비타민 D가 영향을 줄 수 있으며, 인의 평형은 소장에서 흡수되는 양과 신장의 재흡수 및 골용출(bone resorption)에 의한 유입량, 뼈 형성을 위해 뼈에 공급되거나 뇨로 배설되는 유출량에 의하여 결정된다. 최근 인 섭취량이 증가하고 있어서, 인 급원식품을 섭취할 때는 칼슘의 비율을 고려하도록 권고하고 있다. 특히 보충제나 식품 첨가물을 통한 인의 섭취량을 낮추기 위하여 가공식품의 섭취를 자제할 것을 권고하였다. 인의 급원식품은 주로 질 좋은 단백질 식품으로 육류, 어류, 달걀, 우유가 있으며 식물성 식품으로는 견과류, 채소와 곡류, 두부 등이 있다.

(3) 나트륨(Sodium, Na) 및 염소(Chlorine, Cl)

세포막 전압을 유지하는 중요한 인자로써, 삼투압 유지와 수분 평형에 관여하며, 산염기의 균형 조절 및 신경 자극 전달에도 중요한 역할을 한다. 나트륨 섭취가 부족하면 혈장량이 줄어들어 심박출량의 감소로 혈압이 저하되고, 교감신경계 활성화에 의한 피부와 근육의 혈관 수축이 발생하여 전신 혈관저항이 증가한다. 나트륨과 염소의 장기적인 과잉 섭취는 혈압상승, 뇌졸중, 심근경색, 심부전 등의 심장질환 및 신장질환의 발병과 진행을 촉진한다. 또한 위암의 발생률을 증가시키고, 골다공증, 천식, 비만 발병률과 함께 모든 원인의 사망률도 증가시킨다. 2015년 개정된 한국인 영양섭취 기준에서 나트륨의 충분섭취량은 성인 기준 1,500 mg이며 목표섭취량은 한국인의 매우 높은 나트륨 섭취량을 고려하여 세계보건기구의 권고량인 하루 2,000 mg로 제시하고 있다.

(4) 철분(Fe)

철은 효소 및 시토크롬, 헤모글로빈, 미오글로빈 등의 중요한 구성요소이다. 체내 철의 2/3가 헤모글로빈에 존재하며, 헤모글로빈은 대사를 위해 체내 조직에 산소를 운반한다. 철 결핍성 빈혈은 전 세계적으로 흔한 영양결핍증이지만, 철이 부족하면 철 결핍성 빈혈 이외에도 어린이의 운동실조, 발달장애, 인지능력 손상과 임신부의 임신성 빈혈, 조산, 미숙아, 사산 위험 등이 발생한다. 반면, 철을 과잉 섭취하면 위장 장애, 아연 흡수율 감소, 혈관질환이나 암 발생 위험률의 증가 등을 초래할 수 있다. 식품 중의 철은 헴철과 비헴철의 형태로 존재한다. 생체이용률이 높은 헴철은 헤모글로빈과 미오글로빈이 풍부한 육류, 가금류, 생선에 많고, 생체이용률이 낮은 비헴철은 식물성 식품(곡류, 과일, 채소, 두부)과 유제품(우유, 치즈) 달걀에 주로 존재한다.

요점 정리

우리의 건강을 유지하고 증진하는 데는 우선 영양이 완전하지 않으면 안 된다. 최근 우리나라도 국민소득 증대 및 각종 공중보건시책의 개선으로 생활 여건이 향상됨에 따라 국민의 영양 상태도 개선되었고 체위도 신장되었다. 영양(nutrition)이란 "생물이 적당한 물질을 외부로부터 들여와 대사(metabolism), 즉 동화와 이화를 하여 칼로리를 방출하는 등 이로써 신체를 유지하고 생활을 영위하는 모든 것"을 말한다. 아울러 영양소(nutrients)란 "영양을 유지하기 위하여 외부로부터 섭취하는 식품의 성분 중 우리 몸에서 이용되는 성분"을 말한다. 이들 영양소는 단백질, 지방, 탄수화물, 무기질, 비타민 및 물 등 6종류로 나뉜다. 이는 양적으로 충분하고 질적으로 훌륭해야 하며 맛이 있어야 하는 등 영양적 위생적 조건이 고려되어야 한다. 특히 질적으로 불량한 음식물을 장기적으로 섭식할 때 각종 결핍증상이나 질병을 일으키게 한다.

1. 일반영양

1) 5대 영양소의 작용과 필요량

식생활에 이용되는 음식물은 여러 가지 영양소로 구성되어 있으며 그 양이나 질은 각각 다르다. 영양소는 열량소와 조절소로 나눌 수 있는데 열량소에는 에너지원이 되는 단백질(protein), 탄수화물(carbohydrate), 지방질(fat) 등이 있고, 조절소에는 무기질(mineral)과 비타민(vitamin)이 있다.

(1) 단백질(protein)

단백질은 아미노산의 펩타이드 결합으로 구조를 형성하고 있는 복합분자로서, 인체의 정상적인 성장과 생리적 기능 및 생명 유지를 위해 필요한 아미노산과 질소화합물의 공급원이다. 식사로 섭취된 단백질은 유리 아미노산과 작은 펩타이드 분자로 소화되고, 소장에서 흡수되어 간과 다른 조직으로 운송된 후, 단백질 및 질소화합물 합성에 이용되고, 나머지는 이화과정을 거쳐 포도당 및 지방질과 요소 합성을 위해 사용된다.

(2) 탄수화물(carbohydrate)

탄수화물은 1 g당 4 kcal의 에너지를 내는 중요한 에너지원이고, DNA와 RNA의 구성성분이며, 소장에서 소화·흡수되지 않은 올리고당, 일부의 전분과 식이섬유는 대장에서 체내 유익균의 생장을 증가시키는 작용을 한다. 또한 인체의 뇌와 적혈구는 포도당을 주요 에너지원으로 사용한다.

(3) 지질(脂質)

① 지질은 중성지방, 스테롤 및 지방산으로 구성되며, 인체에 에너지를 제공할 뿐만 아니라 세포막의 구성성분이 되고, 지용성비타민의 흡수를 도와준다.

② 필수지방산인 리놀레산(n-6 지방산)과 리놀렌산(n-3 지방산)은 반드시 식품을 통해 섭취되어야 한다. 이들은 체내 필요에 따라 다른 지방산으로 전환되어 면역작용이나 다양한 화학적 메신저로 작용한다. 식물성 기름에 많이 함유돼 있으며, 부족 시 성장장애, 습진성 피부염, 생식기능장애, 호흡기 감염, 탈색소, 지방간 등을 초래한다.

(4) 무기질(無機質)

영양소로서 화학적 에너지를 가지고 있지 않으나 신체의 생리적 조절 및 산 알칼리의 균형 보존 역할을 하므로 사람의 생존상 불가결의 영양소이다. 인체 안에 있는 무기질은 약 20가지이며 체중의 0.01% 이상 존재(또는 1일 식사에서 100 mg 이상 섭취해야 되는 것)하는 것을 다량원소(macro-minerals)라 하고 칼슘, 인, 황, 칼륨, 나트륨, 염소, 마그네슘이 해당된다. 체중의 0.01%보다 더 적은 양이 존재하는 것을 미량원소(micro-minerals)라 하고 철, 요오드, 불소, 아연, 셀레늄, 구리, 크롬, 망간, 비소, 니켈, 바나듐 등이 포함된다. 그러나 일상 식사에서 특히 섭취에 주의해야 할 무기질은 Ca, Fe, P, NaCl, I 등이다.

① 칼슘(Ca) : 체내 칼슘의 대부분은 주로 뼈에 존재하며, 그 외 체내 여러 조직에서 신경의 자극전달, 근육이나 혈관의 수축 및 이완 조절 등의 대사과정에 관여한다. 칼슘은 뼈를 단단하게 하는 역할을 하고 체내 칼슘의 저장 기능도 수행하게 된다. 따라서 칼슘은 인체의 구성과 성장에 필요한 주요 영양소이며, 장기간의 칼슘 섭취상태는 성숙기의 최대 골밀도에 커다란 영향을 미친다. 그러므로 칼슘 섭취가 부족하여 골밀도가 저하되면 체내의 골질량을 충분히 유지할 수 없게 되어 골감소증 및 골다공증을 유발하게 된다. 골격의 성장 및 유지를 위해서는 체내 칼슘평형에 도달하기에 충분한 양의 칼슘 섭취가 필요하다. 성장기에는 뼈의 형성과정이 뼈의 용출과정보다 활발히 진행되며, 이후 성인기에는 뼈의 형성과 용출이 평형상태를 이루다가 점차 뼈의 용출과정이 뼈의 형성과정보다 활발히 진행되어 노년기나 여성의 폐경기에는 골질량이 감소한다. 칼슘을 일정 수준 이상으로 섭취하면 변비가 발생하거나 신장 조직이 파괴될 수 있으며 결석이 잘 생기는 사람의 경우에는 신장결석의 위험도가 증가할 수 있다.

2015년 개정된 한국이 영양섭취 기준에 따라 50세 이상 여성의 경우 추가적인 칼슘 섭취가 폐경으로 인한 골손실 및 골절 예방에 도움이 된다는 보고에 따라 권장섭취량에 100 mg을 부가하고 있으며 임신·수유부의 경우 태아의 성장 및 모체 조직의 증가, 수유로 인한 체내 칼슘 필요량의 증가에 대해서 생리적인 적응 반응이 일어나는 것으로 제시되었고, 추가 섭취의 건강상 이익을 제시하는 근거가 없다고 보고 추가량을 제시하지 않고 있다.

② 인(P) : 세포막과 세포벽을 구성하는 성분이며, 뼈와 치아 등의 경조직을 구성한다. 또한 세포의 에너지 대사, 체액의 산·염기 균형 조절, 세포막의 구성, 생체 신호 전달 등의 기능을 수행하는 생물학적으로 매우 중요한 역할을 하는 무기질이다. 식품 속의 인은 형태에 따라 흡수율이 다르다. 칼슘은 인과 결합하여 염을 형성하므로 칼슘과 함께 섭취하면 인이 흡수되지 못하고 변으로 배설될 수 있다. 소장에서 인이 흡수될 때 비타민 D가 영향을 줄 수 있으며, 인의 평형은 소장에서 흡수되는 양과 신장의 재흡수 및 골용출(bone resorption)에 의한 유입량, 뼈 형성을 위해 뼈에 공급되거나 뇨로 배설되는 유출량에 의하여 결정된다. 최근 인 섭취량이 증가하고 있어서, 인 급원식품을 섭취할 때는 칼슘의 비율을 고려하도록 권고하고 있다. 특히 보충제나 식품첨가물을 통한 인의 섭취량을 낮추기 위하여 가공식품의 섭취를 자제할 것을 권고하였다. 인의 급원식품은 주로 질 좋은 단백질 식품으로 육류, 어류, 달걀, 우유가 있으며 식물성 식품으로는 견과류, 채소와 곡류, 두부 등이 있다.

③ 나트륨(Sodium, Na) 및 염소(Chlorine, Cl) : 세포막 전압을 유지하는 중요한 인자로써, 삼투압 유지와 수분 평형에 관여하며, 산염기의 균형 조절 및 신경 자극 전달에도 중요한 역할을 한다. 나트륨 섭취가 부족하면 혈장량이 줄어들어 심박출량의 감소로 혈압이 저하되고, 교감신경계 활성화에 의한 피부와 근육의 혈관 수축이 발생하여 전신 혈관저항이 증가한다. 나트륨과 염소의 장기적인 과잉 섭취는 혈압상승, 뇌졸중, 심근경색, 심부전 등의 심장질환 및 신장질환의 발병과 진행을 촉진한다. 또한 위암의 발생률을 증가시키고, 골다공증, 천식, 비만 발병률과 함께 모든 원인의 사망률도 증가시킨다. 2015년 개정된 한국인 영양섭취 기준에서 나트륨의 충분 섭취량은 성인 기준 1,500 mg이며 목표섭취량은 한국인의 매우 높은 나트륨 섭취량을 고려하여 세계보건기구의 권고량인 하루 2,000 mg로 제시하고 있다.

④ 철분(Fe) : 철은 효소 및 시토크롬, 헤모글로빈, 미오글로빈 등의 중요한 구성요소이다. 체내 철의 2/3가 헤모글로빈에 존재하며, 헤모글로빈은 대사를 위해 체내 조직에 산소를 운반한다. 철 결핍성 빈혈은 전 세계적으로 흔한 영양결핍증이지만, 철이 부족하면 철 결핍성 빈혈 이외에도 어린이의 운동실조, 발달장애, 인지능력 손상과 임신부의 임신성 빈혈, 조산, 미숙아, 사산 위험 등이 발생한다. 반면, 철을 과잉 섭취하면 위장 장애, 아연 흡수율 감소, 혈관질환이나 암 발생 위험률의 증가 등을 초래할 수 있다. 식품 중의 철은 헴철과 비헴철의 형태로 존재한다. 생체이용률이 높은 헴철은 헤모글로빈과 미오글로빈이 풍부한 육류, 가금류, 생선에 많고, 생체이용률이 낮은 비헴철은 식물성 식품(곡류, 과일, 채소, 두부)과 유제품(우유, 치즈) 달걀에 주로 존재한다.

퀴즈(객관식 3문항)

01 영양소 중 열량소에 해당되지 않는 것은?

① 단백질 ② 탄수화물
③ 지방질 ④ 비타민

정답 ④

해설 식생활에 이용되는 음식물은 여러 가지 영양소로 구성되어 있으며 그 양이나 질은 각각 다르다. 영양소는 열량소와 조절소로 나눌 수 있는데 열량소에는 에너지원이 되는 단백질(protein), 탄수화물(carbohydrate), 지방질(fat) 등이 있고, 조절소에는 무기질(mineral)과 비타민(vitamin)이 있다.

02 아미노산의 펩타이드 결합으로 구조를 형성하고 있는 복합분자는?

① 단백질 ② 탄수화물
③ 지방질 ④ 비타민

정답 ①

해설 단백질은 아미노산의 펩타이드 결합으로 구조를 형성하고 있는 복합분자로써, 인체의 정상적인 성장과 생리적 기능 및 생명 유지를 위해 필요한 아미노산과 질소화합물의 공급원이다. 식사로 섭취된 단백질은 유리 아미노산과 작은 펩타이드 분자로 소화되고, 소장에서 흡수되어 간과 다른 조직으로 운송된 후, 단백질 및 질소화합물 합성에 이용되고, 나머지는 이화과정을 거쳐 포도당 및 지방질과 요소 합성을 위해 사용된다.

03 체내 무기질 중 대부분 뼈에 존재하는 것은?

① 나트륨 ② 칼슘
③ 마그네슘 ④ 염소

정답 ②

해설 체내 칼슘의 대부분은 주로 뼈에 존재하며, 그 외 체내 여러 조직에서 신경의 자극전달, 근육이나 혈관의 수축 및 이완 조절 등의 대사과정에 관여한다. 칼슘은 뼈를 단단하게 하는 역할을 하고 체내 칼슘의 저장 기능도 수행하게 된다.

36 영양과 질병

학습 목표 1. 비타민에 대해 설명할 수 있다.
2. 기초대사량과 열량소비량에 대해 설명할 수 있다.
3. 영양과 질병에 대해 설명할 수 있다.

학습 내용 1. 비타민 종류 및 특성
2. 기초대사량과 열량소비량
3. 영양과 질병

5) 비타민(vitamin)

비타민은 미량이지만 생물의 기능 유지나 생명 유지에 불가결한 것으로 그 종류가 20여종에 이른다. 대부분이 인체 내에서 생성되지 않으므로 외부로부터의 섭취해야 하며, 부족 시 여러 가지 증상이 나타난다.

지용성 비타민(fat soluble vitamin)에는 A, D, E, K가 있으며, 수용성 비타민류는 크게 비타민 B복합체와 비타민 C로 나누고, 비타민 B복합체에는 B_1(thiamin), B_2(riboflavin), niacin, B6(pyridoxine), B_{12}(cobalamin) 등이 있다.

(1) 비타민 A

비타민 A는 인간에게 필수적인 지용성 비타민으로, 정상적인 성장과 발달, 생식, 상피세포의 분화, 세포 분열, 유전자 조절 그리고 정상적인 면역반응에 중요한 역할을 한다. 비타민 A는 기본 분자인 레티놀(retinol)과 시각색소로 작용하는 레티날(retinal), 세포분화를 조절하는 세포 내 신호전달물질인 레티노산(retinoic acid) 등과 같이 다양한 레티노이드 형태로 존재한다. 녹황색 채소나 해조류에 풍부하게 함유되어 있는 베타-카로틴은 장과 간에서 레티놀로 전환될 수 있어 비타민 A 전구체로 간주된다. 결핍증상으로는 ㉠ 세균 및 기생충 감염에 대한 저항력의 저하 ㉡ 야맹증(night blindness) ㉢ 각막건조증 등을 들 수 있다. 비타민 A는 간, 우유, 달걀, 지방이 많은 생선과 같은 동물성 식품과 비타민 A 전구체가 많이 함유된 녹황색 채소, 과일과 같은 식물성 식품으로부터 섭취할 수 있다.

(2) 비타민 B

Vit. B는 B_1(thiamin), B_2(riboflavin), niacin, B_6, B_{12}로 분류된다.

① 티아민(비타민 B_1) : 체내에 존재하면서 탄수화물 대사에 직접적으로 관여하고 탄수화물, 단백질 및 지질의 대사적 연결(metabolic link) 작용을 한다. 티아민은 유리형 또는 인산 형태로 식물이나 동물조직에 존재하고, 에너지 대사에 관여하므로, 티아민의 필요량은 에너지 소모량과 큰 상관을 갖는다. 티아민이 부족하면 식욕부진, 체중감소, 무감각 등의 정신적 증세와 과민성, 근육 무력증, 심장비대 등의 심혈관계 증상이 나타나고, 심각하게 부족하면 신경계와 심혈관계 장애를 보이는 각기병이 나타난다.

② 리보플라빈(비타민 B_2) : 혈장 알부민, 면역글로불린과 결합되어 운반되며, 조직 내에서 대부분 조효소 형태로 여러 가지 산화, 환원 반응의 촉매 역할을 한다. 리보플라빈은 대부분 리보플라빈 형태나 산화 대사물 형태로 소변을 통해 배설되며, 소량이 담즙과 땀을 통해 배설된다. 리보플라빈이 결핍되면 주로 구강에서 구각염, 구순염, 설염 등이 나타나고, 코, 입 주위 안면이나 음낭, 외음부의 지루성 피부염, 빈혈, 안구충혈, 광선공포증, 초로성 백내장 등이 발생한다.

③ 니아신(비타민 B_3) : 니아신이 부족하면 피부염, 구토, 설사, 우울증, 무관심, 두통, 피로, 기억상실을 나타내는 펠라그라(pellagra)가 생긴다. 과잉증으로는 홍조, 오심, 구토, 소양증 등이 있고, 더 심하면 간독성, 포도당 내성, 소화관 장애, 시각적 문제까지 나타날 수 있다. 쇠고기, 돼지고기, 닭고기, 생선, 내장육, 달걀, 우유, 밀가루, 버섯, 밀겨(통곡식품), 땅콩, 맥주(효모) 등이 주요 급원이다.

④ 비타민 B_6 : 100여 종의 아미노산 대사에 관여하는 효소의 조효소로, 면역계 및 신경전달물질 합성, 스테로이드호르몬 작용을 조정하는 역할을 한다. 수용성 비타민이나 인체 내 상당량이 저장되어 있다. 항피부병, 항빈혈인자로 분리되었으며, 사람에게 나타나는 결핍증상은 피부염, 구내염, 구순염, 간질성 혼수, 설염, 우울증, 뇌파계의 이상 등이 있다. 식품으로부터 섭취한 비타민 B_6의 과잉증은 보고된 바 없다. 비타민 B_6 섭취기준을 적용할 때는 연령과 성별이 같다 하더라도 생리적으로 단백질 필요량이 증가할 때 필요량이 증가될 수 있음을 고려해야 한다. 생체이용률이 낮은 식물성 식품을 주로 섭취하는 채식주의자들의 경우는 주의가 필요하다. 우리나라 사람들의 비타민 B_6 주요 급원식품은 돼지고기, 쌀, 감자, 양파,

마늘, 고등어, 달걀이다.

⑤ 엽산(비타민 B_9) : 핵산 합성과 아미노산 대사에서 단일탄소를 전달해주는 조효소 역할을 하는 수용성 비타민이다. 따라서 엽산이 결핍되면 세포분열이 활발하게 일어나는 골수, 점막, 위장관, 생식기관 등의 세포에 영향을 주어, 거대적 아구성 빈혈, 위장장애가 나타나며, 혈장 호모시스테인 농도를 증가시켜 심혈관계 질환의 위험을 높이고, 태아의 신경관결손증 발병 위험을 높인다고 알려져 있다. 엽산의 함량이 높은 식품은 대두, 녹두 등의 두류, 시금치, 쑥갓 등의 푸른잎 채소, 마른 김, 말린 다시마 등의 해조류, 딸기, 참외 등의 과일이다.

⑥ 비타민 B_{12} : 미생물에 의해서만 합성되며 먹이사슬을 통하여 동물의 근육이나 내장 등에 축적된다고 알려져 있다. 비타민 B_{12}가 부족하면 거대적 아구성 빈혈과 같은 혈액학적인 이상 증상과 신경계 이상, 위염, 위궤양, 식욕부진, 변비 또는 설사 등 위장계통의 이상 증상 등이 나타난다고 알려져 있으며, 최근에는 심각한 수준의 신경계 이상 및 노화와 관련된 인지기능 저하 등이 나타난다고 하여 주목을 받고 있다. 주된 급원식품은 동물성 식품이며, 미생물에 의해 합성되기 때문에 대두발효식품도 단위 중량당 함량 자체는 낮은 편이지만 채식주의자에게는 좋은 급원이 될 수 있다. 1인 1회 섭취 분량당 비타민 B_{12} 함량이 높은 식품으로는 오징어, 굴, 꽁치, 건멸치, 고등어, 생파래, 김, 쇠고기, 우유, 돼지고기 등이 있다.

(3) 비타민 C

항산화제로 작용하고 여러 화학반응의 보조인자로 기능하는 수용성 영양소이다. 비타민 C는 하루 30~200 mg 정도 섭취할 경우 약 79~90% 정도 흡수되며, 과도하게 섭취하면 흡수율이 감소하고 신장을 통한 배설량이 증가한다. 흡수된 비타민 C는 모든 조직에 저장될 수 있다. 비타민 C는 콜라겐, 신경전달물질, 카르니틴 등의 합성에 관여하고 세포 대사과정에서 생성되는 유리라디칼을 제거함으로써 산화적 손상을 방지한다. 또한 비타민 C는 철을 환원시켜 소장에서 흡수가 잘 되도록 하고, 산화된 비타민 E를 환원시켜 재활용하므로 비타민 E의 항산화기능을 증가시킨다. 비타민 C를 부족하게 섭취하면 콜라겐 합성이 방해되어 괴혈병 증상이 나타난다. 그 결과 결합조직에 변화가 생겨 연골과 근육조직이 변형되기도 하고 혈관이 약화되어 부신출혈 증세가 나타나기도 한다. 청소년기의 경우 성장에 필요한 콜라겐 합성을 고려하면 남자가 여자보다 권장섭취량이 높다. 또한 흡연은 산화적 스트레스의 원인이 되므로 흡연자는 35 mg을 추가 섭취하도록 권장한다. 비타민 C는 대부분 과일과 채소로 공급되며 하루 5회 이상 과일과 채소를 먹는 것을 권장한다.

(4) 비타민 D

칼슘 대사를 조절하여 체내 칼슘 농도의 항상성과 뼈의 건강을 유지하는데 관여하고, 세포의 증식 및 분화의 조절, 그리고 면역기능 등에 관여하는 것으로 알려져 있다. 그리고 비타민 D가 부족하면 구루병, 골연화증, 골다공증의 위험이 높아지고, 심혈관계질환, 당뇨병, 일부 암 등 만성질환의 발병 위험이 증가되는 것으로 보고되고 있다. 특히, 비타민 D는 스테로이드 호르몬과 유사한 프로호르몬(prohormone)으로 작용하는 것으로 알려지면서 그 중요성이 부각되고 있다. 비타민 D 영양 상태를 개선하기 위해서는 실외활동 등으로 햇빛으로부터의 비타민 D 합성을 증가시키는 한편, 비타민 D 함유 식품(청어, 갈치, 황새치, 홍연어, 고등어, 정어리, 참치 등의 생선과 육류의 간, 계란, 치즈, 버섯류 등)의 꾸준하고 적극적인 섭취가 요구된다.

(5) 비타민 E

4가지 형태의 토코페롤과 4가지 형태의 토코트리에놀을 총칭하는 비타민으로, 항산화제의 기능을 가지고 있다. 모든 형태의 비타민 E는 지방, 담즙산염과 함께 미셀을 형성하여 소장 상부에서 흡수되고, 흡수된 비타민 E의 대부분은 지단백질에 의해 간으로 유입된다. 비타민 E가 부족할 때 나타나는 주요 건강문제로는 근육과 신경의 공조가 제대로 일어나지 않아 발생하는 운동실조(ataxia), 골격근증, 색소침착 망막증 등을 들 수 있다. 또한 항불임성 비타민이라고 불리며 생식기능과 관계가 있어 쥐 실험에서는 불임증, 토끼 등에서는 근위축증, 닭의 경우 중추신경장애를 보이는 경우가 있다. 하지만 비타민 E 결핍증은 사람에게서 거의 발견되지 않으므로 현재의 식행태가 충분한 비타민 E를 제공하는 것으로 받아들여진다. 비타민 E는 두류, 견과·종실류 및 이들로부터 얻은 식물성 기름, 마가린, 마요네즈와 같은 가공품에 주로 함유되어 있다.

(6) 비타민 K

혈액응고와 골 대사에 관련된 단백질을 활성화시키는 조효소 역할을 한다. 활성형 비타민

K의 형태로 필로퀴논(phylloquinone)과 메나퀴논(menaquinone)이 있으며, 비타민 K의 주요 급원 형태는 필로퀴논이라고 알려져 있다. 필로퀴논은 주로 식물에서 합성되고, 메나퀴논은 장내 미생물에 의해 합성된다. 비타민 K는 혈액응고에 관여하고, 칼슘 대사에 관여하여 골밀도를 증가시키며, 칼슘균형 향상에 영향을 준다. 일반적으로 정상적인 식사를 하는 성인의 비타민 K 결핍은 흔하지 않다. 그러나 약물 복용, 지방흡수불량, 간질환이 있는 경우 결핍증이 나타날 수 있고, 특히 항생제를 장기 복용하는 경우 장내 미생물에 의해 합성되는 메나퀴논의 양이 줄어들 수 있다. 비타민 K가 결핍될 경우 혈액응고 지연 현상이 나타나고 심하면 출혈이 일어난다. 비타민 K는 장내 미생물에 의해 합성되며, 주로 녹색 채소류, 김치, 낫도, 녹차 등에 풍부하게 함유되어 있다.

6) 수분(水分)

(1) 수분은 신체의 약 60%(제6주 태아는 97.5%, 출생 시는 70%)를 차지하는 주요 구성성분이다.

(2) 수분은 영양소를 운반하고 노폐물을 배출시켜 준다. 또한 체내 화학반응이 일어나는 장이 되며, 체온조절, 타액, 소화액, 점액 등의 성분으로 윤활작용을 하고, 인체를 충격으로부터 보호해 준다.

(3) 건강한 사람은 수분 섭취량과 수분 배설량을 조절하여 수분균형을 유지한다.

(4) 수분 섭취량보다 수분 배설량이 많으면 탈수가 나타난다. 탈수는 체내 수분이 지나치게 손실되는 현상으로, 체내 총수분량의 2%가 손실되면 갈증을 느끼며, 4%가 손실되면 근육 피로감을 쉽게 느끼게 되고, 12%가 손실되면 무기력 상태에 빠지고, 20% 이상이 손실되면 사망할 수 있다. 심각한 탈수 증세를 겪게 되면 수분평형이 회복되어도 탈수 중 축적된 노폐물로 인해 신장이 손상될 수 있다.

(5) 수분이 과잉되면 세포외액의 전해질 농도가 낮아져서 칼륨이 세포외액으로 이동하거나 물이 세포내액으로 들어가 근육의 경련이 오고 세포외액의 감소로 혈압이 낮아져 쇠약함을 느끼게 된다.

1 기초대사량과 열량 소요량

1) 기초대사량(basal matabolism rate, BMR)

생명유지에 필요한 최소한의 대사량으로 「식사 후 12~16시간 후, 가장 안정한 상태에서 생명을 유지하는 데 소요되는 최소의 열량」을 말하며, 체중 1 kg당 1시간에 1 kcal가 소요된다고 보아 성인 남자의 경우 60 kg × 24 = 1,440 kcal로 계산된다(여자는 1,200 kcal가 필요).

기초대사량에 영향을 미치는 인자로는 체표면적, 연령, 성별, 기온, 호르몬 분비량 등이며 측정법에는 직접 생체에서 발산한 열 자체를 측정하는 방법과 호흡가스를 분석하여 간접적으로 측정하는 방법이 있다.

2) 특이동적 작용(specific dynamic action, SDA)

열량 식품이 체내에서 사용될 때 그 식품이 가진 열량보다 높은 열을 생산하게 되는 현상으로 단백질은 30%, 지방질은 13%, 당질은 5%의 초과 열을 나타낸다. 이것은 단순한 소화흡수 에너지가 아니고 오히려 흡수된 영양소 자체의 영향으로 보아 식품을 신진대사 시키는 체조직의 활성도, 즉 체온유지 등에 사용된다고 믿어지나 확실한 근거는 더욱 연구되어야 한다. 따라서 열량 소요량 산출 시 이 작용에 의한 증가분을 고려하여야 하며 총에너지 대사량의 약 10%를 계산하게 된다.

3) 노작대사율(에너지대사율, relative metabolic rate, RMR)

Energy 대사율(RMR)은 산업위생에서 작업강도로, 운동·스포츠계에서 운동강도로 널리 사용되며 현재도 그 외 열량소요량 계산 등에 널리 사용되고 있다.

작업강도의 단계에 따른 열량소요량은 1일 에너지 소비량의 계산뿐만 아니라 생활활동지수를 구해 이론적으로 계산한 것이며, 이때 활동지수는 경작업이 0.35, 중등작업이 0.5, 중(重)작업이 0.75, 격심한 작업이 1.0이 된다. 활동지수는 1일 활동으로 인한 대사량이 1일 기초대사량의 몇 배에 해당하는가를 나타내는 것으로, 이에 관한 자료는 일본 노동과학연구소가 다수의 직장으로부터 얻어진 것을 이용하고 있다.

2 영양과 질병

1) 건강과 영양

인간이 건강을 유지하기 위해서는 충분한 영양섭취와 적당한 식생활의 영위 그리고 적당한 운동과 휴식이 필수조건이다. 건전한 영양은 계속적인 육체적 활동능력을 향상시키고 생산력을 높일 뿐 아니라 질병에 대한 저항력을 증가시켜 질병을 예방할 수 있다. 국민건강증진 사업의 핵심 내용 중에는 영양개선이 중요한 요인으로 작용하고 있으며 영양사업의 목표로서는 발육부진의 예방 및 영양과 관련된 성인병의 예방이 중요한 과제이다. 최근 30여 년간 우리 국민은 서양의 영양학에만 의존하여 그릇된 영양개념과 낭비적 식습관을 길러왔다. 즉 동물성 식품의 우수성을 지나치게 강조한 나머지 곡류를 주식으로 하는 한식을 후진적으로 생각하여 식품 낭비와 비만·성인병을 촉진하는 결과를 가져왔다. 따라서 우리는 한식에 관한 과학적인 분석을 바탕으로 새로운 영양식을 정립해야겠다.

2) 건강과 자연식

인간은 자연과 더불어 조화를 이루면서 생명을 유지하고 있다. 그러므로 건강을 지키기 위해서는 ① 계절식 ② 조화식 ③ 완전식 ④ 선택식 ⑤ 적량식의 원리를 지켜야 한다.

현대의학의 창시자 Hippocrates도 2,300여 년 전 "음식물을 당신의 의사 또는 약으로 삼으시오, 음식물로 고치지 못하는 병은 의사도 고치지 못한다"라고 제시했다.

또한 최근 미국에서는 인구 약 2억5천만 명 중 2/3가 현대 문명병(암, 심장병, 고혈압, 당뇨병, 간장병, 신장병, 정신병 등)을 앓고 있고, 2천5백여만 명이 중병으로 입원 중이며 1년에 300여만 명이 현대 문명병으로 죽어가고 있는 심각한 실정이라고 한다. 이는 현대의학으로는 치료 불가이며 이대로 가다가는 나라가 망한다고 생각하여 미국 상원에 "영양·의료문제특별위원회"가 설치되어 전 세계 최고 권위의 학자 300여 명에게 연구 위촉했던바, 그 보고서 내용은 「20C 초(지금부터 100여 년 전)의 식사로 되돌아가야 한다」는 것으로 이것은 곧 과거에는 우리 조상들이 안 먹었던 흰쌀, 흰밀가루, 흰설탕, 정제염, 화학조미료를 먹기 때문인 것으로 판명되었던 것이다.

세균으로 인해서 생기는 병에 대한 현대의학의 공로가 크다는 것은 인정하나 현대문명병은 체질로 생기는 식원병(食源病)으로 자연식을 영양식으로 전개하여 체질을 개선하므로 타파될 수 있을 뿐 아니라 각종 전염병에 대한 저항력도 증가되어 모든 질병을 예방할 수 있게 됨을 깊이 인식해야 한다.

3 영양상태 판정법

1) 주관적인 판단

주관적 판단의 대상으로는 식욕, 통변(通便), 수면, 피로도, 내구력, 저항력, 권태감, 정신상태 등을 들 수 있다.

2) 객관적 판단

신체의 형태적 견지에서 보는 방법과 기능적 견지에서 보는 방법이 있다.

(1) 형태적 견지에서 판단

신장, 체중, 흉위, 앉은키 등의 신체 계측치를 기준치와 비교하여 판정하거나 이들의 조합에 의한 계측 방법이 쓰이고 있다.

영유아에게는 “Kaup 지수”가 사용되며 22 이상은 비만아, 15 이하는 마른 아이로 판정하며, 학령기 이후의 소아에게는 “Röhrer 지수”가 사용되는데 160 이상은 비만으로 판정된다.

※ 영양 조사를 위한 신체계측치로 흔히 이용되는 지수

① 비체중(relative weight) = [체중(kg)/신장(cm)]$\times 10^2$

② kaup 지수 = (체중/신장^2)$\times 10^4$

③ Röhrer 지수 = (체중/신장^3)$\times 10^7$

④ Broca's index = (신장 − 100) = 이상체중

cf. 한국 : (신장 − 100)×0.9

※ 표준체중계산법

브로카의 공식에 의한 것으로 (신장 − 100)×0.9로 계산되며, 이 표준체중에 비해 10% 이상을 과체중, 20% 이상을 비만이라고 한다.

※ 신체질량지수 측정법

체중을 키의 제곱으로 나눈 것을 말하며, 이 지수가 25 이상이면 과체중, 30 이상이면 비만이라고 한다.

(2) 기능적 견지에서 판단

최근 영양상태나 질병 상태의 판정을 위해 생화학적 검사법이 많이 이용되고 있으며 혈액이나 소변을 재료로 한 간이 정량법이 응용되고 있다.

4 국민영양 개선

우리나라의 국민영양 문제는 아래와 같다.

① 지역 간, 계층 간의 영양상태 불균형
② 국민영양 개선 지도를 위한 행정체계와 각종 기초자료의 미비
③ 일반 국민의 영양에 관한 인식 부족
④ 장래 국민 체위 향상을 위한 조기 영양관리 및 지도기능의 미약 등

아울러 식생활 개선을 통한 전 국민의 건강증진과 국민복지에 기여하는 사항은 다음과 같다.

① 올바른 영양에 관한 지식을 보급하며 영양 수준의 향상 및 발전을 도모한다.
② 영양을 개선하여 질병을 예방하고 건강증진을 도모한다.
③ 체력향상과 경제안정을 통하여 생활문화의 향상·발전을 도모한다.
④ 국민의 복지와 번영에 기여하는 것을 목표로 한다.

요점 정리

5) 비타민(vitamin)

비타민은 미량이지만 생물의 기능 유지나 생명유지에 불가결한 것으로 그 종류가 20여 종에 이른다. 대부분이 인체 내에서 생성되지 않으므로 외부로부터의 섭취해야 하며, 부족 시 여러 가지 증상이 나타난다.

지용성 비타민(fat soluble vitamin)에는 A, D, E, K가 있으며, 수용성 비타민류는 크게 비타민 B복합체와 비타민 C로 나누고, 비타민 B복합체에는 B_1(thiamin), B_2(riboflavin), niacin, B_6 (pyridoxine), B12(cobalamin) 등이 있다.

6) 수분(水分)

① 수분은 신체의 약 60%(제6주 태아는 97.5%, 출생 시는 70%)를 차지하는 주요 구성성분이다.
② 수분은 영양소를 운반하고 노폐물을 배출시켜 준다. 또한 체내 화학반응이 일어나는 장이 되며, 체온조절, 타액, 소화액, 점액 등의 성분으로 윤활작용을 하고, 인체를 충격으로부터 보호해 준다.
③ 건강한 사람은 수분 섭취량과 수분 배설량을 조절하여 수분균형을 유지한다.
④ 수분 섭취량보다 수분 배설량이 많으면 탈수가 나타난다. 탈수는 체내 수분이 지나치게 손실되는 현상으로, 체내 총수분량의 2%가 손실되면 갈증을 느끼며, 4%가 손실되면 근육 피로감을 쉽게 느끼게 되고, 12%가 손실되면 무기력 상태에 빠지고, 20% 이상이 손실되면 사망할 수 있다. 심각한 탈수 증세를 겪게 되면 수분평형이 회복되어도 탈수 중 축적된 노폐물로 인해 신장이 손상될 수 있다.

1. 기초대사량과 열량소요량

1) 기초대사량(basal matabolism rate, BMR)

생명유지에 필요한 최소한의 대사량으로 「식사 후 12～16시간 후, 가장 안정한 상태에서 생명을 유지하는 데 소요되는 최소의 열량」을 말하며, 체중 1 kg당 1시간에 1 kcal가 소요된다고 보아 성인 남자의 경우 60 kg × 24 = 1,440 kcal로 계산된다(여자는 1,200 kcal가 필요).

2) 특이동적 작용(specific dynamic action, SDA)

열량 식품이 체내에서 사용될 때 그 식품이 가진 열량보다 높은 열을 생산하게 되는 현상으로 단백질은 30%, 지방질은 13%, 당질은 5%의 초과 열을 나타낸다. 이것은 단순한 소화흡수 에너지가 아니고 오히려 흡수된 영양소 자체의 영향으로 보아 식품을 신진대사 시키는 체조직의 활성도, 즉 체온유지 등에 사용된다고 믿어지나 확실한 근거는 더욱 연구되어야 한다.

3) 노작대사율(에너지대사율, relative metabolic rate, RMR)

Energy 대사율(RMR)은 산업위생에서 작업강도로, 운동·스포츠계에서 운동강도로 널리 사용되며 현재도 그 외 열량소요량 계산 등에 널리 사용되고 있다.

2. 영양과 질병

1) 건강과 영양

인간이 건강을 유지하기 위해서는 충분한 영양섭취와 적당한 식생활의 영위 그리고 적당한 운동과 휴식이 필수조건이다. 건전한 영양은 계속적인 육체적 활동능력을 향상시키고 생산력을 높일 뿐 아니라 질병에 대한 저항력을 증가시켜 질병을 예방할 수 있다.

2) 건강과 자연식

인간은 자연과 더불어 조화를 이루면서 생명을 유지하고 있다. 그러므로 건강을 지키기 위해서는 ① 계절식 ② 조화식 ③ 완전식 ④ 선택식 ⑤ 적량식의 원리를 지켜야 한다.

3. 영양상태 판정법

1) 주관적인 판단

주관적 판단의 대상으로는 식욕, 통변(通便), 수면, 피로도, 내구력, 저항력, 권태감, 정신상태 등을 들 수 있다.

2) 객관적 판단

신체의 형태적 견지에서 보는 방법과 기능적 견지에서 보는 방법이 있다.

(1) 형태적 견지에서 판단

신장, 체중, 흉위, 앉은키 등의 신체 계측치를 기준치와 비교하여 판정하거나 이들의 조합에 의한 계측 방법이 쓰이고 있다.

영유아에게는 "Kaup 지수"가 사용되며 22 이상은 비만아, 15 이하는 마른 아이로 판정하며, 학령기 이후의 소아에게는 "Röhrer 지수"가 사용되는데 160 이상은 비만으로 판정된다.

(2) 기능적 견지에서 판단

최근 영양상태나 질병 상태의 판정을 위해 생화학적 검사법이 많이 이용되고 있으며 혈액이나 소변을 재료로 한 간이 정량법이 응용되고 있다.

4. 국민영양 개선

우리나라의 국민영양 문제는 아래와 같다.

① 지역 간, 계층 간의 영양상태 불균형

② 국민영양 개선 지도를 위한 행정체계와 각종 기초자료의 미비

③ 일반국민의 영양에 관한 인식부족

④ 장래 국민 체위 향상을 위한 조기 영양관리 및 지도기능의 미약 등

퀴즈(객관식 3문항)

01 비타민 중 인간에게 필수적인 지용성비타민으로 정상적인 성장과 발달, 생식 등의 역할을 하는 것은?

① 비타민 D ② 비타민 C
③ 비타민 B ④ 비타민 A

정답 ④

해설 비타민 A는 인간에게 필수적인 지용성비타민으로, 정상적인 성장과 발달, 생식, 상피세포의 분화, 세포 분열, 유전자 조절 그리고 정상적인 면역반응에 중요한 역할을 한다.

02 비타민 중 혈액응고와 골 대사에 관련된 단백질을 활성화시키는 단백질은?

① 비타민 K ② 비타민 C
③ 비타민 B ④ 비타민 A

정답 ①

해설 혈액응고와 골 대사에 관련된 단백질을 활성화시키는 조효소 역할을 한다. 활성형 비타민 K의 형태로 필로퀴논(phylloquinone)과 메나퀴논(menaquinone)이 있으며, 비타민 K의 주요 급원 형태는 필로퀴논이라고 알려져 있다.

03 수분에 대한 설명으로 옳지 않은 것은?

① 영양소를 운반한다. ② 신체의 약 20%를 차지한다.
③ 노폐물을 배출시켜 준다. ④ 체내 화학반응이 일어나는 곳이다.

정답 ②

해설 수분은 신체의 약 60%(제6주 태아는 97.5%, 출생 시는 70%)를 차지하는 주요 구성성분이다.

37 소독의 정의와 구분

학습 목표 1. 소독의 정의 및 소독제의 조건에 대해 설명할 수 있다.
2. 소독법에 대해 설명할 수 있다.

학습 내용 1. 소독의 정의
2. 소독제의 조건
3. 소독법의 종류 및 특성

1 소독의 정의

(1) 살균 : 미생물을 사멸 혹은 제거하여 무균상태로 하는 것을 말한다.

(2) 소독(消毒, Disinfection) : 병원성 미생물의 생활력을 파괴하여 감염력(感染力)을 없애는 것을 의미하며, 소독에 의해 미생물의 영양형은 사멸시킬 수 있으나, 아포(Spore)는 죽이지 못한다.

(3) 멸균(Sterilization) : 소독과는 달리 모든 미생물 일체를 없애는 것으로 영양형이나 아포까지 파괴시키는 조작을 말한다.

(4) 방부(Antiseptic) : 미생물의 발육과 그 작용을 제지 또는 정지시킴으로써 음식물의 부패, 발효를 방지하는 것을 의미한다.

(5) 작용별로 강도를 보면 멸균 > 소독 > 방부로 멸균은 소독을 내포하나 소독이 멸균을 의미하지는 않으며, 소독은 방부를 내포하나 방부는 소독을 의미하지 않는다.

2 소독제의 조건

미생물의 아포(Spore)까지는 사멸시키지 못하나 병원미생물의 발육성장을 방해시켜 사멸시킬 수 있는 모든 물질을 소독제라 하는데 이상적인 소독제는 다음의 조건을 갖추어야 한다.

(1) 부식성 및 표백성이 없을 것

(2) 방취력이 있을 것

(3) 값이 싸고 사용방법이 간편할 것

(4) 생물학적으로 분해될 것

(5) 높은 석탄산 계수를 유지할 것

(6) 안정성, 용해도, 침투력이 강할 것

(7) 독성이 약할 것

3 소독법

소독방법을 결정할 때는 전염병이 소화기계 전염병인지 호흡기계 전염병인지 또는 곤충이 매개하는 전염병인지를 알아야 하고, 전염병이 직접전파인지 간접전파인지를 확인해야 한다. 병원체는 세균인지 바이러스인지 또는 포자형성균인지 아닌지를 알아야 하며, 소독대상물은 무엇이며 그 성질은 무엇인지 알아야 한다.

1) 물리적(이학적) 소독법

(1) 열처리법

① 건열멸균법(dry heat sterilization)

㉠ 건열멸균법 : 건열멸균기 속에서 160~180℃로 1~2시간 방치하면 세균은 탄화되어 멸살된다. 초자기구, 유리기구, 주사침 등의 멸균에 이용된다.

㉡ 화염멸균법 : 물품을 직접 불꽃 속에 접촉시켜 표면에 부착된 미생물을 멸균시키는 방법으로 백금선, 유리기구, 금속기구, 도자기 등 불연성 기구와 소각하여 버릴 물건들의 멸균에 이용된다.

② 습열멸균법

㉠ 저온멸균법 : 결핵균, 소유산균, 살모넬라균, 구균 등과 같이 아포를 형성하지 않는 세균을 죽이는 멸균법으로써 보통 63~66℃에서 30분간 또는 75℃에서 15~30분간 실시된다. 파스퇴르(Pasteur)에 의해 고안된 멸균법으로 우유와 같이 열에 감수성이 있는 식품류에 이용된다. 우유저온살균법(63℃, 30분), 건조과실(72℃, 30분), 포도주(55℃, 10분), 아이스크림 원료(80℃, 30분) 등을 소독한다.

㉡ 자비멸균법(자비소독법) : 가장 간단하여 널리 사용한다. 소독하려는 물품을 100℃

의 끓는 물에서 5분 이상(15~20분간) 가열처리하는 간단한 방법으로 완전멸균은 기대할 수 없으나 보통 영양형 병원균은 사멸한다. 각종 식기, 도자기, 의류, 주사기 등에 이용되며, 1~2%의 중조($NaHCO_3$) 또는 석탄산(5%), 크레졸(2~3%)를 물에 첨가하면 살균작용이 강해지고, 금속의 부식도 방지할 수 있다. 아포형성균, 간염바이러스균은 사멸시키지 못한다.

㉢ 유통증기멸균법 : 100℃의 유통증기를 30~60분간 가열하는 방법으로 고압증기멸균법이 부적당한 경우에 사용되며, 보통 1일 간격으로 3회 실시한다.

㉣ 고압증기멸균법 : 아포형성균을 멸균하는 가장 좋은 방법이며, 주로 의류, 기구, 고무제품, 약품 등에 이용된다. 고압증기멸균기에서 가압되어 인치 평방당 15파운드의 증기압(121℃)에서 20분간 멸균하면 모든 미생물은 사멸한다.

③ 저온소독법 : 63~65℃, 30분 처리하는 방법이다.

④ 고온단시간 살균법 : 71~75℃, 15초간 처리하는 방법이다.

⑤ 초고온 순간멸균 : 130~135℃ 2~3초간 처리하는 방법이다.

(2) 열을 이용하지 않는 방법

세균여과법과 수술실에서 이용하는 자외선 살균법, 무균조작법 등이 있다.

① 일광(Sun Light) 소독 : 1~2시간 의류 및 침구 소독에 쓰인다.

② 자외선 살균법

㉠ 햇빛의 소독작용은 2,900~3,200Å의 파장을 가진 자외선에 의하며 특히 이 범위의 자외선은 Dorno선이라고 하여 살균작용이 강하다.

㉡ 자외선은 살균력이 강하여 수술실, 무균실, 제약공장 등에서 많이 이용하며 용기 및 기구, 식품, 물, 공기 등의 살균에도 이용이 된다.

㉢ 자외선은(특히 Dorno선) 피부색소 침착, 비타민 D 형성, 피부암의 유발원인이 되기도 한다.

㉣ 사용 방법이 간단하고 균에 내성을 주지 않는다는 장점이 있으나, 침투력(투과력)이 약하여 표면 살균만 가능하고 그늘에서는 살균작용이 안 된다는 단점이 있다.

③ 방사선멸균법 : 방사선 동위원소에서 나오는 방사선을 이용하는 일종의 저온 살균법이다. 살균력이 강한 순서는 γ선 > β선 > α선이다.

④ 초음파살균법

초음속의 진동은 살균력이 강하여, 매초 8,800 cycle의 음파는 강력한 진동으로 균체를 파괴시키는 살균작용을 갖는다. 그러나 일상생활에 직접 응용할 수 있는 방법은 아니다.

2) 화학적 소독법

가열할 수 없는 기구에 소독력을 갖고 있는 약제를 써서 세균을 죽이는 방법이다.

(1) 소독약의 이상적인 조건

① 인체에 대한 독성이 약할 것
② 부식성 및 표백성이 없을 것
③ 방취력이 있을 것
④ 가격이 저렴하고 구입이 용이할 것
⑤ 사용방법이 간단할 것
⑥ 높은 살균력, 즉 높은 석탄계수를 가질 것
⑦ 안정성이 있을 것
⑧ 용해도가 높을 것
⑨ 침투력이 강할 것

(2) 소독약의 살균력 측정

① 소독약의 살균력을 비교하기 위해서는 석탄산 계수(Phenol coefficient)가 이용된다.
② 성상이 안정되고 순수한 석탄산을 표준으로 하여, 어떤 균주를 10분 내에 살균할 수 있는 석탄산의 희석배수와 시험하려는 소독약의 희석배율을 비교하는 방법이다.

$$\text{석탄산 계수} = \frac{\text{소독약의 희석배수}}{\text{석탄산의 희석배수}}$$

③ 석탄산 계수의 특징
㉠ 소독제의 살균력 지표로서 다른 소독약의 소독력을 평가하는 데 사용한다.
㉡ 20℃에서 살균력을 나타낸다.
㉢ 시험균은 장티푸스균과 포도상구균을 이용한다.
㉣ 시험균은 5분 내 죽지 않고 10분 내 죽이는 희석배수를 말한다.
㉤ 석탄산 계수가 높을수록 살균력이 좋다.

(3) 살균작용의 기전

① 산화작용 : Cl_2와 그 유도체, H_2O_2, O_3, $KMnO_4$ 등

② 가수분해작용 : 강산, 강알칼리, 끓는 물 등

③ 균체단백과 염의 생성 : 중금속염, 직접 할로겐화 하는 화합물 등

④ 균체단백의 응고 : 산, 알칼리, 알코올, 크레졸, 석탄산, 중금속염

⑤ 삼투압의 변화작용

⑥ 효소계의 침투작용

⑦ 이상 위의 반응 중 두 가지 이상이 동시에 일어날 것

(4) 소독약의 종류

① 석탄산(Phenol)

사용농도는 3% 수용액이며 의류, 용기, 오물, 실험대 등에 사용된다. 석탄산의 살균작용은 세균단백 응고작용, 세포용해작용, 효소계의 침투작용 등에 의한다. 결점은 피부 점막에 자극성과 금속의 부식성이 있으며, 취기와 독성이 강한 점이라 할 수 있고, 장점으로는 살균력이 안정되고, 유기물에도 약화되지 않는 점이다. 고온일수록 소독 효과가 크다.

② 크레졸

물에는 잘 녹지 않으므로 같은 양의 비누로 액을 만들어 크레졸과 비누액 3에 물 97의 비율로 크레졸 비누액을 만들어 사용한다. 소독력이 강해서 석탄산에 비해 2배의 소독력이 있으며, 손, 오물 객담 등의 소독에 사용된다.

③ 과산화수소(H_2O_2)

2.5~3.5%의 수용액이 사용되는데, 무포자균을 빨리 살균할 수 있으며 자극성이 적어서 구내염, 인두염, 입안 세척, 상처 소독 등에 사용된다.

④ 알코올

무포자균에 효과적이며 70%의 에틸알코올 또는 75% 메탄올을 사용한다. 아포형성균에는 효과가 없다. 주로 피부소독에 사용된다.

⑤ 승홍($HgCl_2$)

승홍은 액온도가 높을수록 살균력이 강하다. 1,000~3,000배 희석용액으로 대장균·포도상구균 등을 10분 내에 사멸시킨다. 조제는 승홍 1에 식염 1과 물 1,000의 비율

로 하거나 승홍 0.5 g에 물 500 mL의 비율로 만드는데 승홍액은 색이 없으므로 푸크신 등으로 염색해서 사용하는 것이 좋고 피부소독에는 0.1%의 수용액을 이용하며 금속을 부식시킬 수 있으므로 사용 시 주의를 요한다.

⑥ 생석회(CaO)

분변, 하수, 오물, 토사물 등의 소독 및 변소소독에 많이 사용하는데, 공기에 오래 노출되면 살균력이 저하되므로 주의를 요한다. 결핵균, 아포형성균 등에 효과가 있다.

⑦ 양성 혹은 역성비누(Invert Soap)

무미 무해하여 식품 및 식품용기소독에 좋고 자극성 및 독성도 없으며 침투력, 살균력도 강하다. 물과 알코올에 잘 녹고 침투력도 강한데, 일반적으로 0.01~0.1% 액을 사용한다.

⑧ 표백분

3% 용액을 100만 배 희석하여 물 소독에 사용하고, 식기 소독과 분뇨나 기타 배설물 소독에도 사용한다.

⑨ 포르말린(HCHO)

의류, 침구, 도서 기타 폐물품 및 실내소독에 사용한다.

⑩ 염소화합물

㉠ 염소가스(Chlorine Gas) : 염소는 보통 Gas로서 강력한 살균력을 가지고 있으나 자극성과 부식성이 강해 상수도 및 하수도의 소독과 같은 대규모 외에는 사용되지 않으며, 수돗물의 경우 0.2 ppm 이상의 잔류염소가 존재하여야 한다.

㉡ 표백분($CaCOl_2$) : 3%의 수용액 농도로서 음료수나 수영장 소독 등에 쓰이며, 물을 가하면 염소 Gas를 발생하고 수산화칼륨이 남는다.

㉢ 차아염소산나트륨(NaOCl) : 분해되기 쉬우므로 안정제를 넣어 사용하며, 용액 중에서 발생되는 염소이온에 의해 살균작용을 한다.

⑪ 소독제의 종류 및 특성

분류	소독제의 종류	특성
산화제 (oxidizing agents)	과산화제 (peroxides)	발생기 산소의 소독력을 이용한 소독약(과산화수소, 과붕산소다, 과망간산칼륨, 과산화벤조일, 과산화초산 등)
	할로겐계 소독약 (halogens)	염소 또는 요오드를 함유, 세포막 및 원형질의 단백질을 산화시켜 소독력을 발휘

분류	소독제의 종류	특성
환원제	포름알데히드 (formaldehyde)	세균세포 표면의 아미노기와 결합함으로써 소독력을 발휘
	글루타알데히드 (glutaraldehyde)	포름알데히드에 비해 피부 및 점막에 대한 자극성이 낮음
	이산화유황 (sulphur dioxide)	축사의 세균, 바이러스, 기생충 및 해충을 소독시키기 위해 훈증법으로 사용
산 및 알칼리제 (acids and alkalis)	구연산, 염산, 과초산 등	구제역 방역용 소독제로 사용하며, 보통 세정제 또는 계면 활성제가 들어간 복합제로 사용하면 효과가 좋음
	가성소다, 탄산소다, 생석회	유기물이 많은 환경에서도 소독효과가 좋아, 오물이 많은 축사, 분변소독 등에 사용됨
알코올제 소독약	에틸알코올	1가 알코올로서 세포막을 변형시키거나, 세포 내 단백질을 응고시킴으로써 살균효과를 냄
페놀계 소독약	페놀	소독력 비교용 약물
	크레졸	크레졸 비누액으로 많이 사용되고 있으며, 아포와 바이러스에 무효함
	오르토디클로르벤젠	다른 페놀계 소독약과 배합하여 사용하며 콕시듐의 접합자(ooeyst)에 대한 효과가 큼
	기타	그람양성균에 주로 정균적으로 작용하는 소독제인 헥사클로르펜 (hexachlorphene), 클로로크실레놀, 디클로르메타크레시놀 등
세정제	음이온성 세정제 (anionic detergents)	비누(올레산 나트륨 및 칼륨)와 라우릴황산소듐으로서 이들은 항균작용과 청정작용이 있음.
	양이온성 세정제 (역성비누, cationic detergents)	세포벽을 통과한 후 세포막의 단백질을 변성시켜 세포 내 성분을 유출시킴
	이이온성 소독약 (amphoteric disinfectants)	하나 이상의 양이온기 및 음이온기를 가지고 있어 pH에 따라 양이온성, 음이온성, 비이온성 특징을 가짐
기타	색소제	아조색소류는 염기성에서 그람양성균에, 아크리딘 색소류는 산성에서 그람양성균, 그람음성균에, 그리고 켄티아니자 및 메틸렌블루는 그람양성균에 각각 효과가 있음
	트리페닐메탄계	미생물의 글루탐산 대사를 방해함.
	중금속계	미생물 효소의 주요 성분과 결합하여 단백질과 복합체를 형성함

⑫ 소독물품별 소독방법

소독 물품	소독 방법
분뇨, 토사물, 배설물	석탄산수, 크레졸수, 생석회 분말(완전소독기 소각법을 이용)
의복, 침구, 모직류	일광소독, 자비소독, 증기소독, 석탄산수, 크레졸수 (단, 모직, 면제품, 깃털제품은 포름알데히드가스 이용)
초자기구, 도자기류, 목죽제품	석탄산수, 크레졸수, 승홍수, 포르말린수, 증기소독, 자비소독(단, 식기, 완구, 금속제품은 승홍수 사용을 금한다)
고무제품, 피혁제품, 모피, 칠기	석탄산수, 크레졸수, 포르말린수, 포름알데히드가스
병실	석탄산수, 크레졸수, 포르말린수, 포름알데히드가스
시체	석탄산수, 크레졸수, 승홍수 (단, 동물시체는 소각하고, 관내에는 석회를 메운다)
변소, 쓰레기통, 하수조	① 분변 : 생석회 ② 변소 : 크레졸수, 석탄산수, 포르말린수 ③ 쓰레기통 및 쓰레기 : 석회유, 크롬석탄수 ④ 하수조 : 생석회, 석회유, 크롬석회수
환자 및 시체 접촉자	손은 석탄산수, 크레졸수, 승홍수, 역성비누, 몸은 목욕하는 것이 좋다.

(5) 감염병 종류에 따른 소독대상물

① 장티푸스·파라티푸스·콜레라·이질 : 경구감염으로 소화기계 감염병이기 때문에 환자의 분뇨·토사물·잔여음식물·식기·변소 등이 문제가 되며, 환자의 의류·침구·우물·쓰레기통·하수구 등을 소독해야 한다.

② 천연두·성홍열 : 환자의 콧물·객담·농즙(濃汁)·오염기구·의류·침구·운반 기구·환자의 음식기구·침실의 방바닥·의료인·접촉자의 신체 및 의류 등에 소독을 실시한다.

③ 디프테리아·유행성 뇌척수막염 : 환자의 콧물·객담과 이들의 오염된 기구 및 환자가 사용한 식기·서적·완구·침구·병실 내의 방바닥 기타 물건 및 의료인의 의류·신체 등에 소독을 실시한다.

④ 폴리오 : 폴리오는 이질의 소독에 준하나 발병 초에는 디프테리아의 소독에 준한다.

(6) 시기에 따른 소독

① 즉시소독 : 기계 및 기구, 식기, 배설물 등을 사용한 즉시 수시로 하는 소독이다.

② 종말소독 : 환자가 완치되어 퇴원하든지 사망했을 때 감염 가능한 모든 것을 완전히 소독하는 방법이다.

요점 정리

1. 소독의 정의

(1) 살균 : 미생물을 사멸 혹은 제거하여 무균상태로 하는 것을 말한다.

(2) 소독(消毒, Disinfection) : 병원성 미생물의 생활력을 파괴하여 감염력(感染力)을 없애는 것을 의미하며, 소독에 의해 미생물의 영양형은 사멸시킬 수 있으나, 아포(Spore)는 죽이지 못한다.

(3) 멸균(Sterilization) : 소독과는 달리 모든 미생물 일체를 없애는 것으로 영양형이나 아포까지 파괴시키는 조작을 말한다.

(4) 방부(Antiseptic) : 미생물의 발육과 그 작용을 제지 또는 정지시킴으로써 음식물의 부패, 발효를 방지하는 것을 의미한다.

(5) 작용별로 강도를 보면 멸균 > 소독 > 방부로 멸균은 소독을 내포하나 소독이 멸균을 의미하지는 않으며, 소독은 방부를 내포하나 방부는 소독을 의미하지 않는다.

2. 소독제의 조건

미생물의 아포(Spore)까지는 사멸시키지 못하나 병원미생물의 발육성장을 방해시켜 사멸시킬 수 있는 모든 물질을 소독제라 하는데 이상적인 소독제는 다음의 조건을 갖추어야 한다.

(1) 부식성 및 표백성이 없을 것

(2) 방취력이 있을 것

(3) 값이 싸고 사용방법이 간편할 것

(4) 생물학적으로 분해될 것

(5) 높은 석탄산 계수를 유지할 것

(6) 안정성, 용해도, 침투력이 강할 것

(7) 독성이 약할 것

3. 소독법

소독방법을 결정할 때는 전염병이 소화기계 전염병인지 호흡기계 전염병인지 또는 곤충이 매개하는 전염병인지를 알아야 하고, 전염병이 직접전파인지 간접전파인지를 확인해야 한다. 병원체는 세균인지 바이러스인지 또는 포자형성균인지 아닌지를 알아야 하며, 소독대상물은 무엇이며 그 성질은 무엇인지 알아야 한다.

1) 물리적(이학적) 소독법

(1) 열처리법

① 건열멸균법(dry heat sterilization)

② 습열멸균법

③ 저온소독법 : 63~65℃, 30분 처리하는 방법이다.

④ 고온단시간 살균법 : 71~75℃, 15초간 처리하는 방법이다.

⑤ 초고온 순간멸균 : 130~135℃ 2~3초간 처리하는 방법이다.

(2) 열을 이용하지 않는 방법

세균여과법과 수술실에서 이용하는 자외선 살균법, 무균조작법 등이 있다.

① 일광(Sun Light) 소독 : 1~2시간 의류 및 침구 소독에 쓰인다.

② 자외선 살균법

③ 방사선멸균법 : 방사선 동위원소에서 나오는 방사선을 이용하는 일종의 저온 살균법이다. 살균력이 강한 순서는 γ선 > β선 > α선이다.

④ 초음파살균법

초음속의 진동은 살균력이 강하여, 매초 8,800 cycle의 음파는 강력한 진동으로 균체를 파괴시키는 살균작용을 갖는다. 그러나 일상생활에 직접 응용할 수 있는 방법은 아니다.

2) 화학적 소독법

가열할 수 없는 기구에 소독력을 갖고 있는 약제를 써서 세균을 죽이는 방법이다.

(1) 소독약의 이상적인 조건

① 인체에 대한 독성이 약할 것

② 부식성 및 표백성이 없을 것

③ 방취력이 있을 것

④ 가격이 저렴하고 구입이 용이할 것

⑤ 사용방법이 간단할 것

⑥ 높은 살균력, 즉 높은 석탄계수를 가질 것

⑦ 안정성이 있을 것

⑧ 용해도가 높을 것

⑨ 침투력이 강할 것

(2) 소독약의 살균력 측정

① 소독약의 살균력을 비교하기 위해서는 석탄산 계수(Phenol coefficient)가 이용된다.

② 석탄산 계수의 특징

㉠ 소독제의 살균력 지표로서 다른 소독약의 소독력을 평가하는 데 사용한다.

㉡ 20℃에서 살균력을 나타낸다.

㉢ 시험균은 장티푸스균과 포도상구균을 이용한다.

㉣ 시험균은 5분 내 죽지 않고 10분 내 죽이는 희석배수를 말한다.

㉤ 석탄산 계수가 높을수록 살균력이 좋다.

(3) 살균작용의 기전

① 산화작용 : Cl_2와 그 유도체, $H2O_2$, O_3, $KMnO_4$ 등

② 가수분해작용 : 강산, 강알칼리, 끓는 물 등

③ 균체단백과 염의 생성 : 중금속염, 직접 할로겐화 하는 화합물 등

④ 균체단백의 응고 : 산, 알칼리, 알코올, 크레졸, 석탄산, 중금속염

⑤ 삼투압의 변화작용

⑥ 효소계의 침투작용

⑦ 이상 위의 반응 중 두 가지 이상이 동시에 일어날 것

(4) 소독약의 종류

① 석탄산(Phenol)

사용농도는 3% 수용액이며 의류, 용기, 오물, 실험대 등에 사용된다. 석탄산의 살균작용은 세균단백 응고작용, 세포용해작용, 효소계의 침투작용 등에 의한다. 결점은 피부점막에 자극성과 금속의 부식성이 있으며, 취기와 독성이 강한 점이라 할 수 있고, 장점으로는 살균력이 안정되고, 유기물에도 약화되지 않는 점이다. 고온일수록 소독효과가 크다.

② 크레졸

물에는 잘 녹지 않으므로 같은 양의 비누로 액을 만들어 크레졸과 비누액 3에 물 97의 비율로 크레졸 비누액을 만들어 사용한다. 소독력이 강해서 석탄산에 비해 2배의 소독력이 있으며, 손, 오물 객담 등의 소독에 사용된다.

③ 과산화수소(H_2O_2)

2.5~3.5%의 수용액이 사용되는데, 무포자균을 빨리 살균할 수 있으며 자극성이 적어서 구내염, 인두염, 입안세척, 상처소독 등에 사용된다.

④ 알코올

무포자균에 효과적이며 70%의 에틸알코올 또는 75% 메탄올을 사용한다. 아포형성균에는 효과가 없다. 주로 피부소독에 사용된다.

⑤ 승홍($HgCl_2$)

승홍은 액온도가 높을수록 살균력이 강하다. 1,000~3,000배 희석용액으로 대장균·포도상구균 등을 10분 내에 사멸시킨다. 조제는 승홍 1에 식염 1과 물 1,000의 비율로 하거나 승홍 0.5g에 물 500 mL의 비율로 만드는데 승홍액은 색이 없으므로 푸크신 등으로 염색해서 사용하는 것이 좋고 피부소독에는 0.1%의 수용액을 이용하며 금속을 부식시킬 수 있으므로 사용 시 주의를 요한다.

⑥ 생석회(CaO)

분변, 하수, 오물, 토사물 등의 소독 및 변소소독에 많이 사용하는데, 공기에 오래 노출되면 살균력이 저하되므로 주의를 요한다. 결핵균, 아포형성균 등에 효과가 있다.

⑦ 양성 혹은 역성비누(Invert Soap)

무미, 무해하여 식품 및 식품용기 소독에 좋고 자극성 및 독성도 없으며 침투력, 살균력도 강하다. 물과 알콜에 잘 녹고 침투력도 강한데, 일반적으로 0.01~0.1% 액을 사용한다.

⑧ 표백분

3% 용액을 100만 배 희석하여 물 소독에 사용하고, 식기 소독과 분뇨나 기타 배설물 소독에도 사용한다.

⑨ 포르말린(HCHO)

의류, 침구, 도서 기타 폐물품 및 실내소독에 사용한다.

⑩ 염소화합물

㉠ 염소가스(Chlorine Gas) : 염소는 보통 Gas로서 강력한 살균력을 가지고 있으나 자극성과 부식성이 강해 상수도 및 하수도의 소독과 같은 대규모 외에는 사용되지 않으며, 수돗물의 경우 0.2 ppm 이상의 잔류염소가 존재하여야 한다.

㉡ 표백분($CaCOl_2$) : 3%의 수용액 농도로서 음료수나 수영장 소독 등에 쓰이며, 물을 가하면 염소 Gas를 발생하고 수산화칼륨이 남는다.

㉢ 차아염소산나트륨(NaOCl) : 분해되기 쉬우므로 안정제를 넣어 사용하며, 용액 중에서 발생되는 염소이온에 의해 살균작용을 한다.

(5) 감염병 종류에 따른 소독대상물

① 장티푸스·파라티푸스·콜레라·이질 : 경구감염으로 소화기계 감염병이기 때문에 환자의 분뇨·토사물·잔여음식물·식기·변소 등이 문제가 되며, 환자의 의류·침구·우물·쓰레기통·하수구 등을 소독해야 한다.

② 천연두·성홍열 : 환자의 콧물·객담·농즙(濃汁)·오염기구·의류·침구·운반 기구·환자의 음식기구·침실의 방바닥·의료인· 접촉자의 신체 및 의류 등에 소독을 실시한다.

③ 디프테리아·유행성 뇌척수막염 : 환자의 콧물·객담과 이들의 오염된 기구 및 환자가 사용

한 식기·서적·완구·침구·병실 내의 방바닥 기타 물건 및 의료인의 의류·신체 등에 소독을 실시한다.

④ 폴리오 : 폴리오는 이질의 소독에 준하나 발병 초에는 디프테리아의 소독에 준한다.

(6) 시기에 따른 소독

① 즉시소독 : 기계 및 기구, 식기, 배설물 등을 사용한 즉시 수시로 하는 소독이다.

② 종말소독 : 환자가 완치되어 퇴원하든지 사망했을 때 감염가능한 모든 것을 완전히 소독하는 방법이다.

퀴즈(객관식 3문항)

01 병원성 미생물의 생활력을 파괴하여 감염력을 없애는 것은?

① 살균 ② 멸균
③ 방부 ④ 소독

정답 ④

해설 소독(消毒, Disinfection)이란 병원성 미생물의 생활력을 파괴하여 감염력(感染力)을 없애는 것을 의미하며, 소독에 의해 미생물의 영양형은 사멸시킬 수 있으나, 아포(Spore)는 죽이지 못한다.

02 소독제의 조건으로 옳지 않은 것은?

① 독성이 강할 것 ② 부식성이 없을 것
③ 생물학적으로 분해될 것 ④ 높은 석탄산계수를 유지할 것

정답 ①

해설 미생물의 아포(Spore)까지는 사멸시키지 못하나 병원미생물의 발육성장을 방해시켜 사멸시킬 수 있는 모든 물질을 소독제라 하는데 이상적인 소독제는 독성이 약해야 한다.

03 무포자균을 빨리 살균할 수 있으며, 자극성이 적어서 구내염, 인두염 등에 사용되는 소독제는?

① 알코올 ② 과산화수소
③ 승홍 ④ 생석회

정답 ②

해설 2.5~3.5%의 수용액이 사용되는데, 무포자균을 빨리 살균할 수 있으며 자극성이 적어서 구내염, 인두염, 입안 세척, 상처 소독 등에 사용된다.

38 의복 위생

학습 목표 1. 의복위생에 대해 설명할 수 있다.
2. 의복의 위생학적 성질에 대해 설명할 수 있다.
3. 의복에 의한 질환에 대해 설명할 수 있다.

학습 내용 1. 의복위생
2. 의복의 위생학적 성질
3. 의복에 의한 질환

피복 재료의 물리적·화학적 성질과 이것들로 구성된 피복을 입음으로써 인체기능에 미치는 영향을 연구하여 건강의 확보·증진으로 정신적·육체적 능력을 최고도로 발휘하기 위한 것으로, 이것을 실생활에 적용하는 과학이라고 할 것이다.

1 피복과 의복의 정의

(1) 피복 : 1개의 옷, 즉, 양말, 장갑, 옷, 이불 등 인체보호를 위한 개인적인 것을 말한다.
(2) 의복 : 여러 개 또는 여러 벌의 피복과 그 공기층을 포함하여 착용한 것을 말한다.

2 의복의 목적

이상 체온조절과 해충으로부터 신체 보호, 신체의 청결, 장식 등을 위해 의복을 입는다.

3 피복이 갖추어야 할 조건

1) 기후 조절력이 좋을 것

피복 재료의 성능, 피복의 형태, 착용법에 따라서 조절된다.

2) 피부면을 청결하게 유지하는 것

3) 신체를 방호하는 것

작업상의 위험으로부터 안전하게 보호하는 것을 말하며, 기계적인 외력에 의한 위해는 탄력성과 강도가 커야 하고, 화학적인 위해에는 산이나 알칼리, 유해약품에 대해서 내약품성이 있고 복사열이나 화기에 대해서도 열전도성이 적고 방화성이 있어야 하며, 전기적인 위해에 대하여는 절연성이 필요하다. 또한 강렬한 일사를 방지하거나 곤충 등의 자상을 면할 수 있는 피복도 있어야 한다.

4) 신체활동에 적당한 것

활동의 내용과 정도에 따라 다르며 여러 가지 노동에 알맞은 의복재료와 의복형이 합리적으로 되어야 한다.

4 피복재료

1) 자연섬유

(1) 식물성 : 면(綿), 마(麻) 등
(2) 동물성 : 동물의 털, 피혁, 누에고치 등
(3) 광물성 : 암면, 석면(石綿) 등

2) 인조섬유

(1) 무기성 : 금속 및 유리섬유
(2) 재생 : 셀룰로오스, 단백질계 등
(3) 합성 : 나일론, 비닐, PVC계 등
(4) 반합성 : 셀룰로오스계 등

5 의복의 위생학적 성질

피복의 기후조절에 관련하는 성질에는 비중, 함기성, 통기성, 보온성, 수증기 투과성, 흡습성, 흡수성, 열선 반사성, 투과성, 탄력성 등을 들 수 있고, 신체보호에 관련된 것은 내열성, 내화성, 방수성, 오염성, 항균성 등이며, 작업능률에 관련된 것은 압축성, 탄력성, 강인성, 신축성, 활성, 가소성, 추곡성, 경연성 등을 들 수 있다.

1) 함기성

(1) 피복재료 속의 공기는 미세한 기공(氣孔)으로서 존재하므로 의복의 함기량이 많으면 많을수록 열전도율이 적어져 보온력이 커진다.

(2) 여름에 의복의 경도를 높여(풀 먹이기·다림질 등) 입으면 함기량이 적어져 강제대류가 일어나므로 시원해진다.

(3) 함기량은 직물의 종류에 따라 차이가 있다. 즉, 보통마직은 50%, 목면 메리야스는 70~80%, 모직플란넬은 90%의 함기량을 가지고 있다.

(4) 함기량은 보온성과 밀접한 관계가 있으며, 이 밖에 통기성, 흡습성 및 방습성과도 관계가 있다.

(5) 함기량은 다음의 공식으로 표시된다.

$$\text{함기량(\%)} = \frac{\text{섬유의 비중} - \text{재료의 겉보기의 비중}}{\text{섬유의 비중}} \times 100$$

$$\text{재료의 겉보기의 비중}(g/cm^3) = \frac{\text{평면무게}(g/cm^2)}{\text{두께}(cm)}$$

2) 통기성

(1) 직물의 통기성은 직물의 기공(氣孔)이 대소와 다소로 좌우될 뿐만 아니라 직물의 조직이나 두께, 풀먹임 정도나 건습도, 기공의 형태(직통, 부정형)에 따라 달라진다.

(2) 일반적으로 모직물, 모제품은 통기성이 작은 데 비해 면직, 마직, 견직물 등은 비교적 크다.

(3) 두꺼운 피복이나 2매 이상의 직물을 겹친 피복은 통기성이 작다.

(4) 이와 같이 통기성이 없거나 작은 의복착용 시 의복 내는 고온·고습해져서 땀과 지방분비물 등의 분해로 악취가 발생하게 되므로 피복 재료는 일반적으로 통기성이 큰 것이 좋으나, 외기온이 낮을 때는 통기성이 작은 피복을 최외층에 입도록 하는 것이 좋다.

3) 압축성

(1) 피복의 단위면적에 대하여 일정한 힘을 가하였을 때 그 부피를 축소시킬 수 있는 성능을 말하는데 신축성이라고도 한다.

(2) 이것이 큰 의복은 동작의 자유를 주며, 각종 충격을 완화한다.

(3) 모직물은 압축성이 가장 크고, 견직물은 다음이며, 면·마·화학섬유로 된 직물은 압축성이 작다.

(4) 압축성이 큰 의복은 보온성도 크며, 탄력성도 커지므로 주름도 지지 않는다.

$$\text{압축도}(\%) = \frac{\text{원래의 두께(mm)} - \text{가압 시의 두께(mm)}}{\text{원래의 두께(mm)}} \times 100$$

4) 보온성

① 의복의 방진효과는 섬유의 열전도율 자체보다는 섬유 사이에 함유되어 있는 공기가 큰 역할을 하며, 피복 재료의 열전도율의 대소는 함기량의 다소와 반비례 관계에 있으므로 열전도율이 작은 것일수록 보온성이 좋고, 함기량·함수량이 많고, 통기량이 적은 것일수록 보온성이 높게 된다.

② 그러므로 모직 > 면직 > 목면 및 마직의 순으로 보온성이 크다.

③ 방열이 잘되지 않는 부정형 기공을 가진 재료는 겉옷으로 이용하고, 함기량이 많은 모직이나 면직은 속옷(내의)으로 사용하는 것이 바람직하다.

(1) 의복의 보온력 단위

① CLO

㉠ 기온 70℉(21.1℃), 습도 50% 이하, 기류 10 ft/min(0.1 m/sec) 이하의 실내에서 안정 시 체표 1 m²당 매시 50 kcal(50 kcal/m²/hr)의 신진대사의 경우 그 사람이

쾌적하며, 피부온이 92°F(33.3℃)로 유지될 때의 의복의 보온력(방한력)을 1 CLO 라 한다.

㉡ 의복을 통하여 열의 76%가 방출하였다면 CLO는 물리적으로 두 표면 사이의 온도 변화율 0.18℃를 적용하여 1 kcal/m²/hr의 열을 방출을 차단하는 양으로 표시한다.

$$1\text{CLO} = \frac{0.18℃}{\text{Kcal/m}^2\text{/h}}$$

② 보온력과 적정의복

㉠ 무풍, 보통의 경우 안정, 나체에서 27~28℃가 쾌적하나 만일 기온이 21.2℃로 하강할 때에 같은 정도의 쾌적을 유지하려면, 1 CLO의 보온력의 의복을 입을 필요가 있고, 12.4℃에서는 2 CLO, 3.6℃에서는 3 CLO가 필요하다.

㉡ 기온이 8.8℃씩 하강할 때마다 1 CLO의 보온력의 피복을 더 입어야 한다.

㉢ 보통의 작업복은 약 1 CLO의 열차단의 효과를 가졌고(Newburgh), 방한복은 약 4~4.5 CLO의 방한력을 가졌으며(의복의 두께는 약 2.6 cm이다), 방한장갑은 2 CLO, 방한화는 2.5 CLO이다.

5) 복사열의 흡습성과 투과성

(1) 보온성은 복사열의 흡수·투과 및 반사에 따라서도 달라지는데, 이는 원료섬유에 따른 것보다는 염색에 의한 영향이 크다.

(2) 동질의 의복에 있어서 복사열의 흡수도는 백색을 100으로 할 때, 황색 165, 청색 177, 회색 188, 녹색 및 분홍색 194, 적색 207, 자색 226, 흑색 250이다.

(3) 자외선의 투과성은 기공이 클수록 투과가 잘되며, 착색일 경우는 투과가 심히 방해된다.

(4) 엷은 색일지라도 백색에 비하면 많이 저하되며, 흑색 또는 진한 색에서는 옷감을 짜는 방식에 따라 전혀 투과를 하지 않는 경우가 있다.

6) 흡습성

(1) 피복 재료가 공기 중의 수증기를 흡수하는 성능으로 습도 60% 정도일 때 함수량의 순서는 화학섬유 < 목면 < 마직 < 견직 < 모직의 순서이다.

(2) 포화수증기 100% 시 순모는 28%, 견직 17%, 마직과 목면은 12%의 수분을 흡수하게 되므로 내의나 양말같이 피부에 직접 접할 경우는 적당한 흡습성과 통기성이 있어야 한다.

7) 흡수성

(1) 최대 흡수량이란 피복 재료를 물에 접하였을 때 재료에 함유할 수 있는 최대 액체수분량을 말하며, 최소 흡수량이란 수공적 혹은 기계적으로 탈수하여 잔류하는 액체 수분량을 말한다.

(2) 외의는 흡수성이 적은 것이 좋고, 내의는 흡수성이 크며 적당한 속도로 수분은 방산할 수 있는 것이 좋다.

(3) 일반적으로 인조섬유가 수분을 제일 잘 흡수하며, 다음으로 식물성 섬유이고, 동물성 섬유는 제일 적다.

(4) 목면이나 마직은 물에 속히 침윤되나 모피는 물에 담가도 60%의 공기를 가지고 있고, 모포나 모의 플란넬은 85%의 공기를 가지고 있으므로 물에 잘 침윤되지 않는다.

(5) 흡수성은 흡습성의 뜻과 다르다.

(6) 손수건이나 타월은 목면류를 사용하는 것이 좋으며, 내의는 목면이나 메리야스, 외투나 방한복 등은 양모나 견직물 등을 사용하는 것이 좋다.

8) 내열성

(1) 열에 대하여 가장 약한 것은 화학섬유이고, 목면, 마직, 양모 순으로 강해져 경직이 가장 강하다.

(2) 광선에 대해서는 견직도 레이온·나일론 등과 같이 약하며, 양모가 가장 약하다.

(3) 각종 직물의 발화점은 마직과 목면이 320~370℃, 인견은 360~410℃, 견직은 635℃ 전후, 모직물은 480~675℃이다.

9) 오염성

(1) 오염성은 가스 또는 취기의 흡수성과 오염흡착성으로 구분한다. 전자는 흡습성에 일치하며, 후자는 흡수성에 일치한다.

(2) 모직물은 가스를 잘 흡수하나, 오물을 투과한다.

(3) 목면은 오염되기 쉽고, 모·견직물은 잘 오염되지 않는다.

10) 화학적 저항성

(1) 화학적 저항성이 가장 큰 것은 염화비닐사이고, 목면의 경우 알칼리에 강하고 산에 약하며, 반면에 양모는 알칼리에 강하고 산에 약하다.
(2) 합성섬유는 산과 알칼리 모두에 강하다.

6 의복에 의한 기후조절

(1) 의복에 의한 체온의 조절은 외기온의 범위 10~26℃ 정도이며, 기온이 10℃ 이하일 경우는 난방을, 기온이 26℃ 이상일 때에는 냉방을 필요로 한다.
(2) 사람이 의복을 착용함에 따라 체열 생산의 억제 또는 촉진작용으로 의복기후를 조절하여 체온조절에 영향을 미치는데, 전도·복사 및 대류는 의복재료의 함기성, 보온성, 통기성 및 의복 내 공기층이 관여한다.
(3) 공기의 열전도율은 극히 적어서 피복층간에 있는 공기층은 체온의 전도를 억제하지만 두께가 1 cm 이상일 때는 대류성이 좋아 보온효과가 감소한다.
(4) 의복기후의 조절은 의복재료의 열학적 성질에 영향을 받는데, 증발은 피복 재료의 통기성, 흡습성, 방습성 및 의복 내 공기의 환기에 좌우된다.

7 의복의 착용과 건강

1) 의복의 압력

의복 착용 시 무거운 감이나 압박감을 느끼게 될 경우 혈액순환과 동작에 지장을 주며 신체 각 기관의 병위를 초래하여 성장기능과 생리기능에 영향을 미치게 된다.

2) 의복중량

(1) 의복의 하중은 어깨와 골반부에서 받는 것이 좋으며, 연한 부분과 운동이 활발한 부분에서 하중을 받게 되면 혈액순환장애와 호흡곤란, 신체활동의 불편감이 생길 수 있으므로 의복은 경쾌해야 한다.

구분	겨울	여름
남성	6~7 kg	3~4 kg
여성	5~6 kg	2~3 kg

(2) 중량이 5 kg을 초과하면 활동에 부자유스러움을 주므로 특히, 겨울철의 경우 의복중량은 체중의 10% 이하가 가장 적당하다.

대상 / 복장	영아	유아	학동	일반부인	청년	여고생	간호사
하복	5.2%	3.7%	1.4%	1.4%	2.0%	1.8%	1.7%
동복	12.7%	5.9%	5.0%	3.8%	9.0%	4.5%	3.8%

3) 후(厚) 착의(두꺼운 옷)와 중(重) 착의(겹쳐 입는 옷)

(1) 겨울철의 후 착의는 보온의 효과는 있으나, 고온·고습의 의복기후 성형으로 체열방산의 장애 및 신진대사를 저해하여 각종 장애를 발생시킬 수 있다.

(2) 울열증, 울열성 이질 기타 질환을 유발하고 특히, 영·유아에 있어 폐단은 더 크며, 과보온 상태는 인간의 기후순응 능력의 발달을 저하시켜 후 착의의 습관 시 한랭에 대한 피부 저항력이 감소되고, 전신의 저항력이 약해져 감기 등에 쉽게 걸리게 된다.

4) 의복에 의한 질환

(1) 염색색소 피해

① 피복의 염색원료로 되는 타르계 색소, 아닐린계 색소, 아조 색소는 접촉하면 피부염이나 피부암의 요인이 되는 수가 있다.

② 비소·납·구리·안티몬 등을 함유한 나쁜 물질의 원료로 염색한 의복을 입으면 피부에 자극이 되어 염증을 일으키며, 때로는 흡수되어 전신 중독을 일으킬 수도 있다.

③ 직접 피부에 접촉하는 내의류는 염색을 하지 않는 것이 좋다.

(2) 의복에 대한 감염병

① 의복은 감염병을 매개하는 간접적 감염경로가 되며, 의복에 의한 질병으로는 Trachoma나 Virus로 오는 안질, 백선 및 개선 등의 감염성 피부질환, 설사를 일으키

는 콜레라·이질·장티푸스 등에 의한 내의의 오염으로 오는 소화기계 감염병, 결핵·디프테리아·백일해·페스트·폐렴 등의 균을 포함한 객담을 배출하여 이것이 의류에 오염되거나 이러한 병원체가 먼지에 혼합·부착된 것이 비산하여 질병이 전파되는 호흡기계 감염병 등이 있다.

② 의복과 관계있는 생물을 들면 백선, 개선, 이, 빈대, 집진드기, 벼룩, 곰팡이 등이며, 이것들의 생물 자체가 오염하는 것은 물론 그의 배설물도 오염과 직접 관계가 있다.

③ 피복의 오염도는 부착한 미립자의 양에 비례하므로 피복 재료의 광선반사율의 변화로 표시된다.

$$\text{오염도} = \frac{\text{오염 전의 반사율} - \text{오염 후의 반사율}}{\text{오염 전의 반사율}} \times 100$$

(3) 의복의 소독

① 백선, 개선, 이, 빈대, 벼룩, 곰팡이 등에 의한 각종 감염병이 발생하므로 오염된 의복이나 침구 등은 철저히 소독하여 사용하여야 한다.

② 일광소독 : 건조작용과 자외선 살균작용에 의한 소독으로 가장 간단한 방법이며 소독, 살균작용 외에 함기성 및 통기성을 높일 수 있다.

③ 열탕소독 : 면직물 등을 100℃에서 30분간 자비 소독한다(모직, 나일론은 제외).

④ 약물소독 : 3% Lysol, 석탄산에 20분 이상 담근다.

⑤ 고압증기소독 : 15 Lbs(121.5℃)에서 20분간 살균한다.

⑥ 세탁법 : 희석작용

요점 정리

피복 재료의 물리적·화학적 성질과 이것들로 구성된 피복을 입음으로써 인체기능에 미치는 영향을 연구하여 건강의 확보·증진으로 정신적·육체적 능력을 최고도로 발휘하기 위한 것으로, 이것을 실생활에 적용하는 과학이라고 할 것이다.

1. 피복과 의복의 정의

(1) 피복 : 1개의 옷, 즉, 양말, 장갑, 옷, 이불 등 인체보호를 위한 개인적인 것을 말한다.

(2) 의복 : 여러 개 또는 여러 벌의 피복과 그 공기층을 포함하여 착용한 것을 말한다.

2. 의복의 목적

이상 체온조절과 해충으로부터 신체 보호, 신체의 청결, 장식 등을 위해 의복을 입는다.

3. 피복이 갖추어야 할 조건

(1) 기후 조절력이 좋을 것

피복 재료의 성능, 피복의 형태, 착용법에 따라서 조절된다.

(2) 피부면을 청결하게 유지하는 것

(3) 신체를 방호하는 것

작업상의 위험으로부터 안전하게 보호하는 것을 말하며, 기계적인 외력에 의한 위해는 탄력성과 강도가 커야 하고, 화학적인 위해에는 산이나 알칼리, 유해약품에 대해서 내약품성이 있고 복사열이나 화기에 대해서도 열전도성이 적고 방화성이 있어야 하며, 전기적인 위해에 대하여는 절연성이 필요하다. 또한 강렬한 일사를 방지하거나 곤충 등의 자상을 면할 수 있는 피복도 있어야 한다.

(4) 신체활동에 적당한 것

활동의 내용과 정도에 따라 다르며 여러 가지 노동에 알맞은 의복재료와 의복형이 합리적으로 되어야 한다.

4. 피복재료

(1) 자연섬유
(2) 인조섬유

5. 의복의 위생학적 성질

피복의 기후조절에 관련하는 성질에는 비중, 함기성, 통기성, 보온성, 수증기 투과성, 흡습성, 흡수성, 열선 반사성, 투과성, 탄력성 등을 들 수 있고, 신체보호에 관련된 것은 내열성, 내화성, 방수성, 오염성, 항균성 등이며 작업능률에 관련된 것은 압축성, 탄력성, 강인성, 신축성, 활성, 가소성, 추곡성, 경연성 등을 들 수 있다.

1) 함기성

피복재료 속의 공기는 미세한 기공(氣孔)으로서 존재하므로 의복의 함기량이 많으면 많을수록 열전도율이 적어져 보온력이 커진다.

2) 통기성

직물의 통기성은 직물의 기공(氣孔)이 대소와 다소로 좌우될 뿐만 아니라 직물의 조직이나 두께, 풀먹임 정도나 건습도, 기공의 형태(직통, 부정형)에 따라 달라진다.

3) 압축성

피복의 단위면적에 대하여 일정한 힘을 가하였을 때 그 부피를 축소시킬 수 있는 성능을 말하는데 신축성이라고도 한다.

4) 보온성

의복의 방진효과는 섬유의 열전도율 자체보다는 섬유 사이에 함유되어 있는 공기가 큰 역할을 하며, 피복재료의 열전도율의 대소는 함기량의 다소와 반비례 관계에 있으므로 열전도율이 작은 것일수록 보온성이 좋고, 함기량·함수량이 많고, 통기량이 적은 것일수록 보온성이 높게 된다.

5) 복사열의 흡습성과 투과성

(1) 보온성은 복사열의 흡수·투과 및 반사에 따라서도 달라지는데, 이는 원료섬유에 따른 것보다는 염색에 의한 영향이 크다.

(2) 동질의 의복에 있어서 복사열의 흡수도는 백색을 100으로 할 때, 황색 165, 청색 177, 회색 188, 녹색 및 분홍색 194, 적색 207, 자색 226, 흑색 250이다.

(3) 자외선의 투과성은 기공이 클수록 투과가 잘되며, 착색일 경우는 투과가 심히 방해된다.

(4) 엷은 색일지라도 백색에 비하면 많이 저하되며, 흑색 또는 진한 색에서는 옷감을 짜는 방식에 따라 전혀 투과를 하지 않는 경우가 있다.

6) 흡습성

(1) 피복 재료가 공기 중의 수증기를 흡수하는 성능으로 습도 60% 정도일 때 함수량의 순서는 화학섬유 < 목면 < 마직 < 견직 < 모직의 순서이다.

(2) 포화수증기 100% 시 순모는 28%, 견직 17%, 마직과 목면은 12%의 수분을 흡수하게 되므로 내의나 양말같이 피부에 직접 접할 경우는 적당한 흡습성과 통기성이 있어야 한다.

7) 흡수성

(1) 최대 흡수량이란 피복 재료를 물에 접하였을 때 재료에 함유할 수 있는 최대 액체수분량을 말하며, 최소 흡수량이란 수공적 혹은 기계적으로 탈수하여 잔류하는 액체 수분량을 말한다.

(2) 이 외는 흡수성이 적은 것이 좋고, 내의는 흡수성이 크며 적당한 속도로 수분은 방산할 수 있는 것이 좋다.

8) 내열성

(1) 열에 대하여 가장 약한 것은 화학섬유이고, 목면, 마직, 양모 순으로 강해져 경직이 가장 강하다.

(2) 광선에 대해서는 견직도 레이온·나일론 등과 같이 약하며, 양모가 가장 약하다.

9) 오염성

(1) 오염성은 가스 또는 취기의 흡수성과 오염흡착성으로 구분한다. 전자는 흡습성에 일치하며, 후자는 흡수성에 일치한다.

(2) 모직물은 가스를 잘 흡수하나, 오물을 투과한다.

(3) 목면은 오염되기 쉽고, 모·견직물은 잘 오염되지 않는다.

10) 화학적 저항성

(1) 화학적 저항성이 가장 큰 것은 염화비닐사이고, 목면의 경우 알칼리에 강하고 산에 약하며, 반면에 양모는 알칼리에 강하고 산에 약하다.
(2) 합성섬유는 산과 알칼리 모두에 강하다.

6. 의복에 의한 기후조절

(1) 의복에 의한 체온의 조절은 외기온의 범위 10～26℃ 정도이며, 기온이 10℃ 이하일 경우는 난방을, 기온이 26℃ 이상일 때에는 냉방을 필요로 한다.
(2) 사람이 의복을 착용함에 따라 체열 생산의 억제 또는 촉진작용으로 의복기후를 조절하여 체온 조절에 영향을 미치는데, 전도·복사 및 대류는 의복재료의 함기성, 보온성, 통기성 및 의복내 공기층이 관여한다.

7. 의복의 착용과 건강

1) 의복의 압력

의복 착용 시 무거운 감이나 압박감을 느끼게 될 경우 혈액순환과 동작에 지장을 주며 신체 각 기관의 병위를 초래하여 성장기능과 생리기능에 영향을 미치게 된다.

2) 의복중량

(1) 의복의 하중은 어깨와 골반부에서 받는 것이 좋으며, 연한 부분과 운동이 활발한 부분에서 하중을 받게 되면 혈액순환장애와 호흡곤란, 신체활동의 불편감이 생길 수 있으므로 의복은 경쾌해야 한다.
(2) 중량이 5kg을 초과하면 활동에 부자유스러움을 주므로 특히, 겨울철의 경우 의복중량은 체중의 10% 이하가 가장 적당하다.

3) 후(厚) 착의(두꺼운 옷)와 중(重) 착의(겹쳐 입는 옷)

(1) 겨울철의 후착의는 보온의 효과는 있으나, 고온·고습의 의복기후 성형으로 체열 방산의 장애 및 신진대사를 저해하여 각종 장애를 발생시킬 수 있다.
(2) 울열증, 울열성 이질 기타 질환을 유발하고 특히, 영·유아에 있어 폐단은 더 크며, 과보온상태는 인간의 기후순응능력의 발달을 저하시켜 후 착의의 습관 시 한랭에 대한 피부 저항력이 감소되고, 전신의 저항력이 약해져 감기 등에 쉽게 걸리게 된다.

4) 의복에 의한 질환

(1) 염색색소 피해

피복의 염색원료로 되는 타르계 색소, 아닐린계 색소, 아조 색소는 접촉하면 피부염이나 피부암의 요인이 되는 수가 있다.

(2) 의복에 대한 감염병

① 의복은 감염병을 매개하는 간접적 감염경로가 되며, 의복에 의한 질병으로는Trachoma나 Virus로 오는 안질, 백선 및 개선 등의 감염성 피부질환, 설사를 일으키는 콜레라·이질·장티푸스 등에 의한 내의의 오염으로 오는 소화기계 감염병, 결핵·디프테리아·백일해·페스트·폐렴 등의 균을 포함한 객담을 배출하여 이것이 의류에 오염되거나 이러한 병원체가 먼지에 혼합·부착된 것이 비산하여 질병이 전파되는 호흡기계 감염병 등이 있다.

② 의복과 관계있는 생물을 들면 백선, 개선, 이, 빈대, 집진드기, 벼룩, 곰팡이 등이며, 이것들의 생물 자체가 오염하는 것은 물론 그의 배설물도 오염과 직접관계가 있다.

(3) 의복의 소독

① 백선, 개선, 이, 빈대, 벼룩, 곰팡이 등에 의한 각종 감염병이 발생하므로 오염된 의복이나 침구 등은 철저히 소독하여 사용하여야 한다.

② 일광소독 : 건조작용과 자외선 살균작용에 의한 소독으로 가장 간단한 방법이며 소독, 살균작용 외에 함기성 및 통기성을 높일 수 있다.

③ 열탕소독 : 면직물 등을 100℃에서 30분간 자비 소독한다(모직, 나일론은 제외).

④ 약물소독 : 3% Lysol, 석탄산에 20분 이상 담근다.

⑤ 고압증기소독 : 15Lbs(121.5℃)에서 20분간 살균한다.

⑥ 세탁법 : 희석작용

퀴즈(객관식 3문항)

01 의복이 갖추어야 할 조건으로 가장 적절치 않은 것은?

① 기후 조절력이 좋을 것　② 피부면을 청결하게 유지하는 것
③ 신체활동에 적당한 것　④ 신체를 아름답게 하는 것

정답 ④

해설 신체를 아름답게 하는 것보다는 신체를 방호해야 하는 조건이 있다. 즉, 작업상의 위험으로부터 안전하게 보호하는 것을 말하며, 기계적인 외력에 의한 위해는 탄력성과 강도가 커야 하고, 화학적인 위해에는 산이나 알칼리, 유해약품에 대해서 내약품성이 있고 복사열이나 화기에 대해서도 열전도성이 적고 방화성이 있어야 하며, 전기적인 위해에 대하여는 절연성이 필요하다. 또한 강렬한 일사를 방지하거나 곤충 등의 자상을 면할 수 있는 피복도 있어야 한다.

02 피복 재료를 물에 접하였을 때 재료에 함유할 수 있는 최대 액체수분량을 말하는 것은?

① 흡수성　② 흡습성
③ 내열성　④ 오염성

정답 ①

해설 최대 흡수량이란 피복 재료를 물에 접하였을 때 재료에 함유할 수 있는 최대 액체수분량을 말하며, 최소 흡수량이란 수공적 혹은 기계적으로 탈수하여 잔류하는 액체수분량을 말한다.

03 섬유 중 보온성 가장 큰 재료는?

① 면직　② 모직
③ 목면　④ 마직

정답 ②

해설 의복의 방진효과는 섬유의 열전도율 자체보다는 섬유 사이에 함유되어 있는 공기가 큰 역할을 하며, 피복 재료의 열전도율의 대소는 함기량의 다소와 반비례 관계에 있으므로 열전도율이 작은 것일수록 보온성이 좋고, 함기량· 함수량이 많고, 통기량이 적은 것일수록 보온성이 높게 된다. 그러므로 모직 > 면직 > 목면 및 마직의 순으로 보온성이 크다.

39 주거위생 및 환기

학습 목표 1. 주거위생의 개념에 대해 설명할 수 있다.
2. 주거 공기 순환방법 중 환기에 대해 설명할 수 있다.
3. 인공환기의 종류 및 특성에 대해 설명할 수 있다.

학습 내용 1. 주거위생
2. 주거환기
3. 인공환기

1 주거위생의 개념

1) 주택위생의 보건학적 의의

(1) 주택은 자연재해나 인위적 재해에 대해서 거주인을 보호하고, 거주인의 생리조건만족 및 일상생활에서의 능률적 쾌적함이 이루어질 수 있는 곳이며, 또한 거주인의 모든 유해환경으로부터 안전과 편안하고 쾌적한 휴식공간이어야 한다.

(2) 이러한 주택시설이 불충분할 때는 주거생활의 불편함뿐만 아니라 보건에도 많은 영향을 끼친다.

(3) 채광의 부족, 조명불량, 환기 및 난방의 불충분, 상·하수도 시설의 미비, 한 방의 취침자 수, 가옥 내 거주 가족 수, 토지 면적에 대한 인구밀도 등은 건강에 좋지 않은 영향을 주게 된다.

(4) 주택환경은 신체적 건강뿐만 아니라 자존심을 해치고, 사기를 저하시키는 등 정신보건상에도 좋지 않은 영향을 준다.

2) 주거의 기본적 조건

(1) 일상생활이 능률적이고, 쾌적하게 이루어질 수 있을 것

(2) 질병에 대한 예방대책이 되어 있어야 할 것

(3) 재해를 방지할 수 있을 것

(4) 생리적 조건을 만족시킬 것
(5) 가계상 주거비의 부담이 과대하게 되지 않을 것
(6) 정신적으로 안정감을 느낄 수 있을 것

2 환기

환기란 오염된 실내공기를 바꾸어 인체에 유해작용을 방지하기 위한 수단이다.

1) 실내공기의 오염원

실내공기 오염물질로는 분진(TSP), 흡연, 중금속, 이산화질소, 일산화탄소, 이산화탄소, 라돈, 폼알데하이드, 석면, 미생물, 휘발성유기화합물, 악취 등이 있다. 또한 외부 공기의 상태, 환기율, 이용할 수 있는 공기의 체적, 실내 거주에 필요한 공기 체적, 실내에서의 미세기후 등이 실내공기오염의 원인이 될 수 있다.

2) 자연환기

(1) 자연환기법

① 창문이나 문틈을 통해서 실외공기와 실내공기가 교환되는 것
② 겨울철은 주로 실내·외 온도차(5℃ 정도), 기체의 확산성에 의해 여름철에는 외기의 풍력도에 의해서 이루어진다.

(2) 중력환기

① 실내외의 온도차에 의해 이루어지는 환기
실내외의 온도차는 공기의 밀도차를 형성하게 되어, 압력차를 만들므로 환기가 이루어진다.
② 중성대
들어오는 공기와 나가는 압력이 "0"인 면으로 중성대가 천장 가까이 형성될수록 환기량이 커지고, 낮게 형성되면(방바닥) 환기량이 적다.

(3) 풍력환기

풍향 측의 압력 증대로 생기는 양압(陽壓)과 풍향 배측의 압력 감소에 기인하는 음압(陰壓)에 의한 압력 차에 의하여 형성되는 환기

① 풍속에 의한 환기

㉠ 풍속이 크면 환기량도 커지며, 풍압은 제곱에 비례한다.

$$P = kSV^2$$

여기서, P : 전풍압력(kg)
S : 수풍면적(m^3)
V : 풍속(m/s)
k : 상수(기상학에서는 k는 0.12로 한다)

㉡ 환기작용은 풍향 측에 있어서의 압력에, 증대에 의한 양압과 풍배 측에 있어서의 압력의 감소에 기인하는 음압과의 차이에 속한다.

㉢ 그 작용력은 풍향 측 1, 풍배 측 0.37의 비율이다.

㉣ 바람에 의한 풍력의 합계는 1.37이 된다.

② 창문 중력환기

㉠ 기계적 설비에 의한 냉난방과 달리 자연적 성상을 가지고 있기 때문에 영국에서 가장 많이 사용되는 방법이다.

㉡ 창문의 개방에 의한 환기를 효과적으로 하려면 반대쪽의 창문도 열어두는 것이 좋으나 우리나라의 경우 창문개폐 환기법은 관심이 없는 편이다.

③ 환기횟수

㉠ 환기량을 거실의 용적으로 나눈 수치를 말하는 것

㉡ 주택은 건축물, 내외온도가 5~10℃일 경우 한식주택은 1.5~3.0회이고, 양옥은 0.25~0.7회 정도로서 자연환기에 있어서는 한식주택이 양옥에 비해 환기횟수가 많다.

㉢ 1층과 2층은 차이가 있는데, 상층은 1.4~4.3회에 비해 하층은 0.7~1.4회가 된다.

㉣ 환기횟수는 실내의 공기 용적에 따라 다르며, 다음과 같은 식이 성립된다.

④ 환기량

㉠ 1시간 내에 교환되는 공기량을 환기량이라 하며, 실내거주자 1명에 대하여 생리위

생상 필요한 환기량을 필요 환기량이라 한다.

$$V = \frac{K}{C_0 - C}$$

여기서, V : 필요환기량(m^3)

K : 1인 1시간의 호기 중 이산화탄소량(21 L),

C_0 : 실내 이산화탄소의 서한도(0.1%)

C : 외기의 이산화탄소의 정상 함유량(0.03%)

㉡ 필요 환기량은 공기 중의 이산화탄소의 농도는 서한도를 0.1%로 환기량의 지표로 잡을 때, 1인 1시간당 필요(소요)환기량의 산출법은 다음과 같다.

$$N = \frac{xV}{v}$$

N : 환기횟수, V : 1인당 필요 공기면적, v : 실내의 공기용적, x : 실내 사람 수

㉢ 여기서 K는 사람에 따라 다소 차이가 있을 수 있어서 동양인은 20~21 L (0.020~0.021 m^3), 서양인은 Rabner에 의하면 22.6 L라고 하고 수면 시는 약 12 L이다. CO_2의 서한도를 0.07~0.1%로 본다면, 다음과 같은 식이 성립한다.

$$V = \frac{0.021}{0.001 - 0.0003} = 30(m^3)$$

$$V = \frac{0.021}{0.0007 - 0.0003} ≒ 50(\ m^3)$$

㉣ 1인당 30~50 m^3의 공기용적이 있으면 완전히 환기가 안 된다고 하더라도 1시간은 무해하다고 할 수 있다. 매시간 이것만큼의 신선한 공기의 공급이 필요하다.

3) 인공환기(人工換氣)

인공환기는 동력을 이용하는 방법이며, 동력환기법, 배기(흡기식)환기법, 송기식환기법, 평형식환기법 등이 있다.

(1) 인공환기의 조건

사람이 적은 거실은 자연환기로 충분하나 고층의 대건축물, 공장, 극장 등에서는 기계적 환기에 의해 공기의 질적 또는 양적인 조절이 필요하며 다음과 같은 조건이 고려되어야 한다.

① 실내의 환기는 고르게 되도록 하여야 한다.

② 외부에서 유입되는 공기는 신선하고 깨끗해야 한다.

③ 오탁된 공기를 신속히 제거하여야 한다.

④ 온도, 습도 등은 생리적으로 쾌적감을 느낄 수 있어야 한다.

(2) 동력환기법

① 공기조정법(Air Conditioning)

외기의 한서, 건습, 바람의 유무와 관계없이 건물 내 또는 실내공기의 물리·화학적 성상에 영향을 미치는 요소로써 공기의 온·습도 기류를 인공적으로 조절하는 방법으로 생산효과와 작업환경상 쾌적함을 기대할 수 있다.

② 송기식 환기법

선풍기 또는 Fan에 의해서 신선한 외부공기를 불어넣는 방법으로서, 실내 오염공기의 배기는 자연환기에 의하여 창 또는 다른 배기구로 배출하는데, 실내의 공기가 흩어져서 불쾌감을 초래하기도 한다.

③ 평형식 환기법

배기식과 송기식을 병용한 환기방법으로서, 공기배출과 흡인구의 위치는 공기분포의 기본적인 문제점일 뿐만 아니라 건축구조와의 관련, 실내의 미관, 실내의 열원과의 문제, 먼지, 소음 등을 고려해서 결정하지 않으면 안 된다.

④ 배기식 환기법

선풍기 또는 Fan에 의해 흡인·배기하는 방법을 말한다. 이때, 신선한 외기의 공기는 자연환기에 의하여 창 또는 다른 입기구로부터 들어오는 것이다.

(3) 보조환기법

① 옥배환기법

지붕 위의 탑 모양으로 돌출된 부분이나, 천장을 이용한 자연환기법으로 무풍 고온일 경우에는 비효과적이다.

② 배기통 방법

회전형과 고정형 모두 풍속에 의해 그 효과가 현저하게 변동되는 결점이 있다. 이 밖에 선박이나 기차에 이용되는 것으로 공기를 관 속으로 불어넣는 방법이 있다.

③ 배기통을 이용하는 방법

바람의 흡인력 외에 실·내외의 온도 차를 이용하는데, 양쪽의 차이가 클수록 그 효과는 크며, 풍향에 관계없이 항상 작용할 수 있는 위치와 높이를 고려하여야 한다.

(4) 공기의 부피와 환기(산업안전보건기준에 관한 규칙 제84조)

사업주는 근로자가 가스 등에 노출되는 작업을 수행하는 실내작업장에 대하여 공기의 부피와 환기를 다음 각호의 기준에 맞도록 하여야 한다.

① 바닥으로부터 4미터 이상 높이의 공간을 제외한 나머지 공간의 공기의 부피는 근로자 1명당 10세제곱미터 이상이 되도록 할 것

② 직접 외부를 향하여 개방할 수 있는 창을 설치하고 그 면적은 바닥면적의 20분의 1 이상으로 할 것(근로자의 보건을 위하여 충분한 환기를 할 수 있는 설비를 설치한 경우는 제외한다)

③ 기온이 섭씨 10도 이하인 상태에서 환기를 하는 경우에는 근로자가 매초 1미터 이상의 기류에 닿지 않도록 할 것

요점 정리

1. 주거위생의 개념

1) 주택위생의 보건학적 의의

주택은 자연재해나 인위적 재해에 대해서 거주인을 보호하고, 거주인의 생리조건만족 및 일상생활에서의 능률적 쾌적함이 이루어질 수 있는 곳이며, 또한 거주인의 모든 유해환경으로부터 안전과 편안하고 쾌적한 휴식공간이어야 한다.

2) 주거의 기본적 조건

(1) 일상생활이 능률적이고, 쾌적하게 이루어질 수 있을 것
(2) 질병에 대한 예방대책이 되어 있어야 할 것
(3) 재해를 방지할 수 있을 것
(4) 생리적 조건을 만족시킬 것
(5) 가계상 주거비의 부담이 과대하게 되지 않을 것
(6) 정신적으로 안정감을 느낄 수 있을 것

2. 환기

환기란 오염된 실내공기를 바꾸어 인체에 유해작용을 방지하기 위한 수단이다.

1) 실내공기의 오염원

실내공기 오염물질로는 분진(TSP), 흡연, 중금속, 이산화질소, 일산화탄소, 이산화탄소, 라돈, 폼알데하이드, 석면, 미생물, 휘발성유기화합물, 악취 등이 있다. 또한 외부 공기의 상태, 환기율, 이용할 수 있는 공기의 체적, 실내 거주에 필요한 공기 체적, 실내에서의 미세기후 등이 실내공기오염의 원인이 될 수 있다.

2) 자연환기

(1) 자연환기법
창문이나 문틈을 통해서 실외공기와 실내공기가 교환되는 것

(2) 중력환기

실내외의 온도 차에 의해 이루어지는 환기

실내외의 온도 차는 공기의 밀도차를 형성하게 되어, 압력 차를 만들므로 환기가 이루어진다.

(3) 풍력환기

① 풍향 측의 압력 증대로 생기는 양압(陽壓)과 풍향 배측의 압력 감소에 기인하는 음압(陰壓)에 의한 압력 차에 의하여 형성되는 환기

② 창문 중력환기

㉠ 기계적 설비에 의한 냉난방과 달리 자연적 성상을 가지고 있기 때문에 영국에서 가장 많이 사용되는 방법이다.

㉡ 창문의 개방에 의한 환기를 효과적으로 하려면 반대쪽의 창문도 열어두는 것이 좋으나 우리나라의 경우 창문개폐 환기법은 관심이 없는 편이다.

③ 환기횟수

㉠ 환기량을 거실의 용적으로 나눈 수치를 말하는 것

㉡ 주택은 건축물, 내외온도가 5～10℃일 경우 한식주택은 1.5～3.0회이고, 양옥은 0.25～0.7회 정도로서 자연환기에 있어서는 한식주택이 양옥에 비해 환기횟수가 많다.

㉢ 1층과 2층은 차이가 있는데, 상층은 1.4～4.3회에 비해 하층은 0.7～1.4회가 된다.

㉣ 환기횟수는 실내의 공기용적에 따라 다르며, 다음과 같은 식이 성립된다.

3) 인공환기(人工換氣)

인공환기는 동력을 이용하는 방법이며, 동력환기법, 배기(흡기식)환기법, 송기식환기법, 평형식환기법 등이 있다.

(1) 인공환기의 조건

사람이 적은 거실은 자연환기로 충분하나 고층의 대건축물, 공장, 극장 등에서는 기계적 환기에 의해 공기의 질적 또는 양적인 조절이 필요하며 다음과 같은 조건이 고려되어야 한다.

(2) 동력환기법

① 공기조정법(Air Conditioning)

외기의 한서, 건습, 바람의 유무와 관계없이 건물 내 또는 실내공기의 물리·화학적 성상에 영향을 미치는 요소로써 공기의 온·습도 기류를 인공적으로 조절하는 방법으로 생산효과와 작업환경상 쾌적함을 기대할 수 있다.

② 송기식 환기법

선풍기 또는 Fan에 의해서 신선한 외부공기를 불어넣는 방법으로서, 실내 오염공기의 배

기는 자연환기에 의하여 창 또는 다른 배기구로 배출하는데, 실내의 공기가 흩어져서 불쾌감을 초래하기도 한다.

③ 평형식 환기법

배기식과 송기식을 병용한 환기방법으로써, 공기배출과 흡인구의 위치는 공기분포의 기본적인 문제점일 뿐만 아니라 건축구조와의 관련, 실내의 미관, 실내의 열원과의 문제, 먼지, 소음 등을 고려해서 결정하지 않으면 안 된다.

④ 배기식 환기법

선풍기 또는 Fan에 의해 흡인·배기하는 방법을 말한다. 이때, 신선한 외기의 공기는 자연환기

(3) 공기의 부피와 환기(산업안전보건기준에 관한 규칙 제84조)

사업주는 근로자가 가스 등에 노출되는 작업을 수행하는 실내작업장에 대하여 공기의 부피와 환기를 다음 각호의 기준에 맞도록 하여야 한다.

① 바닥으로부터 4미터 이상 높이의 공간을 제외한 나머지 공간의 공기의 부피는 근로자 1명당 10세제곱미터 이상이 되도록 할 것

② 직접 외부를 향하여 개방할 수 있는 창을 설치하고 그 면적은 바닥면적의 20분의 1 이상으로 할 것(근로자의 보건을 위하여 충분한 환기를 할 수 있는 설비를 설치한 경우는 제외한다)

③ 기온이 섭씨 10도 이하인 상태에서 환기를 하는 경우에는 근로자가 매초 1미터 이상의 기류에 닿지 않도록 할 것

퀴즈(객관식 3문항)

01 주거의 기본적 조건에 해당하지 않는 것은?

① 질병에 대한 예방대책이 되어 있어야 한다.
② 재해를 방지할 수 있어야 한다.
③ 생리적 조건을 만족시켜야 한다.
④ 가격이 비싸야 한다.

정답 ④
해설 가계상 주거비의 부담이 과대하게 되지 않아야 한다.

02 중력환기는 실내외의 무엇을 이용하여 이루어지는가?

① 온도차 ② 습도차
③ 부피차 ④ 크기차

정답 ①
해설 실내외의 온도차에 의해 이루어지는 환기는 중력환기로 실내외의 온도차는 공기의 밀도차를 형성하게 되어, 압력차를 만들므로 환기가 이루어진다.

03 필요환기량은 공기 중의 이산화탄소의 농도는 서한도 얼마로 평가하는가?

① 1.0% ② 0.1%
③ 0.01% ④ 0.001%

정답 ②
해설 필요환기량은 공기 중의 이산화탄소의 농도는 서한도를 0.1%로 환기량의 지표로 잡고 필요환기량을 산출한다.

40 환경분야 전문가 대담

학습 목표 1. 환경분야 전문가로부터 최근 중요한 이슈에 대한 이해를 도모한다
2. 환경협약을 이행 중요성

학습 내용 1. 환경분야 전문가 대담
2. 환경협약의 중요성

이승길 지금까지 우리는 코로나19로 대표되는 감염병 팬데믹의 원인 및 관리방법에 대해 이야기를 해 보았고, 깨끗한 공기를 방해하는 요소가 무엇이고, 물속에 함유되어 있는 유해물질은 우리에게 앞으로 환경을 어떻게 바라보고 대처해야 하는지에 대한 숙제를 생각할 수 있게 하였습니다.

이제 관련 분야 선생님들과 우리 후손들에게 물려주어야 하는 환경문제에 대해 우리가 어떤 것을 더 공부하고 생각해야 하는지 여쭈어보도록 하겠습니다.

먼저 대학에서 환경학을 전공하고 현재는 환경안전을 연구하는 김미나 박사님께 여쭈어보도록 하겠습니다. 깨끗한 공기, 안전한 물을 우리 후손에게 물려주기 위해서는 우리는 어떤 것을 준비해야 하나요?

김미나 깨끗한 공기와 물은 인간의 생존에 필수적인 요소라는건 다들 알고 계실 겁니다. 하지만 현대사회가 급속히 발전해 가면서 그 속도 못지 않게 공기와 물은 급격히 오염되었다는 것 또한 사실일 것입니다. 얼마 전 영국공영방송인 BBC에서는 충격적인 사진 하나를 보여주었는데요!! 전 세계에서 가장 대기오염이 높기로 악명높은 유명한 인도의 한 공업도시의 청명하고 쾌청한 하늘 사진을 공개하였습니다. 이는 급격한 산업화로 인해 언제나 자욱한 스모그와 대기오염물질로 정체되어 있던 공업도시의 하늘도 결국은 인간이 파괴하고 망쳐놓았다는 것을 역설적으로 설명할 수 있는 사진이었습니다. 코로나19의 팬데믹으로 인해 인도 제조업 등의 산업시설이 셧다운되면서 몇십 년 만에 인도 하늘의 공기가 이렇게 청명하고 쾌적할 수 있구나라는 걸 전 세계인에게 알려준 사진이었습니다. 전!!! 지금의 산업화와 도시화가 멈춰야지만 후손들에게 그나마 물려줄 수 있는 환경이 있을 거라 생각합니다.

또한, 최근 우리는 전기자동차 및 수소자동차의 눈부신 발전을 기억하고 있습니다. 대기오염물질의 주 배출원은 산업시설과 더불어 화석연료를 에너지원으로 하는 디젤 자동차라는 것 또한 알고 있는 사실입니다. 하지만 최근 일부 이기적이고 자기 편의적인 사람들로 인해 전 세계적으로 전기 및 수소자동차의 충전시설이 그 효용자치가 떨어지는 일이 전 세계적으로 발생하고 있습니다. 이는 결국 전기 및 수소자동차의 활성화를 저해하는 요소로 되돌아올 것입니다. 깨끗한 공기와 물은 인간의 생존에 필수적인 요소라는 건 다들 알고 계실 겁니다. 특별한 과학적 방법!! 흔히 기술적, 공학적 방법으로 대기오염물질과 수질오염물질을 개선할 수 있다고 하는데요!!! 제가 판단하고 생각하기에는 기술적, 공학적 방법으로 환경을 개선하는 건 비용은 둘째 치더라도 그 효과는 극히 미비하고, 적을 수밖에 없을 것입니다. 근본적이고 원론적인 해결방안, 자동차의 배출저감시설은 더 이상의 효율을 향상시킬 수 없을 정도로 발전해 왔습니다. 산업시설의 대기오염배출저감시설은 지금도 더 크고 더 높은 효율을 가져올 수 있도록 고도화 전문화 되어 가고 있습니다. 하지만 거기까지 일 것입니다. 환경오염대책의 근본적인 건 기술적 공학적 방법의 개선이 아닌 환경오염물질 배출 발생 자체를 억제해야 한다고 생각합니다. 인간은 더이상 환경을 파괴해서는 안 됩니다. 더이상 인간의 탐욕과 이기심으로 환경오염물질을 배출해서는 안 된다는 것입니다. 그마나 우리 후손에게 얼굴을 들려고 한다면 말입니다.

이승길 감사합니다. 저 또한 미쳐 생각해보지 못한 이야기를 해 주셨는데요...기술적이고 공학적 방법으로는 더 이상의 개선 효과는 없으므로 근본적으로 환경오염물질 배출을 저감해야 한다라는 김미나 박사님의 의견을 들어보았습니다.
다음은 대학에서 원예학을 전공하시고, 관련 분야에 대해 연구하시는 김희정 선생님께 여쭈어보도록 하겠습니다. 지구 생태계는 우리에게 여러 가지로 많은 혜택을 주고 있는데요..우리는 그걸 잘 모르는 것 같습니다. 앞으로 지구 생태계의 보존, 보호를 위해 우리는 어떻게 변화되어야 하는 걸까요??

김희정 제가 생각하는 지구 생태계의 보존 역시 인간의 탐욕을 버려야 한다고 말하고 싶습니다. 또한, 인류 공동체로서 지구환경의 하나의 구성원으로서 최소한의 약속은 지키자고 말하고 싶습니다. 인류는 환경오염문제에 대처하기 위해 여러 가지 국제환경협약을 제정하고 준수하기를 인류에게 요구하고 있는데요!!! 하지만, 개인 또는 자기 나라 구성원만의 이익을 위해 지구 전체의 이익을 외면하고 있는 것 또한 사실일 것입니다. 2020년 만료 예정인 교토의정서를 대체하고, 2021년 1월부터 적용될 기후변화 대응을 담은 파리기후변화협약은 2016년 11월에 발효되었습니다. 파리협약은 선진국에만 온실가스 감축 의무를 부여했던 교토의정서와는 달리 195개 당사국 모두에게 구속력 있는 보편적 첫 기후합의라는 점에서 그 역사적 의미가 크다고 할 수 있었던 협약인데요!!! 이 협약이 일부 자국만의 이익을 중요시하는 나라들 때문에 원활하게 운영될지는 미지수 인 것 같습니다. 미국의 도널드 트럼프 행정부는 2019년 11월 파리기후변화협약 탈퇴를 유엔에 공식 통보하였습니다. 당시 마이크 폼페이오 미국 국무장관은 성명을 내고, 미국이 파리협약에서 탈퇴하기 위한 공식 절차를 개시했다고 밝혔으며, 트럼프 대통령은 앞서 2017년 6월 미국이 부당한 대우를 받고 있다며 파리협약 탈퇴를 선언했습니다. 이후 협약 발효 후 3년간 탈퇴를 금지한 규정에 따라 2019년 11월 4일 이후, 그러니까 3년간 유예기간이 지나자마자 바로 유엔에 탈퇴를 통보하였는데요, 미국이 파리협약 탈퇴 절차에 착수하면서 지구 전체의 문제이고 앞으로 후손들에게도 불확실하고, 불안정한 지구환경을 개선하고자 하는 지구온난화 방지를 위한 지구촌의 온실가스 감축 노력에 차질이 빚어질 가능성이 매우 크다는 점에서 지구 공동체의 일원으로 우려가 매우 크다고 할 수 있을 것입니다. 지구 생태계는 결국 인간의 이기심으로 인해 정체되고 파괴되는 것일 겁니다. 그 최소한의 이기심을 버리고자 우리는 여러 가지의 약속과 협약을 제정, 이행하기를 촉구하고 있지요? 당장 눈앞의 이익을 위해 우리 후손에게 역사의 죄인이 되어서는 안 된다고 생각합니다.

이승길 감사합니다. 저 역시 파리기후변화협약을 탈퇴하는 일부 국가로 인해 전 지구적 환경문제 대처에 잘못된 시그널이 또 다른 나라에 전파되지는 않을까 하는 걱정이 큰 것도 사실입니다. 김희정 선생님의 의견 잘 들었습니다.

지금까지 김미나 박사님과 김희정 선생님으로부터 깨끗한 공기와 맑은 물을 지속적으로 우리가 원한다면 무엇을 해야 하고 어떠한 관점에서 환경을 바라봐야 하는지 이야기 들어보았습니다. 바쁘실 텐데 오늘 이렇게 귀한 시간을 내어주셔서 다시 한번 감사 말씀 드리구요, 우리 모두 건강하고 안전한 환경관리를 위해 노력했으면 합니다. 감사합니다. 두 분 수고하셨습니다.

41 보건분야 전문가 대담

학습 목표 1. 보건분야 전문가로부터 최근 중요한 이슈에 대한 이해를 도모한다.
2. 산업재해 관리를 위한 안전의식 변화

학습 내용 1. 보건분야 전문가 대담
2. 사회구성원(산업체) 내의 안전의식의 소통

이승길 지금까지 우리는 산업보건의 개념이라 할 수 있는 안전하고 건강한 작업환경을 조성하기 위해서는 무엇을 해야 하는지 이야기를 해 보았고, 식품안전 및 주거, 의복 위생 등에 대해서도 어떠한 관점으로 바라보고 대처해야 하는지에 대한 이야기를 해 보았습니다.

이제 관련 분야 선생님과 산업보건 및 개인위생 문제에 대해 우리가 어떤 것을 더 공부하고 생각해야 하는지 여쭈어보도록 하겠습니다.

대학에서 산업보건학을 전공하시고, 관련 분야에서 최고 수준의 사업장 전문가로 활동하시는 임대성 박사님께 여쭈어보도록 하겠습니다. 헌법상 대한민국 국민은 근로의 의무를 수행해야 합니다. 하지만, 고용노동부의 통계에 따르면 해마다 수만 명의 근로자가 일을 하다 다치거나 사망하는 일이 비일비재하게 발생하는 것 또한 사실입니다. 임대성 박사님이 생각하시는 쾌적하고 안전한 근로환경 어떻게 하면 가능할까요? 귀한 의견 말씀해주시면 감사하겠습니다.

임대성 제가 생각하는 안전하고 쾌적한 작업환경 조성은 결국은 사람이 모여있는 공간이라는 점을 말씀드리고 싶습니다. 앞서 우리는 작업현장의 근로자 건강에 영향을 줄 수 있는 소음과 진동 같은 물리적 인자와 납, 벤젠 등의 화학적 인자, 바이러스 및 박테리아 등과 같은 생물학적 인자가 작업장 어떤 곳에서 발생하고 어떠한 메커니즘으로 사람에게 영향을 줄 수 있다는 것을 이야기한 것으로 알고 있습니다. 하지만 궁극적으로 작업환경은 사람이 모여있는 곳이라는 것입니다. 흔히 사회, 심리적 인자라 불리는 인간관계의 부적응으로 인해 산업현장에서 재해로 발생하는 일이 비일비재하게 일어나곤 합니다. 이 이야기는 꼭 사람을 관리하자라는 이야기가 아닙니다. 사람을 인격적으로 대하면서 말과 행동에 대한 배려, 사람 존중의 문화가 형성되어야

지만 산업재해에 대한 근본적 해결안이 만들어 질 수 있다 라는 것입니다. 요즘 이 이야기를 관련분야에서는 '안전문화'라는 용어로 이야기를 합니다. 문화란 일반적으로 '한 집단의 사람들이 공유하는 생각(idea), 행동(behavior), 사물(thing)을 모두 포함하는 복합적인 총체'라고 할 수 있습니다. 흔히 기업문화, 조직문화란 것은 하나의 기업 및 조직을 구성하는 사람들 특유의 생각이나 행동을 드러내는 모습들을 일반화 시켜서 하는 말입니다. 쉽게 말하면, 문화는 어떤 사회 공동체 사람들의 모든 것이라고 할 수 있습니다. 물론, 공동체에 속한 모든 사람이 똑같이 생각하고 행동한다는 뜻은 아닙니다. 그 공동체 안에서 일반적이고 상식적으로 받아들여지는 생각과 행동이 있다는 뜻이지요!!! 이러한 문화란 개념 속에 안전이란 용어를 붙혀보면 그 조직이 이해하고 대하는 안전에 대한 접근법을 이해할 수 있습니다. 이러한 안전문화가 결국은 사람에 적용하여 안전하고 쾌적한 작업환경을 조성하는 것이라 할 수 있을 것 같습니다.

이승길 감사합니다. 임대성 박사님의 말씀을 들어보니 그 역시 우리 사회가 같이 고민하고 해결해야 할 문제인 것 같습니다. 결국은 우리는 이 사회에서 근로자로 일을 해야 하는 사람들이니까요

지금까지 임대성 박사님과 관련 분야의 이야기를 해 보았습니다. 제가 미쳐 생각해보지 못했던 이야기도 해 주셨고, 크게 공감하는 이야기도 해 주셨습니다. 바쁘실 텐데 이렇게 시간을 내주셔서 다시 한번 감사하다는 말씀드리면서 이상으로 전문가 대담 마무리하도록 하겠습니다. 감사합니다.

저자소개

이승길

고려대학교 환경보건학 박사

전) 고려대학교 환경의학연구소 연구교수
　　순천제일대학교 산업안전과 교수

현) 장안대학교 바이오보건환경과 교수

케이무크와 함께하는

환경관리학

1판 1쇄 발행 2022년 10월 20일

저자 이승길
발행인 서철종
발행처 도서출판 지우북스
주소 경기도 파주시 문발로 115 세종출판벤처타운 209호
전화 031-915-6670(代)
팩스 031-915-6671
이메일 jwbooks@nate.com
홈페이지 www.jwbooks.co.kr
출판등록 제406-251002017-000032호
ISBN 979-11-88673-96-4 93530

정가 28,000원